항공기 정비 실습

Aircraft Maintenance

전광춘 · 이필문 · 이병모 · 전주신 지음

KM 경문사

한국항공우주기술협회
KOREA AERONAUTICAL ENGINEERS' ASSOCIATION

머리말

본 교재는 항공정비사 자격증 취득을 위하여 국가가 인정하는 교육과정에 입과한 학생들이 전문적이고 안전한 방법으로 항공기 정비작업을 수행할 수 있는 신체적 기술을 익히는 것을 목적으로 작성하였다.

기본적으로,

1. 항공기 정비사가 갖추어야 할 표준 손기술을 제시하였다.
2. 국내 양성학교가 보유하고 있는 실습용 항공기 및 엔진, 부품, 목업 및 장비를 활용하여 역량 기반 교육(CBT, Competency Based Training)이 효과적으로 이루어지도록 하였다.
3. 업무 환경에 따른 안전사항을 익히고 안전의식을 함양할 수 있도록 내용을 구성하였다.
4. 교수 요목에 따른 공구, 장비, 소모품 및 관련 도서 자료를 명시하여 효과적으로 수업이 진행될 수 있도록 하였다.

또한, 국제적으로 통용되고 있는 미국 연방항공청(FAA)의 항공정비사 실기시험 표준서에 명시한 테스트 항목을 선별하여 반영하였고 작업방법 및 절차는 항공기 기종의 표준작업절차(Standard Practices)의 내용을 인용하였다. 물론 항공기 정비현장에서 작업 할 때는 반드시 해당 기종 정비지침서를 참조하기 바란다.

본 교재의 특징으로는 기술명사(Technical Noun)를 원어로 익힐 수 있도록 영어 우리말 발음을 병기하여 향후 작업현장에서 원어로 표기되는 기술도서를 활용하는 데 도움이 되도록 하였다.

2024년 7월

저자 일동

추천서

세계지도를 펴놓고 우리나라의 지리적인 환경을 보면 3면이 바다로 둘러싸여 있고 내륙으로 연결되는 유일한 통로가 분단이라는 현실에 막혀 국제적인 통로로써 항공운송수단이 매우 필수적인 요소이다. 이러한 환경에서 항공운송수단인 국적 항공기의 안전운항은 우리의 생명과 재산을 지키는 것만이 아니라 세계를 누비는 교역수단의 역할도 매우 중요하다. 전국적으로 50개 이상의 항공정비교육기관들이 수많은 항공기술인력을 양성하고 있지만 항공기의 운항현장에서 다년간의 경험을 거쳐 기술능력을 갖추기에는 많은 시간과 공력이 요구되나 경험이 미흡한 작업의 수행으로 발생할 수 있는 위험요소가 우려되고 있다.

제도적으로 항공기술양성학교에서 필수적으로 실습교육을 수행하도록 하고 있으나, 현실적으로 양성학교의 환경과 여건을 고려하지 못하고 형식적이고 이론적인 실습을 수행하는 형태가 고착화되면서, 국가에서 공적으로 부여하는 정비사자격증을 취득한 젊은이들이 실제 항공정비작업에서 기대하는 만큼의 기술력을 발휘하지 못하고 있다.

이러한 근본적인 문제점을 개선하고자 수년에 걸쳐 항공우주기술협회에서 다양한 분야의 전문가들이 국제기준과 선진 항공산업체의 표준지침을 반영하여 단순하게 이론적인 절차만이 아니라 구체적인 작업방식, 장비, 자재, 공구 등 실무적으로 실시해야 할 실습 항목과 작업요령을 총망라한 표준 실습교재를 발간하게 되었다.

항공기술인을 양성하는 초도 교육기관에서부터 이렇게 정제되고 반드시 체득해야 할 실습 항목을 표준화된 지침에 따라 교육함으로써 "세 살 버릇이 여든까지 간다"라는 옛말과 같이 기본적인 기술력을 습득하고 자타가 인정하는 항공기술자로 배출되도록 모든 교육기관에서 표준교재로 사용할 것을 적극적으로 추천한다.

아울러 정부 기관도 이를 토대로 국제적으로 통용될 수 있는 실습 항목으로 표준화하는 제도적 장치를 마련할 것을 권고한다.

2024년 5월

항공우주기술협회 고문 이상희

항공기 정비사는 항공 안전에 중요한 역할을 한다.

항공정비는 다양한 전문적 지식과 현장 실무 경험이 중요하고, 관련 경력 개발에도 많은 시간이 소요된다. 과거에는 군에서 항공기 정비 경험을 쌓고 자격증을 취득 후 항공사에 취업하는 경우가 많았으나 최근에는 항공기 정비사 양성 기관을 통해서 양성된 기술인력들이 다양한 항공산업 분야에 채용되고 있다.

전문 교육기관이나 학교 교육을 통해서 항공정비사 자격을 취득하였다고 하더라도 확인 정비사가 되기 위해서는 반복적인 교육과 훈련이 필요하며, 잘못 습득된 지식이나 습관을 채용 후 산업체에서 수정하기에는 부담스럽다. 그러므로 양성학교에서는 이론적 절차, 방식뿐만 아니라 실제 현업에서 필요한 공구, 장비, 부품, 소모품, 관련 도서에 대한 이해도를 높이고 활용할 수 있는 실습 내용을 구성하여 체계적으로 기본부터 교육하는 것이 중요하다.

기존 일부 항공정비 관련 교재의 경우, 현장에서 불필요하거나 현실과 동떨어진 기술 자료나 정보가 포함되어 있는 경우도 있고, 정비의 기본인 안전에 대한 교육 부분이 미흡하다고 생각한다. 본 교재는 업무 환경에 따른 안전 사항을 익히고, 안전의식을 함양할 수 있도록 구성되어 있고, 또한 국내 항공기술 양성기관에서 보유하고 있는 실습용 항공기 및 엔진, 장비를 활용하여 역량기반의 교육(CBT: Competency Based Training)이 이루어져 현장업무에 빠르게 적응할 수 있을 것으로 생각된다.

본 교재가 항공정비사 양성과정 실기 교육에 기여할 수 있기를 바란다.

2024년 7월

(주) 제주항공 정비본부장

상무이사 박 석 룡

차 례

Chapter 1

항공기 정비 기초 실습

차 례

Chapter 2

항공기 기체 정비 실습

차 례

차 례

Chapter 4 항공 전기, 전자계통 정비

>> 1. 전기계통

차 례

>> 2. 통신/항법 계통

1장

항공기 정비 기초 실습

1. 항공기 도면(Aircraft Drawing)

1.1. 도면의 판독

A. 실습 개요

(1) 항공기 도면을 판독하는 방법에 대해 학습하여 익힌다.

B. 관련 지식

(1) 항공기 도면은 물체의 크기와 형태, 사용할 재료의 사양, 제품의 가공 방법, 부품의 조립 방법 그리고 물체를 제작하고 조립에 필수적인 정보를 제공하는 수단이다.

(2) 도면은 제작도, 조립도, 설치도, 부품도 등으로 분류된다.

C. 자료 · 재료

(1) 제작도, 조립도, 설치도, 부품도

(2) 스케치 작도 소재 부품

D. 기기(공구 · 장비)

E. 학습

항공기 도면을 판독하는 방법에 대해 학습하여 익힌다.

(1) 도면의 구성요소(그림 1.1)

A 표제란(Title block)

B 도면번호(Drawing number)

C 부품목록(Bill of material)

D 개정란(Revision block)

E 주석(Note)

F 구역번호(Zone number)

G 허용공차(Allowable tolerance)

H 축척(Scale)

(2) 도면의 해석(그림 1.2, 1.3, 1.4)

(a) 선과 기호의 식별

(b) 치수 표시의 해석

(c) 자재 소요량 파악

(d) 표제란

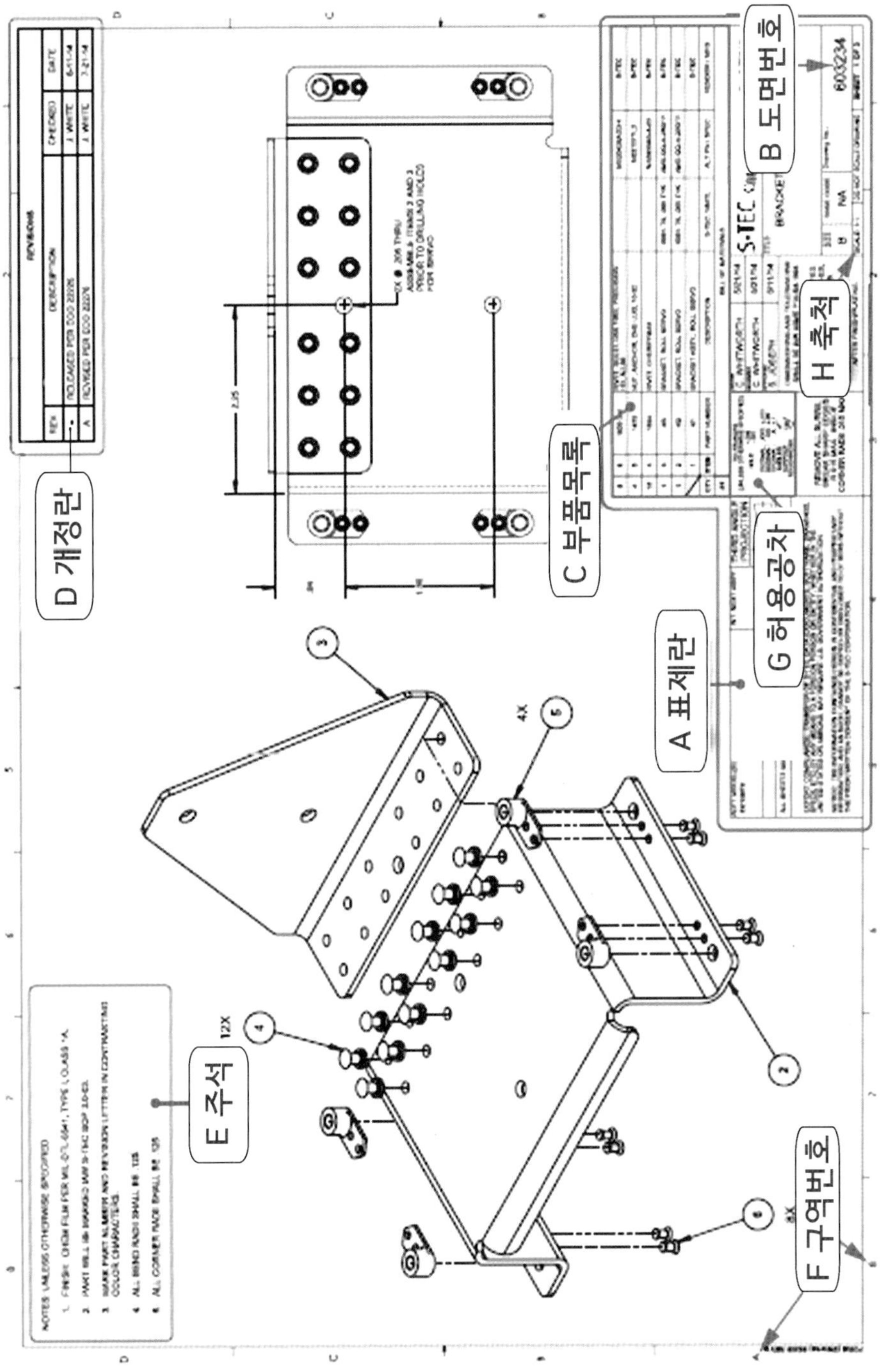

▲ 그림 1.1 조립도

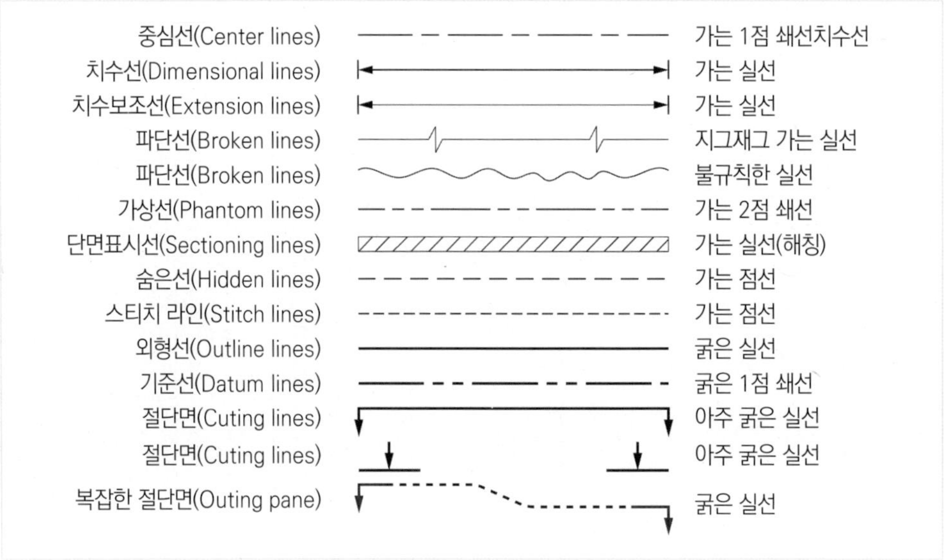

▲ 그림 1.2 선의 종류

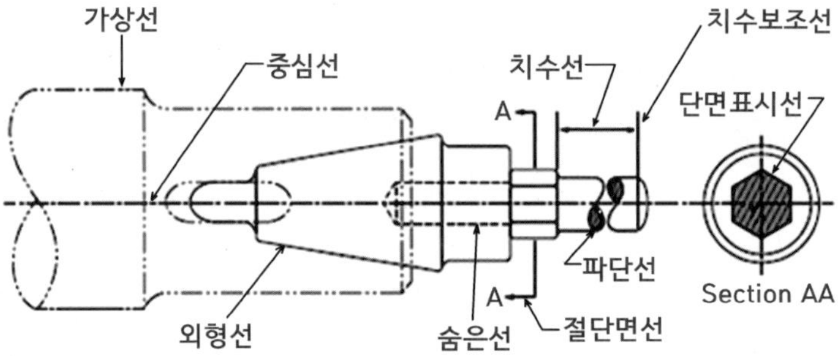

▲ 그림 1.3 선의 작도

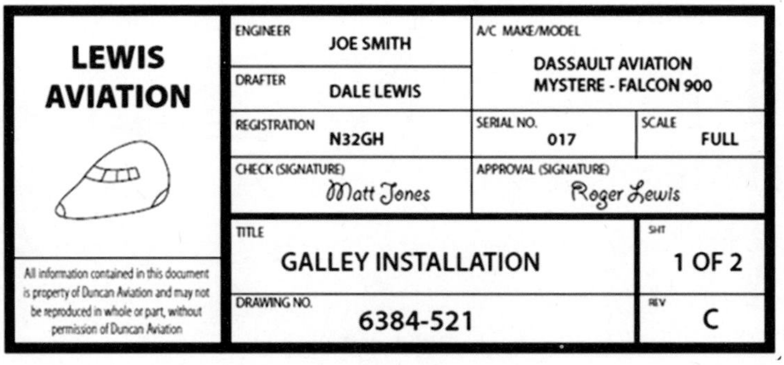

▲ 그림 1.4 표제란(Title block)

(3) 스케치 작도

임의의 물체를 소재로 하여 스케치도면을 작도해 본다(그림 1.5).

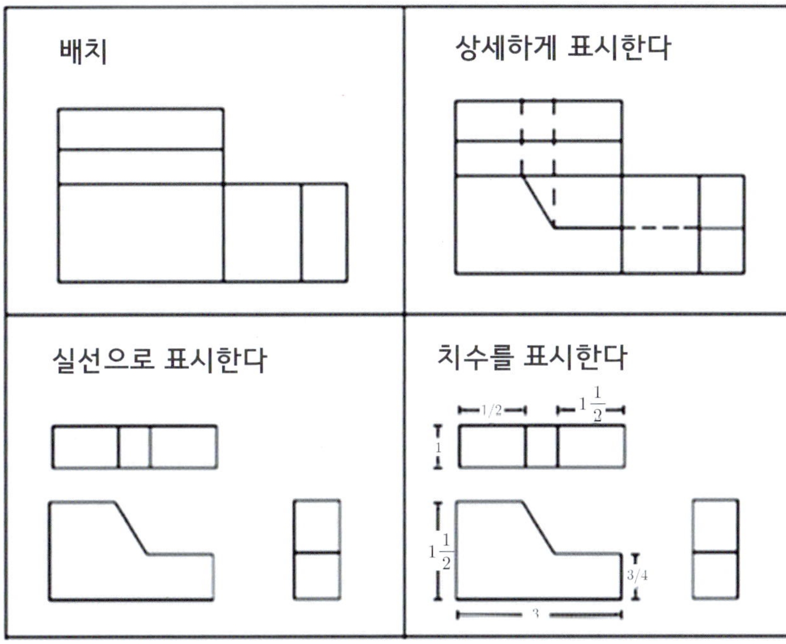

▲ 그림 1.5 스케치 도면 작도

1.2. 스테이션 다이어그램(Station Diagram)

A. 실습 개요

(1) 항공기 스테이션 다이어그램을 판독하는 방법에 대해 학습한다.

B. 관련 지식

(1) 항공기에서는 동체(fuselage), 날개(wing), 수직 안전판(vertical stabilizer), 수평안전판(horizontal stabilizer)에 스테이션 번호(station number)를 부여하여 항공기 기체에서 위치를 식별한다.

(2) 야드 파운드법을 사용하는 미국계, 영국계 항공기는 스테이션 번호에 inch를 적용하여 기점으로부터의 거리를 계산할 수 있고, 미터법을 사용하는 유럽계 항공기는 스테이션 번호에 cm를 적용한다.

C. 자료 · 재료

(1) AMM C-150, C-172, PA-34, M-22

(a) Fuselage station diagram

(b) Wing station diagram

(c) Vertical stabilizer station diagram

(d) Horizontal stabilizer station diagram

D. 기기(공구 · 장비)

E. 학습

스테이션 다이어그램에 판독하는 방법에 대하여 학습하여 익힌다(그림 1.6).

(1) 스테이션 다이어그램에서 다음 요소를 확인해 본다.

(a) Buttock line

(b) Water line

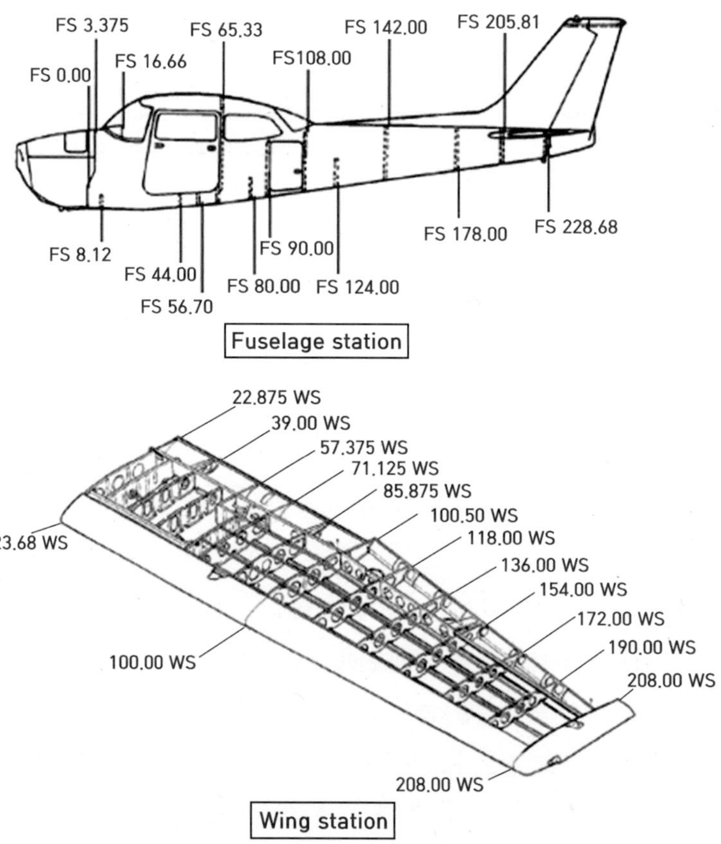

▲ 그림 1.6 스테이션 다이어그램 C-172

(c) Fuselage station

(d) MAC

(e) Reference datum

(2) 스테이션(station) 0.0의 위치를 식별한다.

(a) Fuselage station 0.0

(b) Wing station 0.0

(c) Vertical stabilizer station 0.0

(d) Horizontal stabilizer station 0.0

(3) 항공기의 전장, 전폭을 계산해 본다.

(4) 기체 제일 앞부분부터 메인 랜딩기어(main landing gear) 사이의 거리를 계산해 본다.

(5) 좌, 우측 메인 랜딩기어 사이의 거리를 계산해 본다.

1.3. 존 다이어그램(Zone Diagram)

A. 실습 개요

(1) 존 다이어그램을 활용하는 방법에 대해 학습하여 익힌다.

B. 관련 지식

(1) 항공기에서는 기체 내 각 위치를 구분하여 존 넘버(Zone number)를 부여하고 기체에서의 식별하는 데 활용한다.

(2) 기체의 왼쪽은 홀수 번호, 오른쪽은 짝수 번호를 부여한다.

C. 자료 · 재료

AMM C-150, C-172, C-182, PA-34, M-22

D. 기기(공구 · 장비)

E. 학습

존 다이어그램을 활용하는 방법에 대해 학습하여 익힌다.

(1) 존 넘버(zone number)를 활용하여 기체 내에서 부품의 위치를 식별(그림 1.7)

(a) Chapter 6. Wing Access/Inspection Plate diagram 활용

(b) Chapter 27. Flight control 활용

(2) Flap motor and transmission assembly의 위치를 찾아본다.

610GB Access panel 식별부호

610 Zone number

G Zone 내에서 부품의 위치 순서

B 위치 B → Bottom, T → Top

(3) Elevator trim tab actuator의 위치를 찾아본다.

320 AB Access panel 식별부호

320 Zone number

A Zone 내에서 부품의 위치 순서

B 위치 B → Bottom, T → Top

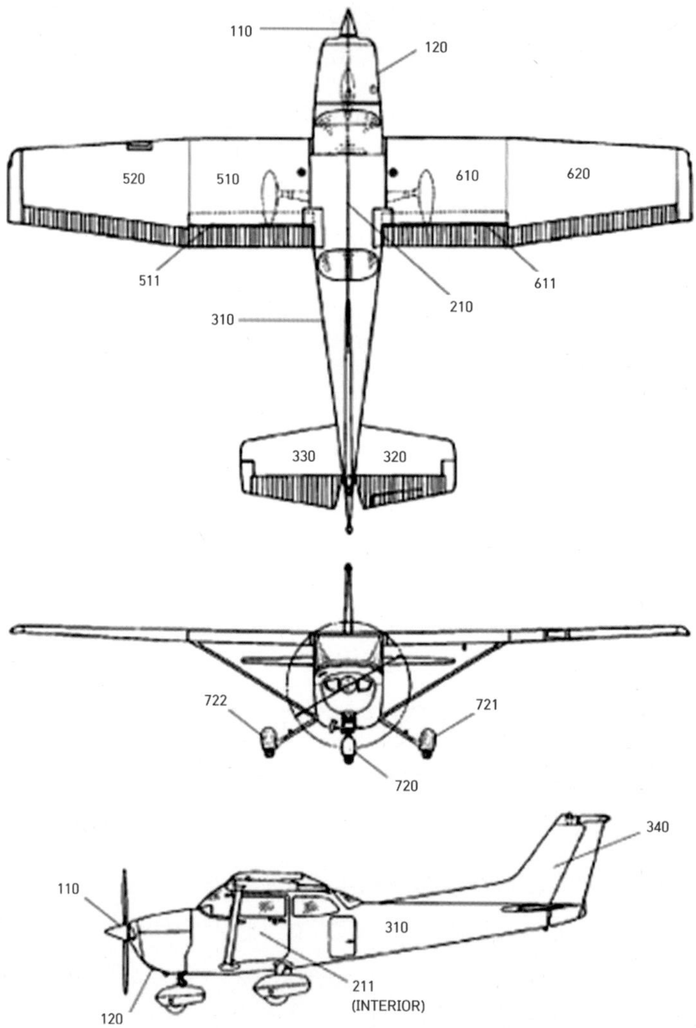

▲ **그림 1.7** 존 다이어그램 C-172

2. 항공기 중량 및 평형

2.1. 항공기의 무게중심(Center of Gravity) 구하기

A. 실습 개요

(1) 항공기의 무게중심(CG, Center of Gravity)을 구하는 방법에 대해 학습한다.

B. 관련 지식

(1) 기준선(datum line): 기준선은 날개의 앞 전이나, 무게중심 범위에서 특정 거리 지점에 정한다. 일반적으로 동체 전방의 특정한 지점에 정한다.

(2) 거리(arm): 거리는 기준선과 항공기 내의 임의의 지점 사이의 수평 거리이고 단위는 인치(in.)이다. 이 거리는 정확히 기준선과 같은 지점을 제외하고 양수(+) 또는 음수(−)에 대한 기호가 선행하는데, 양의 기호는 해당 지점이 기준선 뒤에 있음을 나타내고, 음의 기호는 해당 지점이 기준선 앞에 있음을 나타낸다.

(3) 모멘트(moment): 모멘트의 단위는 in−lb이며 +, − 부호는 방향을 나타낸다. 항공기 제작사는 기준점과 무게 측정 지점과의 수평거리(arm)와 측정한 항공기의 무게를 이용하여 모멘트를 구하고, 무게중심 및 무게중심의 범위를 설정한다. 기준선에서 일정 거리에 위치하는 평균 공력시위(MAC, Mean Aerodynamic Chord)의 백분율(%)로 정한다.

C. 자료 · 재료

D. 기기(공구 · 장비)

E. 학습

항공기의 무게중심(CG, Center of Gravity)을 구하는 방법에 대해 학습하여 익힌다.

(1) 무게중심 찾기(그림 2.1)

(a) 기준선에서 거리 중심까지의 거리측정

(b) 각각의 중량에서 작용하는 moment 계산

(c) 중량의 합과 moment의 합 산출

(d) 총 Moment ÷ 총 중량 = CG값

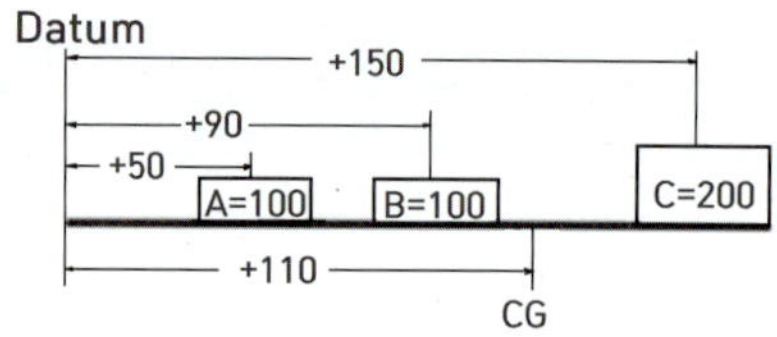

Item	Weigt	Arm	Moment	CG
Weigt A	100	50	5,000	
Weigt B	100	90	9,000	
Weigt C	200	150	30,000	
	400		44,000	110

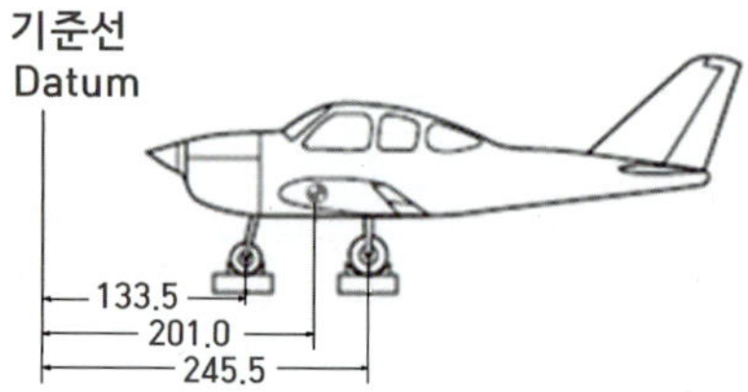

Item	Weight	Arm	Moment	CG
Main wheels	3,540	245.5	869,070	
Nose wheels	2,322	133.5	309,987	
Total	5,862		1,179,057	201.1

▲ 그림 2.1 무게 중심

2.2. 평균 공력시위(Mean Aerodynamic Chord)

A. 실습 개요

(1) 평균 공력시위(MAC, Mean Aerodynamic Chord)를 구하는 방법에 대해 학습한다.

B. 관련 지식

(1) MAC는 항공기 날개의 공기역학적 특성을 대표하는 시위로, 항공기의 무게중심을 대표하는 기본단위로 쓰인다.

(2) MAC는 항공기 날개의 면적을 날개폭(wing span)의 길이로 나누어 구한다.

(3) 무게중심(CG, Center of Gravity) 한계는 비행 중에 항공기의 CG가 위치해야 하는 전방 및 후방, 또는 측면(좌우) 한계로 지정된다. 이 한계 사이의 영역을 항공기의 CG 범위라고 한다.

(4) 항공기 중량과 평형에서는 MAC 길이의 백분율, 즉 % MAC로 나타낸다.

C. 자료 · 재료

D. 기기(공구 · 장비)

E. 학습

MAC(Mean Aerodynamic Chord)를 구하는 방법에 대해 학습하여 익힌다.

(1) 다음 예제를 사용해 % MAC를 계산해 본다.

MAC L/E Station: 205

MAC T/E Station: 143

CG 범위: 205 − 143 = 62

CG Station: 160

CG 위치: 160 − 143 = 17

MAC 길이: 62

CG % MAC = (17/62) × 100 = 27.4(%)

즉, CG는 MAC 상의 27.4%에 위치한다.

3. 하드웨어(Hardware)

3.1. 항공기용 나사산 규격

A. 실습 개요

(1) 미국계 항공기에 사용된 나사산 규격의 계열 구분법에 대해 학습하여 익힌다.

B. 관련 지식

(1) 미국계 항공기에서는 National Standard 나사와 Unified Standard 나사가 사용된다.

(2) 최신 항공기에서는 UNJC, UNJF 나사가 채택되고 있고, 이 나사는 Unified standard 나사의 피치원과 공차를 기본으로 하여 개발된 우주항공산업 표준(Aerospace standard) 나사이다.

C. 자료 · 재료

(1) 항공기 기종별 AMM

(2) 계열별 볼트 및 너트 견본(NC 계열, NF 계열, UNC 계열, UNF 계열 UNJC 계열, UNJF 계열)

D. 기기(공구 · 장비)

(1) 나사 피치 게이지(screw pitch gauge)

(2) 버니어 캘리퍼스

(3) 마이크로미터

E. 학습

항공기용 나사산 규격의 구분에 대해 학습하여 익힌다.

(1) 기종별 AMM Chap. 20 Standard torque table을 활용한다.

(2) 볼트, 스크루, 너트 나사의 계열은 나사의 지름을 측정하여 호칭 지름(nominal size)을 구하고 피치 게이지로 나사의 산수를 측정하여 계열을 판단한다.

(3) NF 계열 나사와 UNF 계열 나사의 차이는, 예를 들어, 나사의 호칭 지름이 1inch인 경우, 나사부의 길이 1inch 당 나사산 수가, NF 계열은 12산, UNF 계열은 14산이다.

(4) 나사의 호칭 예시

(a) UNF 4-28, UNF 계열의 나사로서 호칭 지름은 1/4inch이고, 나사부의 길이 1inch

당 나사산 수는 28산이다.

(b) UNF 7-20, UNF 계열의 나사로서 호칭 지름은 7/16inch이고, 나사부의 길이 1inch 당 나사산 수는 20산이다.

3.2. 항공기용 나사

A. 실습 개요

(1) 항공기용 나사를 체결하는 방법에 대해 학습한다.

B. 관련 지식

(1) 알루미늄 합금 또는 마그네슘 합금 부재를 결합하고자 스틸 볼트를 사용할 때는 볼트 머리 아래와 너트 사이에는 알루미늄 합금 와셔를 사용한다. 이 경우에는 부식은 부재가 아닌 와셔에서 발생한다.

(2) 강철 부재를 강철 볼트로 체결할 때는 강철 와셔를 사용한다.

(3) 와셔는 볼트와의 마찰로 인한 부품의 기계적인 손상을 방지하며, 부품의 이질 금속간 부식을 방지한다. 와셔는 볼트, 너트 체결에 있어 볼트의 그림 길이를 조절하는 용도로 쓰인다.

C. 자료 · 재료

(1) 항공기 기체, 엔진, 부품

D. 기기(공구 · 장비)

(1) 나사 체결 실습대

E. 학습

볼트, 너트의 체결방법에 대해 학습하여 익힌다(그림 3.1).

(1) 특별한 지시가 없는 한 볼트와 너트 사이에는 와셔를 사용한다.

(2) 가능한 한 볼트 머리는 위쪽 방향, 앞쪽 방향, 회전하는 방향으로 체결한다.

(3) 볼트의 그립 길이(grip length)를 확인하여 장착한다. 볼트 그립 길이는 체결하고자 하는 부재의 두께와 같다. 그립 길이는 와셔를 넣어 조절할 수 있다.

(4) 자동고정 너트(self locking nut)가 아닌 너트는 안전결선, 코터핀, 탭 와셔를 이용하여 풀림을 방지한다.

(5) 자동고정 너트 체결 시 나사산은 너트 위로 2산 이상 나오도록 한다.

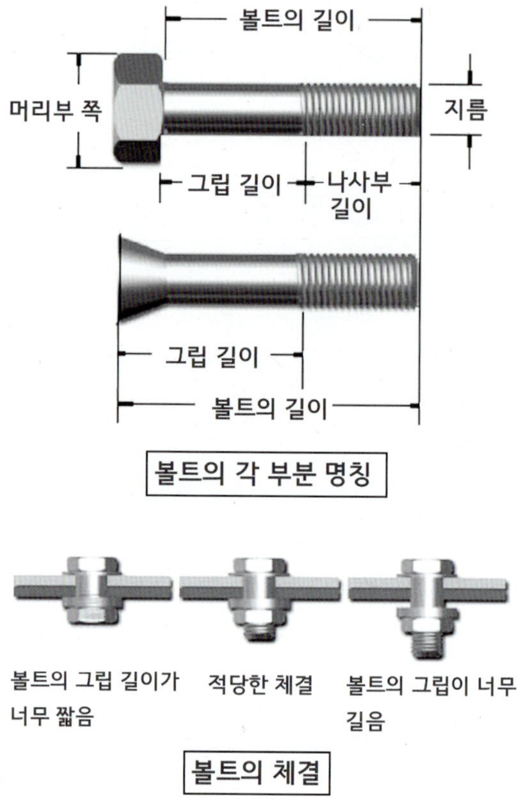

▲그림 3.1 볼트 각 부분 명칭 및 체결

3.3. 고장력 볼트(High Tension Bolt)

A. 실습 개요

(1) 고장력 볼트를 체결하는 방법에 대해 학습한다.

B. 관련 지식

(1) 고장력 볼트는 고장력강으로 제조되고 인장 하중과 전단 하중이 동시에 작용하는 장소에 사용된다.

(2) 고장력 볼트의 머리 아래에는 특수 열처리한 카운터싱크 스틸 와셔(countersunk steel washer)를 채운다.

C. 자료 · 재료

(1) 고장력 볼트가 장착된 멀티 디스크 브레이크 어셈블리(multi disk brake assem-

bly)

(2) 고장력 볼트가 장착된 부품 목 업(mock up)

D. 기기(공구 · 장비)

(1) 앨런 렌치(allen wrench)

(2) 토크 렌치

E. 학습

고장력 볼트를 체결하는 방법에 대해 학습하여 익힌다(그림 3.2).

(1) 고장력 볼트가 장착된 부품 목 업(Mock up)에서 고장력 볼트를 장탈, 장착해 본다.

(2) 볼트의 규격에 해당하는 표준 토크 값을 적용하여 조인다.

(3) 카운터싱크 스틸 와셔의 장착 방향에 유의한다.

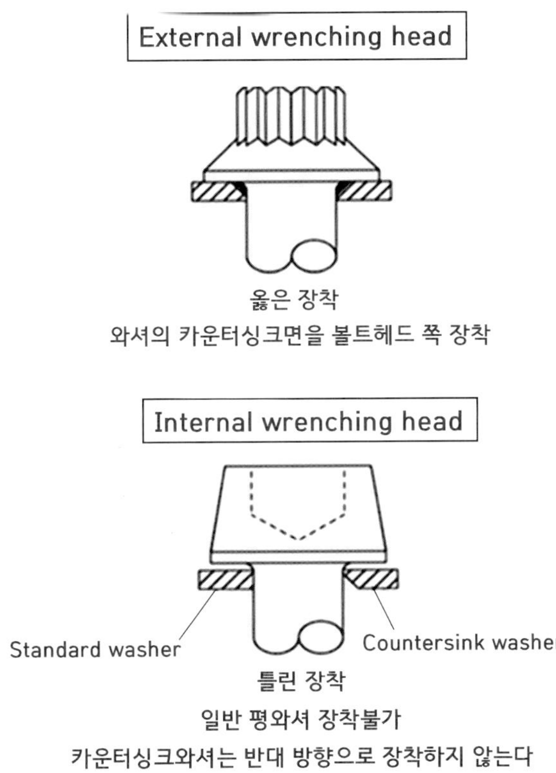

▲ 그림 3.2 고장력 볼트의 와셔 장착

3.4. 자동고정 너트(Self Locking Nut)

A. 실습 개요

(1) 자동고정 너트의 체결방법에 대해 학습한다.

B. 관련 지식

(1) 런온 토크(run-on torque)는 브레이크어웨이 토크(breakaway torque)로 불리기도 하며 자동고정 너트에 적용되는 토크 값으로, 자동고정 너트의 재사용 여부를 판단하는 기준이 되는 것이다. 너트로부터 볼트의 나사산이 너트 위로 1산 이상 나왔을 때 측정되는 토크 값이다.

(2) 런온 토크 값은 최솟값과 최댓값으로 주어지며 측정된 토크 값이 정해진 값 이상일 경우 너트는 재사용할 수 있다.

(3) 자동고정 너트 체결은 모서리 떼기(chamfer)를 포함한 나사산이 너트 위로 2산 이상 나오도록 한다.

C. 자료 · 재료

(1) AMM

(2) 자동고정 너트가 장착된 부품 목 업(mock up)

D. 기기(공구 · 장비)

(1) 토크 렌치

(2) 패스너 장착 실습대

E. 학습

자동고정 너트의 체결방법에 대해 학습하여 익힌다(그림 3.3).

(1) 자동고정 너트가 장착된 부품을 사용하여 볼트, 너트를 체결하며 자동고정 너트의 체결방법을 익힌다.

(2) 브레이크어웨이(breakaway) 토크 값을 적용하여 자동고정 너트를 체결하여 본다. 미니멈 브레이크어웨이 토크 값에 미달하는 자동고정 너트는 셀프 락킹 기능이 소멸한 것으로 폐기한다.

BOEING

737-600/700/800/900

AIRCRAFT MAINTENANCE MANUAL

Table 215/20-50-11-993-816 locking torques for self-locking nuts ⇦

SIZE	TORQUE	
	⇨ minimum breakaway	Maximum locking
0.1120-40	0.5in-lb(0.1N·m)	10.0in-lb(1.1N·m)
0.1380-32	1.0in-lb(0.1N·m)	20.0in-lb(2.3N·m)
0.1640-32	1.5in-lb(0.2N·m)	30.0in-lb(3.4N·m)
0.1900-32	2.0in-lb(0.2N·m)	36.0in-lb(4.1N·m)
0.2500-28	3.5in-lb(0.4N·m)	60.0in-lb(6.8N·m)
0.3125-24	6.5in-lb(0.7N·m)	120.0in-lb(13.6N·m)
0.3750-24	9.5in-lb(1.1N·m)	160.0in-lb(18.1N·m)
0.4375-20	14.0in-lb(1.6N·m)	200.0in-lb(22.6N·m)
0.5000-20	18.0in-lb(2.0N·m)	300.0in-lb(33.9N·m)
0.5625-18	24.0in-lb(2.7N·m)	400.0in-lb(45.2N·m)
0.6250-18	32.0in-lb(3.6N·m)	600.0in-lb(67.8N·m)
0.7500-16	50.0in-lb(5.6N·m)	800.0in-lb(90.4N·m)
0.8750-14	70.0in-lb(7.9N·m)	1200.0in-lb(1.35.0N·m)

▲ 그림 3.3 브레이크어웨이 토크 테이블 B-737

3.5. 탄성 고정 너트(Elastic Stop Nut)

A. 실습 개요

(1) 탄성 고정 너트(elastic stop nut)를 체결하는 방법에 대해 학습한다.

B. 관련 지식

(1) 탄성 고정 너트는 화이버 고정 칼라(fiber locking collar)를 부착할 수 있도록 높이를 증가시킨 표준 너트이다.

(2) 탄성 고정 너트는 고정능력이 감소되지 않은 한 여러 번 사용할 수 있다.

(3) 재사용할 때는 고정 마찰저항력이 감소하지 않았는지 또는 부서지기 쉽도록 경화되지 않은지 여부를 검사해야 한다.

(4) 너트가 손가락 힘으로 돌아가면 폐기한다. 주위 온도가 250℉ 이상인 장소에는 사용할 수 없다.

C. 자료 · 재료

(1) 탄성 고정 너트가 장착된 부품

(2) 탄성 고정 너트

D. 기기(공구 · 장비)

E. 학습

탄성 고정 너트를 체결하는 방법에 대해 학습하여 익힌다(그림 3.4).

(1) 탄성 고정 너트는 체결한 후 볼트, 스터드, 또는 스크루의 나사산이 너트 상면으로부터 1개 이상 나와 있어야 한다. 끝이 평평한 볼트, 스터드, 스크루 등은 1/32in. 이상 나와 있어야 한다.

(2) 볼트의 코터핀 구멍 주위가 거칠거나 나사산이 손상되었거나 끝이 거칠어진 볼트는 화이버 칼라를 손상시킬 수 있어 사용할 수 없다.

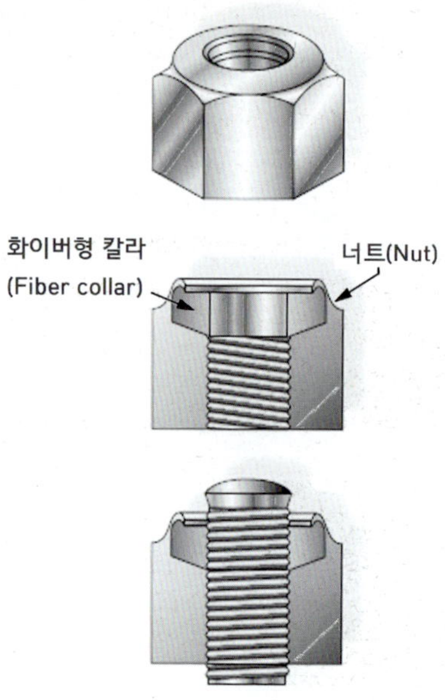

▲ 그림 3.4 탄성 고정 너트

3.6. 턴 락 패스너(Turn lock Fastener)

A. 실습 개요

(1) 턴 락 패스너의 작업방법에 대해 학습하여 익힌다.

B. 관련 지식

(1) 턴 락 패스너는 항공기의 점검창 또는 분리할 수 있는 패널(panel)을 장착하기 위해 사용된다. 턴 락 패스너의 특징은 검사와 정비를 위해 점검 창(access panel)을 쉽

고 빠르게 분리하는 것이 가능하다는 것이다.

(2) 턴 락 패스너는 여러 종류가 있으며 제조사의 상품명으로 호칭한다. 캠 락 패스너(cam-loc fastener), 에어 락 패스너(air-loc fastener), 주스 패스너(dzus fastener)가 일반적으로 사용된다.

C. 자료 · 재료

(1) 항공기 C-150, C-172, C-182, PA-34, M-22

(2) 주스 패스너, 캠 락 패스너, 에어 락 패스너

D. 학습

턴 락 패스너의 체결방법을 학습하여 익힌다(그림 3.5, 3.6).

(1) 소형 항공기 엔진 카울을 탈착, 장착해 보며 방법을 익힌다.

(a) 엔진 카울을 탈착, 장착해 본다.

(b) 기체에서 점검 창을 탈착, 장착해 본다.

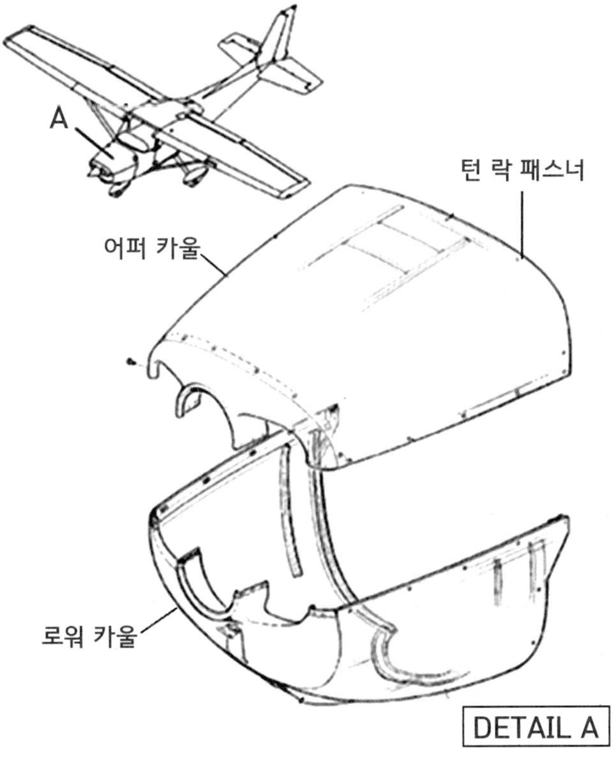

▲ **그림 3.5** 턴 락 패스너, 엔진 카울 C-172

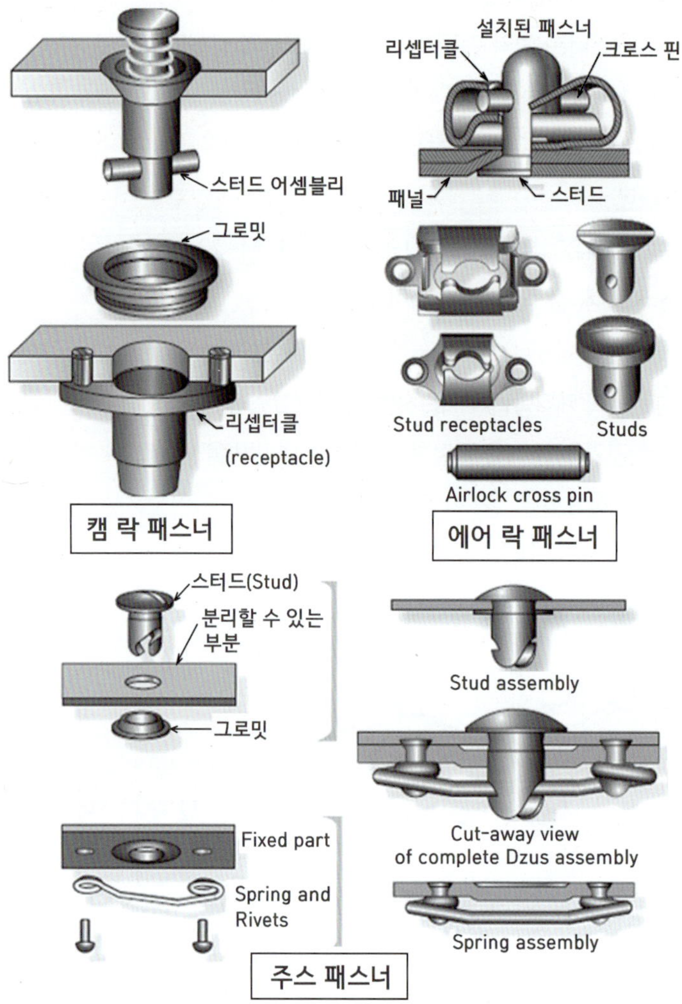

▲그림 3.6 턴 락 패스너

3.7. 안전결선(Safetying)

A. 실습 개요

(1) 안전결선작업 방법에 대해 학습한다.

B. 관련 지식

(1) 안전결선은 패스너가 진동으로 풀리지 않도록 와이어의 장력을 이용하여 풀림을 억제하는 방법이다.

(2) 안전결선은 safety wire, lock cable, lock wire로 불리기도 한다.

(3) 안전결선방법은 복권식과 단선식이 있으며 복권식이 일반적인 방법이다.

(4) 안전결선작업에는 0.041inch(#41), 0.032inch(#32), 0.020inch(#20) 굵기의 CRES(Corrosion Resistant Steel · 내식 강), 모넬(monel), 인코넬(inconel) 와이어가 사용된다. 이 와이어들은 서로 교체 사용이 가능하다.

(5) 주위 온도가 700°F(371°C) 이상 되는 장소에는 인코넬 와이어를 사용한다.

C. 자료 · 재료

(1) 항공기 기체, 엔진 또는 항공기 부품,

(2) CRES 와이어 #20, #32,

D. 기기(공구 · 장비)

(1) 나사 실습장치 목 업(mock up)

E. 학습

나사 실습장치, 엔진 또는 항공기 부품을 사용하여 안전결선방법에 대해 학습하여 익힌다.

(1) 패스너(fastener) 체결 안전결선

(a) 안전결선에 사용한 와이어는 재사용할 수 없다.

(b) 0.045inch 이상의 구멍에는 최소한 0.032inch 이상의 와이어를 사용하여야 한다.

(c) 넓은 간격으로 배치되어 있는 볼트를 복권 식으로 안전결선할 때 연속으로 할 수 있는 최대 수는 3개이다.

(d) 연속으로 안전결선할 수 있는 와이어의 최대 길이는 24inch이다.

(f) 안전결선은 볼트 또는 스크루가 채워지는 방향으로 장력이 작용하도록 배열한다.

(e) 안전결선의 와이어 꼬임의 수는 #32 와이어는 1inch 길이 당 6~8회, #20 와이어는 9~12회이다(그림 3.7).

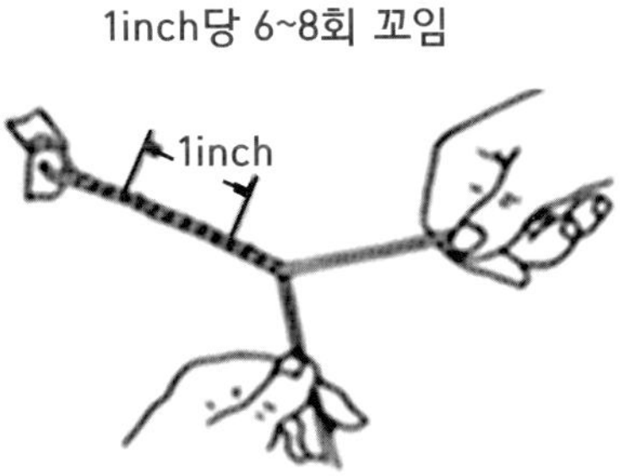

▲ 그림 3.7 안전결선 와이어 꼬임. (#32 와이어)

(g) 안전결선하고자 하는 볼트 또는 너트는 지정된 토크 값 범위 내에서 구멍이 적당한 위치에 있도록 조절한다.

(h) 구멍의 위치를 찾기 위하여 과도하게 조이거나 토크 작업이 완료된 볼트 또는 너트를 푸는 것은 불가하다.

(i) 안전결선의 끝마무리는 최소 1/2inch 길이를 3~6회 꼬임으로 픽 테일(pig tail)을 만들어 준다(특히, 픽 테일 모양에 유의한다).

(j) 캐슬 너트를 안전결선할 때는, 규정된 토크 값의 범위 내에서 작은 값으로 조이기 시작해서 구멍과 홈이 일치할 때까지 증가한다.

(k) 모든 안전결선은 기체 진동으로 끊어질 정도의 장력은 아닌 상태에서 팽팽하게 당겨지도록 결선한다.

(l) 안전결선의 와이어 가닥은 항상 볼트 머리 또는 너트를 옆으로 감싸면서 밑으로 자리 잡아야 하며, 와이어가 이탈하여 볼트 머리 위로 걸쳐있지 않도록 주의한다.

(m) 단선식 안전결선은 밀집되어 있는 스크루 또는 전기계통 부품의 체결 볼트에 적용한다.

(n) 단선식 안전결선은 구멍 크기가 허용하는 최대 굵기의 와이어를 사용한다.

(2) 오일 캡(oil cap), 드레인 콕(drain cock), 밸브(valve)의 안전결선(그림 3.8)

(a) 오일 캡(oil cap), 드레인 콕(drain cock), 밸브(valve) 등의 부품에는 주위에 안전결선을 할 수 있는 고리나 구멍이 마련되어 있다. 그러한 장치가 없을 때는 인접한 구조물의

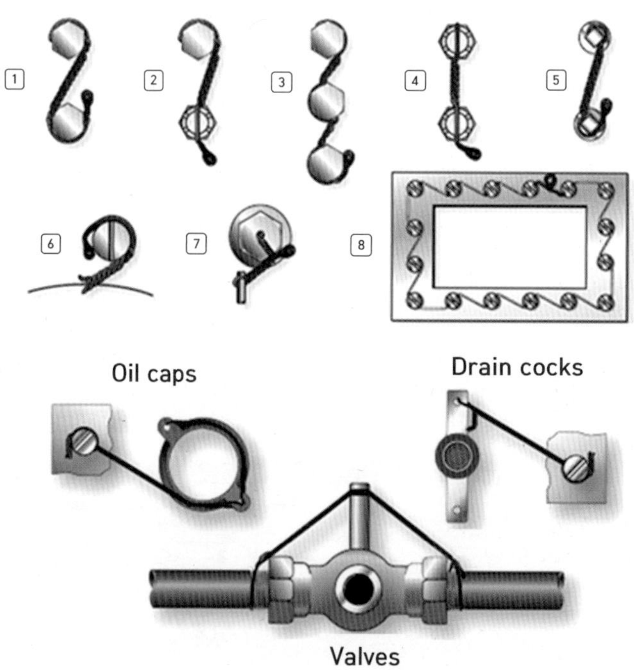

▲ **그림 3.8** 볼트, 스크루, 오일 캡, 드레인 콕, 밸브의 안전결선

적당한 부분에 와이어를 연결하여 안전결선한다.

(3) 전기 커넥터(electric connector) 안전결선 방법(그림 3.9)

(a) 전기 커넥터가 진동으로 헐거워지거나 분리되는 것을 방지하기 위해서는 채워지는 방향으로 장력이 가해지도록 안전결선한다.

(b) 전기 커넥터의 안전결선작업에서 와이어를 제거할 때 와이어 홀이 손상되지 않도록 특별한 주의를 기울여야 한다. 알루미늄 합금 재질의 커넥터 쉘(shell)은 와이어를 당겨서 제거하면 구멍이 쉽게 손상될 수 있다.

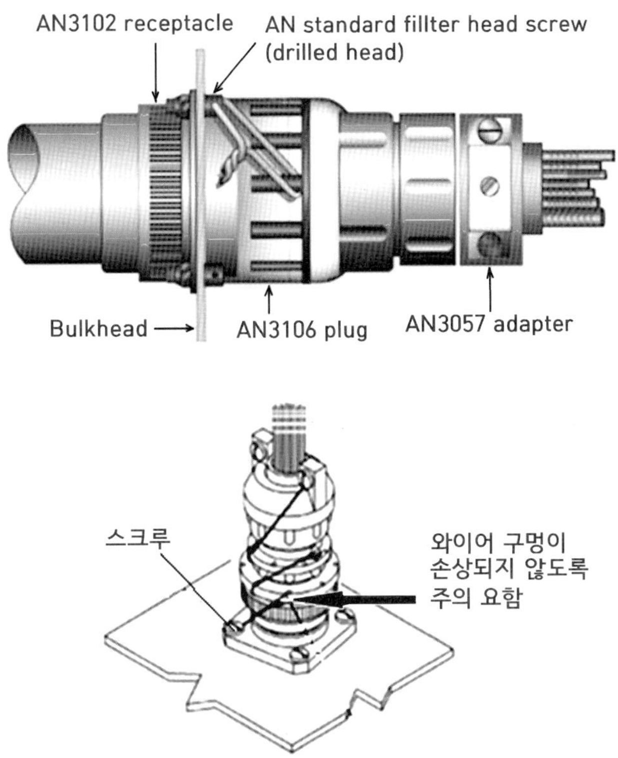

▲ 그림 3.9 전선 커넥터의 안전결선

(4) 와이어 트위스터(wire twister)의 사용방법(그림 3.10)

(a) 와이어를 조(jaw)로 잡고 핸들을 손으로 잡은 채 슬리브를 아래로 밀어서 고정한다. 트위스터 끝의 놉을 당겨주면 스파이럴 로드(spiral rod)가 회전하며 와이어를 꼬아준다.

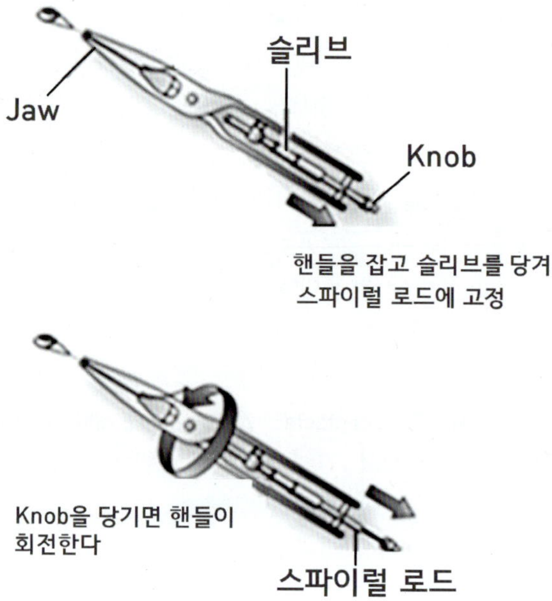

▲그림 3.10 와이어 트위스터

3.8. 턴버클의 안전장치(Turn Buckle Safetying)

A. 실습 개요

(1) 항공기 조종케이블 장치의 턴버클(turn buckle) 풀림방지 작업방법에 대해 학습한다.

B. 관련 지식

(1) 턴버클은 케이블 길이를 미세하게 조절하고 이를 통해 케이블의 장력(cable tension)을 조절하는 케이블 연결장치이다.

(2) 항공기 조종 케이블 장치의 턴버클 풀림방지 작업방법은 락킹 클립(locking clip)을 사용하는 방법과 락 와이어(lock wire)를 사용하는 방법이 있으며, 락킹 클립 방법이 우선적으로 적용하는 방법이다.

(3) 락 와이어를 사용하는 방법에는 단선식 안전결선 방법과 복선식 안전결선 방법, 스파이럴(spiral) 단선식 방법과 스파이럴 복선식 방법이 있다.

(4) 턴버클은 나사산이 가공된 2개의 터미널(terminal)과 배럴(barrel)로 구성된다.

(5) 터미널 중 한쪽은 오른나사이고 다른 한쪽은 왼나사이다. 왼나사로 된 쪽에는 배럴 끝 외부에 홈이 표시되어 있다.

C. 자료 · 재료

(1) 락 와이어 #32, #20

(2) locking clip MS21256-1 짧은 것, MS21256-2 긴 것

D. 기기(공구 · 장비)

(1) 케이블 장치 실습 목 업(mock up)

E. 학습

조종케이블 장치의 턴버클(turn buckle) 풀림방지 작업방법에 대해 학습하여 익힌다.

(1) 복선식 안전결선 방법(그림 3.11)

(a) 턴버클 배럴의 3배 정도의 길이로 절단한 두 개의 와이어를 배럴의 중앙 구멍에 끼우고 절반을 구부려서 각각 양쪽 끝을 향해 펼친다.

(b) 한 개의 와이어의 한쪽 끝을 터미널 아이(terminal eye) 또는 터미널 포크(terminal fork)에 끼운다. 터미널 구멍에는 한 가닥만 끼운다.

(c) 구멍을 통과한 와이어는 배럴의 중심을 향해 구부리고 생크(shank)와 와이어를 함께 감싸면서 4회전 이상 감아준 후 나머지 와이어는 절단한다. 턴버클의 반대쪽도 같은 방법으로 감아서 마감한다. 절단된 와이어의 끝은 플라이어로 눌러서 배럴에 밀착시킨다.

(2) 스파이럴 단선식

(a) 와이어 한 가닥을 턴버클 아이나 턴버클 포크 또는 터미널의 구멍에 끼운다.

(b) 구멍을 통과한 두 가닥의 와이어를 서로 교차하면서 터미널과 배럴을 나선형으로 감는다.

(c) 두 가닥의 와이어를 배럴의 구멍을 통과시키고 다시 교차하며 배럴을 감고 한 가닥 끝은 포크에 걸어 배럴 쪽으로 구부린다.

(d) 터미널 생크에서 만난 각각의 와이어는 서로 반대 방향으로 최소 4회 감고 나머지 와이어는 절단한다.

(3) 단선식 턴버클 안전결선, 스파이럴 방식의 대체 방식

(a) 한 가닥의 와이어를 턴버클 배럴의 중심 구멍을 통과 후 서로 반대 방향으로 구부린다.

(b) 스웨이지 터미널의 구멍을 통과하며 중심 쪽으로 구부려서 생크 주위를 4회 이상 감고 절단한다.

(4) 락킹 클립(locking clip)을 사용하는 방법에 대해 학습하여 익힌다.

(a) 락킹 클립은 배럴의 길이에 따라 짧은 것 또는 긴 것을 선택한다.

(b) 턴버클 배럴과 터미널에는 락킹 클립을 끼우기 위한 홈이 길이 방향으로 가공되어 있다. 케이블 장력을 규정 값으로 조절한 후 락킹 클립을 끼우기 위해 배럴의 홈과 터미널의 홈을 직선으로 일치시킨다.

(c) 터미널의 나사산은 배럴로부터 3개 이상 노출되어서는 안 된다.

(d) 2개의 홈을 일치시키기 위해서는 정해진 케이블 장력 값 이내에서 조절한다.

(e) 락킹 클립의 훅(hook)을 배럴의 구멍에 충분히 눌러서 삽입한다.

(f) 락킹 클립을 장착한 후에는 락킹 클립의 루프(loop)를 손가락 힘으로 당기며 견고하게 장착되었는지 확인한다.

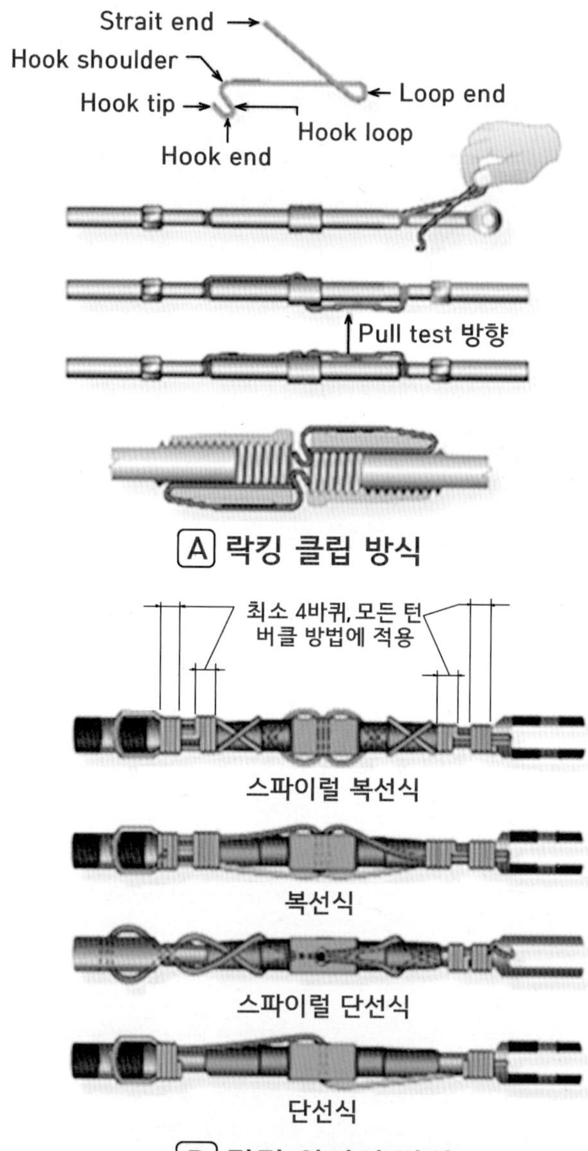

▲그림 3.11 턴버클 안전장치

3.9. 헬리 코일(Heli-coil)

A. 실습 개요

(1) 헬리 코일의 장, 탈착 방법에 대해 학습한다.

B. 관련 지식

(1) 헬리 코일의 단면 모양은 마름모꼴이며, 18-8 스테인리스강 와이어를 가공하여 만든 나사식 코일이다.

C. 자료·재료

(1) 왕복 엔진 실린더 목 업(mock up)

(2) 헬리 코일(M18, P = 1.5, *미터법 규격 적용)

D. 기기(공구·장비)

(1) 헬리 코일 수리 kit

E. 학습

헬리 코일의 장, 탈착 방법에 대해 학습하여 익힌다.

(1) 헬리 코일 작업(그림 3.12)

(a) 헬리 코일 장탈 공구를 손상된 헬리 코일 안쪽에 수직으로 꽂고 볼핀 해머로 가볍게 누느려 준다.

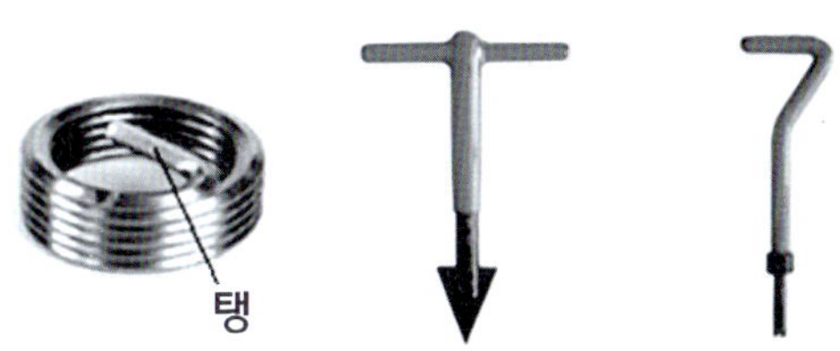

헬리 코일   헬리 코일 공구

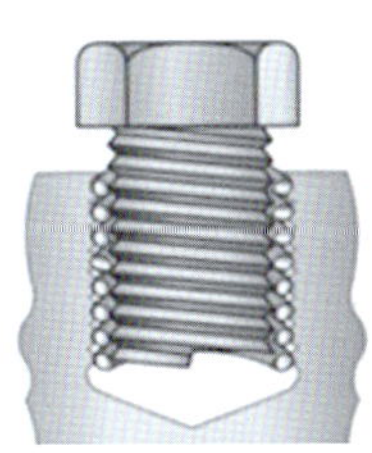

헬리 코일 장착 후 나사 체결

▲ 그림 3.12 헬리코일

(b) 헬리 코일 장탈 공구에 힘을 가하며 왼쪽으로 회전시키면 헬리 코일은 쉽게 빠져나온다.

(c) 헬리 코일 장착 공구를 사용하여 헬리 코일의 끝이 나사 구멍의 상단면으로부터 1/4~1/2 바퀴 더 들어갈 때까지 회전하여 장착한다.

(d) 롱 노즈 플라이어 또는 더크빌 플라이어 등 적절한 공구를 사용하여 탱(tang)을 절단한다. 절단한 탱이 실린더 내부로 유입되지 않도록 유의한다.

3.10. 락 와셔(Lock Washer)

A. 실습 개요

(1) 락 와셔를 장착하는 방법에 대해 학습한다.

B. 관련 지식

(1) 락 와셔는 탭 와셔(tab washer) 또는 키 와셔(key washer)로도 불린다. 셰이크 프루프 락 와셔는 자동 고정너트 또는 캐슬형 너트가 적용되지 않은 곳에 기계용 스크루 또는 작은 볼트와 함께 사용한다.

(2) 락 와셔는 너트의 풀림을 방지하기 위하여 너트 또는 볼트의 측면에 대고 굽힐 수 있는 탭이 붙어있는 직사각형 또는 원형으로 된 얇은 조각이다.

(3) 락 와셔는 한 번만 사용하며 재사용해서는 안 된다.

C. 자료 · 재료

(1) 락 와셔가 장착되어있는 항공기 기체, 엔진 또는 부품

(2) 탭 와셔 종합 세트

D. 기기(공구 · 장비)

E. 학습

락 와셔를 장착하는 방법에 대해 학습하여 익힌다.

(1) 락 와셔 장착(그림 3.13)

(a) 외부에 90°로 굽은 키(key)가 있는 락 와셔의 키는 부품 표면에 있는 작은 구멍에 삽입하고, 너트를 채우고 탭(tab)을 너트의 측면에 대어 구부린 후 볼핀 해머로 가볍게 두드려서 붙인다.

(b) 내부에 키(key)가 있는 락 와셔 볼트나 축의 키 홈(key home) 또는 슬롯(slot)에 키를 맞춘 후, 너트를 채우고 탭은 너트의 측면 쪽으로 구부린 후 볼핀 해머로 가볍게 두드려 붙인다.

(c) 볼트를 장착할 때 규정 값으로 너트를 조이고, 필요한 경우 너트를 육각형의 변 한 개만

을 추가로 돌려주며 너트의 옆면과 탭 와셔의 탭을 정렬한다. 탭을 너트 모서리에 대어 구부리면 안 된다.

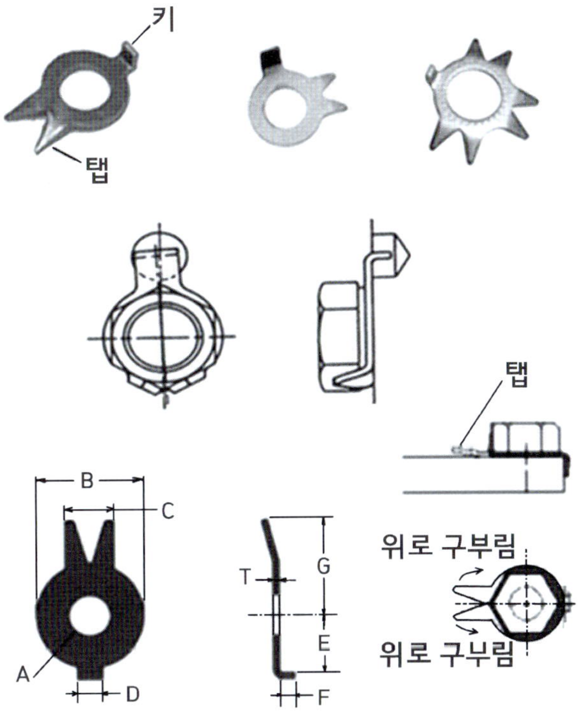

▲그림 3.13 락 와셔 장착

3.11. 스냅 링(Snap Ring)

A. 실습 개요

(1) 스냅 링(snap ring)을 장착하는 방법을 학습한다.

B. 관련 지식

(1) 스냅 링은 스프링강 판재로 제작되며 써 클립(circlip) 또는 리테이닝 링(retaining ring), 리테이너(retainer)로 불리기도 한다.

(2) E 클립(E-clip)은 스냅 링과 유사한 용도로 사용된다.

(3) 스냅 링의 스프링 특성이 스냅 링을 홈에 단단히 고정한다.

(4) 스냅 링은 원래의 형태와 스프링 특성이 유지되는 한 재사용할 수 있다.

(5) 스냅 링 작업 중에는 보안경을 착용한다.

C. 자료 · 재료

(1) 스냅 링이 장착되어 있는 엔진 또는 항공기 부품

(2) 경항공기 브레이크 마스터 실린더 목 업(mock up)

(3) 스냅 링

(4) E-clip

D. 기기(공구 · 장비)

(1) 내측 스냅 링 플라이어

(2) 외측 스냅 링 플라이어

E. 학습

스냅 링을 장탈, 장착해 보며 작업방법을 익힌다(그림 3.14, 3.15).

(1) 경항공기 브레이크 마스터 실린더의 스냅 링을 장탈, 장착해 본다.

(2) 브레이크 마스터 실린더의 E-clip은 내측 스냅 링 플라이어를 사용하여 장탈, 장착해 보며 작업방법을 익힌다.

(3) 스냅 링이 장착된 엔진 또는 항공기 부품에서 스냅 링 작업을 해 보며 작업방법을 익힌다.

외측 스냅링

내측 스냅링

E 클립

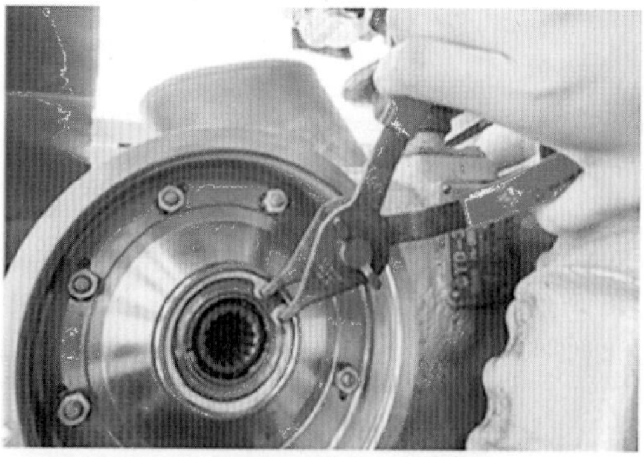
내측 스냅링 장착

▲그림 3.14 스냅 링

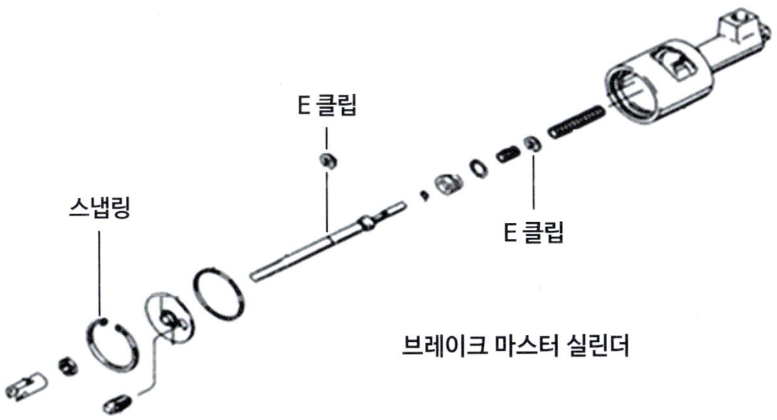

▲ 그림 3.15 스냅링, E 클립 장착

3.12. 코터핀(Cotter Pin)

A. 실습 개요

(1) 코터핀(cotter pin)을 사용하는 풀림방지 작업방법에 대해 학습한다.

B. 관련 지식

(1) 코터핀은 캐슬 너트(castle nut), 크레비스 핀(clevis pin)의 풀림 방지에 사용한다.

(2) 코터핀 작업방법에는 우선식 방법과 차선식 방법이 있다.

C. 자료 · 재료

(1) 부품, 기체, 엔진

(2) 코터핀

D. 기기(공구 · 장비)

(1) 나사 체결 실습장치

(2) 코터핀 풀러(cotter pin puller)

(3) 더크빌 플라이어(duckbill plier)

E. 학습

코터핀 작업방법에 대해 학습하여 익힌다(그림 3.16).

(1) 코터핀 작업방법

(a) 코터핀을 장탈할 때는 코터핀 풀러를 사용한다.

(b) 장탈한 모든 코터핀은 폐기하며 재사용해서는 안 된다. 항상 새 코터핀을 장착한다.

(c) 코터핀의 굵기는 약간의 마찰로 볼트의 구멍에 알맞게 끼울 수 있어야 한다.

(d) 우선방법: 코터핀 헤드는 너트의 홈에 맞게 장착해야 한다. 특별히 지정되지 않은 한 코터핀의 한쪽 끝은 더크빌 플라이어(duckbill plier)로 잡아당겨서 부드럽게 굽혀지도록 하여 볼트 헤드 위에서 뒤로 젖히고, 끝은 볼트에 외경의 1/2을 지나 외경 끝 이내에서 절단한다. 굽힌 후에는 멜릿으로 가볍게 두드리며 마감한다.

(e) 우선방법에서는 다른 쪽 끝은 밑으로 구부리고, 와셔 표면에 닿지 않도록 하되 충분히 길게 하고 필요하면 절단한다.

(f) 캐슬 너트를 장착할 때는 규정 값으로 토크 하고, 필요한 경우 너트를 육각형 변 한 개까지 추가로 돌려주어 너트의 홈을 볼트의 구멍과 맞춘다.

(g) 다이애그널 커터는 코터핀 표면에 상처를 줄 수 있으므로 절단 작업 이외에는 사용하지 않는다.

(h) 크레비스핀을 코터핀으로 고정하고자 할 때는 코터핀의 끝이 크레비스핀의 생크에 밀착되도록 멜릿으로 가볍게 두드리며 마감한다.

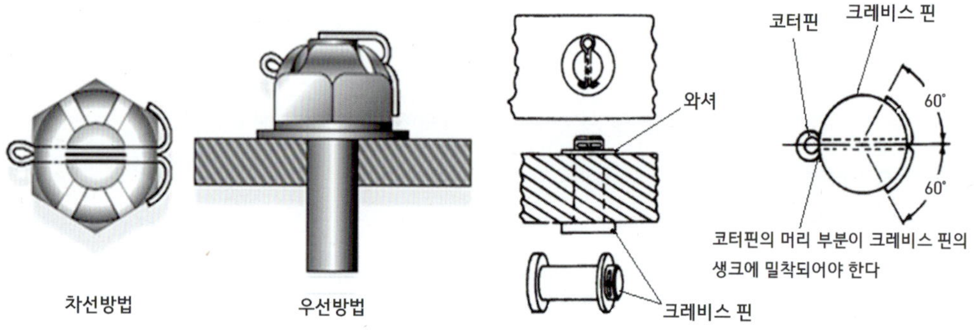

▲그림 3.16 코터핀 장착

3.13. 씰링(Sealing)

A. 실습 개요

(1) 씰링 작업방법에 대해 학습한다.

B. 관련 지식

(1) 씰링(sealing)은 틈(gap), 패스너 주변 간극, 접합 면의 모서리 부분 등을 견고한 씰런트(sealant)로 채우는 방법이다. 또한, 공기, 가스, 액체가 벌크헤드(bulk-head)를 통과해 이동하는 것을 방지하기 위해 사용되며 압력을 유지하는 결합에 사용된다.

(2) 씰링 컴파운드(sealing compound)는 섞지 않고 바로 사용할 수 있게 포장한 상태로 공급되는 one-part 씰링 컴파운드와 기제(base compound)와 경화제(accelerator)를 별개로 공급하여 사용 직전에 적정한 비율로 혼합하여 사용하는 two-part 씰링 컴파운드가 있다. two-part 씰링 컴파운드로 최적의 결과를 얻기 위해서는 적절한 혼합 방법과 올바른 혼합 비율이 중요하다.

(3) 혼합된 씰링 컴파운드의 적용 시간(application time)은 30분부터 4시간 사이이며, 씰링 컴파운드의 종류에 따라 다르다.

(4) 씰링 컴파운드가 경화되기 시작하여 끈적거리지 않은 시각까지 이르는 시간을 택 프리 타임(tack free time)이라 하며 택 프리 상태의 점도는 씰런트를 도포한 후 경화가 진행되는 부위에 셀로판 씨트를 얹고 눌렀을 때, 셀로판 씨트가 들러붙지 않는 상태를 말한다. 택 프리 상태의 씰런트에는 브러시 탑 코팅 작업을 적용할 수 있다.

(5) 주변 온도와 습도는 씰링 컴파운드의 경화에 영향을 미친다. 주위 온도가 15.6°C 미만일 경우 씰런트의 경화는 매우 늦게 진행된다. 공기 온도가 24°C에서 상대 습도가 50%이면 이상적인 조건이다. 온도를 증가시키는 방법으로는 적외선 등이나 가열한 공기를 사용할 수 있다. 가열한 공기는 50°C를 초과할 수 없으며 또한 충분히 여과하여 사용하여야 한다. 접착 면을 미리 가열하는 것은 불가하다.

(6) 씰링 컴파운드를 적용할 모든 표면은 완전하게 깨끗하고 건조한 상태이어야 한다.

(7) 씰링 작업에는 금속제 칼이나 공업용 커터는 사용할 수 없다. 금속제 칼의 사용은 금속 표면의 표면처리를 파괴하여 부식을 발생시킬 수 있다.

C. 자료 · 재료

(1) 실리콘 씰런트(one-part sealant)

(2) 세척제

 (a) Methyl Propyl Ketone

 (b) Naphtha

(3) 메리야스 천(cheese cloth) 면걸레

(4) 마스킹 테이프

D. 기기(공구 · 장비)

(1) 씰링 실습대 목 업(mock up)

(2) 씰링 건

(3) 주걱(Spatula)

(4) 씰런트 제거 전용 공구

(a) Semco® sealant removal tool

(b) 알루미늄 합금보다 경도가 작은 플라스틱 또는 단단한 목재 등 비금속 재료를 사용하여 씰런트 제거를 위한 전용 공구를 자체 제작한다. 다양한 두께의 경성 아크릴 판재를 사용하여 다양한 형태의 칼을 제작하여 활용한다.

E. 학습

씰링 작업방법을 학습하여 익힌다(그림 3.17, 3.18).

(1) 씰링 컴파운드 제거

(a) 씰링 컴파운드 수리할 부위의 기존 씰링 컴파운드는 전용 공구를 사용하여 제거한다.

(b) 금속 표면의 씰링 컴파운드를 제거하기 위하여 금속제 칼을 사용하는 것은 절대 불가하다.

(c) 먼지, 보풀, 칩 등을 모두 제거하고 세척제에 적신 깨끗한 메리야스 천으로 표면을 닦아낸다.

(d) 세척제를 건조하기 위해서는 압축 공기를 사용해서는 안 된다.

(2) 실리콘 씰런트(one-part Sealant) 씰링 작업

(a) 씰링 작업 주위를 테이프로 마스킹한다.

(b) 씰런트 노즐 끝을 작업할 홈의 크기에 맞도록 절단한다.

(c) 노즐을 씰런트가 채워질 홈에 놓고 예각으로 눕혀서 전진한다. 눕혀서 전진하며 씰런트가 채워질 공간의 공기를 밀어내고 그 공간에 씰런트가 채워지도록 천천히 토출한다. 씰링 건 방아쇠의 힘을 조절하여 씰런트 토출량을 조절한다.

(d) 실런트가 채워진 부위 상면을 주걱으로 누르며 잉여 씰런트를 제거한다.

(e) 마스킹 테이프를 제거한다.

(3) 투 파트 씰링 컴파운드(two-part sealing compound) 사용방법

(a) 투 파트 캔 키트(two-part can kit)는 기제와 경화제가 일정 혼합 비율로 포장되어 있고 내용물 전체를 한꺼번에 혼합하여 사용하게 되어있으나 소량 작업일 경우 필요한 양을 덜어내서 혼합하여 사용할 수도 있다. 혼합 비율은 제품의 설명서에 명기되어 있다.

(b) 경화제는 금속 주걱으로 원래의 통 안에서 골고루 섞이게 저어준다.

(c) 기제는 통 안에서 경화제가 들어갈 부분을 움푹 파이게 자리를 만들어 준다. 혼합에 효과적이다.

(d) 경화제 전체 내용물을 기제의 움푹한 공간에 넣고 7~10분간 천천히, 골고루 섞는다.

(e) 용기의 측면과 바닥의 내용물을 긁어내어 균일한 혼합이 이루어지게 한다.

(f) 혼합이 완료되면 혼합물을 조금 떠내어 밝은색의 종이 상자지 위에 펼쳐놓고 관찰한다. 혼합물의 밝은 재료와 어두운 재료 사이의 줄무늬와 대리석 색 혼합 물질이 분리되어 보이는지를 검사한다. 줄무늬와 대리석 색 혼합 물질이 존재할 경우 재료가 완전히 혼합되지 않은 것이며 이러한 혼합 물질이 보이지 않을 때까지 계속해서 섞는다.

(g) 손으로 천천히 섞는 것을 권고한다. 혼합물 내부에서 열이 발생하면 적용 시간(application time)이 단축되고, 혼합물에 공기가 유입될 수 있으므로 기계식 고속 혼합기를 사용해서는 안 된다.

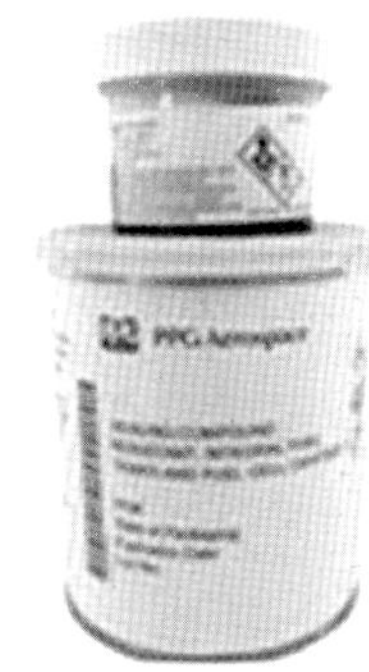

투파트 실링컴파운드, 캔키트

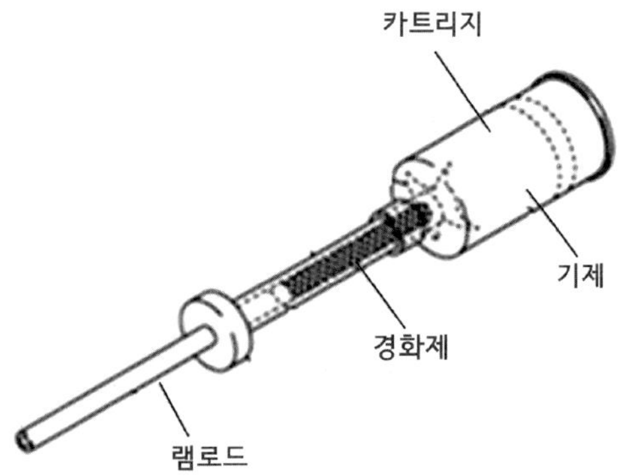

투파트 실링컴파운드,카트리지

▲ 그림 3.17 투 파트 실링 컴파운드

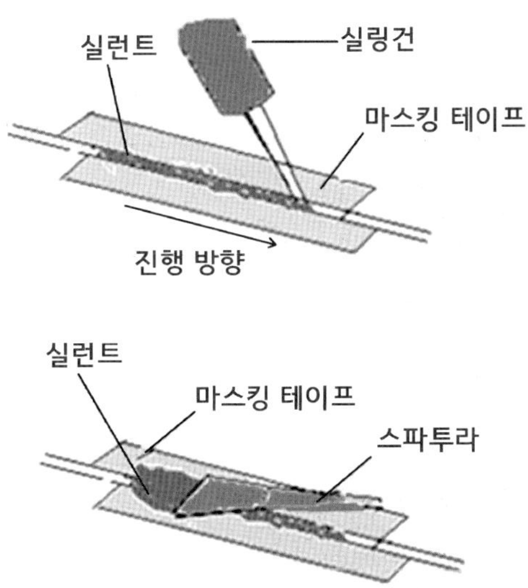

▲ 그림 3.18 실링 작업

3.14. 커넥팅 로드(Connecting Rod)

A. 실습 개요

(1) 커넥팅 로드의 작업방법에 대해 학습한다.

B. 관련 지식

(1) 커넥팅 로드는 길이를 조절할 수 있는 피팅, 알루미늄 합금이나 스틸 튜브(tube), 베어링이 내장된 로드 엔드(rod end), 체크 너트(check nut)로 구성된다.

(2) 커넥팅 로드는 벨 크랭크(bell crank), 섹터(sector) 등과 연결되어 직선운동을 전달하는 역할을 한다. 커넥팅 로드는 기계적으로 작동하는 계통의 요소에서 연결 매체로 사용된다. 이 종류의 연결 매체는 장력의 변화가 없으며, 하나의 로드를 통하여 압축력과 인장력을 전달하는 것이 모두 가능하다.

C. 자료 · 재료

(1) 커넥팅 로드 목 업(mock up)

(2) 항공기의 커넥팅 로드 장치

D. 기기(공구 · 장비)

(1) 목이 긴 오픈 엔드 렌치

(2) C-150, C-172, C-182, PA-34, M-22 항공기

E. 학습

커넥팅 로드의 작업방법에 대해 학습하여 익힌다.

(1) 경항공기 flight control 계통의 커넥팅 로드를 조절해 본다.

(a) 로드에 로드 엔드를 장착할 때는 목이 긴 특수 오픈 엔드 렌치가 필요하다(그림 3.19).

(b) 드라이버 등을 사용하여 부적절한 작업방법으로 로드 엔드를 잡으면 로드 엔드 베어링의 외륜이 손상될 수 있다.

(c) 커넥팅 로드의 길이를 맞춘 다음 체크 너트(check nut)를 이용하여 고정한다(그림 3.20).

(d) 커넥팅 로드 또는 푸시 풀 튜브를 장착할 때는 로드 엔드의 나사 부위가 충분히 깊게 체결되었는지를 위트니스 홀(witness hole)을 통해 확인하는 것이 중요하다. 핀 또는 와이어 토막을 구멍에 넣어서 확인할 수 있다.

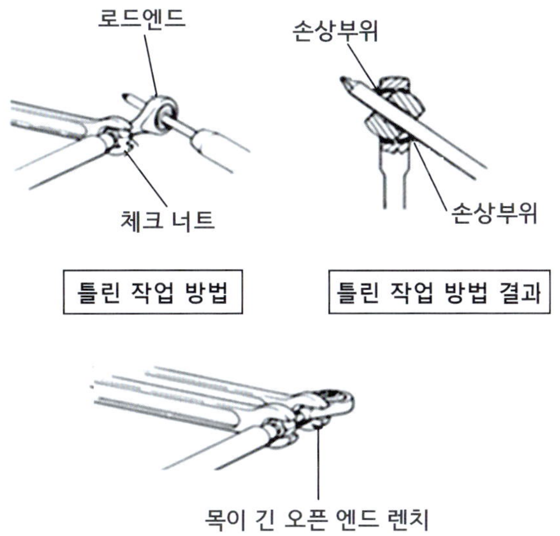

▲ 그림 3.19 로드 엔드 베어링 장착

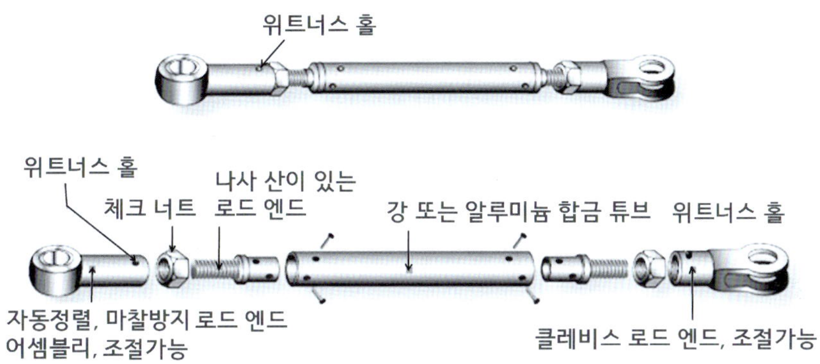

▲ 그림 3.20 푸시 풀 튜브 어셈블리

3.15 토크작업(Torqueing)

A. 실습 개요

(1) 나사 체결의 토크(torque) 작업방법에 대해 학습한다.

B. 관련 지식

(1) 항공기에 사용되는 모든 나사는 각 규격에 해당하는 토크 값이 지정되어 있다.

(2) 토크 렌치는 정밀 측정 장비이다. 토크 렌치를 사용할 때는 교정 인증서를 점검하여

교정 유효기간을 확인하여야 하며 항상 본래의 컨테이너에 넣어 보관하여야 한다.

(3) 토크의 단위

(a) 야드 파운드법 ft-lb(foot-pound) in-lb(inch-pound)

(b) 미터법 N · m(Newton meter)

(c) AMM에서는 야드 파운드법과 미터법의 토크 값을 병기 하고 있다.

(4) 토크 렌치는 토크를 가할 때만 사용하며 나사를 조이거나 풀 때는 사용하지 않는다.

(5) 어댑터(adapter)를 사용할 때는 작용점과 힘점의 사이의 거리 변화에 따른 토크 값을 환산하여 적용하여야 한다.

(6) 특별히 지정되지 않은 한 토크는 너트 쪽에서 가한다.

(7) 토크 렌치 별로 측정값 범위의 30~80% 이내에서만 측정한다.

(8) 특수목적용 패스너의 토크 값은 일반적으로 정비 매뉴얼의 해당 작업란에 명시되어 있다. 그러나 표준규격 나사의 토크 값은 해당 기종 AMM ATA Chap. 20의 표준 작업 절차에서 제시하는 표준 토크 값을 적용한다.

(9) 나사는 청결하고 건조한 상태이어야 하며 특별히 지정되지 않은 한 윤활제는 적용하지 않는다. 이 경우 wet torque에 비해 dry torque라고 한다.

(10) 윤활제, 방청제, 그리스, 고착방지 컴파운드를 적용하는 패스너의 토크 값은 wet torque, 또는 lubed torque 값으로 지정되어 있다.

(11) 작업 공간 제한 등의 이유로 볼트 머리 쪽에서 토크를 가할 때는 구멍과 볼트 생크(shank)와의 마찰에 의한 부하가 추가로 발생할 수 있다. 이때는 발생하는 부하의 크기에 해당하는 값을 주어진 토크 값에 추가한다. 추가로 발생하는 토크 값은, 너트를 채우지 않고 볼트만 회전할 때 필요한 토크 값이다.

C. 자료 · 재료

(1) AMM

(2) 기체, J79 엔진, J85 엔진. CFM56 엔진

(3) 덕트 목 업(mock up)

(4) 덕트 클램프(duct clamp) 체결 부품 목 업(mock up)

(5) V 밴드 클램프(V-band clamp) 체결 부품 목 업(mock up))

D. 기기(공구 · 장비)

(1) 토크 렌치

(a) 디플렉팅 빔형(deflecting beam type) 토크 렌치

(b) 다이얼 지시형(dial Indicating type) 토크 렌치

(c) 마이크로미터 세팅형(micrometer setting type) 토크 렌치, 오디블 클릭형(audible click type) 토크 렌치로 불리기도 한다.

(2) 나사 체결 실습장치

(3) 호스 클램프 소켓(hose clamp socket)

(4) 토크 어댑터(torque adaptor)

(5) 플레어 너트 토크 어댑터(flare nut torque adapter)

(6) 멀티 디스크 브레이크 목 업(mock up)

E. 학습

나사 체결의 토크(torque) 작업방법에 대해 학습하여 익힌다.

(1) 나사 체결 실습 장치, 기체, J79 엔진, J85 엔진, 멀티 디스크 브레이크 목 업에서 나사 체결 토크 작업을 해 본다.

(a) 볼트 나사부의 지름을 측정하여 호칭 치수를 확인하고, AMM ATA Chap. 20의 표준 토

Bolt, Stud or Screw Size		Torque Values in Inch-Pounds for Tightening Nuts			
		On standard bolts, studs and screws having a tensile strength of 125,000 to 140,000 psi		On bolts, studs, and screws having a tensile strength of 140,000 to 160,000 psi	On high-strength bolts, studs, and screws having a tensile strength of 160,000 psi and over
		Shear type nuts (AN320, AN364 or equivalent)	Tension type nuts and threaded machine parts (AN-310, AN365 or equivalent)	Any nut, except shear type	Any nut, except shear type
8-32	8-36	7-9	12-15	14-17	15-18
10-24	10-32	12-15	20-25	23-30	25-35
1/4-20		25-30	40-50	45-49	50-68
	1/4-28	30-40	50-70	60-80	70-90
5/16-18		48-55	80-90	85-117	90-144
	5/16-24	60-85	100-140	120-172	140-203
3/8-16		95-110	160-185	173-217	185-248
	3/8-24	95-110	160-190	175-271	190-351
7/16-14		140-155	235-255	245-342	255-428
	7/16-20	270-300	450-500	475-628	500-756
1/2-13		240-290	400-480	440-636	480-792
	1/2-20	290-410	480-690	585-840	690-990
9/16-12		300-420	500-700	600-845	700-990
	9/16-18	480-600	800-1000	900-1,220	1,000-1,440
5/8-11		420-540	700-900	800-1,125	900-1,350
	5/8-18	660-780	1,100-1,300	1,200-1,730	1,300-2,160
3/4-10		700-950	1,150-1,600	1,380-1,925	1,600-2,250
	3/4-16	1,300-1,500	2,300-2,500	2,400-3,500	2,500-4,500
7/8-9		1,300-1,800	2,200-3,000	2,600-3,570	3,000-4,140
	7/8-14	1,500-1,800	2,500-3,000	2,750-4,650	3,000-6,300
1"-8		2,200-3,000	3,700-5,000	4,350-5,920	5,000-6,840
	1"-14	2,200-3,300	3,700-5,500	4,600-7,250	5,500-9,000
1 1/8-8		3,300-4,000	5,500-6,500	6,000-8,650	6,500-10,800
	1 1/8-12	3,000-4,200	5,000-7,000	6,000-10,250	7,000-13,500
1 1/4-8		4,000-5,000	6,500-8,000	7,250-11,000	8,000-14,000
	1 1/4-12	5,400-6,600	9,000-11,000	10,000-16,750	11,000-22,500

▲ 그림 3.21 토크 값 테이블

크 테이블에서 인장 너트(tension nut) 또는 전단 너트(shear nut)를 구분하여 호칭 치수에 해당하는 토크 값을 찾는다(그림 3.21).

(b) 토크 렌치를 종류별로 사용해 본다(그림 3.22).

(c) 토크 렌치에 연장대(어댑터)를 연결하여 사용해 본다(그림 3.23, 3.24).

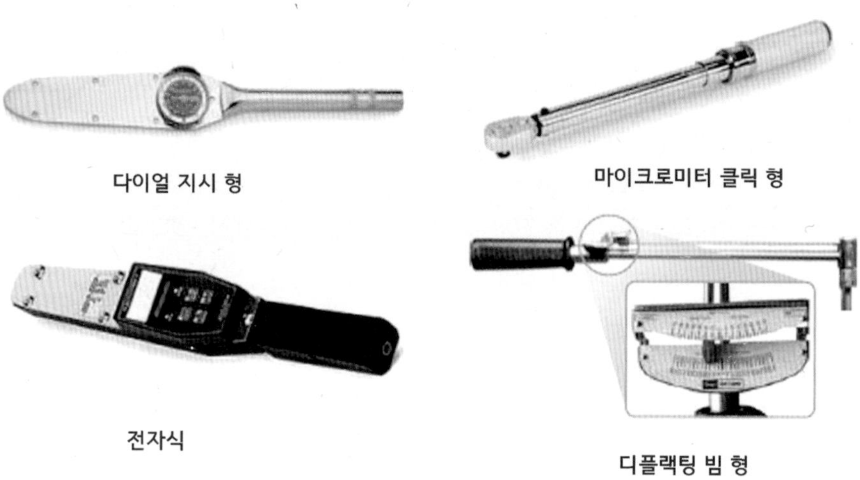

▲ 그림 3.22 토크 렌치

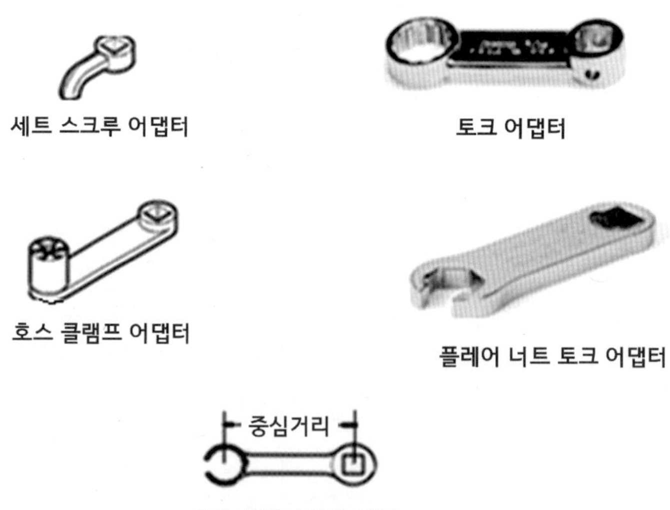

▲ 그림 3.23 토크 값 테이블

(d) 플래어 너트 렌치 어댑터(flare nut wrench adapter)를 사용하여 B-너트에 토크 작업을 해 본다.

(e) 크로우 후트 렌치를 사용하여 B-너트 토크 작업을 해 본다.

(f) 멀티 디스크 브레이크 어셈블리에서 고장력 볼트에 토크 작업해 본다(그림 3.25).

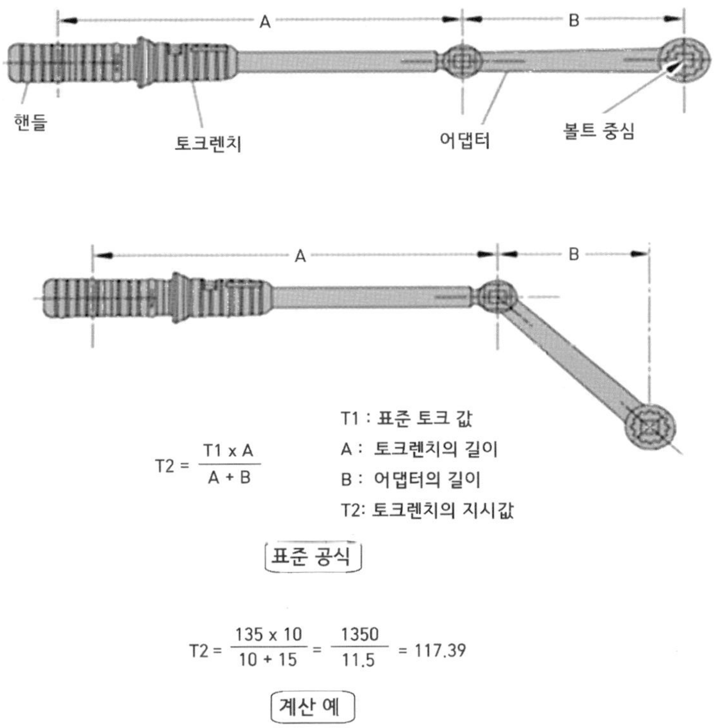

▲ 그림 3.24 토크 렌치 어댑터 사용 공식

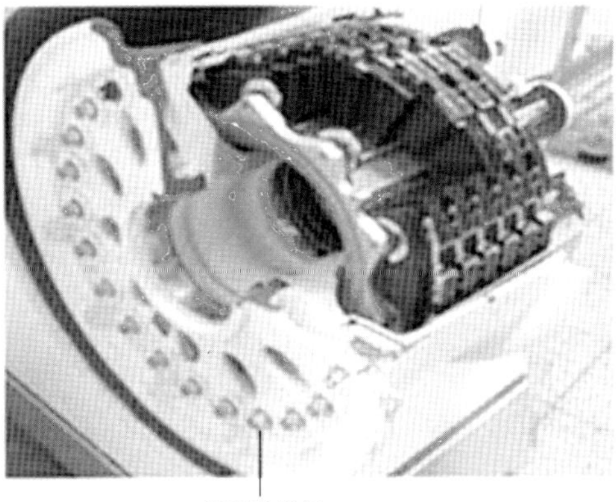

▲ 그림 3.25 고장력 볼트 체결, 멀티 디스크 브레이크 어셈블리

(g) 토크 렌치 잡기(그림 3.26)

- 토크 렌치의 소켓을 너트에 걸고 한 손으로는 토크 렌치의 소켓이 패스너에서 이탈하지 않도록 패스너 쪽을 가볍게 움켜잡는다.
- 다른 한 손은 토크 렌치의 핸들을 잡고 토크 렌치의 축과 직각을 유지하며 핸들을 시계 방향으로 부드럽게, 일정한 힘으로 당긴다. 팔이 떨렸거나 급작스레 당겼다면 풀었다가 다시 당긴다.

(h) 다이얼 형식 토크 렌치는 시선을 다이얼과 수직을 유지하며 지시 값을 읽는다.

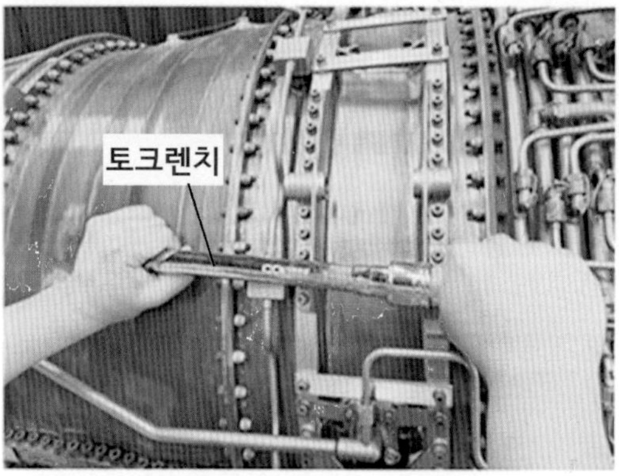

▲ 그림 3.26 토크 렌치 잡기

4. 유체 라인과 체결기구

4.1. 항공기용 금속 튜브 성형

A. 실습 개요

(1) 항공기 금속튜브를 수동 장비를 사용하여 성형하는 방법에 대해 학습한다.

(2) 금속튜브 성형작업에는 튜브 절단(cutting), 벤딩(bending), 플레어링(flaring), 비딩(beading)이 있다.

B. 관련 지식

(1) 본 절차는 수동 장비를 사용하여 1/2inch, 12mm 이하의 알루미늄 합금, 황동, 구리 튜브의 성형에 적용한다

(2) 튜브 벤딩 작업은 튜브 외형이 납작하게 되지 않고 부드러운 굽힘 반경을 유지하며 원하는 각도와 길이로 구부리는 것이다.

C. 자료 · 재료

(1) AA1100 Aluminum 튜브
O.D. 1/2in.
O.D. 12mm

(2) 설계 도면

(3) 윤활유

(a) 윤활유(플레어링 툴 윤활용, 기계유와 석유의 50:50 혼합액)

D. 기기(공구 · 장비)

(1) 튜브 커터

(2) 디버링 툴(deburring tool)

(3) 레버식 튜브 벤더(lever type tube bender) P/N 364-FHA-6 또는 유사품. inch 용, mm 용

(4) 트리플 헤드 튜브 벤더(triple head tube bender) P/N 370FH 또는 유사품. inch 용

(5) 싱글 플레어링 툴(single flaring tool)

(6) 더블 플레어링 툴(double flaring tool)

(7) 비딩 툴(beading tool)

E. 학습

튜브 절단, 디버링, 벤딩, 플레어링, 비딩하는 방법에 대해 학습하여 익힌다.

(1) 절단(그림 4.1)

(a) 도면의 내용을 충분히 이해한다.

(b) 설계 도면에 따라 굽힘 및 절단 위치를 표시한다.

(c) 절단하고자 하는 지점에 커터 날을 놓고 조절 손잡이를 돌려서 적절한 압력을 가하며 커터를 회전시키며 절단한다.

(d) 커터가 회전할 때 날에 가벼운 압력이 걸리도록 완전히 한 바퀴 회전한 후 조이기 노브를 조절한다.

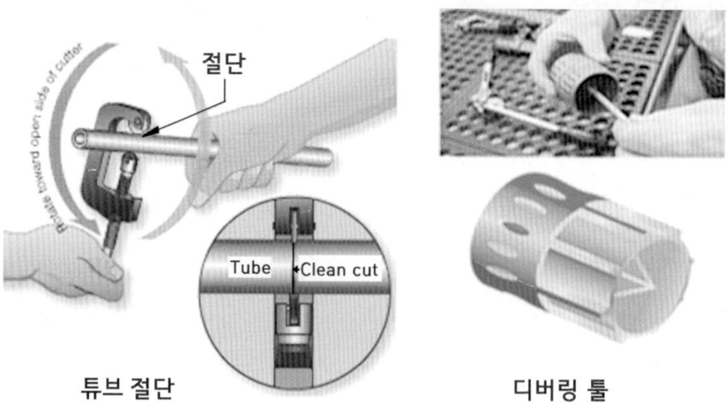

▲ **그림 4.1** 튜브 절단, 디버링

(2) 디버링

(a) 튜브를 자르고 난 후 튜브 단면 안쪽 및 바깥쪽의 날카로운 부분 및 버(burr)를 디버링 툴을 사용하여 제거한다.

(b) 튜브를 깨끗이 하고 외부 물질이 남아 있는지 확인한다.

(c) 디버링 완료 후 튜브 끝의 벽 두께가 얇거나 균열되지 않도록 주의한다.

(3) 레버형 벤더를 사용하는 튜브 벤딩(그림 4.2, 4.4)

(a) 튜브 지름에 맞는 벤더를 선택한다.

(b) 튜브를 벤딩할 때는 스프링 백을 고려하여 각도를 1°~3° 보정해 준다.

(c) 슬라이드 바(slide bar)를 위로 들어 올린다.

(d) 튜브를 튜브클램프(tube clamp)를 통과하며 폼 휠(form wheel)과 폼 핸들(form handle) 사이에 끼운다.

(e) 굽힘이 시작되는 지점을 폼 휠의 0°에 맞추고 폼 핸들을 움직여 "0" 지점과 맞춘다.

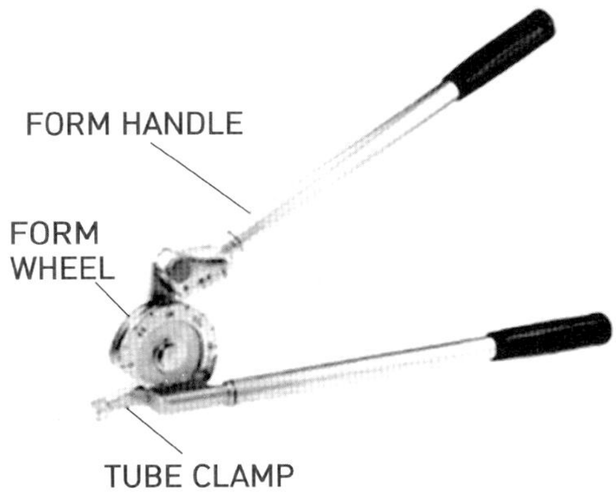

▲ 그림 4.2 레버형 튜브 벤더

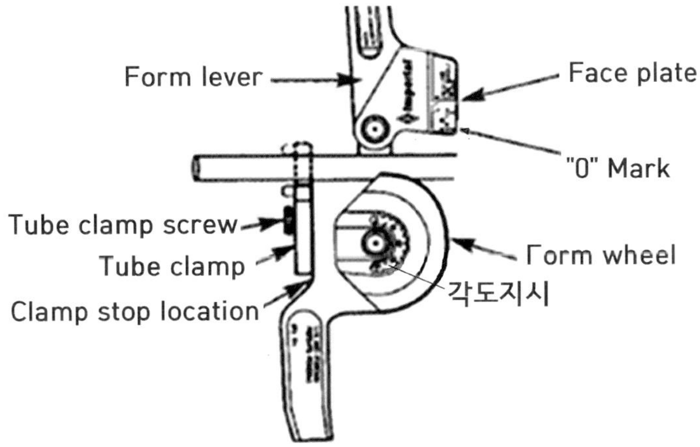

▲ 그림 4.3 트리플 헤드 튜브 벤더

(f) 폼 핸들을 당기며 요구되는 각도로 튜브를 벤딩한다.

(g) 폼 핸들을 들어 올리고 성형된 튜브를 벤더로부터 떼어낸다.

(h) 성형한 튜브의 각도, 평평한 정도, 찍힘 등을 점검하고 길이에 맞춰 절단한다.

(i) 절단면을 디버링하여 마무리한다.

(4) 트리플 헤드(triple head) 튜브 벤더를 사용하는 튜브 벤딩(그림 4.3)

수작업 튜브 벤더는 핸들, 레디어스 블럭, 클립, 슬라이드 바 등 4개로 구성되어 있다.

(a) 폼 레버(form lever)를 위로 올린다.

(b) 튜브를 폼 휠 위에 놓는다.

(c) 튜브 위로 클램프를 들어 올린다.

(d) 튜브 위로 클램프를 내려 고정한다.

(e) 폼 레버를 당기며 휨 휠의 각도에 맞춰 튜브를 필요한 각도로 벤딩한다.

(f) 슬라이드 바와 클립을 들어 올리고 난 후 성형된 튜브를 떼어낸다.

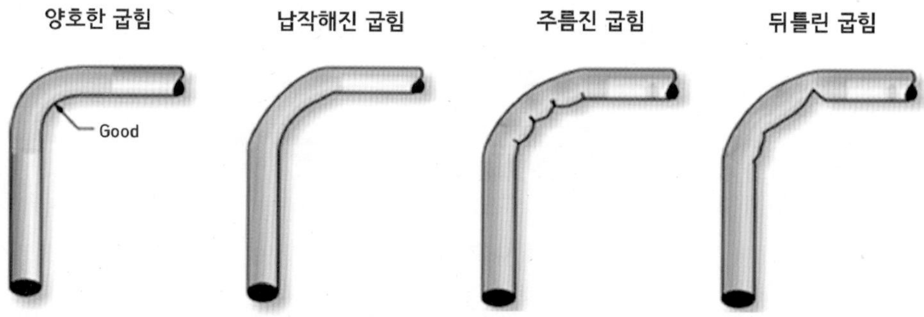

▲ 그림 4.4 튜브 벤딩

(5) 튜브 성형, 예제

외경 - 0.5in. 벤딩 반경 - 1.5in.인 AA1100 알루미늄 합금 튜브를 도면과 같이 벤딩한다(그림 4.5).

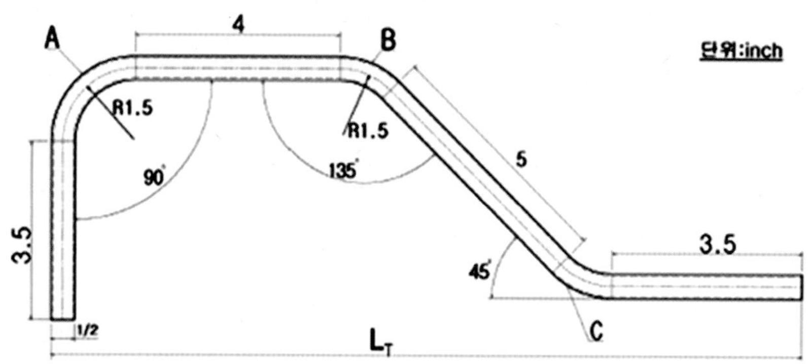

▲ 그림 4.5 튜브 벤딩 예제

(a) 벤드 허용량 BA_A 및 BA_B를 계산하시오.

- $BA_A = \dfrac{\theta}{360°} \times 2\pi R = \dfrac{90}{360} \times 2\pi R = 2.356$
- $BA_B = \dfrac{\theta}{360°} \times 2\pi R = \dfrac{45}{360} \times 2\pi R = 1.178$

(b) 세트 백 SB_A 및 SB_B를 계산하시오.

- $SB_A = \left(R + \frac{1}{2}D\right) \times \tan\left(\frac{\theta}{2}\right) = \left(1.5 + \frac{1}{2} \times 0.5\right) \times \tan\left(\frac{90^\circ}{2}\right) = 1.75$
- $SB_B = \left(R + \frac{1}{2}D\right) \times \tan\left(\frac{\theta}{2}\right) = \left(1.5 + \frac{1}{2} \times 0.5\right) \times \tan\left(\frac{45^\circ}{2}\right) = 0.725$

(c) 벤딩 전의 총 길이 L을 계산하시오.

$$\begin{aligned} L &= 3.5 + BA_A + 4 + BA_B + 5 + BA_B + 3.5 \\ &= 3.5 + 2.356 + 4 + 1.178 + 5 + 1.178 + 3.5 \\ &= 20.712 \end{aligned}$$

(d) 벤딩 후의 총 길이 L_T를 계산하시오.

$$\begin{aligned} L_T &= SB_A + 4 + SB_B + (SB_B + 5 + SB_B) \times \cos 45^\circ + 0.725 + 3.5 \\ &= 1.75 + 4 + 0.725 + (0.725 + 5 + 0.725) \times \cos 45^\circ + 0.725 + 3.5 \\ &= 15.26 \end{aligned}$$

(6) 싱글 플레어(single flare) 성형(그림 4.6, 4.7)

(a) 싱글 플레어링 툴(single flaring tool)은 매번 사용 시 나사부를 윤활한다.

(b) 알루미늄 튜브 작업 시에는 요크(yoke)의 원뿔을 기계유와 석유의 50:50 혼합액을 사용하여 윤활한다.

(c) 성형하기 전에 튜브가 직각으로 절단되고 디버링(deburring)이 되었는지 확인한다.

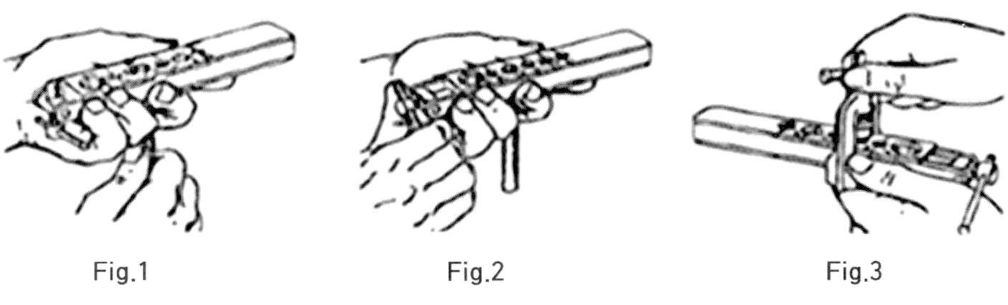

▲ 그림 4.6 튜브의 싱글 플레어 성형

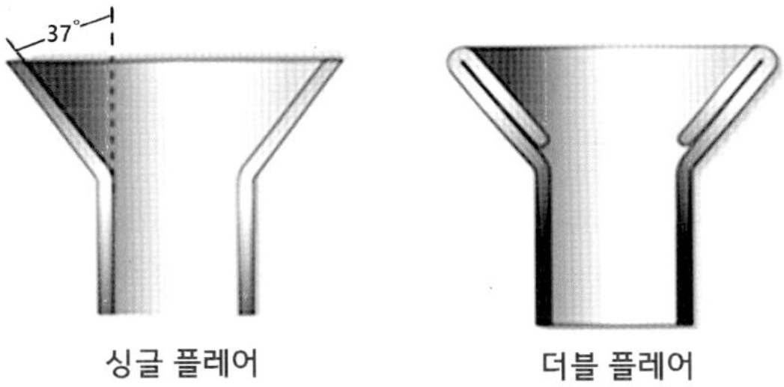

▲ 그림 4.7 튜브 플레어

(d) 튜브에 피팅 너트(fitting nut)와 슬리브(sleeve)를 끼운다.

(e) 그립 바(grip bar)의 클램핑 스크루(clamping screw)를 풀어준다.

(f) 튜브의 끝이 그립 바 상면과 일치하도록 끼운다(Fig. 1).

(g) 클램핑 나사를 조인다(Fig. 2).

(h) 요크를 튜브 위에 밀착시킨 후 자리를 잡도록 핸들을 돌려주며 약간의 저항이 느껴지도록 핸들을 돌려서 눌러주면 플레어가 완성된다(Fig. 3).

(7) 더블 플레어(double flare) 성형(그림 4.8)

(a) 알루미늄 튜브 작업 시에는 요크(yoke)의 원뿔을 기계유와 석유의 50:50 혼합액을 사용하여 윤활한다.

(b) 튜브에 피팅 너트(fitting nut)와 슬리브(sleeve)를 끼운다.

(c) 두 개의 클램핑 스크루를 풀어 그립 바를 벌린다.

(d) 튜브 지름과 일치하는 구멍을 선택하고 튜브 끝을 어댑터 인서트 쇼울더(adapter insert shoulder)의 두께와 일치하는 길이만큼 그립 바로부터 올려 끼운다.

(e) 클램핑 스크루를 단단히 조여서 튜브를 고정한다.

(f) 어댑터의 파일럿(pilot)을 튜브에 삽입한다.

(g) 요크(yoke)를 어댑터의 중심에 오도록 이동한다.

(h) 어댑터의 쇼울더가 그립 바 위에 자리 잡도록 원뿔을 아래로 밀어 내린다.

(j) 어댑터를 충분히 빼낼 수 있도록 원뿔을 반대로 풀어준다.

(k) 어댑터를 빼낸 후, 원뿔을 튜브의 종 형태 위로 밀어 내리면 튜브가 접히며 더블 플레어가 생성된다.

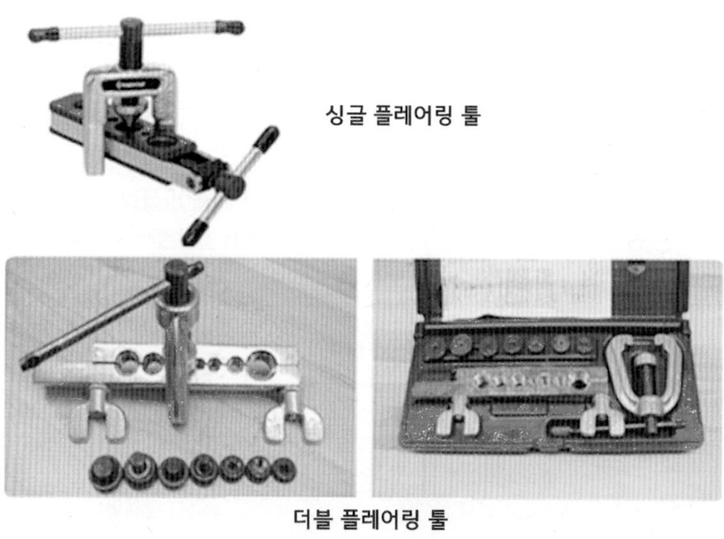

▲ 그림 4.8 플레어링 툴

(8) 비드(Bead) 성형(그림 4.9)

(a) 지름과 길이를 고려하여 튜브를 준비한다.

(b) 튜브를 절단하고 디버링한다.

(c) 비드 성형

① 비드가 생성될 부위의 튜브 내 · 외부를 윤활한다.

② 튜브 홀더(holder)로 튜브를 고정한다.

③ 비딩 툴에 튜브를 끼우고 핸들을 돌려주며 서서히 압력을 가한다.

④ 튜브 주위에 비드가 생성되도록 압력을 가하며 회전하면 비드가 형성된다.

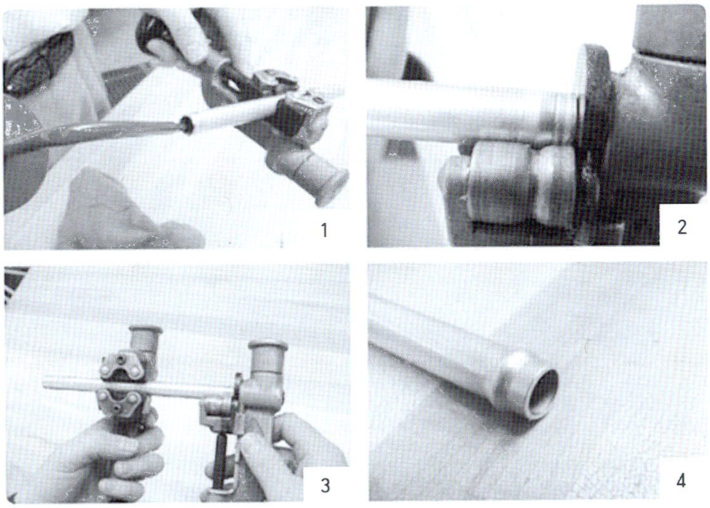

▲ 그림 4.9 튜브 비드 성형

4.2. 항공기 유체 배관(Fluid Line) 식별

A. 실습 개요

(1) 항공기에 사용되는 유체 배관 식별표식에 대해 학습한다.

B. 관련 지식

(1) 항공기에 사용되는 유체 배관은 색상 코드, 문자 그리고 기하학적인 기호로 구성된 표식에 의해 식별할 수 있다

(2) 이 표식은 각 유체 라인의 기능, 내용 및 주요 위험 요소를 표시한다.

(3) 유체 라인은 일반적으로 폭이 1in.인 테이프 또는 디캘(decal)을 붙여 표시한다.

C. 자료 · 재료

(1) 항공기 기체, 엔진

(2) 배관 식별표식 포스터

D. 기기(공구 · 장비)

E. 학습

항공기 기체 및 엔진에서 배관 식별표식을 구분하며 익힌다.

(1) 배관 식별표식(그림 4.10)

(a) 연료계통, 윤활유계통, 유압계통, 계기압력, 호흡용 산소계통, 에어 컨디션 계통, 방빙/제빙 계통, 압축공기 계통의 배관 표식을 익힌다.

(b) 엔진 부위와 같이 매우 뜨겁거나 차가운 환경에 있는 금속제 택(tag)에 의한 특별 배관 표식을 익힌다.

(c) 드레인 라인(drain line), 벤트 라인(vent line), 프레셔 라인(pressure line), 리턴 라인(return line)과 같이 계통 내 기능을 구별하기 위한 표식을 익힌다.

(d) 인화질 물(FLAM · Flammable), 위험물(PHDAN 또는 Physically Dangerous Material) 표식을 익힌다.

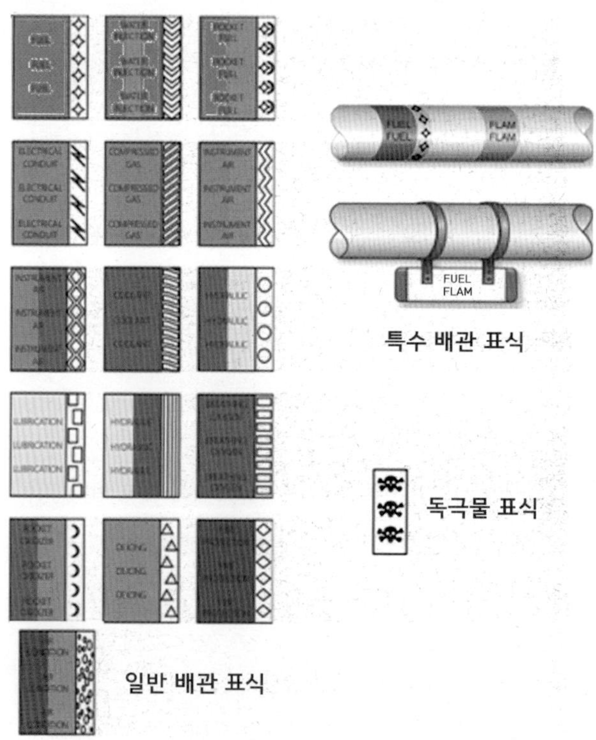

▲ 그림 4.10 유체 배관의 식별(부록 참조)

4.3. 플레어 튜브 피팅 체결

A. 실습 개요

(1) 플레어 튜브 피팅(flare tube fitting)의 체결방법에 대해 학습한다.

B. 관련 지식

(1) 플레어 튜브 피팅은 슬리브와 너트로 구성된다. 너트가 슬리브 위에 얹혀서 조여지면, 슬리브와 튜브의 플레어가 피팅에 밀착되어 기밀이 유지된다.

(2) 슬리브는 튜브를 지지해서 진동이 플레어 끝부분에 집중되지 않도록 하고, 가해지는 전단응력을 보다 넓은 지역으로 분산시켜 강도를 증대시키는 역할을 한다.

(3) 과도한 토크는 튜브, 피팅, 너트 및 슬리브 파손의 원인이 된다.

C. 자료 · 재료

(1) 왕복 엔진 목 업(mock up)

D. 기기(공구 · 장비)

(1) 플레어 너트 렌치

(2) 플레어 너트 렌치 토크 어댑터

(3) 토크 렌치

E. 학습

호스, 튜브 피팅 토크 테이블을 참조하여 플레어 튜브와 피팅의 체결방법에 대해 학습하여 익힌다(그림 4.11, 4.12).

(1) 플레어 튜브와 피팅의 체결방법

(a) 호스의 호칭은 내경(I.D.)을 의미하며 1/16in. 단위로 표시한다.

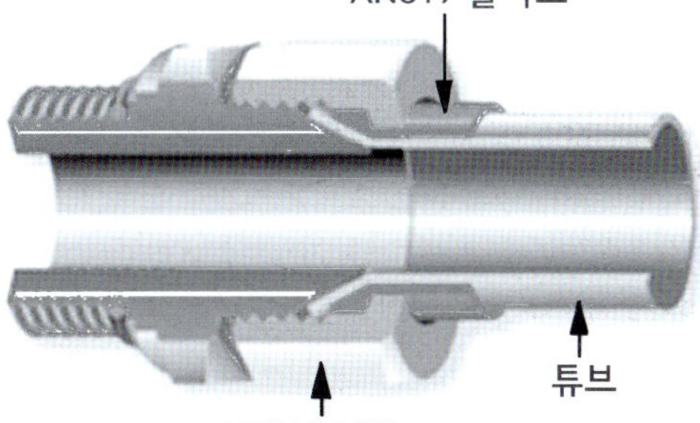

▲ 그림 4.11 플레어 튜브 피팅 체결

호칭 1 = 1/16in.

(b) 튜브의 호칭은 외경(O.D.)을 의미하며 1/16in. 단위로 표시한다.

(c) 피팅(fitting)과 플레어의 접촉면에는 어떠한 윤활제도 바르지 않는다.

(d) 피팅을 고정하기 전에 피팅과 너트의 정열을 확인한다. 너트를 채우기 위하여 무리하게 튜브를 끌어당겨서는 안 된다.

(e) 피팅과 튜브를 채울 때는 플레어 형식에 정해진 토크 값을 적용한다.

(f) 토크 값은 피팅과 너트의 재질에 따라 차이가 있다. AN알루미늄 피팅은 파랑, 철 합금 피팅은 흑색으로 표면 처리돼 있고 알루미늄/청동 피팅은 카드뮴 도금이 되어 있다.

(g) 튜브 커플링 너트를 분리하거나 조립할 때는 두 개의 렌치를 사용한다. 렌치 한 개는 피팅을 잡고 다른 한 개는 커플링 너트를 풀거나 조인다. 두 개의 렌치를 사용하지 않으면 계통에 손상을 줄 수 있다.

4.4. 플레어리스 튜브 피팅

A. 실습 개요

(1) 플레어리스 튜브 피팅(flareless tube fitting)의 체결방법에 대해 학습한다.

B. 관련 지식

(1) 플레어리스 튜브의 너트를 과도한 힘으로 조이면 튜브를 싸고 있는 슬리브 끝부분이 튜브에 파고들면서 튜브를 약하게 하여 진동으로 인해 절단되는 원인이 된다. 만약 점검에서 결함이 발견되지 않으면 튜브를 재조립하여 검사하는 절차를 반복한다.

(2) 육각 너트의 옆면 2개, 즉 1/3 회전 이상 조이지 않는다. 이것은 슬리브와 너트의 영구적 결함의 발생 없이 조일 수 있는 허용한계이다.

C. 자료 · 재료

(1) 플레어리스 튜브 피팅 배관

(2) J79 엔진, J85 엔진, CFM56 엔진

D. 기기(공구 · 장비)

(1) 플레어 너트 렌치

(2) 플레어 너트 렌치 토크 어댑터

(3) 토크 렌치

E. 학습

플레어리스 튜브 피팅의 체결방법에 대해 학습하여 익힌다.

(1) 항공기 AMM ATA Chap. 20에는 플레어리스 튜브 피팅의 체결 토크 값이 지정되어 있다(그림 4.12).

(2) 플레어리스 튜브 피팅의 체결방법(그림 4.13)

(a) 너트를 손가락 힘으로 회전력 저항을 느껴질 질 때까지 조인다.

(b) 손가락 힘으로 조여지지 않을 때부터 렌치를 사용한다. 너트가 슬리브에 접촉이 시작되는 감각에 유의한다. 접촉이 감지되기 시작할 때 마지막 조임을 시작하는 것이 중요하다.

(c) 렌치를 사용하여 너트를 1/6 바퀴 조인다. 이때 피팅이 따라 돌지 않도록 렌치로 잡아준다.

Tubing/Hose Torque Limits (Inch-Pounds)

Hose size	Tubing O.D.	Flared or Flareless fitting with Aluminum or Annealed Stainless Steel Tubing, and Hose with Aluminum inserts		Flared or Flareless fitting with Steel Tubing, and Hose with Aluminum inserts	
		Min	Max	Min	Max
-2	1/18	20	30	75	85
-3	3/16	25	35	95	105
-4	1/4	50	65	135	150
-5	5/16	70	90	170	200
-6	3/8	110	130	270	300
-8	1/2	230	260	450	500
-10	5/8	330	360	650	700
-12	3/4	460	500	900	1000
-16	1	500	700	1200	1400

▲ 그림 4.12 호스, 튜브 피팅 토크 테이블

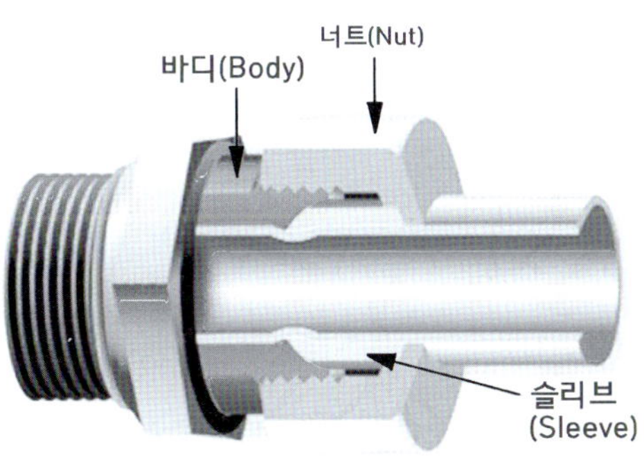

▲ 그림 4.13 플레어리스 피팅 구조

(d) 계통에 압력을 가해 연결부의 누설 점검을 한다. 누설이 발생하면 추가로 1/6 바퀴를 돌려준다. 총 1/3 바퀴만 허용된다.

(e) 총 1/3 바퀴를 조인 후에도 누설이 계속되면 너트, 피팅을 분리하여 접촉부에 이물질, 균열, 긁힘 결함 여부 및 과도한 토크로 인한 결함인지를 점검한다.

(f) 튜브 커플링 너트를 분리하거나 조립할 때는 두 개의 렌치를 사용한다. 한 개의 렌치는 피팅을 잡고 다른 한 개는 커플링 너트를 풀거나 조인다. 두 개의 렌치를 사용하지 않으면 계통에 손상을 줄 수 있다.

4.5. 플렉서블 호스(flexible hose)

A. 실습 개요

(1) 플렉서블 호스(flexible hose)의 장착 방법에 대해 학습한다.

B. 관련 지식

(1) 플렉서블 호스는 움직이는 부분에 장착된 부품과 고정된 부품을 연결할 때, 진동이 심한 곳, 유연성이 많이 요구되는 항공기 배관에 사용한다.

C. 자료 · 재료

(1) 왕복 엔진의 오일 계통 배관

(2) 운송용 항공기의 유압계통, 오일 계통 배관

D. 기기(공구 · 장비)

E. 학습

플렉서블 호스(flexible hose)의 장착 방법에 대해 학습하여 익힌다.

(1) 플렉서블 호스의 장착 방법(그림 4.14)

(a) 플렉서블 호스에 기계적인 부하가 작용하지 않도록 장착한다.

(b) 플렉서블 호스를 장착할 때는 전체 길이의 5~8%의 느슨함(slack)을 주도록 한다.

(c) 호스는 파열이나 장착 너트의 풀림을 방지하기 위하여 비틀어짐이 없도록 장착하여야 한다.

(d) 호스 표면에 길이 방향으로 찍혀있는 직선 인덱스 라인(index line)이 호스를 휘감지 않도록 장착하여야 한다.

(e) 플렉서블 호스는 모든 작동상황에서 주위의 배선, 장비, 인접 구조물로부터 충분한 거리를 유지하여야 한다.

(f) 플렉서블 호스 배관은 최소 24in. 간격으로 클램프로 지지되어야 하나, 더욱 촘촘한 간

격이 권장된다.

(g) 플렉서블 호스는 두 피팅 사이에서 팽팽하게 당겨서 장착하면 안 된다.

(h) 테프론 성형 호스(preformed hose)는 팽팽하게 당겨서 장착하면 안 된다. 정비 작업 중에 장탈된 성형 호스는 철사를 이용하여 원래의 형태를 유지하도록 보관한다(그림 4.15).

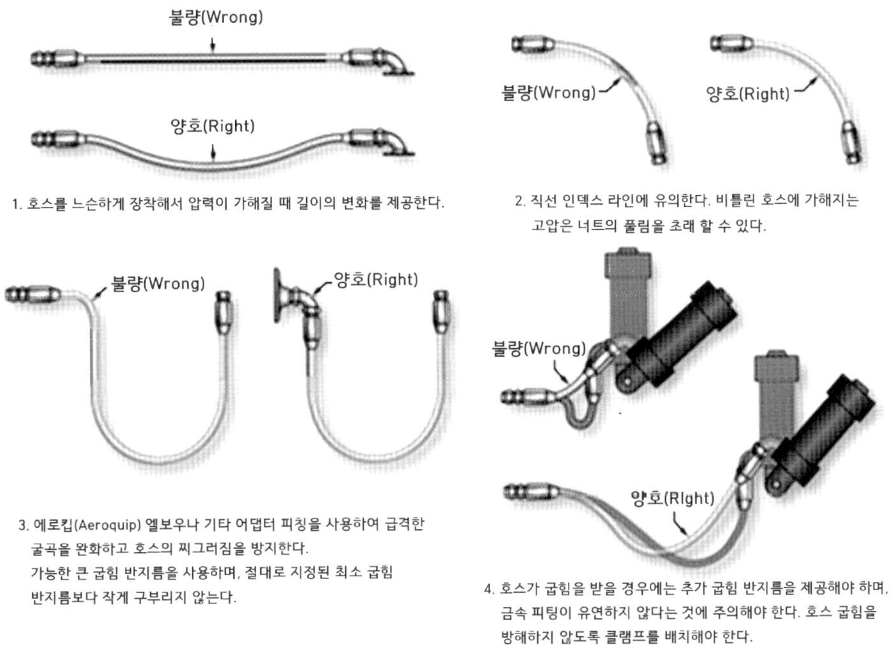

▲ 그림 4.14 플렉서블 호스의 장착

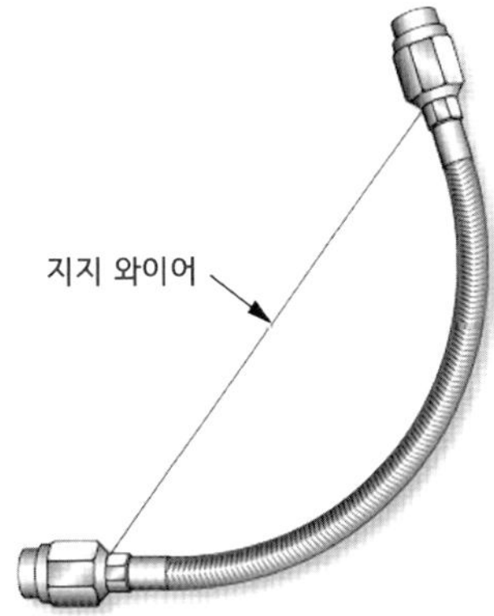

▲ 그림 4.15 테프론 성형 호스의 보관

(i) 호스 커플링 너트를 분리하거나 조립할 때는 두 개의 렌치를 사용한다. 한 개의 렌치는 피팅을 잡고 다른 한 개는 커플링 너트를 풀거나 조인다. 두 개의 렌치를 사용하지 않으면 계통에 손상을 줄 수 있다.

4.6. 호스 클램프(Hose Clamp)

A. 실습 개요

(1) 호스 클램프(hose clamp)의 장착 방법에 대해 학습한다.

B. 관련 지식

C. 자료 · 재료

(1) 항공기 기체, 엔진,

(2) 클램프(worm screw 형, radial 형)

D. 기기(공구 · 장비)

(1) 토크 리미팅 렌치(torque limiting wrench)

(2) 호스 클램프 토크 어댑터(hose clamp torque adapter)

E. 학습

호스 클램프(hose clamp)의 장착 방법에 대해 학습하여 익힌다.

(1) 호스클램프 나사가 손상되거나 밴드가 끊어지는 것을 방지하기 위하여서는 장착절차를 준수해야 한다(그림 4.16, 4.17).

(a) 클램프를 조일 때는 토크 리미팅 렌치를 사용한다.

(b) 토크 리미팅 렌치가 없을 때는 클램프를 손가락 힘으로 조이고 1/4 회전 더 조여 주는 방법을 사용할 수 있다.

초기 설치만 해당	웜 스크루형 클램프 (인치당 10개 나사산)	클램프-방사형 및 기타 유형 (인치당 28개 나사산)
자체 실링 호스 약 15in-ib	손가락으로 꽉 조인 후 2 바퀴 완전한 회전	손가락으로 꽉 조인 후 $2\frac{1}{2}$ 바퀴 완전한 회전
다른 모든 항공기 호스 약 15in-ib	손가락으로 꽉 조인 후 $2\frac{1}{4}$ 바퀴 완전한 회전	손가락으로 꽉 조인 후 2 바퀴 완전한 회전

▲ 그림 4.16 호스 클램프 체결

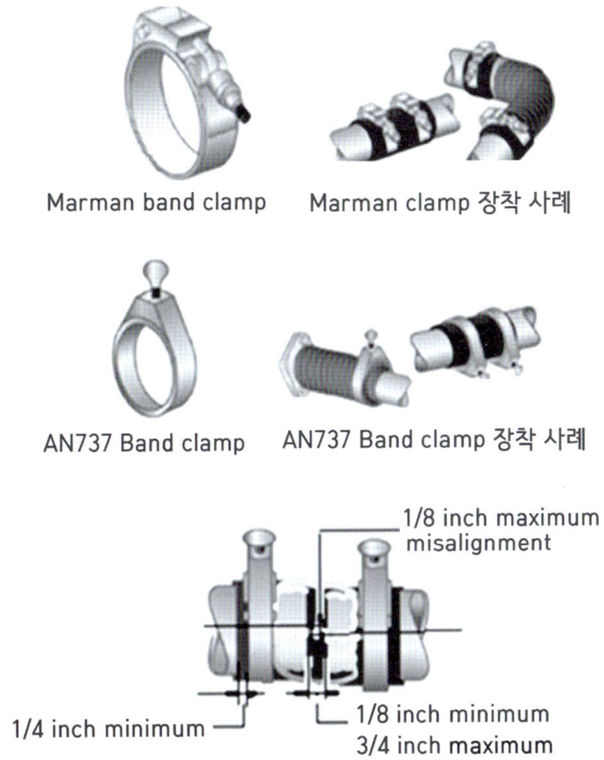

▲ 그림 4.17 호스 클램프 장착

4.7. V 밴드 클램프

A. 실습 개요

(1) V 밴드 클램프의 장착 방법에 대해 학습한다.

B. 관련 지식

(1) V 밴드 클램프는 공압 계통 덕트에 연결에 주로 쓰인다.

(2) 컴포넌트 장착 QAD Ring(Quick Attach Detach Ring)으로 쓰인다.

(3) V 밴드 클램프에는 셀프 락킹 너트(self locking nut)가 쓰인다.

(4) 클램프를 조이는 토크값은 MM의 해당작업절차에 제시되어 있고, 일부 클램프의 밴드에는 토크 값이 인쇄되어 있기도 하다.

C. 자료·재료

(1) J-85, J-79 엔진, CFM56 엔진

(2) V 밴드 클램프가 장착된 덕트 목 업(mock up)

D. 기기(공구 · 장비)

(1) 멜릿(mallet)

E. 학습

V 밴드 클램프의 장착 방법에 대해 학습하여 익힌다.

(1) 클램프를 이용하여 덕트를 연결해 본다(그림 4.18, 4.19).

(a) 덕트 플랜지끼리 맞닿는 면에는 이물질이 없도록 깨끗이 청소한다.

(b) 덕트 플랜지와 V 밴드 클램프와의 접착 면에 이물질이 없도록 깨끗이 청소한다.

(c) V 밴드 클램프의 안쪽에는 이물질이 없도록 깨끗이 청소한다.

(d) 너트를 조이며 V 밴드클 램프 주위를 멜릿으로 두드려 주며 플렌지 및 V 밴드 클램프가 자리를 잡도록 한다.

(e) 너트를 조인 후 래치(latch)가 충분히 걸렸는지 확인한다.

(f) T 볼트를 지정된 토크 값으로 조이고 안전결선한다.

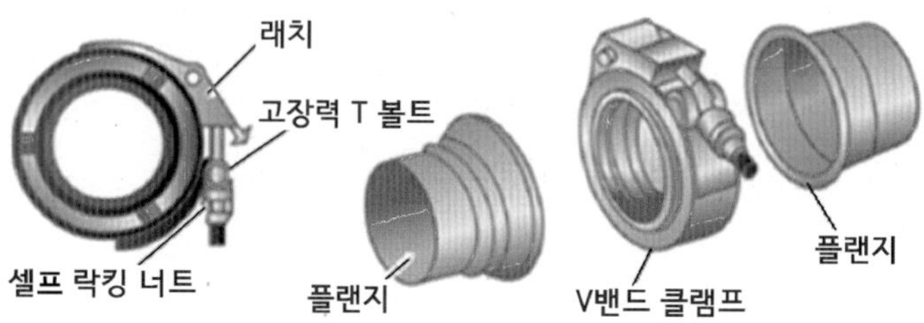

▲ 그림 4.18 V 밴드 클램프

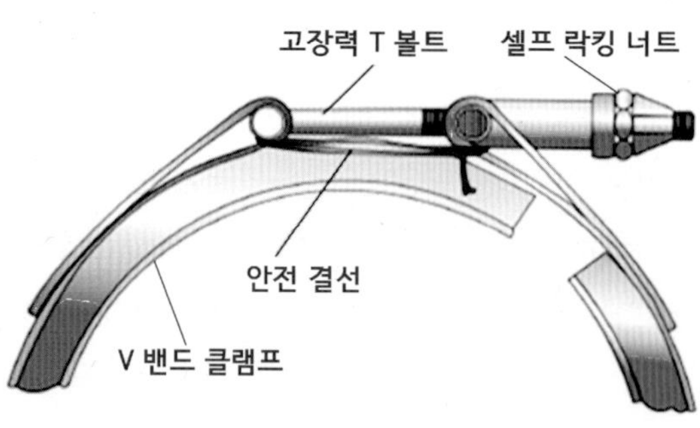

▲ 그림 4.19 V밴드 클램프의 안전결선

5. 수공구

5.1. 해머와 멜릿

A. 실습 개요

(1) 해머(hammer)와 멜릿(mallet)의 사용방법에 대해 학습한다.

B. 관련 지식

(1) 볼핀 해머(ball peen hammer)는 펀치, 볼트 또는 못을 타격할 때 사용한다.

(2) 멜릿은 머리가 비교적 큰 고무나 나무로 만든, 다른 물체에 충격을 가하는 공구로서 강철보다 부드러운 타격 면을 갖고 있다. 멜릿은 피 가공물의 표면을 보호하며 가벼운 충격을 가할 때 사용한다. 멜릿의 재질은 동, 가죽, 목재, 고무, 납, 나일론 등이 있다.

(3) 해머의 머리 부분은 피 가공물의 손상을 방지하기 위해, 찌그러지거나 파인 부분이 없이 고른 면을 유지하도록 한다.

C. 자료 · 재료

(1) 철판, 알루미늄 합금 판재, 볼트, 못

D. 기기(공구 · 장비)

(1) 볼핀 해머

(2) 멜릿(목재, 구리, 납, 고무, 아크릴, 나일론 등)

E. 학습

해머와 멜릿의 사용방법에 대해 학습하여 익힌다.

(1) 해머와 멜릿의 사용방법(그림 5.1)

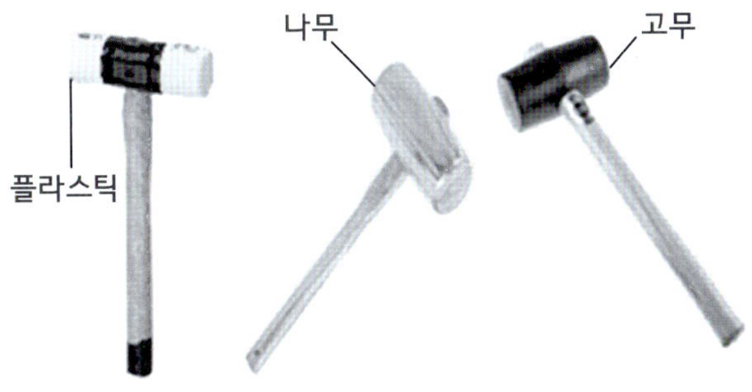

▲ 그림 5.1 멜릿

(a) 해머로 타격할 때는 팔뚝과 손잡이의 연장선을 유지하며, 팔꿈치와 손목으로 힘을 가한다.

(b) 볼핀 해머를 사용하여 평철 표면을 타격하며 사용감을 익힌다.

(c) 멜릿을 사용하여 알루미늄 합금 판재 표면을 타격하며 사용감을 익힌다.

(d) 볼핀 해머를 사용하여 목재에 못을 박아보며 사용감을 익힌다.

5.2. 스크루드라이버(Screwdriver)

A. 실습 개요

(1) 스크루드라이버(screwdriver)의 사용방법에 대해 학습한다.

B. 관련 지식

(1) 스크루드라이버는 모양, 블레이드(blade) 유형 및 블레이드 길이에 따라 구분된다.

(2) 스크루드라이버 블레이드의 크기가 적정하지 않으면 사용 시 미끄러짐이 발생하고 스크루 헤드(head)의 손상이나 인접한 구조물에 손상을 줄 수 있다.

(3) 수직 공간이 제한된 경우 오프셋(off set) 스크루드라이버를 사용한다.

(4) 필립스 십자드라이버 #1, #2가 일반적으로 사용된다.

(5) 팁이 교환 가능한 스크루드라이버는 여러 종류의 비트(bit)를 교체하며 쓸 수 있어 편리하고 경제적이다.

(6) 드라이버를 사용할 때는 회전해야 하는 나사에 블레이드가 잘 맞는 가장 큰 드라이버를 선택한다. 잘못 사용하면 스크루드라이버의 날과 스크루 헤드가 손상된다.

(7) 일반 드라이버는 나사 머리의 홈에 75% 이상 접촉하며 힘을 가해야 한다.

(8) 필립스 스크루드라이버(phillips screw driver)는 리드 엔 프린스 스크루드라이버(reed and prince screw driver)와 호환으로 사용할 수 없다.

C. 자료 · 재료

(1) 항공기 기체, 점검 창

(2) 스크루가 장착되어있는 부품

(3) 부품 보관 용기

D. 기기(공구 · 장비)

(1) 스크루드라이버

(a) 필립스 스크루드라이버

(b) 일자형 스크루드라이버

(c) 비트 드라이버

(d) 드라이버 비트

(e) 오프셋 스크루드라이버

E. 학습

스크루드라이버의 사용방법에 대해 학습하여 익힌다(그림 5.2).

(1) 기체의 스크루 장착 부위에서 스크루 머리의 규격에 일치하는 드라이버를 사용하여 스크루를 장탈/장착하며 사용방법을 익힌다.

(a) 엔진, 기체 점검 창의 스크루 머리의 규격에 일치하는 드라이버를 사용하여 스크루를 장탈, 장착해 본다.

(b) 오프셋 스크루드라이버 사용하여 스크루를 장탈, 장착해 본다.

(c) 장탈한 스크루 등은 분실을 방지하기 위해 항상 보관 용기에 보관한다.

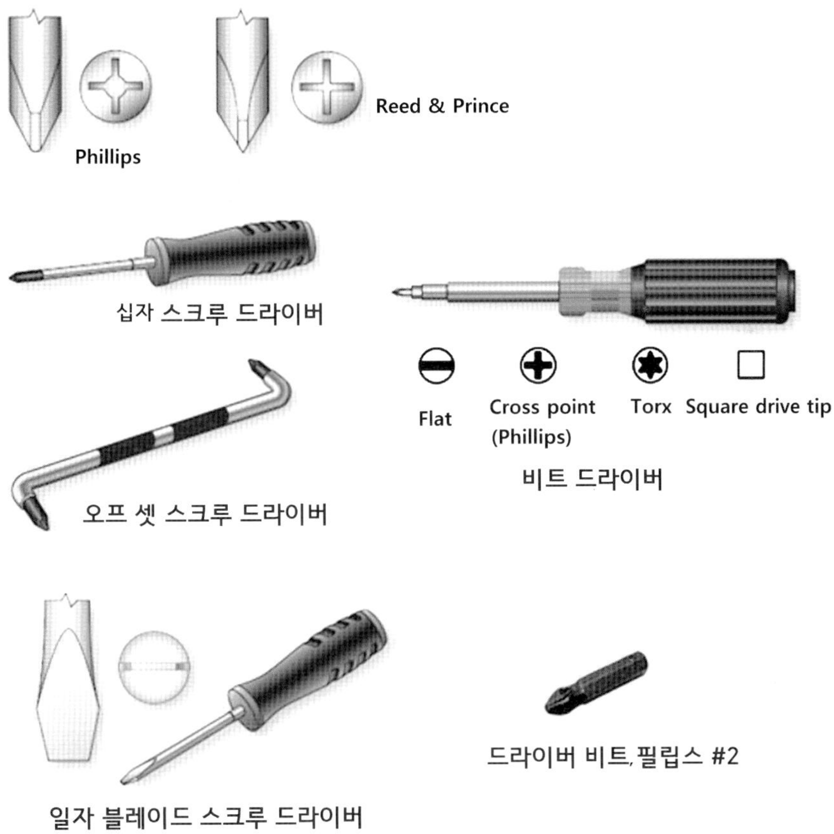

▲ 그림 5.2 스크루드라이버

5.3. 플라이어(plier)

A. 실습 개요

(1) 플라이어 및 플라이어 형태 절단 공구의 사용방법에 대해 학습한다.

B. 관련 지식

(1) 항공 정비 작업에서 사용되는 플라이어는 조(jaw)의 모양에 따라, 다이애그널 커터(diagonal cutter), 덕크빌 플라이어(duckbill plier), 니들 노즈 플라이어(needle nose plier), 라운드 노즈 플라이어(round nose plier), 스립 조인트 플라이어(slip joint plier)가 있다.

(2) 플라이어의 크기는 전체 길이로 나타내며, 일반적으로 5 ~12in. 플라이어가 주로 사용된다.

C. 자료 · 재료

D. 기기(공구 · 장비)

(1) 플라이어 종류

(a) 다이애그널 커터(diagonal cutter)

(b) 덕크빌 플라이어(duckbill plier)

(c) 니들 노즈 플라이어(needle nose plier)

(d) 라운드 노즈 플라이어(round nose plier)

(e) 슬립 조인트 플라이어(slip joint plier)

E. 학습

플라이어 및 플라이어 형태 절단 공구의 사용방법에 대해 학습하여 익힌다.

(1) 플라이어 종류별 사용방법(그림 5.3)

(a) 다이애그널 커터는 와이어, 리벳, 코터핀, 작은 규격의 스크루 절단에 쓰이며 안전결선 제거 작업에 유용하다.

(b) 덕크빌 플라이어는 코터 핀 작업, 안전결선작업에 쓰이며 핀, 와이어 표면에 상처를 내지 않고 잡는 용도로 쓰인다.

(c) 니들 노즈 플라이어는 롱 노즈 플라이어로도 불리며 좁은 작업 공간에서 물체를 잡거나 조절에 쓰인다. 니들 노즈 플라이어는 구조가 비교적 약하며 전기계통 작업에 주로 사용한다. 굵은 자재를 잡고 비틀면 피봇에서 쉽게 변형되어 프라이어 고장의 원인이 될 수 있다.

(d) 라운드 노즈 플라이어는 보통 클림핑(crimping)[1] 작업에 주로 쓰인다.

(e) 슬립 조인트 플라이어는 다양한 용도로 쓰인다.

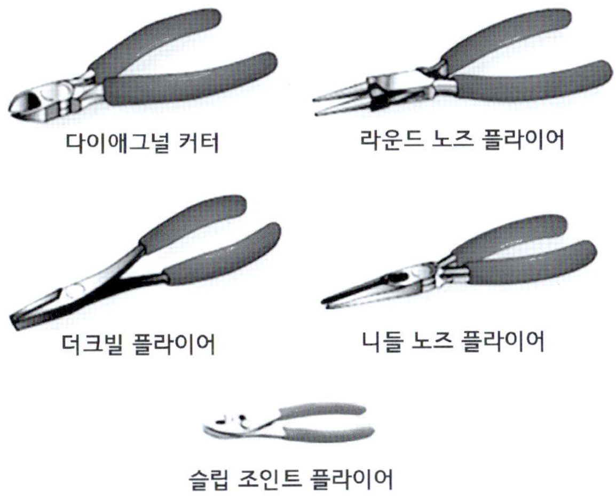

▲ 그림 5.3 플라이어

5.4. 렌치(Wrench), 핸들(Handle)

A. 실습 개요

(1) 렌치(wrench), 핸들(handle)의 사용방법에 대해 학습하여 익힌다.

B. 관련 지식

(1) 렌치는 크롬 - 바나듐 강으로 제조된다.

(2) 너트의 잠김이 풀린 후에는, 박스 엔드 렌치보다 오픈 엔드 렌치가 능률적일 수 있으며 이때는 콤비네이션 렌치(combination wrench)를 활용할 수 있다.

(3) 소켓 렌치는 T 핸들, 라쳇 핸들(rachet handle), 스피드 핸들(speed handle)과 조합하여 사용한다.

(4) 큰 힘을 가해 패스너를 조이거나 풀 때는 렌치의 이탈로 인한 인체 중심이 흩어질 수 있으므로 특별히 주의한다.

(5) 조절 렌치를 사용할 때는 손잡이를 항상 잡아당기는 방향으로 사용한다.

(6) 크로우 풋(crowfoot) 렌치는 다른 공구로 접근이 어려운 곳의 패스너 작업을 위해 일반적으로 사용되는 렌치이다. 크로우 풋 렌치는 호스나 튜브의 B 너트의 토크 작업을 위한 연장대로 사용된다.

1) 클림핑(crimping): 금속 표면에 주름 가공하기

(7) 플레어 너트(flare nut) 렌치는 박스 엔드 렌치의 형태에서 한쪽 끝이 잘려서 열려 있으며 호스, 튜브의 B 너트 작업에 주로 사용된다.

(8) 훅 스패너(hook spanner)는 외경 부분에 가공된 홈(notch)이 가공된 링 너트(ring nut)에 사용된다.

(9) 앨런 렌치(allen wrench)는 머리가 없는 나사의 한쪽 끝에 육각 홈이 가공된 셋 스크루(set screw)나 내부 렌칭 볼트(internal wrenching bolt)에 사용된다.

(10) 스트랩 렌치(strap wrench)는 벨트 렌치(belt wrench)로 불리기도 하며 원통형 튜브나 물체를 잡고 회전하는 데 쓰인다.

C. 자료 · 재료

(1) 기체, 엔진, 부품

D. 기기(공구 · 장비)

(1) 렌치, 핸들(handle), 탭 핸들

E. 학습

렌치(wrench), 핸들(handle)의 사용방법에 대해 학습하여 익힌다.

(1) 기체, 엔진 또는 부품에서 패스너를 장탈, 장착하며 렌치, 핸들 등 공구에 대해 사용 방법을 익힌다(그림 5.4, 5.5).

(a) 오픈 엔드 렌치(open end wrench)

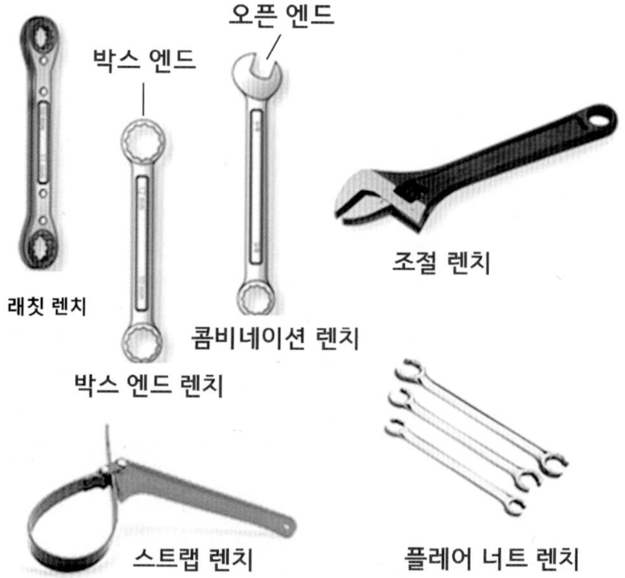

▲ 그림 5.4 렌치

▲그림 5.5 렌치, 핸들

(b) 박스 엔드 렌치(box end wrench)
(c) 콤비네이션 렌치(combination wrench)
(d) 래칫 렌치(ratchet wrench)
(e) 스피드 핸들(speed handle)
(f) 유니버셜 조인트 소켓(universal joint socket)
(g) 조절 렌치(adjustable wrench)
(h) 연장 바(extension bar)
(i) 힌지 핸들(hinge handle)
(j) 엘런 렌치(allen wrench)
(k) 비트 홀더(bit holder)
(l) 크로우 풋 렌치(crow foot wrench)
(m) 플레어 너트 렌치(flare nut wrench)
(n) 훅 스패너(hook spanner)
(o) 스트랩 렌치(strap wrench)

(2) 오버 토크 또는 부식으로 인해 부러진 볼트, 스크루는 스크루 리무벌 툴(screw removal tool)을 이용해 장탈한다. 머리 부분의 홈이 손상된 스크루, 볼트를 나사 홀로부터 뽑아내기 위해서는 스크루 익스트랙터(screw extractor)을 이용한다(그림 5.6).

(a) 스크루 리무벌 툴(screw removal tool)은 리벳 건과 함께 사용한다.

(b) 스크루 익스트랙터는 스크루 규격보다 한 단위 작은 드릴로 구멍을 내고, 구멍에 맞는 규격의 스크루 익스트랙터를 해머를 이용하여 적절한 힘으로 두드려 삽입하고 탭 핸들로 스크루를 돌려 뽑는다.

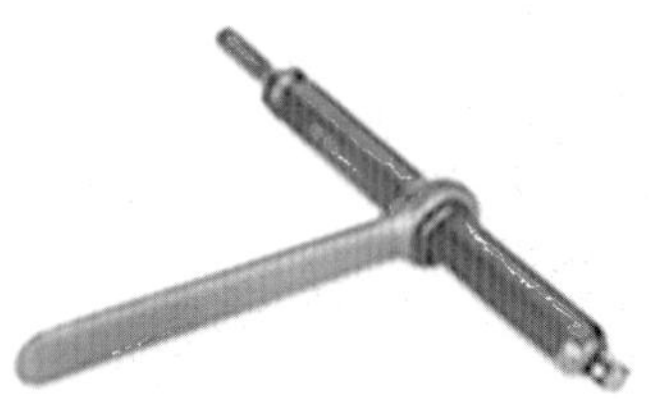

Screw removal tool

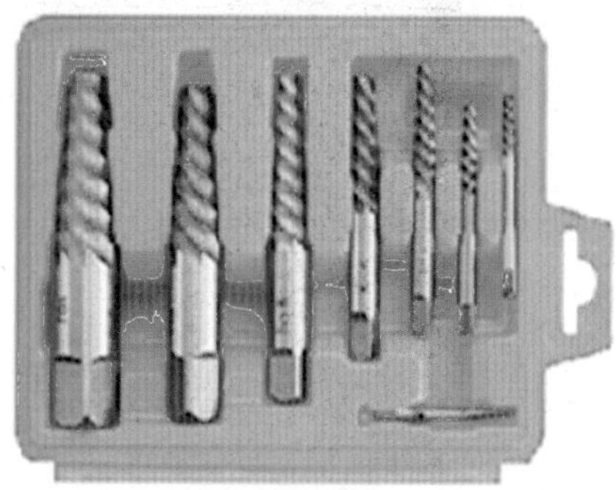

Screw extractor

▲ 그림 5.6 스크루 장탈 공구

6. 기본 공작

6.1. 쇠톱 작업

A. 실습 개요

(1) 쇠톱(hacksaw)을 사용하는 방법에 대해 학습한다.

B. 관련 지식

(1) 쇠톱은 톱날(blade), 톱 대(frame), 손잡이(handle)의 세 부분으로 구성된다.

(2) 톱날은 고품질의 공구강 또는 텅스텐강으로 만들어지며 길이는 6in.~16in.이며, 10in. 형이 일반적으로 사용된다.

(3) 톱날의 피치는 in. 당 톱니의 숫자로 구분하며, 1in. 당 14, 18, 24 및 32개의 톱니를 갖는다.

C. 자료 · 재료

(1) 평철 SM400 50mm × 50mm × 6t

(2) 도면

D. 기기(공구 · 장비)

쇠톱, 톱날 10in., 직각자, 직자, 줄긋기 바늘, 센터 펀치

E. 학습

쇠톱(Hacksaw)을 사용하는 방법에 대해 학습하여 익힌다.

(1) 쇠톱을 사용하여 금속을 가공하는 방법(그림 6.1, 6.6)

기본 공작 도면, 품번 ① 참조

(a) 작업에 알맞은 톱날을 선택한다.

(b) 톱날의 톱니 방향이 손잡이로부터 전방으로 향하게 하여 톱 대에 장착한다.

(c) 톱날이 휘거나 움직이지 않도록 장력을 조절한다.

(d) 줄의 모서리를 이용해서 공작물의 표면에 시작점을 표시한다. 이 절차는 정확한 곳에서 톱질이 시작되도록 한다.

(e) 최소한 두 개 이상의 톱니가 공작물에 접촉하도록 각도를 유지하면서 톱 대를 잡는다.

(f) 공작물을 50 × 50mm로 마킹한다

(g) 바이스에 공작물을 가능한 한 넓은 면적이 접촉하도록 고정한다

(h) 쇠톱을 사용하여 공작물을 절단한다.

(i) 두 다리를 톱날 길이로 벌려 딛고 선 후, 시선은 공작물 위에 둔다.

(j) 톱대와 손잡이를 양손으로 나누어 잡고, 허리 이동으로 전방으로 밀면서 절삭한다.

(k) 줄의 모서리를 이용해 공작물의 절단 위치 선에 홈을 만든다. 또는 공작물의 절단 위치 선에 안내판을 대고 톱날로 홈을 만든다.

(l) 처음 몇 번의 짧은 행정으로 톱 자리를 잡은 후, 직선운동을 반복하며, 톱 대가 허용하는 최대의 거리로 행정을 유지한다. 이것은 톱날이 가열되는 것을 방지한다.

(m) 전방으로 미는 스트로크에 충분한 힘을 가한다.

(n) 분당 40~50회 정도의 왕복 행정을 유지하며 절삭한다.

(o) 절삭 작업이 완료되면 톱날에서 쇠가루를 제거하고, 톱날의 장력을 제거한 후 정해진 장소에 정돈한다.

▲그림 6.1 톱 작업

6.2. 정 작업

A. 실습 개요

(1) 정(chisel)을 사용하는 방법에 대해 학습하여 익힌다.

B. 관련 지식

(1) 정의 재질보다 약한 금속을 절단하거나 절삭하는 데 사용한다.

(2) 고착된 너트를 떼어 내거나 리벳을 제거하는 데 사용한다.

(3) 띠강, 강판, 가는 철봉 등을 자를 때는 정 날의 각도가 60~70°인 것을 사용한다.

C. 자료 · 재료

(1) SM400 60mm × 60mm × 3mm t

D. 기기(공구 · 장비)

(1) 정

(2) 볼 핀 해머

(3) 금긋기 공구(scriber)

E. 학습

정(chisel)을 사용하는 방법에 대해 학습하여 익힌다.

(1) 정을 사용하여 금속을 절단하는 방법(그림 6.2)

(a) 공작물에 임의의 절단선을 스크라이버를 사용하여 마킹한다(그림 6.3).

(b) 공작물을 바이스에 물리고, 납작한 날의 정을 사용하여 공작물을 마킹한 선을 따라 절단하며 사용법을 익힌다.

(c) 한 손으로 정의 자루를 잡고, 다른 손으로 볼 핀 해머를 잡으며 정의 머리를 직각으로 타격한다. 이때 시선은 정의 날 끝을 향한다.

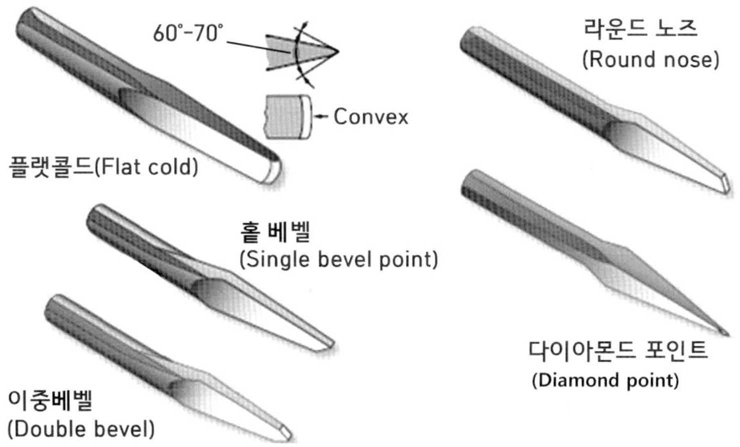

▲ 그림 6.2 정(chisel)

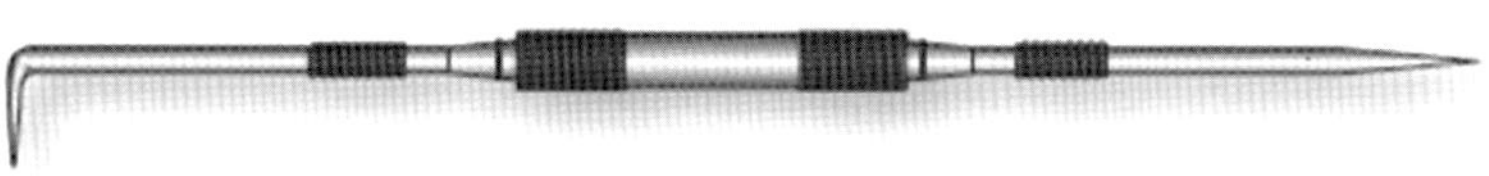

▲ 그림 6.3 스크라이버

6.3. 줄 작업

A. 실습 개요

(1) 줄(file)을 사용하는 방법에 대해 학습하여 익힌다.

B. 관련 지식

(1) 줄은 사용 목적, 모양, 크기로 구분된다. 해당 작업과 대상 재료에 따라 적정한 눈금의 줄을 선택한다.

(2) 줄은 직각 모양의 모서리 부분, 굽은 구석, 금속가공 시 생기는 거친 조각 제거, 가장자리 평평하게 다듬기, 구멍이나 홈 다듬기, 거친 끝부분을 매끄럽게 다듬는 작업 등에 사용한다.

(3) 줄에 붙은 쇠가루는 가볍게 두드리며 제거한다. 줄의 이 틈새에 끼어 있는 쇠가루는 와이어 브러시를 사용하여 줄눈을 가로질러 문지르며 제거한다.

(4) 탱(tang)에 손잡이를 튼튼하게 장착한다.

(5) 줄의 이(tooth) 부분이 서로 닿지 않도록 분리하여 보관한다.

C. 자료 · 재료

(1) SM400 50mm × 50mm × 6mm t

(2) 백묵(금 긋기 용 칠감)

(3) 도면(그림 6.6)

D. 기기(공구 · 장비)

(1) 평 줄(황목, 세목)

(2) 금 긋기 바늘

(3) 센터 펀치

(4) 와이어 브러시

E. 학습

줄을 사용하여 금속을 절삭 가공하는 방법에 대해 학습하여 익힌다.

(1) 쇠톱 작업에서 가공한 공작물을 사용하여 줄 작업을 해 본다(그림 6.3, 6.4, 6.6). 기본 공작 도면, 품번 ② 참조

(a) 금 긋기(Marking off) 작업

- 공작물의 표면을 면 걸레로 닦아내고 칠감을 골고루 바른다.
- 도면에 의거하여 직각자, 직선 자, 금 긋기 바늘을 사용하여 가공 위치를 표시한다.
- 기준면을 설정하고 이 면을 기준으로 금 긋기를 한다.

- 모서리 부분은 센터 펀치로 표시를 하여 선명하게 한다.

(b) 줄을 공작물의 끝 방향으로 가로질러 움직일 때는 길이 방향의 손잡이 위로 엄지손가락을 올려놓고 나머지 손가락으로 손잡이를 감아쥐고 손바닥이 손잡이에 잘 맞도록 움켜쥔다. 다른 한 손은 줄의 끝부분을 잡는다.

(c) 한쪽 발은 30° 방향으로, 발 길이만큼 앞으로 내어 선다.

(d) 두 손으로 압력을 가하며, 허리 운동을 이용하여 전 방향으로 밀면서 공작물을 절삭한다.

(e) 전방으로 미는 행정에서는 힘을 가하고, 후진 행정에서는 줄을 약간 들어서 공작물에 닿지 않게 한다. 줄 날이 공작물에 닿은 채 후진하면 줄 날이 손상된다.

(f) 황목 줄로 절삭을 시작한 후 세목 줄로 마무리한다.

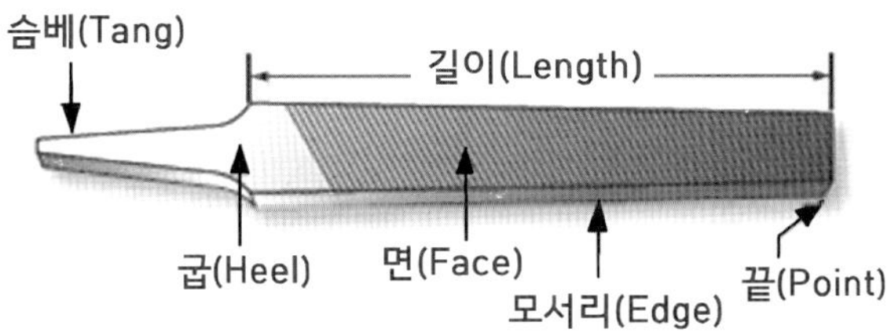

▲ 그림 6.4 줄 작업

6.4. 나사 가공

A. 실습 개요

(1) 나사(thread) 가공 방법에 대해 학습하여 익힌다.

B. 관련 지식

(1) 구멍의 안쪽에 암나사를 내기 위해서는 탭(tap)이 사용되고 원주에 수나사를 내기 위해서는 다이(die)가 사용된다.

(2) 탭과 다이는 담금질 된 강철로 만들어지고 정확한 크기로 나사산을 절삭할 수 있다.

C. 자료 · 재료

(1) 평철 48mm × mm × 6mm t

(2) 환봉 8.0mmØ 길이 50mm

(3) 도면(그림 6.5)

D. 기기(공구 · 장비)

(1) 탭 M8 × 1.0

(2) 다이 M8 × 1.0

(3) 탭 렌치

(4) 다이 스톡(또는 다이 핸들)

(5) 드릴 7Ø

(6) 탁상 드릴, 드릴링 머신

(7) 벤치 바이스

(8) 줄긋기 바늘

(9) 카운터싱크 45° 10Ø

E. 학습

줄 작업에서 가공한 공작물을 사용하여 나사 가공 작업을 해 본다.

(1) 암나사 가공(그림 6.5, 6.6) 기본 공작 도면, 품번 ③ 참조

(a) 공작물에 도면에 따라 마킹한다.

(b) 공작물을 벤치 바이스에 물리고 도면에 따라 드릴링 머신에서 7Ø 구멍 2개소를 드릴링 한다.

(c) 구멍의 양쪽을 카운터싱크 가공한다.

(d) 핸드 탭과 탭 핸들을 사용하여 도면에 의거 공작물에 암나사를 가공해 본다.

(2) 수나사 가공(그림 6.5) 기본 공작 도면, 품번 ④ 참조

(a) 환봉을 바이스에 수직으로 물리고 다이와 다이 렌치를 사용하여 수나사를 가공해 본다.

(b) 다이를 환봉과 90°가 되게 하고 수평을 유지하며 절삭한다.

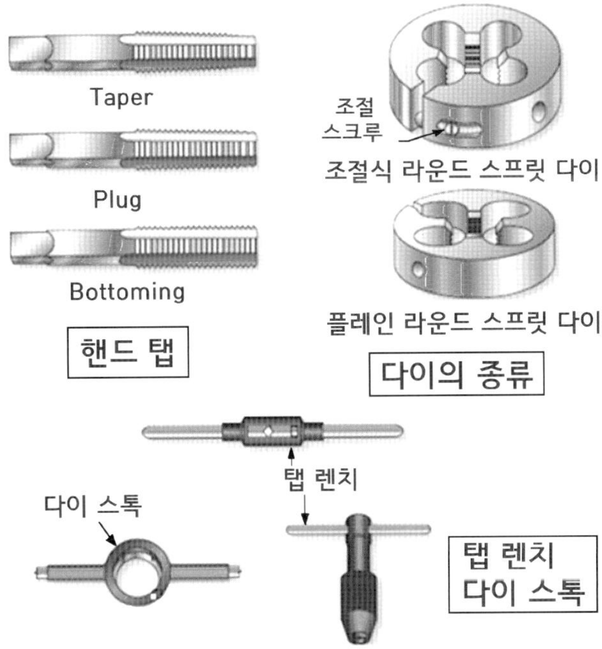

▲ 그림 6.5 탭, 다이, 렌치, 다이스톡

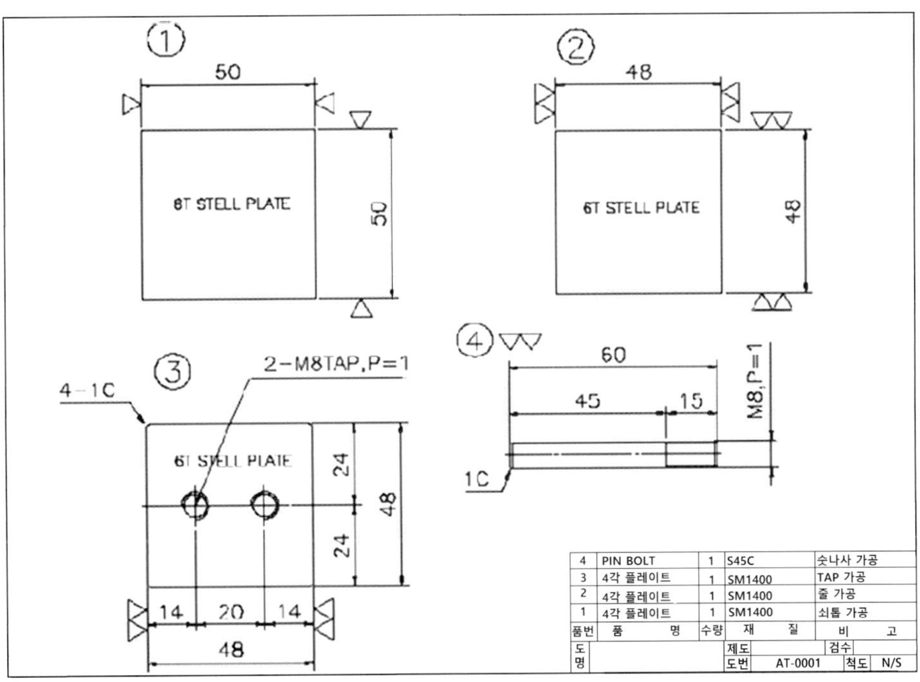

품번	품 명	수량	재 질	비 고
4	PIN BOLT	1	S45C	숫나사 가공
3	4각 플레이트	1	SM1400	TAP 가공
2	4각 플레이트	1	SM1400	줄 가공
1	4각 플레이트	1	SM1400	쇠톱 가공
도명			제도 / 도번 AT-0001	검수 / 척도 N/S

▲ 그림 6.6 기본 공작도

7. 정밀 측정

7.1. 마이크로미터(Micrometer)

A. 실습 개요

(1) 마이크로미터(micrometer)를 사용하는 방법에 대해 학습한다.

B. 관련 지식

(1) 마이크로미터는 외측 마이크로미터, 내측 마이크로미터, 깊이 측정 마이크로미터와 나사산 마이크로미터 등이 있으며 기본적인 측정기구이다.

(2) 마이크로미터는 정밀 측정기이며 주위 온도와 충격에 민감하므로 주의하여 취급한다.

(3) in. 식 마이크로미터는 0.001in. 0.0001in. 를 측정한다.

(4) mm 식 마이크로미터는 0.01mm, 0.001mm까지 측정한다.

(5) 0-1in. 또는 0-25mm보다 큰 마이크로미터는 교정을 위한 표준 편이 구비되어 있다. 교정할 때는 표준 편을 앤빌(anvil)과 스핀들(spindle) 사이에 직각으로 고정한다.

(6) 마이크로미터 사용 후에는 기계유로 깨끗이 청소하여 보관한다.

C. 자료 · 재료

D. 기기(공구 · 장비)

(1) 0-1in. 외측 마이크로미터

(2) 측정자

(3) 정반(plate)

E. 학습

0-1in. 외측 마이크로미터를 이용하여 정밀 측정하는 방법에 대해 학습하여 익힌다(그림 7.1, 7.2).

(1) 0-1in. 외측 마이크로미터를 이용하여 정밀 측정하는 방법(a) 씸블(thimble)을 회전하기 전에 잠금 레버의 잠금을 해제한다.

(b) 측정 전후에 깨끗한 천으로 측정 면을 닦는다. 오염물질이 배럴(barrel)에 유입되지 않도록 스핀들을 자주 청소하는 것은 중요하다.

(c) 큰 이동이 필요할 때는 씸블을 사용하지만 측정할 물체에 근접할 때는 래칫 스톱(rachet

stop)을 사용한다.

(d) 0-1in. 마이크로미터의 0점 조절

- 앤빌(anvil)과 스핀들(spindle)의 측정 면을 깨끗이 닦는다.
- 래칫 스톱을 회전시켜 앤빌과 스핀들의 측정 면이 접촉되면 3~4회 더 회전시킨다.
- 슬리브의 기선과 씸블의 0 눈금 선이 서로 일치하고 동시에 슬리브의 0 눈금 선은 절반 정도 보이게 한다.
- 슬리브와 씸블의 0 눈금이 서로 일치하지 않으면 스핀들 측면의 구멍에 훅 렌치 핀을 끼워 조절한다. 스핀들이 회전하는 데는 많은 힘이 필요하지 않으며 배럴 내부의 저항이 충분해서 스핀들은 스스로 움직이지 않는다.

(2) 0-1in. 마이크로미터 읽기

(a) 그림과 같이 배럴에 표시된 선 위의 1, 2, 3, 4 등의 값은 10등분한 숫자를 표시하거나 각각 0.100in. 0.200in. 0.300in. 0.400in. 를 지시한다(그림 7.3).

(b) 10등분 된 1, 2, 3, 4 등 각 숫자의 사이는 각각 0.025in.씩 4등분 되어 있다. 씸블 위에 새겨진 0에서 시작해서 같은 0으로 돌아오게 완전하게 한 바퀴 회전하면 씸블은 배럴을 따라서 0.025in.로 분할된 1칸을 이동한다(그림 7.3).

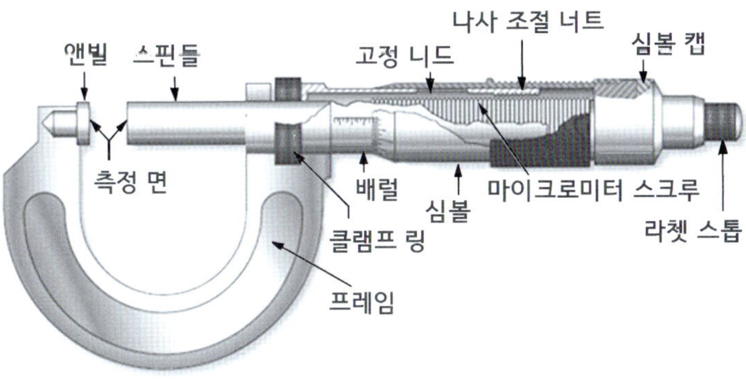

▲ 그림 7.1 마이크로미터

▲ 그림 7.2 마이크로미터 사용법

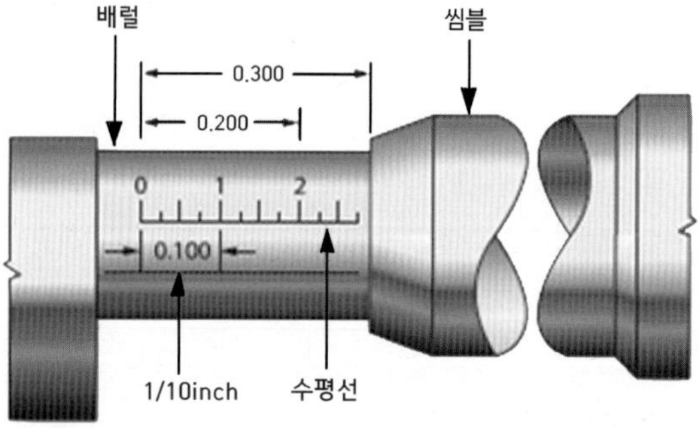

▲ 그림 7.3 0.1inch 마이크로미터 눈금

(c) 씸블의 경사면(bevel edge)은 25개의 같은 크기의 눈금으로 나뉘어 있으며, 씸블이 한 바퀴 회전하면 배럴의 하나의 0.025in. 눈금에서 다음 0.025in.로 배럴을 따라 씸블이 한 칸 이동한다. 이것은 씸블 위의 각각의 눈금이 1/1000in. 또는 0.001in. 로 나뉘어 있음을 알 수 있다(그림 7.4).

(d) 씸블의 눈금은 읽기에 편리하도록 0, 5, 10, 15, 20 등 매 5칸 간격으로 표시되어 있다. 씸블이 한 바퀴 돌아서 씸블의 치수가 25가 될 때 스핀들이 0.025in. 이동하고 씸블의 왼쪽 끝 경사면 부분이 배럴 위의 수평선을 지나간다.

(e) 마이크로미터를 읽을 때는,

- 1/10in.로 나눠진 수평선에 마지막으로 보이는 숫자를 읽는다.
- 읽힌 숫자와 씸블 사이 배럴의 길이를 추가한다(눈금의 개수에 0.025in.를 곱함으로써 확인).
- 씸블 경사면의 치수와 배럴의 수치 선이 일치하는 부분의 값을 추가한다. 세 개의 값을 더하면 측정값이 된다(그림 7.4).

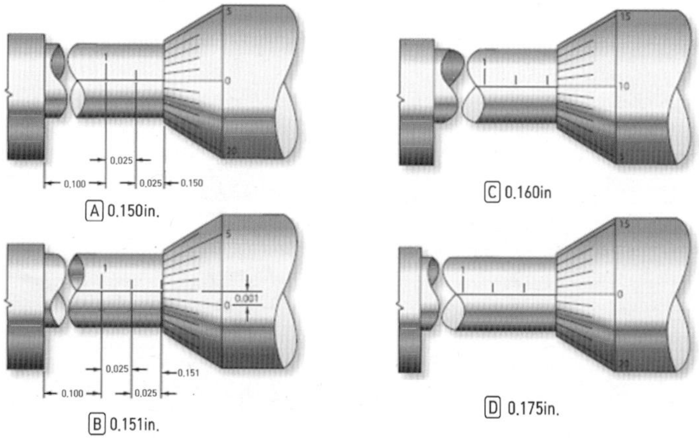

▲ 그림 7.4 마이크로미터 읽기

(f) 마이크로미터를 읽을 때 관계된 치수의 값을 기억하기 좋은 방법은 in. 당 40개의 나사산으로 만들어진 스크루에 의해서 배럴 치수 눈금이 0.025in. 로 만들어진다는 것이다.

(g) 다음으로 씸블 치수가 0.025in. 를 25개의 눈금으로 나누어, 각각의 눈금은 0.001in. 를 나타낸다. 그리고 버니어 치수는 0.001in. 를 10개의 눈금으로 나누어, 각각의 눈금은 0.0001in. 를 나타낸다.

(h) **그림 7.5**의 첫 번째 그림에서 배럴은 0.275in. 를 읽고, 씸블은 0.019in.를 지난 값으로 읽는다. 씸블의 치수 1과 버니어 치수 4가 정확하게 일치하고 있다. 그래서 읽은 값은 0.2944in. 가 된다.

(i) **그림 7.5**의 두 번째 그림에서 배럴은 0.275in. 를 읽고, 씸블은 0.020in. 를 지났지만 0.021in.에 도달하지 못한 값으로 읽는다. 버니어 치수 7은 씸블의 선 하나와 정확하게 일치하는데, 이로써 씸블 치수를 0.0207in. 로 읽는다. 씸블의 값 0.0207in.를 배럴 치수 값 0.275in.과 더하면 최종값은 0.2957in.가 된다.

(j) **그림 7.5**의 세 번째, 네 번째 그림은 버니어 눈금을 이용해 0.0001in. 값을 읽기 위한 예이다.

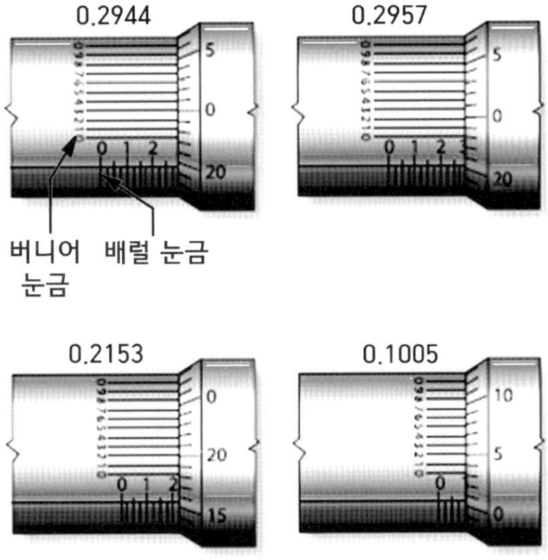

▲ **그림 7.5** 버니어 눈금 읽기

(3) 깊이 마이크로미터의 0점 설정(그림 7.6)

(a) 0~25mm의 깊이 마이크로미터는 정반을 기준으로 정반 면에 접촉한 후 슬리브와 씸블의 눈금이 서로 일치하는지 확인한다. 일치하지 않으면 훅 렌치(hook wrench)를 이용하여 기선을 서로 맞추어 0점 조정한다.

(b) 앤빌, 스핀들, 블록게이지 및 정반 바닥 면을 깨끗이 닦는다.

(c) 정반 위에 블록게이지 10mm 규격 2개를 적당하게 배치하고 깊이 마이크로미터를 설치한다.

(d) 정반 바닥 면에 접촉된 깊이 마이크로미터의 스핀들이 들뜨지 않도록 손가락으로 양 베이스 면을 잡은 상태에서 래칫 스톱을 돌려준다.

(e) 정반 바닥 면에 접촉되면 래칫 스톱을 2~3회 회전시킨다.

(f) 깊이 마이크로미터를 들어 눈금을 확인하여 눈금이 일치하지 않으면 훅 렌치를 사용하여 0점 조절한다.

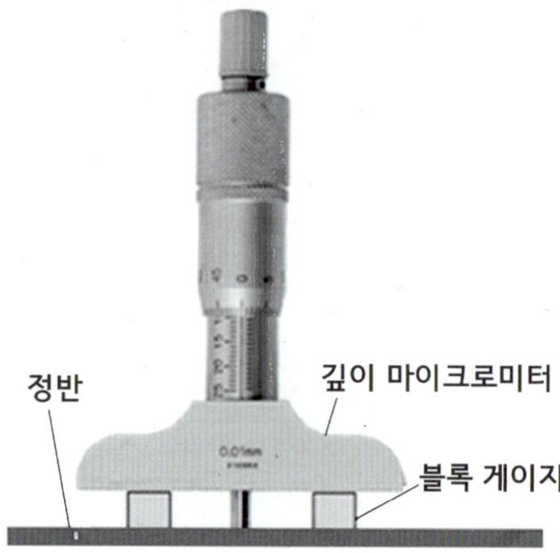

▲ **그림 7.6** 0-25mm 깊이 마이크로미터 0점 조절

7.2. 버니어 캘리퍼스(Vernier Calipers)

A. 실습 개요

(1) 버니어 캘리퍼스(vernier calipers)를 사용하여 정밀 측정하는 방법에 대해 학습한다.

B. 관련 지식

(1) 버니어 캘리퍼스는 어미자와 아들자로 구성되어 있다. 어미자의 프레임 한쪽 끝에 눈금이 표시되어 있고, 아들자는 프레임을 따라 이동하는 슬라이더에 눈금이 표시되어 있다. 측정 물의 외경, 내경, 높이, 깊이 등을 측정할 수 있다(그림 7.7).

(2) 아들자의 영점 위치를 우선 확인한 다음 어미자와 아들자의 눈금 선이 서로 일치되는

부분의 치수를 읽는다. 어미자의 한 눈금은 1mm이고, 아들자의 한 눈금은 0.05mm 또는 0.02mm이다.

C. 자료 · 재료

D. 기기(공구 · 장비)

(1) mm 식 버니어 캘리퍼스

(2) inch 식 버니어 캘리퍼스

(3) 측정자

E. 학습

버니어 캘리퍼스를 이용하여 정밀 측정 방법에 대해 학습하여 익힌다.

(1) 최소 측정값 0.02mm 버니어 캘리퍼스 읽기(그림 7.9)

(a) 버니어 캘리퍼스 올바르게 사용하기(그림 7.8)

(b) 아들자 0 눈금 왼쪽에 있는 어미자의 눈금: 4.5mm

(c) 어미자와 아들자의 눈금이 일치하는 아들자의 눈금: 0.22mm

아들자 눈금 1개 = 0.02mm. 0.02×11 눈금 = 0.22mm

(d) 측정값: 4.5mm + 0.22mm = 4.72mm

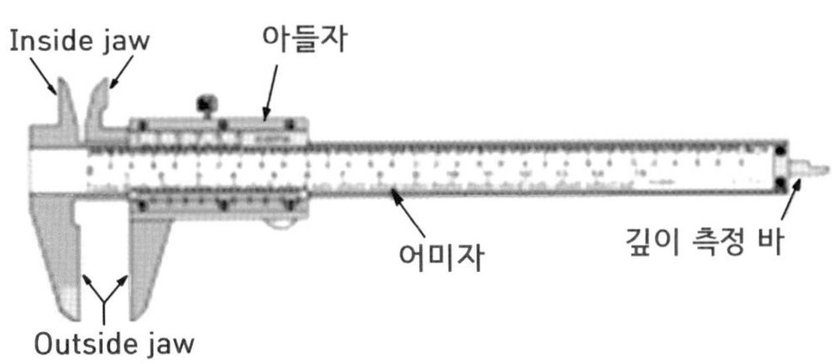

▲ 그림 7.7 버니어 캘리퍼스 6inch. 150mm

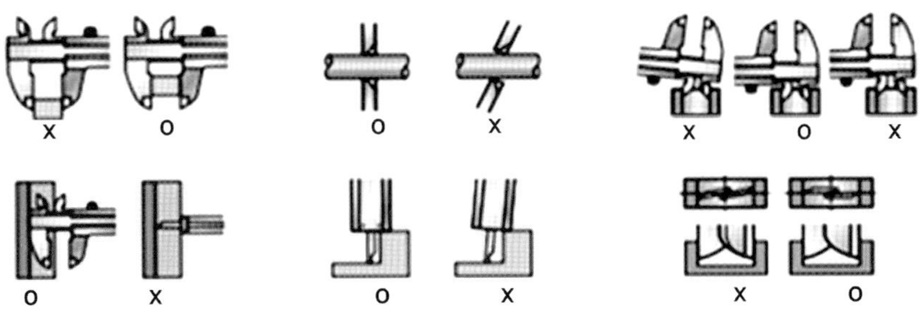

▲ 그림 7.8 버니어 캘리퍼스 올바른 사용방법

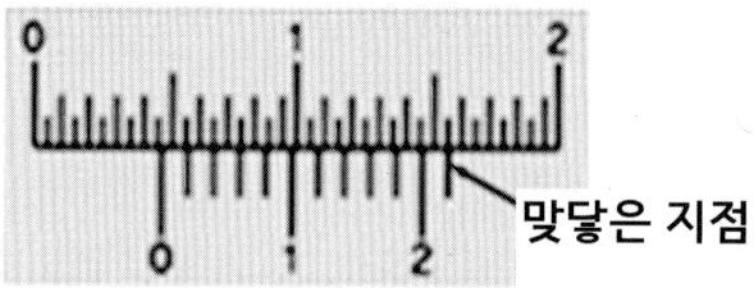

▲ **그림 7.9** 최소 측정값 0.02mm 버니어 캘리퍼스 읽기

(2) 최소 측정값 1/128in. 버니어 캘리퍼스 읽기(그림 7.10)

(a) 아들자 0 눈금 왼쪽에 있는 어미자의 눈금: 1/4in.

(b) 어미자와 아들자의 눈금이 맞닿은 지점의 아들자의 눈금: 4 아들자 눈금 1개 = 1/128

(c) 측정값: 1/4in. +1/32in. = 9/32in.

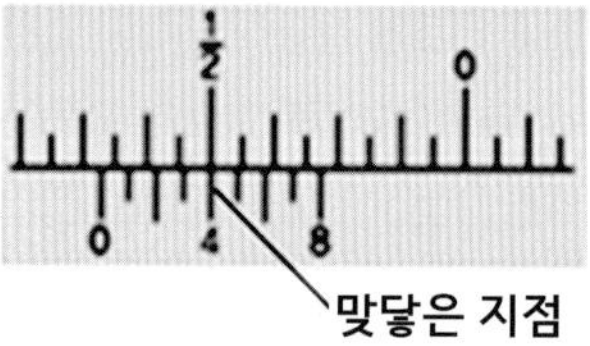

▲ **그림 7.10** 1-128inch 버니어 캘리퍼스 읽기

(3) 최소 측정값 0.001in. 버니어 캘리퍼스 읽기(그림 7.11)

(a) 아들자 '0' 눈금 왼쪽에 있는 어미자의 눈금: 0.35in.

(b) 어미자와 아들자의 눈금이 맞닿은 지점의 아들자의 눈금: 18

아들자 눈금 1개 0.025 / 25 = 0.001

(c) 측정값: 0.35in+0.018in. = 0.368in

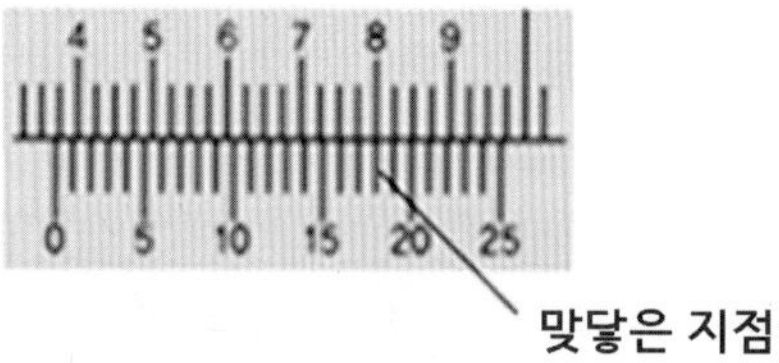

▲ **그림 7.11** 0.001inch 버니어 캘리퍼스 읽기

7.3. 다이얼 인디케이터(Dial Indicator)

A. 실습 개요

(1) 다이얼 인디케이터(dial indicator)를 사용하여 정밀측정하는 방법에 대해 학습한다.

B. 관련 지식

(1) 다이얼 인디케이터는 다이얼 게이지로 불리기도 한다.

(2) 다이얼 인디케이터는 축의 진원도, 굽힘, 마모도 및 회전체 표면의 변형 등을 측정하는 데 사용된다.

C. 자료 · 재료

(1) 크랭크 샤프트

(2) 브레이크 디스크

(3) 피스톤 핀

D. 기기(공구 · 장비)

(1) 다이얼 인디케이터

(2) 마그네틱 스탠드

(3) 정반

(4) V 블럭

E. 학습

(1) 다이얼 인디케이터를 사용하여 크랭크 샤프트의 변형 점검 방법에 대해 학습하여 익힌다(그림 7.12, 7.13).

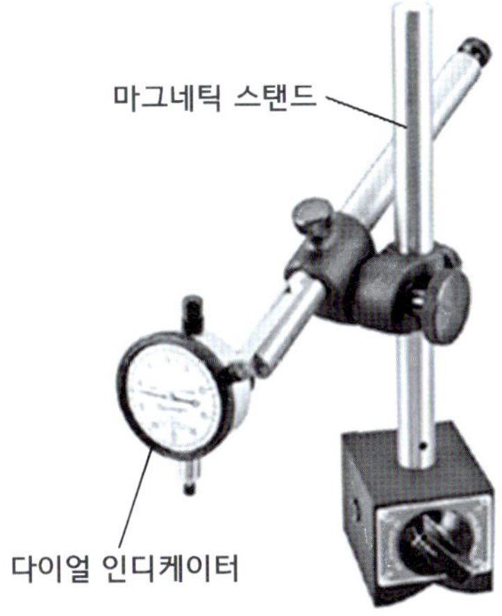

▲ 그림 7.12 다이얼 인디케이터

(a) 정반 위에 한 쌍의 V 블럭을 설치한다.

(b) 크랭크 샤프트를 한 쌍의 V 블럭 위에 올려서 자유롭게 회전할 수 있게 한다.

(c) 다이얼 인디케이터를 마그네틱 스탠드에 장치하고 다이얼 인디케이터의 프로브(probe)를 크랭크 샤프트 축에 가볍게 접촉하며 변위 값을 읽는다.

(d) 변위 값은 축의 굽힘, 마모 정도를 나타낸다.

(2) 브레이크 디스크의 휨 점검 방법에 대해 학습하여 익힌다.

(a) 정반 위에 브레이크 디스크를 놓고 다이얼 인디케이터를 장치한다.

(b) 브레이크 디스크 상면에 프로브(probe)를 가볍게 접촉하며 스탠드를 정반 위에서 밀착된 상태로 이동시키면 디스크 면의 변형 정도가 다이얼에 지시된다.

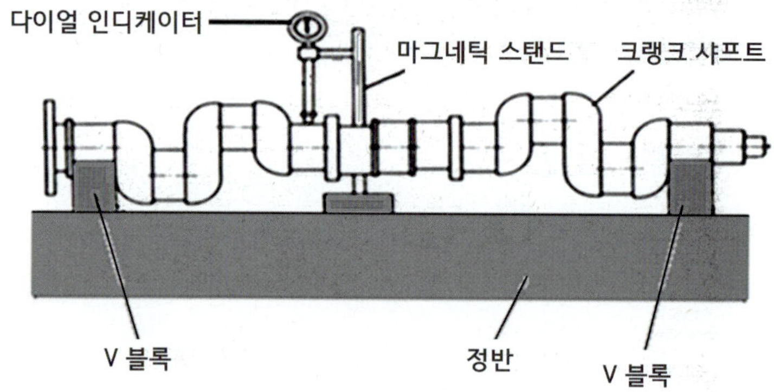

▲그림 7.13 크랭크 샤프트 변형 측정

7.4. 필러 게이지(Feeler Gauge)

A. 실습 개요

(1) 필러 게이지(feeler gauge)의 사용방법에 대해 학습한다.

B. 관련 지식

(1) 필러 게이지는 간격 폭을 측정하는 데 사용되는 도구이다.

(2) 필러 게이지는 여러 개의 강철판 조각으로 구성되며 하나의 힌지(hinge)에 고정되어 있다. 각 조각에는 0.001in. 와 0.01mm 단위로 표시되는 두께가 표시되어 있다.

(3) 사용 후에는 기계유로 세척하여 부식을 방지한다.

C. 자료 · 재료

D. 기기(공구 · 장비)

(1) 필러 게이지

E. 학습

(1) 필러 게이지의 사용방법을 학습하여 익힌다(그림 7.14).

(a) 필러 게이지를 사용하여 임의의 틈새의 간격을 측정해 본다.

(b) 간격의 폭에 맞도록 여러 조각을 합쳐서 측정 후 각 조각의 두께를 합해 값을 취한다.

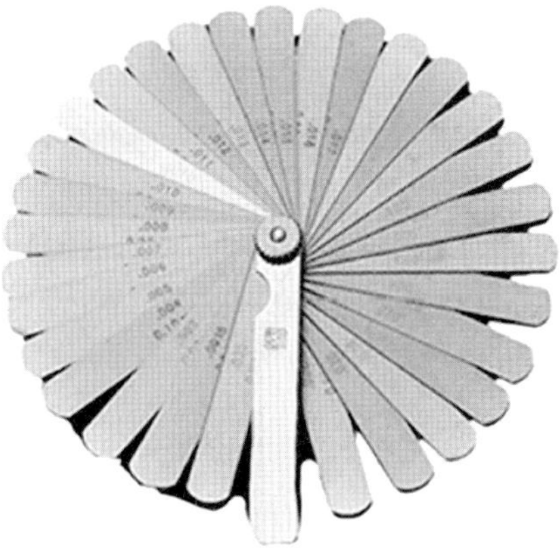

▲ 그림 7.14 필러 게이지

8. 항공기 지상 취급과 서비싱(Servicing)

8.1. 경항공기 주기 및 계류(Parking/Mooring)

A. 실습 개요

(1) 경항공기 주기 및 계류(parking/mooring) 절차에 대해 학습한다.

B. 관련 지식

(1) 경항공기는 갑작스러운 강풍으로부터 파손을 방지하기 위하여 매 비행 종료 후에는 계류시켜야 한다.

(2) 항공기의 주기와 계류시킬 때 기수의 방향은 예상되는 풍향에 의해 결정된다.

(3) 항공기는 주기 구역(parking area)의 지정 계류 지점(tie-down point)에 계류한다.

(4) 주위 항공기와의 날개 끝 간격을 유지하여야 한다.

C. 자료 · 재료

(1) 경항공기

(2) 마닐라 로프 또는 나일론 로프 지름 12mm

D. 기기(공구 · 장비)

E. 학습

(1) 경항공기 계류절차에 대해 학습하여 익힌다(그림 8.1).

(a) 3개의 타이어에는 차륜지를 고인다.

(b) 항공기의 전륜(nose wheel) 또는 후륜(tail wheel)의 계류 고리(tie-down ring)와 날개 하부의 계류 고리에 로프로 묶고 지상의 계류 지점(tie-down point)에 묶어 고정한다.

(c) 마닐라 로프는 습기를 먹으면 수축하기 때문에 길이 1inch 정도의 여유가 있도록 느슨하게 묶는다.

(d) 보우라인(bowline) 매듭과 같은 미끄럼 방지 매듭(anti-slip knot)은 빠르게 묶고 쉽게 풀어낼 수 있는 방식이다(그림 8.2).

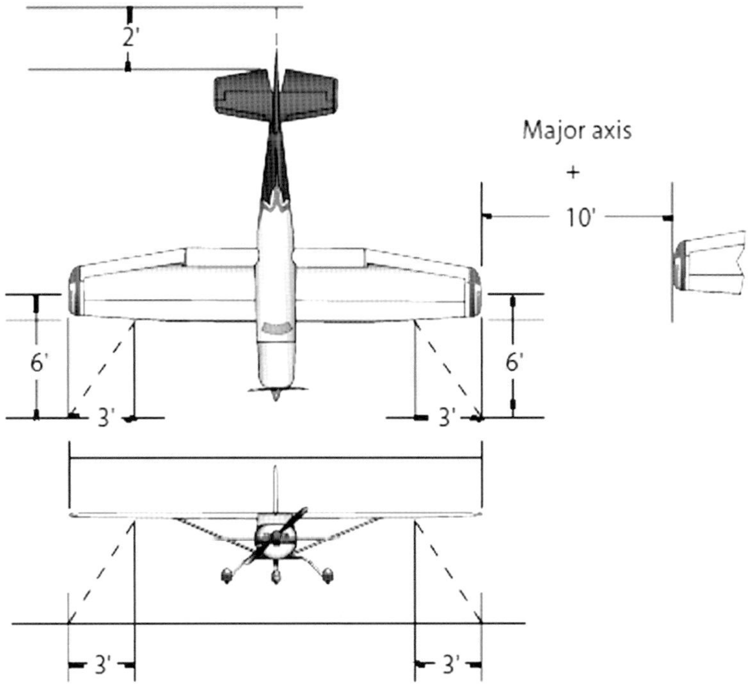

▲ 그림 8.1 경항공기 계류

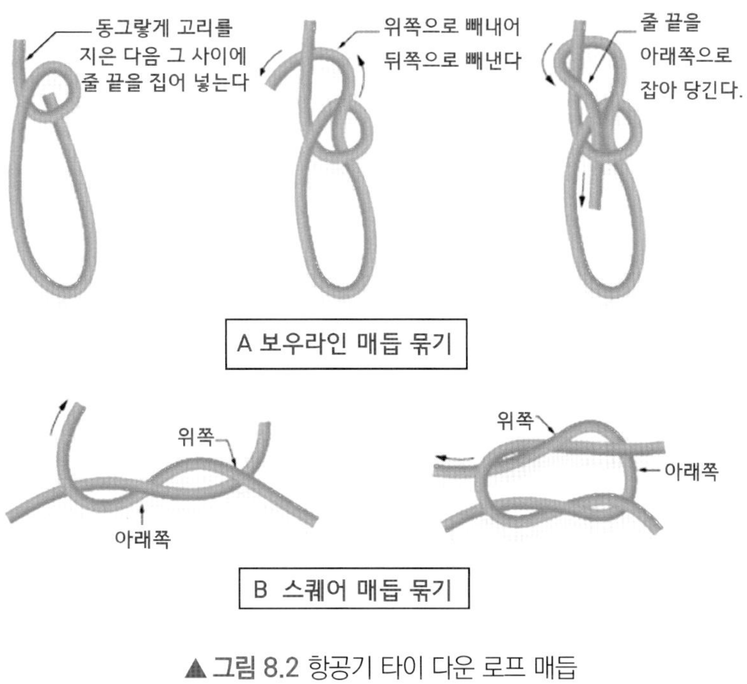

▲ 그림 8.2 항공기 타이 다운 로프 매듭

8.2. 항공기 견인(Towing)

A. 실습 개요

(1) 경항공기의 견인(towing)절차에 대해 학습한다.

B. 관련 지식

(1) 전륜형 착륙장치(tricycle landing gear)가 장착된 항공기는 전륜 축(nose-wheel axle)에 토우 바를 연결하여 전방으로 견인한다.

(2) 항공기를 견인할 때는 주위에 장애물에 대하여 감시자가 필요하다.

(3) 소형 항공기의 경우, 짧은 거리를 이동할 때에는 손으로 밀어서 이동하기도 한다.

C. 자료 · 재료

(1) 경항공기

D. 기기(공구 · 장비)

(1) 경항공기용 토우 바

E. 학습

경항공기의 토잉(towing) 절차에 대해 학습하여 익힌다.

(1) 경항공기의 토잉 절차(그림 8.3)

(a) 앞바퀴 축에 토우 바를 연결하고 잠금장치를 걸어 이탈하지 않도록 한다.

(b) 토우 바를 잡고 전방 또는 후방으로 끌거나 밀거나 하여 이동한다.

(c) 정박 자리가 결정되면 앞바퀴에 차륜지를 고이고, 파킹 브레이크(parking brake)를 세트(set)한다.

(d) 기체와 지상과의 접지선(earth line)을 연결한다.

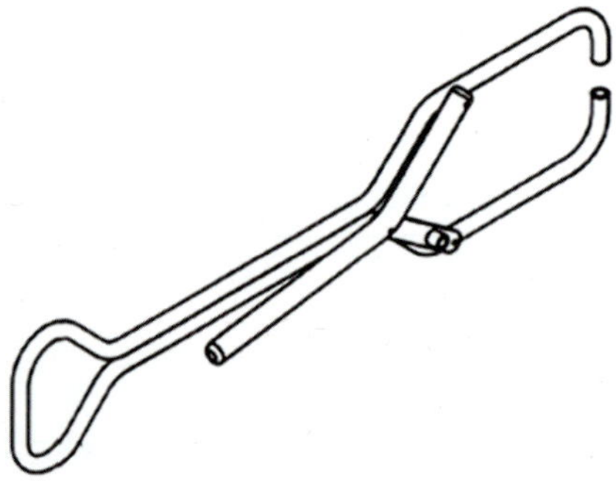

▲ **그림 8.3** 경항공기 토우바 C-172 항공기

8.3. 항공기 지상 유도(Marshaling)

A. 실습 개요

(1) 항공기의 유도절차에 대해 학습한다.

B. 관련 지식

(1) 지상에서 조종사는 바퀴 가까이 또는 날개 밑의 장애물을 볼 수 없으며, 항공기 뒤쪽에 무엇이 있는지도 알 수 없다. 조종사는 유도원의 지시에 따라 방향을 잡는다.

(2) 유도원은 손바닥이 서로 마주 보게 하여 양팔을 머리 위쪽으로 충분히 뻗어서 항공기의 유도를 위해 준비가 되었음을 표시한다.

C. 자료 · 재료

D. 기기(공구 · 장비)

(1) 유도 장구(wand)

(2) 발광 유도봉, 일광 형광봉

E. 학습

항공기의 유도절차에 대해 학습하여 익힌다.

(1) 항공기 지상 유도질차(그림 8.4)

(a) 유도원의 표준위치는 항공기의 왼쪽 날개 끝 선상에서 약간 전방에 위치한다.

(b) 유도원은 조종사가 잘 볼 수 있도록 날개 끝 전방으로 충분히 떨어져 있어야 한다. 조종사가 모든 신호를 볼 수 있는지를 조종사와 눈을 마주치며 확실하게 시험해 본다.

(c) 유도원은 조종사가 유도업무 담당자임을 알 수 있는 복장을 해야 하며, 유도 장구를 사용한다. 주간에는 일광 형광봉을 사용한다.

(d) 항공기 견인 시에도 유도원을 활용하고, 야간 또는 저 시정 상태는 발광 유도봉을 사용한다.

(2) 유도 신호(marshaling signal)

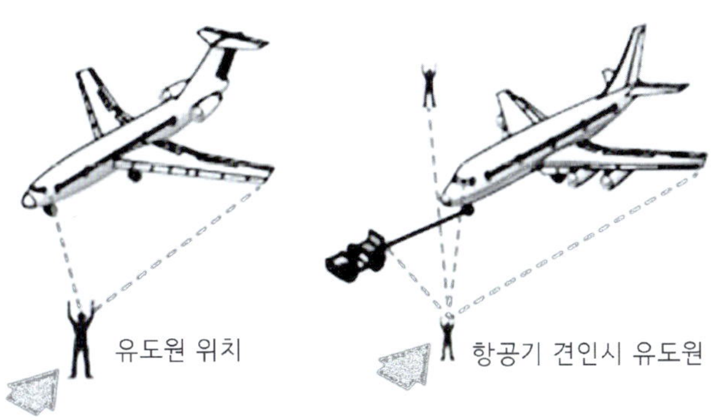

▲그림 8.4 유도원의 위치

(a) 그림에서 보여주는 유도 신호는 ICAO에서 제정한 신호이다(그림 8.5a, 그림 8.5b, 그림 8.5c, 그림 8.5d, 그림 8.5e, 그림 8.5f, 그림 8.5g, 그림 8.5h).

(b) 유도 신호 그림 번호 17, 18, 19, 20, 21, 22, 23, 24, 25, 26은 헬리콥터에 해당하는 신호이다.

1. 항공기 안내(Wingwalker)	
	오른손의 막대를 위쪽을 향하게 한 채 머리 위로 들어 올리고, 왼손의 막대를 아래로 향하게 하면서 몸쪽으로 붙인다. • 날개감시자(Wing walkers)가 항공기 입출항 시 조종사/유도사/견인차 운전자 등에게 보내는 신호
2. 출입문의 확인	
	양손의 막대를 위로 향하게 한 채 양팔을 쭉 펴서 머리 위로 올린다. • 항공기가 입항할 때 입항 Gate를 조종사에게 알려주기 위한 동작
3. 다음 유도원에게 이동 또는 관제기간으로부터 지시받은 지역으로의 이동	
	양쪽 팔을 위로 올렸다가 내려 팔을 몸의 측면 바깥쪽으로 쭉 편 후 다음 유도원의 방향 또는 이동구역 방향으로 막대를 가리킨다.
4. 직진	
	**팔꿈치를 구부려 막대를 가슴 높이에서 머리 높이까지 위아래로 움직인다.** • 항공기의 진행을 직진으로 유도하기 위한 동작으로 항공기 Nose Tire가 유도 Line 위를 정확히 주행하고 있을 경우에 보내는 신호
5. 좌회전(조종사 기준)	
	오른팔과 막대를 몸쪽 측면으로 직각으로 세운 뒤 왼손으로 직진신호를 한다. 신호동작의 속도는 항공기의 회전속도를 알려준다. • 항공기 Nose Tire가 유도 Line을 벗어날 경우 조종사가 바라보는 방향을 기준으로 좌측 방향으로 진행하라는 신호

▲ **그림 8.5a** 유도 신호

6. 우회전(조종사 기준)

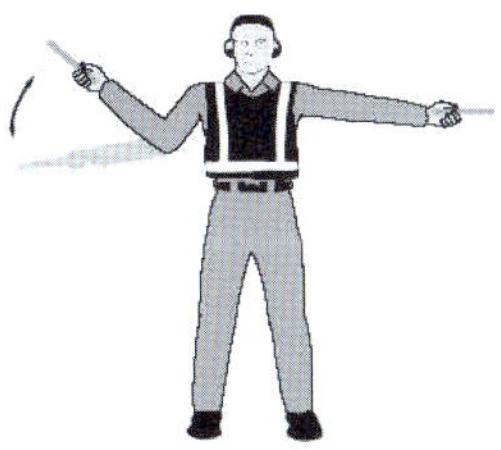

왼팔과 막대를 몸쪽 측면으로 직각으로 세운 뒤 오른손으로 직진신호를 한다. 신호동작의 속도는 항공기의 회전속도를 알려준다.

- 6과 반대인 우측 방향으로 진행을 유도하는 신호이며 이때 움직이는 팔의 각도가 클수록 회전각도를 크게 주라는 신호

7. 정지

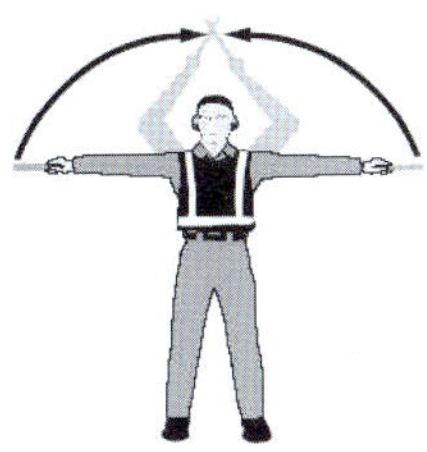

막대를 쥔 양쪽 팔을 몸 쪽 측면에서 직각으로 뻗은 뒤 천천히 두 막대가 교차할 때까지 머리 위로 움직인다.

- 정상적으로 Stand에 진입한 후 정지 신호

8. 비상정지

빠르게 양쪽 팔과 막대를 머리 위로 뻗었다가 막대를 교차시킨다.

- 항공기 진입 중 주변에 장애물과의 접촉이 우려되거나 다른 위험요인이 인지될 경우 보내는 긴급정지 신호. 화살표와 같이 반복적이고 빠르게 신호를 보내야 한다.

9. 브레이크 정렬

손바닥을 편 상태로 어깨 높이로 들어 올린다. 운항승무원을 응시한 채 주먹을 쥔다. 승무원으로부터 인지신호(엄지손가락을 올리는 신호)를 받기 전까지는 움직여서는 안 된다.

10. 브레이크 풀기

주먹을 쥐고 어깨 높이로 올린다. 운항승무원을 응시한 채 손을 편다. 승무원으로부터 인지신호(엄지손가락을 올리는 신호)를 받기 전까지는 움직여서는 안 된다.

▲ 그림 8.5b 유도 신호

11. 고임목 삽입	
	팔과 막대를 머리 위로 쭉 뻗는다. 막대가 서로 닿을 때까지 안쪽으로 막대를 움직인다. 운항승무원에게 인지표시를 반드시 수신하도록 한다.
12. 고임목 제거	
	팔과 막대를 머리 위로 쭉 뻗는다. 막대를 바깥쪽으로 움직인다. 운항승무원에게 인가받기 전까지 초크를 제거해서는 안 된다.
13. 엔진시동걸기	
	오른팔을 머리 높이로 들면서 막대는 위를 향한다. 막대로 원 모양을 그리기 시작하면서 동시에 왼팔을 머리 높이로 들고 엔진시동을 걸 위치를 가리킨다.
14. 엔진 정지	
	막대를 쥔 팔을 어깨 높이로 들어 올려 왼쪽 어깨 위로 위치시킨 뒤 막대를 오른쪽 · 왼쪽 어깨로 목을 가로질러 움직인다.
15. 서행	
	허리부터 무릎 사이에서 위아래로 막대를 움직이면서 뻗은 팔을 가볍게 툭툭 치는 동작으로 아래로 움직인다. • 항공기의 속도를 줄여 서서히 진입하라는 신호

▲ **그림 8.5c** 유도 신호

16. 한쪽 엔진의 출력 감소

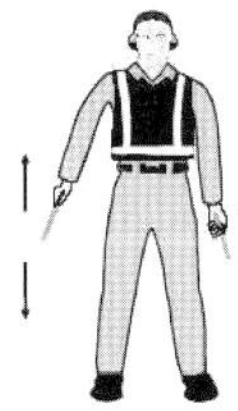

손바닥이 지면을 향하게 하여 두 팔을 내린 후, 출력을 감소시키려는 쪽의 손을 위아래로 흔든다.

17. 후진

몸 앞 쪽의 허리 높이에서 양팔을 앞쪽으로 빙글빙글 회전시킨다. 후진을 정지시키기 위해서는 신호 7 및 신호 8을 사용한다.

18. 후진하면서 신회(후미 우측)

왼팔은 아래쪽을 가리키며 오른팔은 머리 위로 수직으로 세웠다가 옆으로 수평 위치까지 내리는 동작을 반복한다.

19. 후진하면서 선회(후미 좌측)

오른팔은 아래쪽을 가리키며 왼팔은 머리 위로 수직으로 세웠다가 옆으로 수평 위치까지 내리는 동작을 반복한다.

20. 긍정(Affirmative)/ 모든 것이 정상임(All Clear)

오른팔을 머리 높이로 들면서 막대를 위로 향한다. 손 모양은 엄지손가락을 치켜세운다. 왼쪽 팔은 무릎 옆쪽으로 붙인다.

▲ 그림 8.5d 유도 신호

*21. 공중정지(Hover)	
	양팔과 막대를 90° 측면으로 편다.
*22. 상승	
	팔과 막대를 측면 수직으로 쭉 펴고 손바닥을 위로 향하면서 손을 위쪽으로 움직인다. 움직임의 속도는 상승률을 나타낸다.
*23. 하강	
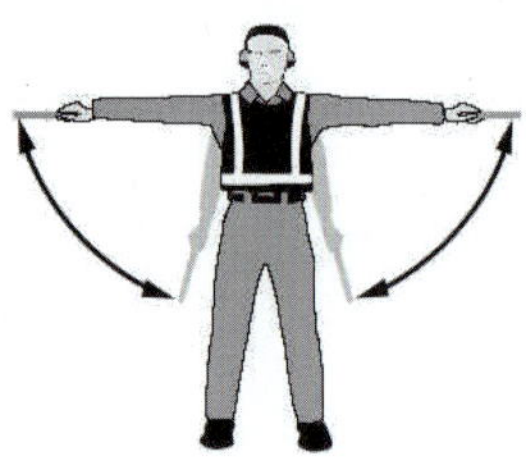	팔과 막대를 측면 수직으로 쭉 펴고 손바닥을 아래로 향하면서 손을 아래로 움직인다. 움직임의 속도는 강하율을 나타낸다.
*24. 왼쪽으로 수평이동(조종사 기준)	
	팔을 오른쪽 측면 수직으로 뻗는다. 빗자루를 쓰는 동작으로 같은 방향으로 다른 쪽 팔을 이동시킨다.
*25. 오른쪽으로 수평이동(조종사 기준)	
	팔을 왼쪽 측면 수직으로 뻗는다. 빗자루를 쓰는 동작으로 같은 방향으로 다른 쪽 팔을 이동시킨다.

▲ **그림 8.5e** 유도 신호

*26. 착륙

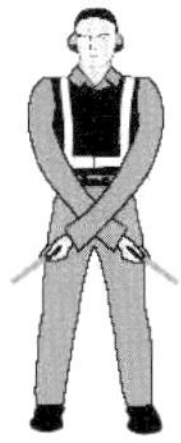

몸의 앞쪽에서 막대를 쥔 양팔을 아래쪽으로 교차시킨다.

27. 화재

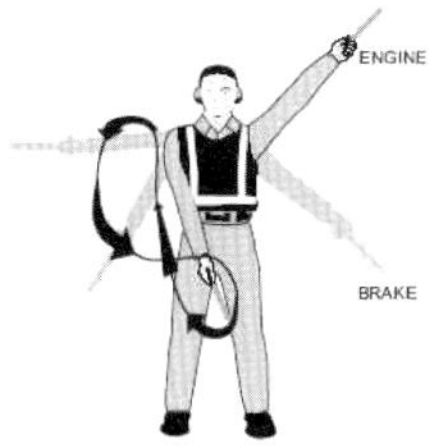

화재지역을 왼손으로 가리키면서 동시에 어깨와 무릎사이의 높이에서 부채질 동작으로 오른손을 이동시킨다.
야간 - 막대를 사용하여 동일하게 움직인다.

28. 위치대기(stand-by)

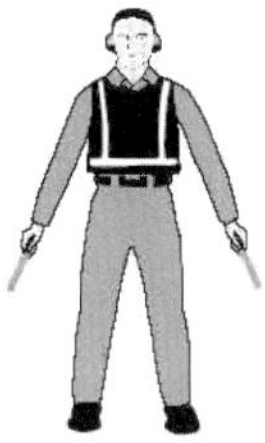

양팔과 막대를 측면에서 45°로 아래로 뻗는다. 항공기의 다음 이동이 허가될 때까지 움직이지 않는다.

29. 항공기 출발

오른손 또는 막대로 경례하는 신호를 한다. 항공기의 지상이동(taxi)이 시작될 때까지 운항승무원을 응시한다.

30. 조종장치를 손대지 말 것(기술적 · 업무적 통신신호)

머리 위로 오른팔을 뻗고 주먹을 쥐거나 막대를 수평방향으로 쥔다. 왼팔은 무릎 옆에 붙인다.

▲ **그림 8.5f 유도 신호**

31. 지상 전원공급 연결(기술적 · 업무적 통신신호)	
	머리 위로 팔을 뻗어 왼손을 수평으로 손바닥이 보이도록 하고, 오른손의 손가락 끝이 왼손에 닿게 하여 "T"자 형태를 취한다. 밤에는 광채가 나는 막대 "T"를 사용할 수 있다.
32. 지상 전원공급 차단(기술적 · 업무적 통신신호)	
	신호 25와 같이 한 후 오른손이 왼손에서 떨어지도록 한다. 운항승무원이 인가할 때까지 전원 공급을 차단해서는 안 된다. 밤에는 광채가 나는 막대 "T"를 사용할 수 있다.
33. 부정(기술적 · 업무적 통신신호)	
	오른팔을 어깨에서부터 90°로 곧게 뻗어 고정시키고, 막대를 지상 쪽으로 향하게 하거나 엄지손가락을 아래로 향하게 표시한다. 왼손은 무릎 옆에 붙인다.
34. 인터폰을 통한 통신의 구축(기술적 · 업무적 통신신호)	
	몸에서부터 90°로 양팔을 뻗은 후, 양손이 두 귀를 컵 모양으로 가리도록 한다.
35. 계단 열기 · 닫기	
	오른팔을 측면에 붙이고 왼팔을 45° 머리 위로 올린다. 오른팔을 왼쪽 어깨 위쪽으로 쓸어 올리는 동작을 한다.

▲ **그림 8.5g** 유도 신호

8.4. 엔진 오일 보급(Oil Servicing)

A. 실습 개요

(1) 항공기 엔진 오일 보급(oil servicing) 방법에 대해 학습한다.

B. 관련 지식

(1) 엔진에는 해당하는 적합한 형식의 오일을 보급하여야 한다.

(2) 왕복 엔진의 오일 점검은 엔진이 작동하지 않을 때 수행한다.

(3) 터빈 엔진의 오일 점검은 엔진이 정지된 후 곧바로 수행한다.

(4) 오일 탱크는 과보충 되어서는 안 된다.

(5) 사용한 엔진 오일은 독성 물질이며 피부를 통해 신체에 침투할 수 있다. 오일이 피부에 묻었을 경우 신속하게 비눗물로 닦는다.

C. 자료 · 재료

(1) 엔진 오일

D. 기기(공구 · 장비)

(1) IO-360 엔진, 왕복 엔진

(2) 터보 제트 엔진

E. 학습

IO-360 엔진 오일 보급 방법에 대해 학습하여 익힌다.

(1) IO-360 엔진 오일 보급 방법(그림 8.6)

(a) 엔진 오일 탱크 캡을 열고 딥스틱(dipstick)을 이용하여 오일양을 점검한다.

(b) 필요한 양을 보급하고 캡(cap)을 채운 후 안전결선한다.

(c) 계기판의 오일양 계기(oil quantity indicator)에서 오일양을 반복 확인한다.

(d) 엔진주위에 넘쳐 흐른 오일은 깨끗이 닦아낸다.

(2) 터보 제트 엔진 오일 보급 방법은 왕복 엔진 보급 방법과 유사하나 엔진 오일의 종류가 다르다.

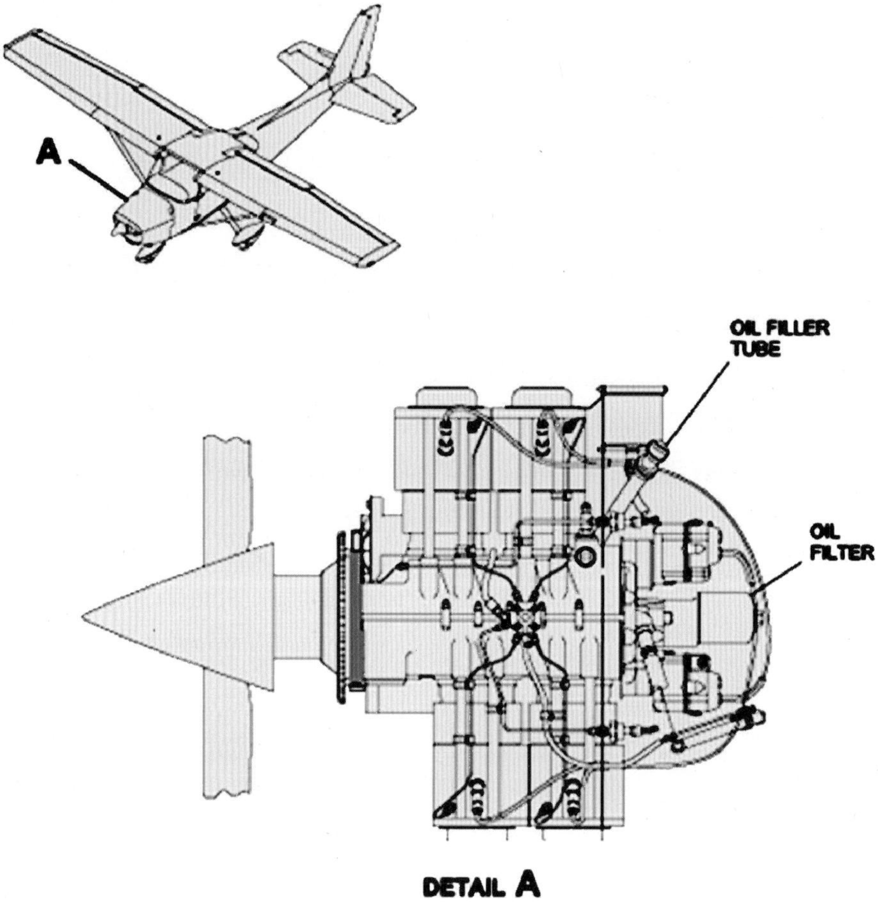

▲ **그림 8.6** IO-360 엔진 오일 보급구

8.5. 윤활 작업(Lubricating)

A. 실습 개요

(1) 항공기의 윤활 작업방법에 대해 학습한다.

B. 관련 지식

(1) 항공기에 일반적으로 사용되는 특정 베어링과 부싱은 테플론(teflon) 베어링으로서 추가 윤활은 필요하지 않다. 또한, 테플론 베어링과 부싱의 윤활은 테플론의 변질에 따른 베어링 수명 단축의 원인이 될 수 있다.

(2) 윤활 피팅(lubrication fitting)이 구비된 베어링(bearings) 및 부싱(bushings)에만 윤활한다.

(3) 윤활 위치, 윤활제, 윤활 방법과 같은 윤활에 관한 정보는 AMM Chap. 12에서 찾는다.

(4) 윤활 압력은 100~200psi 정도가 충분하다. 윤활 압력이 2,500psi를 초과할 경우 피팅이 뽑혀 나올 수 있다.

(5) 윤활 블럭을 통해서 윤활 방법, 윤활제에 관한 정보를 알 수 있다(B-737).

(6) 윤활 차트를 통해서 윤활 위치, 윤활 방법, 윤활제에 관한 정보를 알 수 있다(C-172).

(7) 윤활 작업은 정비 계획에 의거 주기적으로, 반복적으로 수행한다.

C. 자료 · 재료

(1) 그리스(grease)

(2) 오일

D. 기기(공구 · 장비)

(1) C-150, C-172, PA-34, M-22

(2) 그리스 건(grease gun)

(3) 그리스 건 어댑터(adapter)

(a) zerk 어댑터

(b) pin 어댑터

(c) flush 어댑터

(4) 오일 캔

E. 학습

항공기의 윤활 작업방법에 대해 학습하여 익힌다.

(1) 윤활 작업방법(그림 8.7)

(a) 윤활 피팅에 맞는 그리스 건 어댑터를 선택한다.

(b) 그리스 건 어댑터를 연결하기 전에 윤활 피팅(fitting)에서 먼지, 모래, 등 오물을 제거한다.

(c) 그리스 차트에서 보여주는 모든 윤활 위치를 찾아서 주입한다(그림 8.8, 8.9).

(d) 천천히 부드럽게 펌핑(pumping)한다.

(e) 새로 주입한 그리스가 헌 그리스를 밀어낼 때까지 주입한다.

(f) 그리스가 정상적으로 주입이 안 되면 그리스 피팅을 교환하거나 분해해서 그리스 주입 통로를 깨끗이 세척하고 재주입한다.

(g) 윤활 작업이 끝나면 넘쳐나온 모든 윤활제는 깨끗이 닦아내서 주위의 오염과 표면처리 손상을 방지한다.

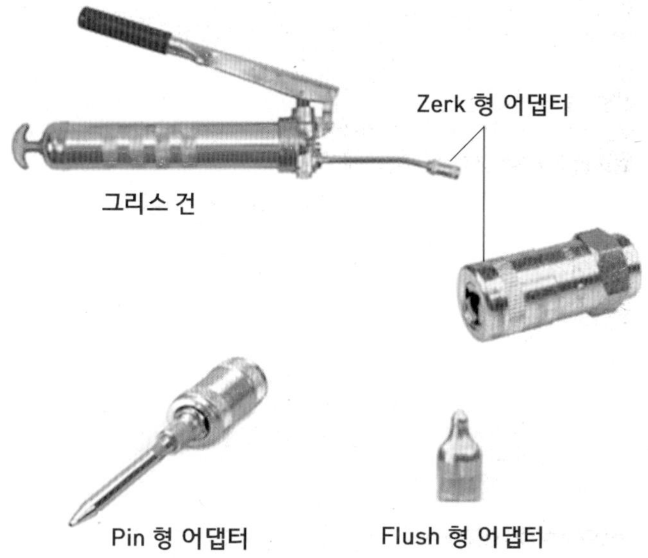

▲ 그림 8.7 그리스 건, 어댑터

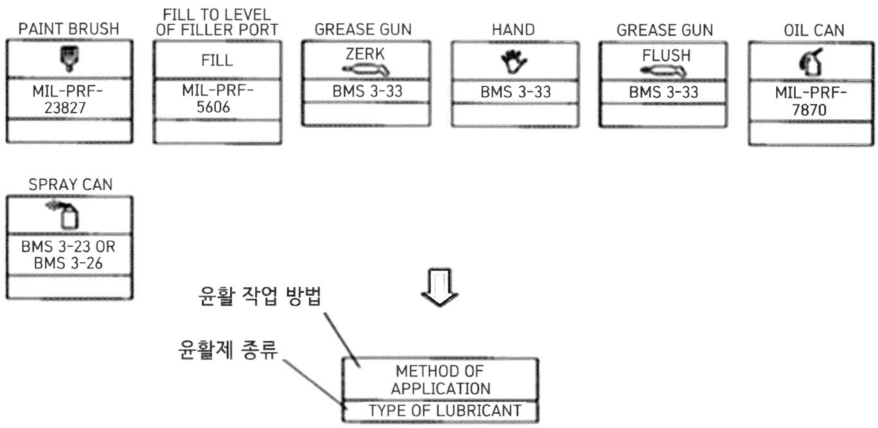

▲ 그림 8.8 윤활작업 부호 B-737

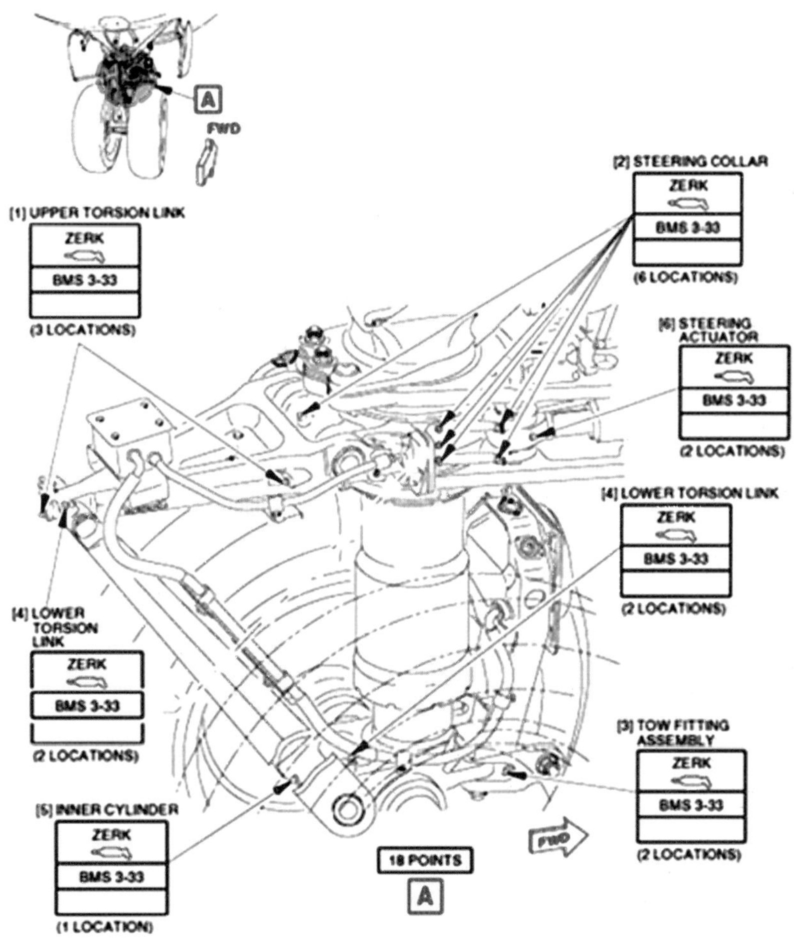

▲ 그림 8.9 윤활 차트 B-737

(2) C-172 랜딩기어 계통을 윤활하며 작업방법을 익힌다(그림 8.10).

(a) 윤활 차트에서 보여주는 윤활 위치, 윤활제 및 윤활 방법에 따라 윤활한다.

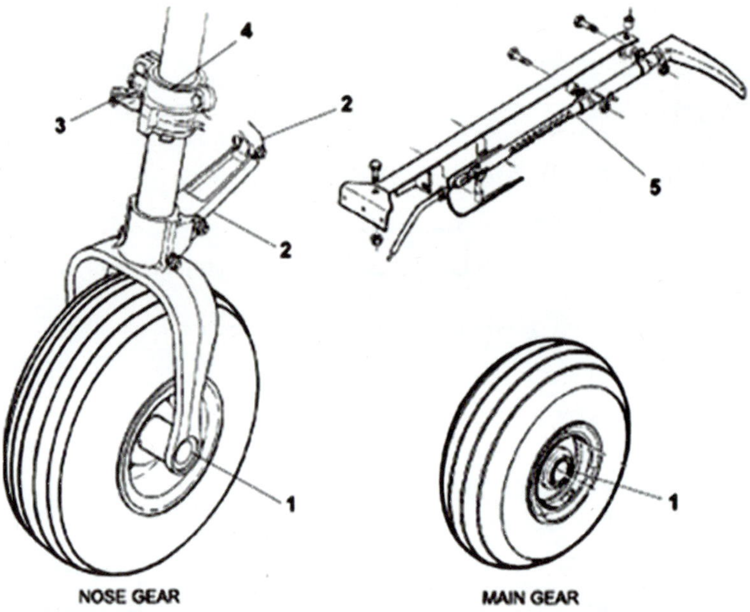

ITEM NUMBER	ITEM DESCRIPTION	LUBE TYPE	APPLICATION
1	WHEEL BEARINGS	GR	HAND
2	TORQUE LINKS	GR	GUN
3	SHIMMY DAMPER PIVOTS	OG	OIL CAN
4	NEEDLE BEARINGS	GR	HAND
5	PARKING BRAKE HANDLE SHAFT	OG	OIL CAN

GR - GREASE, GENERAL PURPOSE - (MIL-G-81322)
OG - OIL, GENERAL PURPOSE - (MIL-L-7870)

▲그림 8.10 노즈 랜딩기어 윤활 차트 C-172

8.6. 항공기 연료 보급(Aircraft Refueling)

A. 실습 개요

(1) 항공기의 연료 보급(refueling) 절차에 대해 학습한다.

B. 관련 지식

(1) 항공기가 계류 중에는 항공기 외부로의 정전기 방출이 약해져 정전기는 발생 부위에 축적된 상태로 존재하게 되고 특히 습도가 낮은 겨울철에는 높은 정전압을 띄게 된다.

(2) 케로신 유형의 터빈 엔진 연료는 항공 가솔린에 비해 비중이 높고 발화점 범위가 크기 때문에 다른 연료에 비해 급유 중 연료와 호스 사이의 마찰에 의해 발생하는 정전기의 양이 많으며, 또한 연료공급 속도에 비례하여 더욱 증대되므로 이로 인하여 발생한 정전기는 항공기에 축적되어 항공기는 양(positive)의 전기적 특성을 띠게 된다. 만약 연료 보급 중 연료공급 호스와 항공기의 연료주입 연결 부위에서 연료가 누설되어 이것이 기화되는 경우에는 기체에 축적된 정전기는 작업자의 몸을 통하여 방전되며 발생한 불꽃이 연료 증기에 인화된다.

(3) 경항공기는 날개 상부의 주유구(fueling port)를 통해 연류를 보급한다

(4) 대형 항공기에는 단일지점(single point) 급유장치가 날개 앞전(wing leading edge)에 있다.

C. 자료 · 재료

D. 기기(공구 · 장비)

(1) 경항공기

E. 학습

항공기의 연료 보급 절차에 대해 학습하여 익힌다.

(1) 항공기 연료 보급 절차

(a) 항공기의 모든 전기계통과 레이더를 포함한 전자장치가 꺼져 있는지 확인한다.

(b) 급유작업 시에는 항공기 주위에 class B 소화기를 비치하고, 사용법을 확실히 알아야 한다.

(c) 급유작업 시 인화성 물질을 소지하지 않았는지 확인한다.

(d) 적절한 형식과 등급의 연료인지 확인한다. 연료 주입구 근처에 연료의 규격이 표시돼 있다. 또는 pilot operating handbook에 명시된 연료를 보급한다. aviation gasoline과 제트연료를 섞어서 보급해서는 안 된다(그림 8.11).

(e) 급유 개시 전에 연료 공급장치에서 연료 시료를 채취하여 shell water detector(제트항공유 해당)로 수분 오염 검사를 한다(그림 8.13).

(f) 연료를 보급하고 있는 항공기 방향으로 다른 항공기의 후류에 의해 불순물들이 날아오면 연료 보급을 중단한다. 바람에 날려온 오물, 먼지 및 기타 오염물은 열려져 있는 연료탱크로 유입되어 탱크를 오염시킬 수 있다.

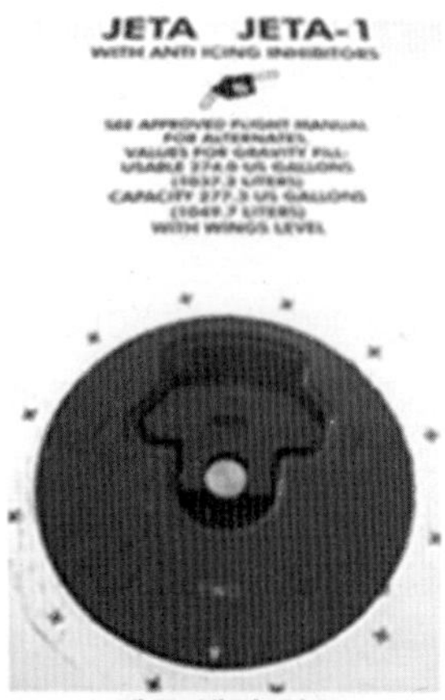

제트 엔진 연료

왕복 엔진 연료

▲ **그림 8.11** 연료 주입구 연료 규격 표시

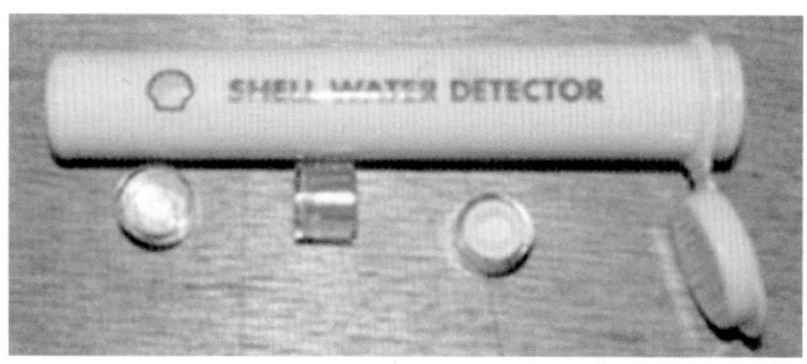

▲ **그림 8.12** 수분 검출제(부록 참조)

(g) 5마일 이내에서 번개가 칠 때는 연료 보급을 하지 말아야 한다.

(h) 지상 레이더(ground radar)가 500피트 이내에서 작동할 때는 연료 보급을 하지 말것.

(i) 이동식 급유장치(mobile fueling equipment)를 사용할 때는 항공기에 주의하여 접근한다. 비상시 철수 등을 고려하여 후진하지 않고 빠르게 출발할 수 있도록 주차한다.

(j) 연료 공급장치의 핸드 브레이크를 당기고, 흔들림을 방지하기 위해 차륜지를 고인다.

(k) 항공기를 접지시키고, 연료 공급장치를 접지시킨 다음 항공기와 연료 공급장치를 함께 접지시킨다. 이러한 3점 접지는 연료공급 장치에 있는 3개의 분리된 접지선(ground wire) 또는 "y" 케이블을 이용하여 이루어진다.

(l) 접지가 금속 또는 항공기의 적절한 접지 점(earth point)에 접지되어 있는지 확인하고, 엔진 배기장치 또는 프로펠러 블레이드를 접지 점으로 이용하지 않는다.

(m) 노즐(nozzle)을 항공기에 접지한 후, 연료탱크를 연다.

(n) 넘친 연료 또는 노즐, 호스(hose), 또는 접지선의 부주의한 취급으로 발생할 수 있는 손상으로부터 항공기 날개와 관련 부품을 보호한다.

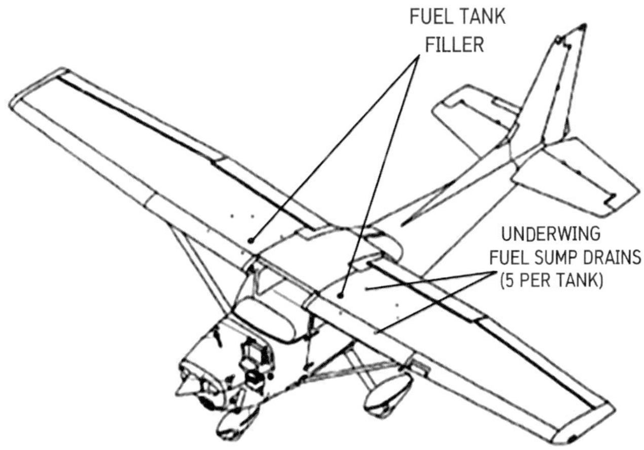

▲ 그림 8.13 연료 보급구, 섬프 드레인 포트(윙 하부) C-172

(o) 급유를 마치면 연료 탱크 캡이 안전하게 닫혔는지 확인한다.

(p) 급유작업 후에는 섬프 드레인(sump drain)을 실시한다(그림 8.13).

(q) 접지선을 역순으로 제거한다.

(2) 연료 보급량 확인 절차

(a) 비행계획서(flight plan)의 연료량(kg)을 확인한다.

(b) 항공기 연료량 계기(total fuel quantity indicator)에서 잔류 연료량을 확인한다.

(c) 연료량 계기를 주시하며 필요 연료량을 보급한다.

(d) 연료 공급장치 차량에서 급유량과 잔류 연료량을 합하여 항공기의 총 연료량을 비행계획서상의 연료량과 비교하여 확인한다.

(e) 연료 공급장치 차량의 급유량은 부피로 지시되므로, 급유 시점의 온도에 따른 연료의 비중을 대입하여 부피로 구한다.

(f) 연료 보급량 계산 예

- 비행계획서 상의 필요 연료량: 95,000kg
- 연료량 계기 상의 잔류 연료량: 15,000kg
- 추가 급유 필요량: 80,000kg
- 기온 15℃에서의 제트연료의 비중: 0.8(g/㎤)
- 연료 공급장치에서의 공급량: 95,000kg × 0.8 = 76,000l

8.7. 워크 어라운드 인스펙션(Walk Around Inspection)

A. 실습 개요

(1) 워크 어라운드 인스펙션(walk around inspection)에 대해 학습하여 익힌다.

B. 관련 지식

(1) 정비사는 비행대기 선상에 있는 항공기에 대해 비행 전/후 점검(preflight/post-flight inspection)을 수행하여 감항성을 확인하고 조종사에게 인계한다.

(2) 비행 전/후 검사는 walk around inspection check list에 따라 수행한다.

C. 자료 · 재료

(1) 해당 기종 walk around inspection check list(조종석에 비치)

D. 기기(공구 · 장비)

항공기 C-150, C-172, C-182, M-20

E. 학습

(1) 항공기 비행 전/후 검사 방법에 대해 학습하여 익힌다.

(a) 항공기에서 walk around inspection을 해본다(그림 8.14).

(b) walk around inspection check list(그림 8.15)

(c) 비행 전/후 검사는 조종석에서 시작하여 좌측 동체 후방으로 돌며 한 바퀴 돌아 좌측 에일러론(aileron)에서 마친다.

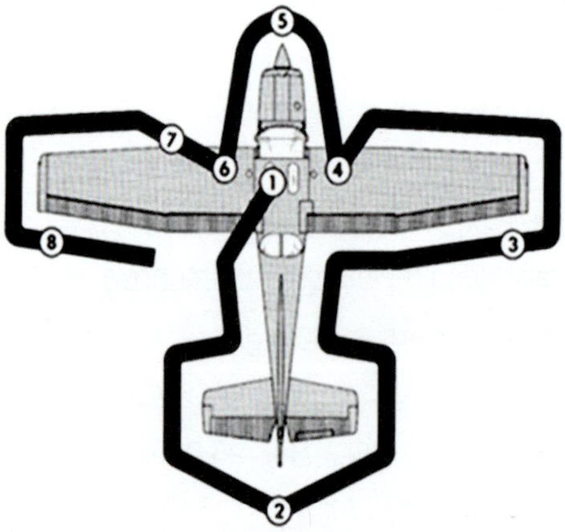

▲ **그림 8.14** 워크 어라운드 인스펙션 순서

C-172 Walkaround inspection check list	
1. CABIN	
Documents	On board
Control wheel lock	Remove
Ignition switch	Off
Avionics	Off
Master switch	On
Fuel quantity	Check
Flaps	Down
Lights & Pitot Heat	Check
Master switch	Off
Hobbs & tach	Record
2. EMPENNAGE	
Tail tie down Remove	
Control surfaces Check	
3. RIGHT WING Trailing Edge	
Aileron	Check freedom of movement
4. RIGHT WING	
Wing tie down	Remove
Main tire	Check inflation
Wing fuel sump	Drain and check for color, sediment or water
Engine Oil	Check oil level
Oil dipstick	Secure
5. NOSE	
Engine Oil	Check oil level
Oil dipstick	Secure
Engine fuel sump	Pull knob out for 4 seconds, catch in fuel tester
Prop & spinner	Check
Engine air inlets	Clear
Air filter	Check
Nose strut & tire	Check
Static source	Check
6. LEFT WING	
Wing fuel sump	Drain & Check
Fuel quantity	Check Visually
Fuel cap	Secure
Main tire	Check Inflation
7. LEFT WING Leading Edge	
Pitot cover	Remove
Fuel tank vent	Check
Stall warning	Check
Wing tie down	Remove
8. LEFT WING Trailing Edge	
Aileron	Check

▲ 그림 8.15 Walkaround inspection check list

9. 항공정비 안전

9.1. 일반

안전에 대한 책임은 개인에게 있다. 사람이 부상하거나 사망하거나 장비가 손상되지 않도록 주의를 기울이는 것은 모든 작업자의 임무이다.

다양한 물질과 환경조건에 따른 부상 위험을 방지하기 위하여 항공기 정비, 수리, 서비스 절차상의 안전 권고사항/주의사항을 이행한다.

9.2. WARNING, CAUTION 및 NOTE

모든 정비 매뉴얼에서는 본문 전체에 걸쳐 수행 중인 절차와 관련된 WARNING, CAUTION 및 NOTE는 텍스트에서 중요사항을 강조하기 위해 사용된다.

WARNING, CAUTION은 해당 문장 앞에 표시되고, NOTE는 해당 문장 뒤에 표시된다.

WARNING: 부상이나 사망을 방지하기 위해 정확하게 준수해야 하는 재료, 공정, 방법, 절차 또는 제한사항의 사용에 대하여 주의를 환기한다.

CAUTION: 장비의 손상을 방지하기 위해 따라야 하는 방법 및 절차에 대하여 주의를 환기한다.

NOTE: 작업을 쉽게 할 수 있는 방법에 대하여 주의를 환기한다.

9.3. MSDS

(1) MSDS(Material Safety Data Sheet)는 물질 안전 보건 자료를 의미하며 화학물질의 유해, 위험성, 구성 성분의 명칭 및 함유량, 응급조치 요령, 취급방법 등을 설명해 주는 자료이다.

(2) 화학물질을 취급하는 작업자는 사용하는 화학물질을 취급하기 전에 해당 화학물질의 유해성, 위험성, 취급상의 주의사항, 적절한 보호 장구 및 사고 발생 시 대처방법 등에 대한 MSDS 자료를 이해하여야 한다.

9.4. 작업장 안전

안전하고 효율적인 정비를 위해서는 격납고, 작업장 및 격납고 주변의 주기장 등의 정리 정돈과 청결 유지에 최선을 다하여야 한다.

(1) 전기안전

(a) 정비사는 전기의 원리에 대한 실용적인 지식을 통하여 안전한 작업과 손상 방지를 위하여 전기를 안전하게 다룰 수 있는 능력을 갖추어야 한다.

(b) 모든 전원 코드(cord), 전선은 꼬임과 구부러짐이 없는지 확인하여야 한다. 전선이나 코드는 사람이 다니는 통로 또는 다른 장비가 이동하는 통로에 두어서는 안 된다.

(2) 고압가스 안전

공기호스는 끊어지거나 닳은 곳은 없는지 주기적으로 검사하여야 하며, 상태가 불량한 호스는 곧바로 교체하여야 한다. 호스 연결은 누설이 없는 상태로 유지하여야 한다.

9.5. Shop 장비 안전

(1) 탁상 드릴, 드릴링 머신

탁상 드릴, 드릴링 머신을 사용하여 드릴 작업을 할 때는 공작물을 벤치 바이스를 사용하여 적절히 고정한다.

(a) 보안경을 착용한다.

(b) 가공 재료에 따라 적절한 회전수를 설정한다.

(c) 드릴이 공작물에 박혀서 움직이지 아니할 때는 먼저 탁상 드릴을 정지한다. 탁상 드릴을 빨리 멈추려고 회전 중인 척(chuck)을 손으로 잡아서는 안 된다.

(d) 작업이 끝나면 주위를 깨끗하게 청소한다.

(2) 벤치 그라인더

벤치 그라인더는 작업자가 연마작업 중 손이 말려들어 가거나 연삭 분진이 눈에 들어가 다치게 하는 경우가 있으며, 연마 초석이 깨지면 심각한 부상을 당할 수 있다.

(a) 연마 분진이 분산하는 것을 방지하기 위하여 연마 초석 전면에 투명한 보호판이 설치되어 있다 하더라도 보안경을 착용한다.

(b) 벤치 그라인더를 사용하기 전에 연마 초석의 결함 여부를 확인한다.

(c) 벤치 그라인더의 연마 초석은 측면을 사용하는 목적 이외는 측면을 사용하지 않는다.

9.6. 운항 안전

운항 정비 지역(flight line)에서 소음은 수많은 곳에서 발생한다. 소음과 항공기 보조 동력장치(APU, Auxiliary Power Unit), 지상 장비에서 발생하는 다양한 음파는 계류장(Ramp)에서 근무하는 운항정비 정비사의 청력을 상실하게 하는 원인이 될 수 있다. 청력 보호를 위해 보호구를 착용하여야 한다.

9.7. 계류장 안전

활주(taxiing) 중인 항공기의 조종사가 정비사를 비롯한 사람들을 보고 피해갈 것이라는 생각은 착각이다. 그러므로 정비사는 계류장에 있을 때는 조종사가 잘 볼 수 있는 위치에 있어야 한다.

9.8. FOD 방지

(1) 외부 이물질에 의한 손상(FOD, Foreign Object Damage)을 방지하기 위해서는 계류장을 청결하게 유지하여야 한다.
(2) 가스터빈 엔진은 엔진 흡입력에 의하여 계류장 바닥에 떨어진 이물질을 빨아들여 엔진 손상의 원인이 되며, 정비사는 터빈 엔진의 공기 흡입구(air intake) 주변에 공구 또는 기타 물품들이 방치되지 않도록 주의하여야 한다.
(3) 작업을 완료한 후에는 항공기 작업 주위에서 공구, 부품 및 자재를 깨끗이 제거하여 FOD를 방지한다.

9.9. 헬리콥터 안전

(1) 조종사가 볼 수 있는 시야 내에서 헬리콥터에 접근한다.
(2) 헬리콥터 블레이드를 칠 수 있는 높은 물체는 헬리콥터에 절대로 접근하지 않는다. 블레이드 손상과 인명 상해의 원인이 될 수 있다.
(3) 꼬리날개 헬리콥터에서는 절대로 후방에서 접근하지 않는다. 꼬리날개는 작동 시에는 눈에 잘 띄지 않는다.

(4) 헬리콥터의 한쪽에서 다른 반대쪽으로 이동할 때에는 절대로 꼬리 쪽으로 돌아가면 안 되며, 반드시 헬리콥터의 기수 주위로 돌아가야 한다.

9.10. 프로펠러 안전

(1) 모든 물체와 사람이 프로펠러의 회전 반경에서 떨어져 있는지 확인한다. 전원이 켜져 있는 경우 와이어가 헐겁거나 끊어지면 엔진이 시동되어 프로펠러가 회전하여 사망 또는 심각한 부상을 당할 수 있다.

(2) 전원이 켜진 상태에서 엔진에 대한 작동 테스트를 완료해야 하는 경우, 엔진 시동 시 부상이나 사망을 방지하기 위해 모든 인원은 프로펠러의 회전 반경에서 충분히 떨어져 있어야 한다.

10. 비파괴 검사(NDI, Non Destructive Inspection)

10.1. 육안검사(Visual Inspection)

A. 실습 개요

(1) 육안검사(visual inspection) 방법에 대해 학습한다.

B. 관련 지식

(1) 육안검사는 주로 표면의 흠을 찾아내는 데 이용된다. 이 검사로는 균열이나 표면의 불규칙한 결함, 층의 분리와 표면이 부풀어 오른 결함 등을 찾아낼 수 있다.

(2) 손전등으로 표면 균열을 검사할 때는 손전등 빔을 검사 표면에 5°~ 45° 각도로 비추어 반사광선에 의한 시선이 방해받지 않도록 한다. 시선이 반사광선보다 위에 있어야 한다.

(3) 저비용과 최소의 훈련으로 즉각적인 결과를 확인할 수 있다.

(4) 육안검사로 발견된 결과는 사진, 기록, 영상기록물이 포함된 서면 보고서로 유지, 보관되어야 한다.

C. 자료 · 재료

(1) 항공기, 엔진, 기체 부품

D. 기기(공구 · 장비)

(1) 강력 손전등(방폭 성능)

(2) 확대경(10배율)

(3) 검사용 거울(자유 회전 조인트 형)

E. 학습

항공기 연료 탱크 내부를 육안검사하며 검사 방법을 익힌다.

(1) 연료 탱크 내부를 육안검사

(a) 경항공기 연료탱크 점검 창을 열고 내부의 부식 여부, 씰런트 상태를 검사해 본다.

(2) 손전등, 확대경, 반사경을 사용하여 균열 의심 부위를 검사해 본다(그림 10.1).

(a) 금속 표피의 균열

(b) 과열로 인한 금속의 변색, 우그러짐, 휨 의심 부위를 검사해 본다.

(c) 알루미늄 합금 표피의 불룩하거나 움푹 파임 의심 부위를 검사해 본다.

(d) 튜브 굽힘 부분의 균열 의심 부위를 검사해 본다.

(e) 복합 재료의 박리 의심 부위를 검사해 본다.

(f) 기체 표면처리 손상 의심 부위를 검사해 본다.

(g) 피복이 긁힌 전기 배선의 의심 부위를 검사해 본다.

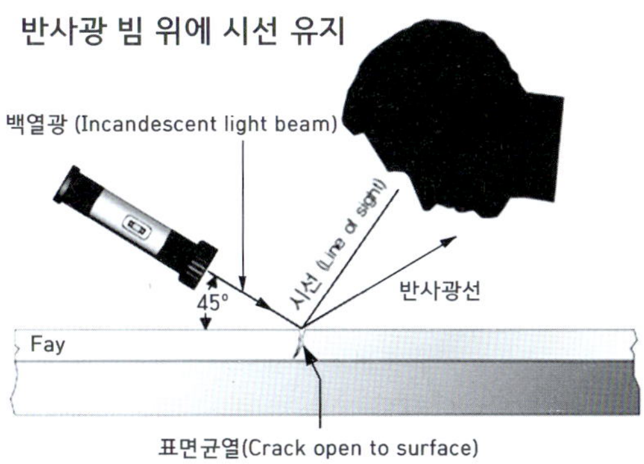

▲ 그림 10.1 육안검사

10.2. 내시경 검사(Bore Scope Inspection)

A. 실습 개요

(1) 내시경 검사(bore scope inspection) 방법에 대해 학습한다.

B. 관련 지식

(1) 내시경 검사는 육안검사의 한 가지 방법으로 접근이 어려운 기체의 구조부나 엔진의 내부 등을 광학 장비를 사용하여 검사하는 방법이다.

(2) 터빈 엔진의 경우 점화 플러그 장착 구멍과 내시경 검사용 구멍을 경유하여 터빈 엔진의 연소실이나 압축기와 터빈 내부를 검사할 수 있다.

C. 자료 · 재료

(1) 왕복 엔진 실린더

(2) 경항공기

(3) J79 엔진, J85 엔진, CFM56 엔진

D. 기기(공구 · 장비)

(1) 내시경 검사 장비

E. 학습

내시경 검사 방법에 대해 학습하여 익힌다.

(1) 내시경 검사(그림 10.2, 10.3)

(a) 왕복 엔진 실린더 내부의 손상된 피스톤, 실린더 벽, 또는 밸브 상태를 검사해 본다.

(b) 터빈 엔진 점화 플러그를 떼어내고 그 구멍을 통해 연소실, 압축기와 터빈 내부를 검사해 본다.

(c) 경항공기의 연료탱크 점검 창을 열고 내부의 부식 여부, 씰런트 상태를 검사해 본다.

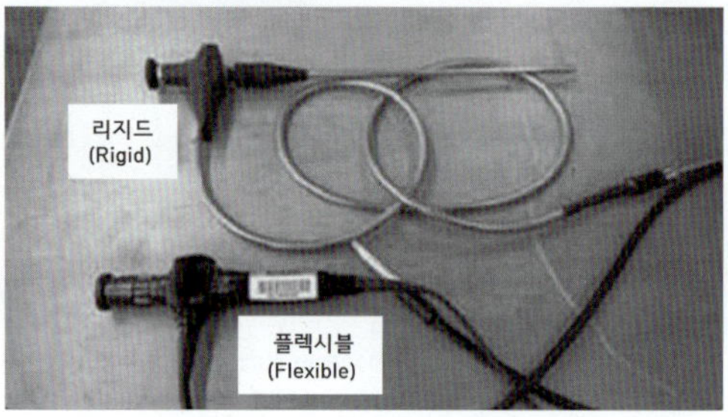

▲ **그림 10.2** 내시경 검사 장비

▲ **그림 10.3** 연료탱크 내부 내시경 검사 C-172(부록 참조)

10.3. 액체 침투 검사(Liquid Penetrant Inspection)

A. 실습 개요

(1) 액체침투검사(liquid penetrant inspection) 방법에 대해 학습한다.

B. 관련 지식

(1) 액체침투검사는 표면에 존재하는 조직 불연속을 검출하는 비파괴검사 방법이다.

(2) 액체침투검사는 침투액의 성분에 따라 색조 침투검사(dye penetrant inspection)

와 형광 침투검사(fluorescent penetrant inspection)로 구분하며 30분 이내 검사를 완료하여 결과를 확인할 수 있는 장점이 있다.

(3) 형광 침투검사 액체에 지속적으로 노출될 경우 피부가 자극될 수 있다. black light에 눈이 직접 노출되고 피부가 장기간 노출될 경우 눈과 피부에 염증을 일으키고 부상을 입을 수 있다.

(4) 형광 침투검사 작업 시 블랙 라이트(black light)를 직접 눈에 쬐어 눈에 문제가 발생하는 경우 즉시 의료 지원을 받는다.

(5) 액체 침투검사 작업 시에는 네오플랜 고무 장갑을 착용한다.

C. 자료 · 재료

(1) 색조 침투검사 kit

D. 기기(공구 · 장비)

액체침투검사 목 업(mock up)

E. 학습

액체침투검사 목 업을 사용하여 액체침투검사를 해 보며 방법을 학습하여 익힌다(그림 10.4).

1. 전처리	2. 침투처리	3. 제거처리
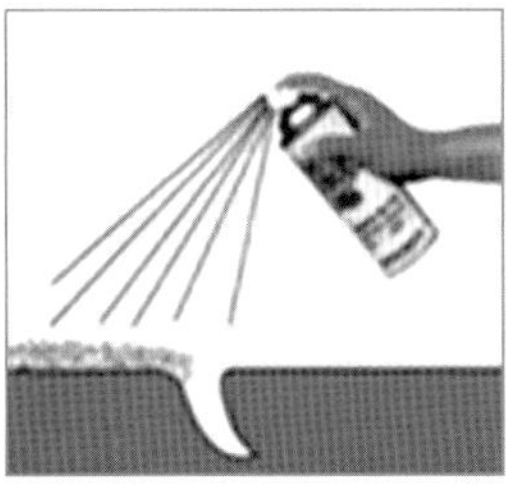	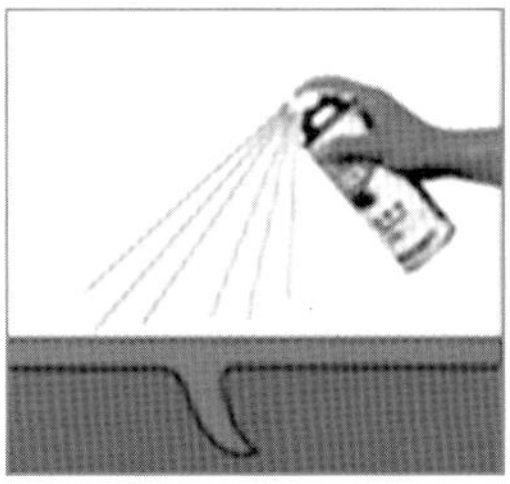	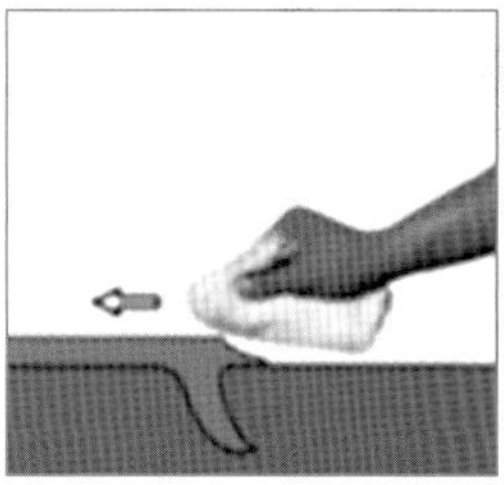
검사 부위를 전처리한다. 세척제나 걸레로 깨끗이 세척한다.	침투제를 도포한다. 침투제가 침투할 시간을 준다(5~10분).	헝겊에 세척제를 뿌려 표면을 닦아낸다.

▲ **그림 10.4** 액체 침투 검사

(1) 액체침투검사 방법

(a) 검사 체 표면 세척 → 침투액의 도포 → 유화제 또는 세제로 침투액 제거 → 건조 → 현상액 도포 → 검사, 결과 해석 순으로 진행한다.

(b) 침투액이 결함을 채울 수 있도록 충분한 시간을 주는 것은 중요하다. 결함은 내부로 침투액이 들어가도록 깨끗이 세척하여 내부에 오염물질이 없어야 한다.

(c) 결함이 작을수록 침투시간은 길다. 미세한 균열과 같은 틈은 침투시간이 충분해야 한다(그림 10.5).

(d) 현상액은 백색이고, 진홍색 표시는 표면 결점이 있는 곳이다.

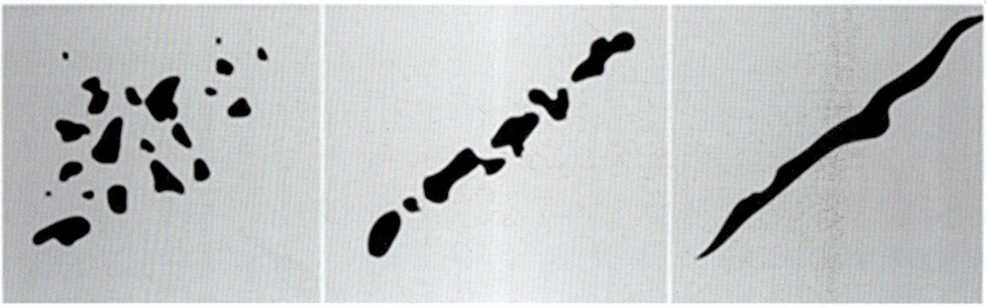

구멍들이 모여 있음 | 세밀한 균열 또는 부분 용접 이음 | 균열 또는 틈새

▲ **그림 10.5** 액체 침투 검사 결함 형태

10.4. 탭 테스트(Tap Test)

A. 실습 개요

(1) 탭 테스트(tap test) 방법에 대해 학습한다.

B. 관련 지식

(1) 하니컴 구조(honeycomb structure)와 복합소재 구조(composite structure)는 박리(delamination), 접착분리(debonding), 습기 및 부식의 발생에 대해 검사한다.

(2) 복합소재 구조 테스트에 사용되는 가장 간단한 방법은 탭 테스트이다.

(3) 탭 테스트는 경량 멜릿(무게 2 Oz, 56g), 동전 또는 와셔 기타 적합한 장비로 표면을 가볍게 두드리는 것이다.

(4) 큰 와셔 또는 동전으로 복합소재 구조 부품을 가볍게 두드리면 맑은 금속성 소리가 들린다. 격층에 박리가 존재하면 둔탁한 소리가 들린다.

(5) 하니컴 구조(honeycomb structure)는 양면을 모두 검사해야 한다. 한쪽 면에서만 검사하면 반대쪽 면의 접착 분리(debonding)는 감지되지 않는다.

C. 자료 · 재료

(1) 복합소재 기골 부품

(2) 하니컴 소재 부품

D. 기기(공구 · 장비)

(1) 강철 와셔 또는 동전

(2) 탭 해머

E. 학습

탭 테스트 방법에 대해 학습하여 익힌다.

(1) 탭 테스트(그림 10.6)

(a) 하니컴 소재 부품에 대해 동전을 사용해 탭 테스트해 본다.

(b) 복합소재 부품에 대해 강철 와셔를 사용해 탭 테스트해 본다.

(c) 복합소재 부품에 대해 탭 해머를 사용해 탭 테스트해 본다.

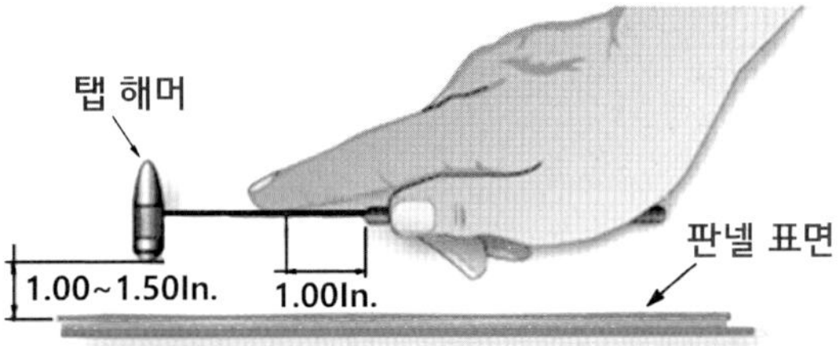

▲ 그림 10.6 탭 테스트

11. 항공기 세척(Cleaning) 및 부식처리(Corrosion)

11.1. 항공기 세척(Cleaning)

A. 실습 개요

(1) 항공기 외부 세척방법에 대해 학습한다.

B. 관련 지식

(1) 알칼린 세척제(alkaline cleaner)는 리벳 작업된 판금 또는 점 용접한 판금의 겹쳐 이어진 부분에서 부식 원인이 되게 한다.

(2) 워터 이멀전 클리너(water emulsion cleaner)는 항공기의 도장 표면이나 비 도장 표면, 아크릴의 세척에 사용할 수 있다.

(3) 솔벤트 이멀전 클리너(solvent emulsion cleaner)는 도장 표면에 안전하게 사용할 수 있다.

(4) 아세톤, 벤젠, 4 염화 탄소(carbon tetrachloride), 락카, 시너, 상업용 윈도우 클리너, 가솔린, 소화액, 제빙액은 플라스틱 제품을 연화시키고 잔금을 발생하게 하는 원인이 되기 때문에 플라스틱 제품에 사용해서는 안 된다.

(5) 플라스틱 제품 표면을 마른걸레로 닦아서는 안 된다. 부드럽고 약한 표면에는 긁힌 자국을 발생시킬 뿐만 아니라 먼지 입자를 끌어당기는 정전기가 발생하기 때문이다.

(6) 기체를 물 세척하기 전에는 피토 튜브(pitot tube)와 스테틱포트(static port)를 마스킹 테이프를 사용하여 마스킹한다. 세척 후에는 마스킹을 반드시 제거한다.

C. 자료 · 재료

(1) 실습 항공기

(2) 수성 이멀젼 세척제(water emulsion cleaner) MIL-C-22543A

(3) 솔벤트 이멀젼 세척제(solvent emulsion cleaner)

(4) 항공기 기체 표면 세척제 MIL-C-5410 type Ⅰ, type Ⅱ

D. 기기(공구 · 장비)

(1) 뻣뻣한 동물털 브러시(stiff bristle brush)

(2) 봉 걸레

(3) 부직포 걸레(Scotch brite®)

(4) 합성섬유 수건(플라스틱 윈드쉴드용)

E. 학습

항공기 외부 세척방법에 대해 학습하여 익힌다.

(1) 항공기 외부 세척방법

(a) 부드러운 섬유 봉 걸레와 수성 이멀젼 세척제를 사용하여 동체 표면의 기름기나 이물질을 제거한다. 세척제가 마르기 전에 맑은 물로 헹군다.

(b) 브러시를 사용해 솔벤트 이멀젼 세척제로 랜딩기어와 브레이크를 세척한다. 세척 후 맑은 물로 헹군다.

(c) 항공기 타이어의 오일, 유압유, 그리스 및 연료는 뻣뻣한 동물털 브러시를 사용해 순한 비눗물로 씻어 낸 후 맑은 물로 헹군다.

(d) 항공기의 윈드쉴드(windshield) 표면의 세척은 비누와 물을 사용하여 플라스틱 윈드쉴드에 사용하도록 제조된 합성섬유 수건으로 세척한다. 깨끗한 물로 헹구고 섀미가죽(chamois leather), 또는 탈지면으로 건조시킨다.

11.2. 부식처리(Corrosion Control)

A. 실습 개요

(1) 항공기 부식처리(corrosion control) 절차에 대해 학습한다.

B. 관련 지식

(1) 부식처리 절차에는 부식 제거, 표면 다듬기 작업(blend out) 및 부식방지 절차가 포함된다.

(2) 일정 기종에 대한 부식처리 절차는 해당 기종 SRM(Structure Repair Manual)에 기술되어 있다.

C. 자료 · 재료

(1) 사포(산화 알루미늄 제제) #150, #240, #400

(2) 알로다인 1200(Alodine 1200, 상품명)

(3) 부식이 진행된 알루미늄 합금 부품

D. 기기(공구 · 장비)

(1) 진공청소기, 벤츄리형

(2) 손전등

(3) 보안경

(4) 부식처리 절삭공구

(5) 부드러운 동물털 브러시

E. 학습

(1) 알루미늄 합금의 부식 제거 방법에 대해 학습하여 익힌다.

(a) 알루미늄 합금 부품의 가벼운 부식은 사포를 사용하여 제거한다. #150 사포로 시작하여 #400으로 마무리한다.

(b) 심한 부식은 스크래퍼, 로터리 파일 또는 스테인리스강 와이어 브러시를 사용하여 제거한다(그림 11.1).

(c) 세척제로 세척한다.

(d) 재료의 나머지 두께를 확보한다. 판재의 경우 원래 두께의 최소 90%는 확보되어야 한다.

▲ 그림 11.1 부식 제거 로터리 파일

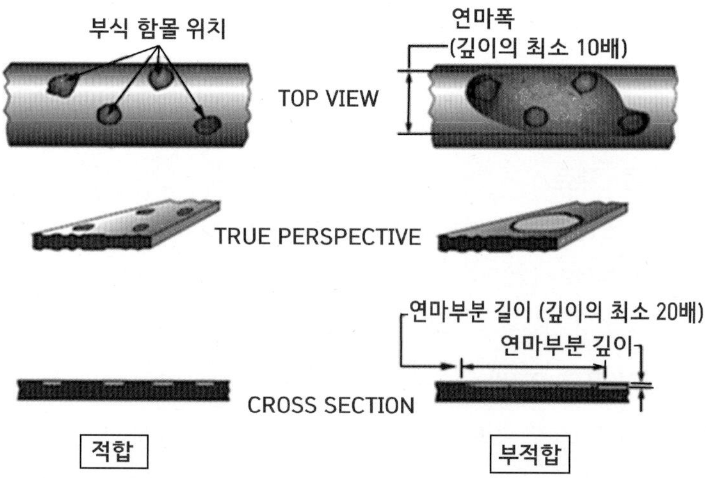

▲ 그림 11.2 부식 함몰 구멍 표면 표면 다듬기

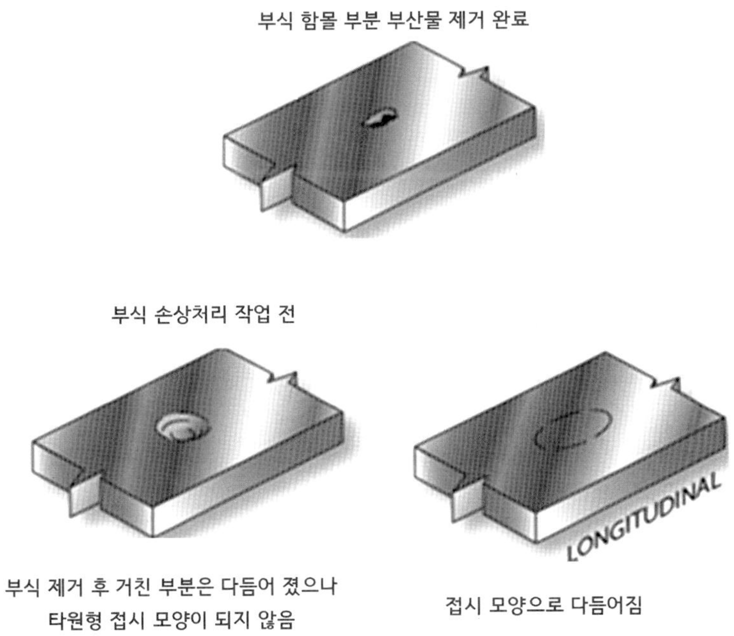

▲ 그림 11.3 단일 부식 함몰 구역 표면 다듬기

(2) 평탄한 표면을 얻기 위한 다듬기(blend out)

(a) 평탄한 표면 다듬기 작업에는 사포 또는 연마 패드를 사용한다. 실리콘 카바이드(silicon carbide) 사포는 사용이 불가하다.

(b) 부식 제거로 인해 형성된 함몰 부분은 길이 대 깊이의 비율을 20:1로 하여 접시 모양의 얕은 타원형으로 부드럽게 연마(dish out)한다(그림 11.2, 11.3).

(c) 여러 개의 함몰 부분이 촘촘하게 발생한 구역은 요철 표면을 없애고 파형을 최소화하기 위해 보다 넓게 연마한다(그림 11.4).

(3) 알루미늄 판재의 부식방지 처리

(a) 판재의 부식 부위를 산성 또는 알칼리성 세척제로 세척한다.

(b) 깨끗한 물로 10~15초 동안 헹군다.

(c) 맑은 물로 완전히 헹구고 건조한 후 알로다인 1200 용액에 담그거나 분무기로 뿌리거나 붓으로 바른다. 용액이 건조하면 표면이 올리브그린 색으로 변한다. 깨끗한 물로 10~15초 동안 헹군다.

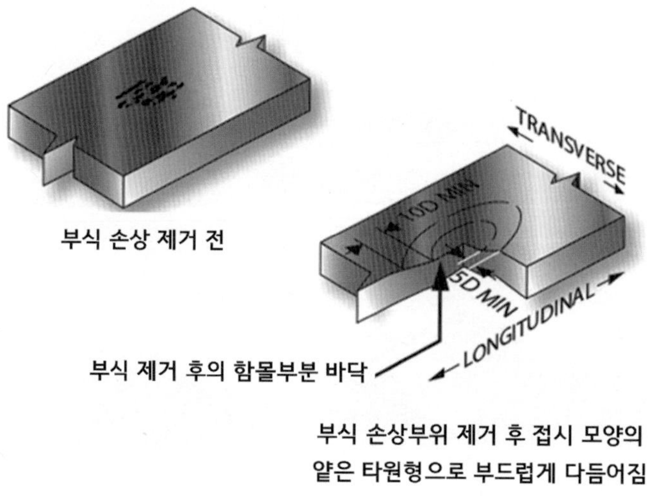

▲ **그림 11.4** 다발성 함몰구역 표면 다듬기

12. 기술도서

12.1. 항공기 정비 매뉴얼(Aircraft Maintenance Manual)

A. 실습 개요

항공기 정비 매뉴얼(AMM, Aircraft Maintenance Manual)의 활용 방법에 대해 학습한다.

B. 관련 지식

(1) AMM은 정비사에게 항공기에게 서비스, 검사, 고장탐구, 부품의 장탈 및 장착, 수리에 필요한 정보를 제공한다.

(2) AMM은 ATA Specification 100을 기준으로 종이책 매뉴얼이 작성되었다. 이를 ATA iSpec 2200을 적용하여 digital manual로 발전하였으며 최신 기종은 ATA iSpec 2200을 거쳐 S1,000D로 작성되고 있다.

(3) AMM의 구성

(a) List of revision: AMM의 최초 발행본과 개정판에 대한 리스트가 수록되어 있고 정비 및 점검 절차 내용이 최신판이고 유효한지를 확인할 수 있다.

(b) Introduction: AMM 사용에 대한 정보가 서술되어 있다.

(c) Service bulletin list: 기술지시서(SB, Service Bulletin)의 발행 번호, 발행 일자, 제목 순으로 표시되어 있다.

(d) Effectivity: Maintenance Manual은 항공기 운용사 별로 Customized(특정 항공사에서 운영되는 항공기에만 적용되도록 편집된 것) 되어 있으며 항공사 보유 항공기 사이에 컨피그레이션(Configuration)이 서로 다를 경우에 Effective Column에 Effective Number를 표시하거나 Symbol, Flag Note 등을 사용하여 표시하고 있다. 해당 Page가 모든 항공기에 해당될 때에는 왼쪽 아래 모서리에 있는 Effective Block에 "ALL"이라 기술하고, 모든 항공기에 해당하지 않을 때는 해당 항공기의 고유 넘버(Effective Number)를 기재하여 구분한다.

C. 자료 · 재료

(1) AMM, C-150, C-172 PA-34, M-20

D. 기기(공구 · 장비)

E. 학습

AMM의 활용에 대해 학습하여 익힌다.

(1) AMM의 활용(ATA Spec. 100에 의거 작성된 매뉴얼 기준)

(a) 페이지 번호는 -(dash)로 구분되는 세 개 요소로 구성된다.
(예: Chapter - Subsystem - Subject 24 - 20 - 12)

(b) Effectivity Page는 Page 별로 발행 일자가 표시되어 있다.

(c) 설명도(Figure)에는 주제별 번호와 주제 명칭, Sheet 번호가 부여되어 있다.
(예: Figure 201. Flap System Schematic Sheet 1 of 1 또는 Sheet 1 of 3)

(d) List of revision

(e) Introduction

(f) Service bulletin list

(g) Effectivity

12.2. 도해 부품 목록(Illustrated Parts Catalog)

A. 실습 개요

도해 부품 목록(IPC, Illustrated Parts Catalog)의 활용 방법에 대해 학습한다.

B. 관련 지식

(1) IPC에는 항공기 정비에 필요한 부품(Part)과 조립품(Assembly)의 도해 및 부품별 식별 정보가 포함되어 있다.

(2) IPC는 부품의 장탈, 장착 작업의 기준으로의 사용은 불가하다.

(a) Customized IPC: 특정 항공사가 보유하고 있는 항공기에만 사용할 수 있는 Part를 수록한 IPC

(b) Customized Airline Code : IPC가 특정 항공사 에게만 해당 되는 경우 IPC의 각 Page No. 윗부분이나, Page 좌측 또는 우측 하단에 해당 항공사의 Airline code(예: KE, JL, N)를 기록한다.

C. 자료·재료

(1) C-172 IPC

D. 기기(공구·장비)

E. 학습

IPC의 활용에 방법에 대해 학습하여 익힌다.

(1) IPC의 활용 방법

(a) Item Number Column: 도해(Illustration) 내의 부품을 지칭하는 번호 표시

(b) Part Number Column: 부품을 식별하기 위해 제작자가 설정한 부품번호를 표시한다.

(c) Nomenclature Column

- 이 카탈로그의 세부 부품 목록에 사용된 들여쓰기 단계부호(Intention)는 부품들 사이의 관계를 보여 준다.
- 장착 부품(Attaching parts)은 장착할 품목의 바로 직후와 세부 부품(Detailed parts) 앞에 표시된다.
- 장착부품 목록의 끝에는 " ---*---" 기호가 표시된다.

(d) Effectivity Column: Effectivity column의 숫자는 부품의 항공기별 사용 제한을 나타낸다. 예를 들어, "Effect From" 열의 숫자 0001과 "Effect To" 열의 숫자 0023은 해당 부품이 항공기 제작사 일련번호 1-23번 항공기에만 해당을 의미한다.

(e) Units Per Assembly Column: 한 개의 조합 부품 당 필요한 수량을 표시

(2) IPC 견본 페이지를 이용하여 기능을 익힌다(그림 12.1).

1 도해 번호는 해당 부품 목록에 지정된 최상위 어셈블리의 도해이다.

2 들여쓰기 단계 부호(intention) 항목 열의 번호는 해당 항목 또는 해당 부품을 불러내기 위해 표시된 인덱스 번호이다.

3 부품의 항목 번호 숫자 앞에 -(dash)가 있으면 그 번호의 부품은 도해에 표시되지 않는다.

4 Units Per Assy 열의 숫자는 차 상위 단위 어셈블리의 조립이나 장착에 사용되는 부품의 수량이다.

5 Effectivity(Effect From To) 열의 숫자는 제조자가 당 부품을 지정된 비행기, 즉 Effectivity 열에 지정된 일련번호 범위 내의 비행기에만 사용함을 나타낸다. 공란으로 남긴 경우 이 part는 IPC가 cover하는 모든 항공기에 해당함을 의미한다.

6 Units Per Assy 열의 AR(As Required)은 사용되는 Part의 수량은 일정하지 않고 필요한 만큼 사용됨을 나타낸다.

7 해당 부품에 대체 부품번호가 적용되는 경우, 대체 부품번호는 교체 가능한 부품번호 바로 뒤에 표시된다. Nomenclature 열의 ALT FOR 항목은 대체 부품번호를 나타낸다.

8 Nomenclature 열의 UNSED ON 또는 UNSED WITH note는 부품이 부품 바로 앞에 제공된 다음 상위 어셈블리(NHA, Next Higher Assembly) 모두에 적용되지 않는 경우 부품의 next higher assembly를 포함한다.

9 왼쪽 또는 오른쪽 장착에만 사용되는 부품에는 Nomenclature 열에 LH 또는 RH가 표시된다.

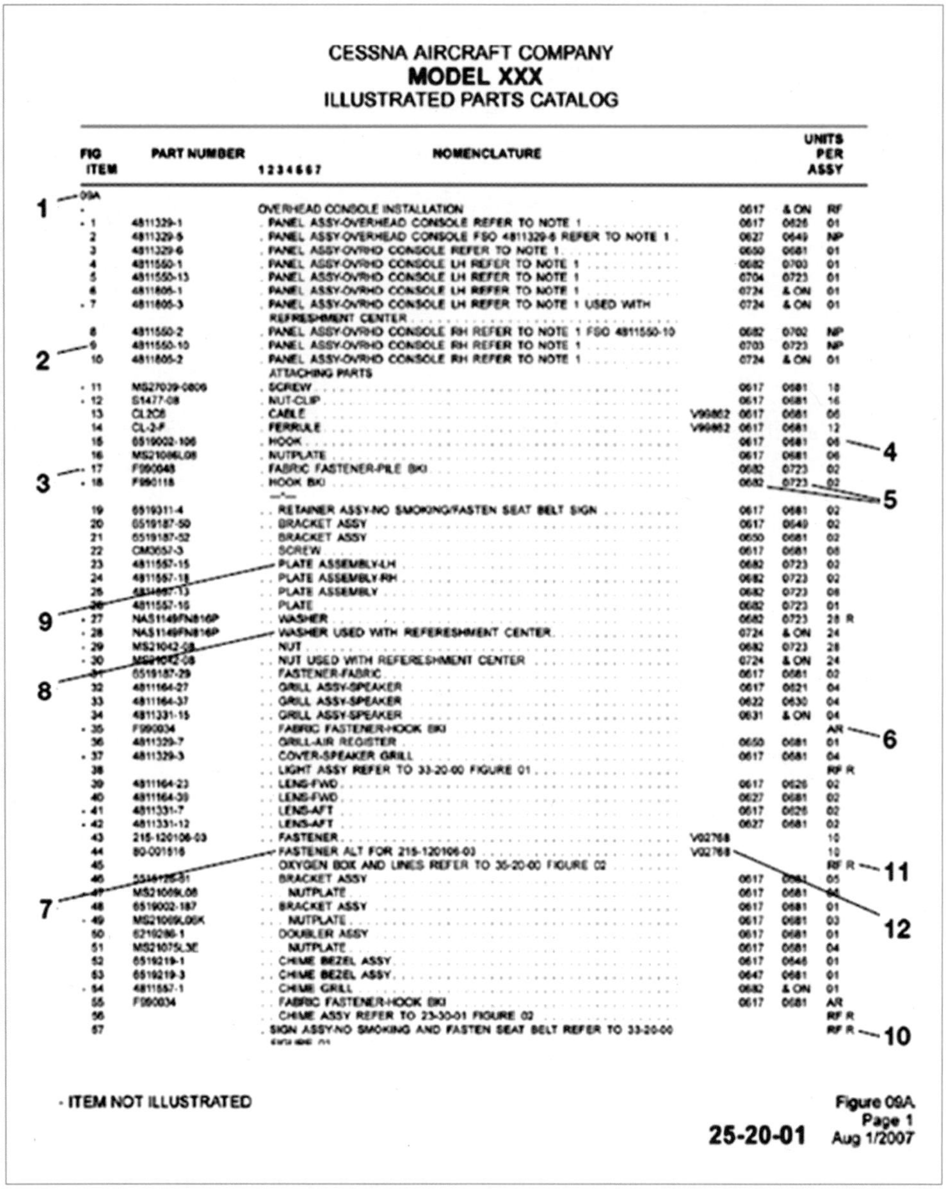

CESSNA AIRCRAFT COMPANY
MODEL XXX
ILLUSTRATED PARTS CATALOG

FIG ITEM	PART NUMBER	NOMENCLATURE 1234567				UNITS PER ASSY
09A						
-		OVERHEAD CONSOLE INSTALLATION		0617	& ON	RF
- 1	4811329-1	. PANEL ASSY-OVERHEAD CONSOLE REFER TO NOTE 1		0617	0626	01
2	4811329-5	. PANEL ASSY-OVERHEAD CONSOLE FSO 4811329-6 REFER TO NOTE 1		0627	0649	NP
3	4811329-6	. PANEL ASSY-OVRHD CONSOLE REFER TO NOTE 1		0650	0681	01
4	4811550-1	. PANEL ASSY-OVRHD CONSOLE LH REFER TO NOTE 1		0682	0703	01
5	4811550-13	. PANEL ASSY-OVRHD CONSOLE LH REFER TO NOTE 1		0704	0723	01
6	4811605-1	. PANEL ASSY-OVRHD CONSOLE LH REFER TO NOTE 1		0724	& ON	01
- 7	4811605-3	. PANEL ASSY-OVRHD CONSOLE LH REFER TO NOTE 1 USED WITH REFRESHMENT CENTER		0724	& ON	01
8	4811550-2	. PANEL ASSY-OVRHD CONSOLE RH REFER TO NOTE 1 FSO 4811550-10		0682	0702	NP
9	4811550-10	. PANEL ASSY-OVRHD CONSOLE RH REFER TO NOTE 1		0703	0723	NP
10	4811605-2	. PANEL ASSY-OVRHD CONSOLE RH REFER TO NOTE 1		0724	& ON	01
		ATTACHING PARTS				
- 11	MS27039-0806	. SCREW		0617	0681	18
- 12	S1477-08	. NUT-CLIP		0617	0681	16
13	CL2C6	. CABLE	V99862	0617	0681	06
14	CL-2-F	. FERRULE	V99862	0617	0681	12
15	6519002-106	. HOOK		0617	0681	06
16	MS21086L08	. NUTPLATE		0617	0681	06
- 17	F990048	. FABRIC FASTENER-PILE BKI		0682	0723	02
- 18	F990118	. HOOK BKI		0682	0723	02
		---*---				
19	6519311-4	. . RETAINER ASSY-NO SMOKING/FASTEN SEAT BELT SIGN		0617	0681	02
20	6519187-50	. . BRACKET ASSY		0617	0649	02
21	6519187-52	. . BRACKET ASSY		0650	0681	02
22	CM3657-3	. . SCREW		0617	0681	08
23	4811557-15	. . PLATE ASSEMBLY-LH		0682	0723	02
24	4811557-18	. . PLATE ASSEMBLY-RH		0682	0723	02
25	4811557-13	. . PLATE ASSEMBLY		0682	0723	08
26	4811557-16	. . PLATE		0682	0723	01
- 27	NAS1149FN816P	. . WASHER		0682	0723	28 R
- 28	NAS1149FN816P	. . WASHER USED WITH REFERESHMENT CENTER		0724	& ON	24
- 29	MS21042-08	. . NUT		0682	0723	28
- 30	MS21042-08	. . NUT USED WITH REFERESHMENT CENTER		0724	& ON	24
31	6519187-29	. . FASTENER-FABRIC		0617	0681	02
32	4811164-27	. . GRILL ASSY-SPEAKER		0617	0621	04
33	4811164-37	. . GRILL ASSY-SPEAKER		0622	0630	04
34	4811331-15	. . GRILL ASSY-SPEAKER		0631	& ON	04
- 35	F990034	. . FABRIC FASTENER-HOOK BKI				AR
36	4811329-7	. . GRILL-AIR REGISTER		0650	0681	01
- 37	4811329-3	. . COVER-SPEAKER GRILL		0617	0681	04
38		. . LIGHT ASSY REFER TO 33-20-00 FIGURE 01				RF R
39	4811164-23	. . LENS-FWD		0617	0626	02
40	4811164-39	. . LENS-FWD		0627	0681	02
- 41	4811331-7	. . LENS-AFT		0617	0626	02
- 42	4811331-12	. . LENS-AFT		0627	0681	02
43	215-120106-03	. . FASTENER	V02768			10
44	80-001616	. . FASTENER ALT FOR 215-120106-03	V02768			10
45		. . OXYGEN BOX AND LINES REFER TO 35-20-00 FIGURE 02				RF R
46	[illegible]	. . BRACKET ASSY		0617	0681	05
47	MS21069L08	. . . NUTPLATE		0617	0681	[illegible]
48	6519002-187	. . BRACKET ASSY		0617	0681	01
- 49	MS21069L08K	. . . NUTPLATE		0617	0681	03
50	6219286-1	. . DOUBLER ASSY		0617	0681	01
51	MS21075L3E	. . . NUTPLATE		0617	0681	04
52	6519219-1	. . CHIME BEZEL ASSY		0617	0646	01
53	6519219-3	. . CHIME BEZEL ASSY		0647	0681	01
- 54	4811557-1	. . CHIME GRILL		0682	& ON	01
55	F990034	. . FABRIC FASTENER-HOOK BKI		0617	0681	AR
56		. . CHIME ASSY REFER TO 23-30-01 FIGURE 02				RF R
57		. SIGN ASSY-NO SMOKING AND FASTEN SEAT BELT REFER TO 33-20-00				RF R

- ITEM NOT ILLUSTRATED

25-20-01 Figure 09A Page 1 Aug 1/2007

▲ 그림 12.1 IPC 페이지 견본

10 Units per Assy 열에 RF가 있는 경우, 해당 Nomenclature 열에도 cross-reference figure 번호가 있다. Units per assy data는 참조용으로만 제공된다.

11 IPC에 수록된 자료는 해당 Page를 개정하여 최신자료로 유지하며 "R" 자를 표기하여 내용이 개정되었거나 추가되었음을 나타낸다.

12 부품 공급자 코드를 의미한다.

(3) 부품번호(Part number)를 알고 있을 때 IPC 사용방법(그림 12.2)

① ALPHA NUMERIC INDEX의 PART NUMBER 열에서 PART NUMBER를 찾는다.

② CH-SEC-SUBJ-FIG-ITEM 열에서 CH-SEC-SUBJ-FIG-ITEM 데이터를 찾는다.

③ 해당 CHAPTER, SECTION 페이지에서 PART NUMBER에 해당하는 FIGURE ITEM NUMBER를 찾아 확인한다.

(4) 부품번호(Part number)를 모르고 있을 때 IPC 사용방법

① Alphabetical Index를 참조한다.

② Nomenclature열에서 부품명을 확인한다.

③ 부품이 나타나는 chapter, section, subject and figure number로 이동한다.

④ 도해에서 부품을 찾아 확인한다.

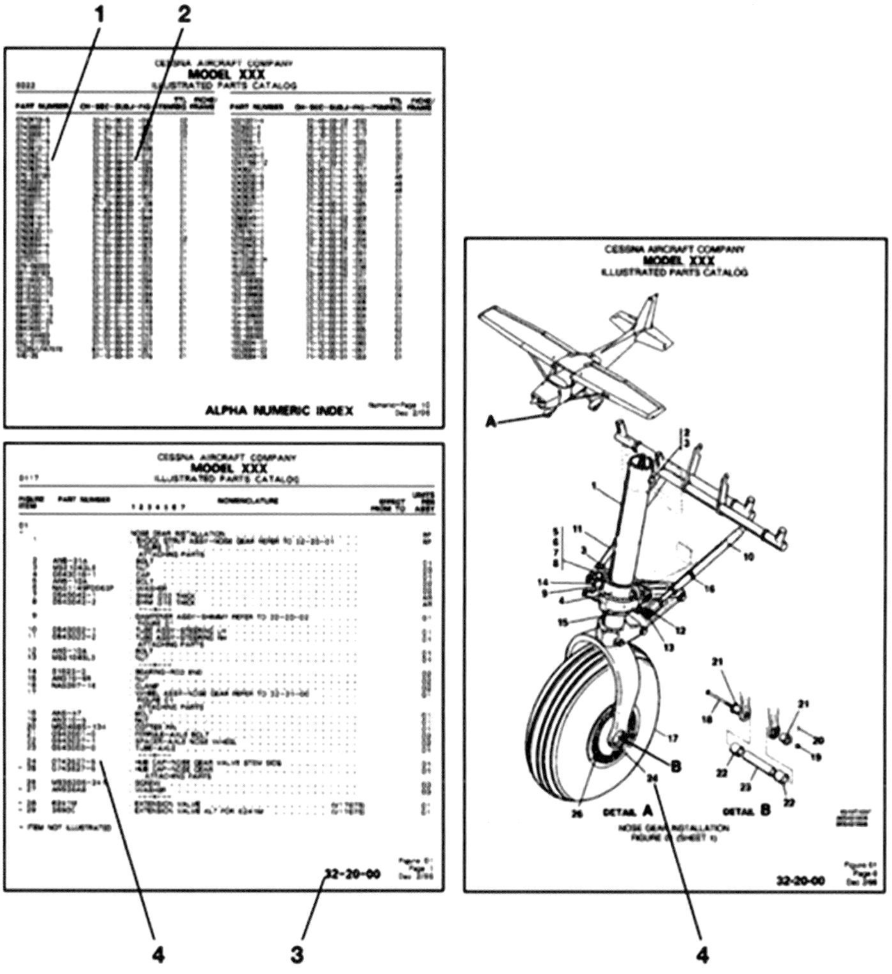

▲ 그림 12.2 부품번호를 알고 있을 때 IPC 활용 방법

12.3. 전기 전자 배선 매뉴얼(Wiring Diagram Manual)

A. 실습 개요

전기 전자 배선 매뉴얼(WDM, Wiring Diagram Manual)에 대해 학습한다.

B. 관련 지식

(1) WDM은 항공기 전기, 전자배선 및 구성요소의 위치 확인, 추적 및 수리를 지원하기 위해 작성되었다. WDM은 필요한 배선 부품의 주문에도 사용한다.

(2) 항공기 적용 표식(Effectivity)

(a) Parts list의 공간이 제한되기 때문에 Parts column에 나열된 Effectivity list에는 아홉 자리로 표시되는 항공기 일련번호는 포함되지 않는다.

(예: 80001-80004는 나열된 부품이 모델 172R 일련번호 17280001-17280004에 적용됨을 나타낸다. 8001-8004는 나열된 부품이 모델 172S 일련번호 172S08001-에 해당됨을 나타낸다.)

(3) WDM의 페이지 번호(그림 12.3)

WDM의 Chapters, Sections 및 Subjects 번호는 ATA SpeC. 100에 따른다. 이와 같은 동일한 번호 시스템은 IPC와 MM과 상호 참조가 용이하다.

(4) Chapter 91에는 커넥터(Connector), 그라운드(Ground) 위치 및 컴포넌트(Component) 위치에 대한 자료가 수록되어 있다.

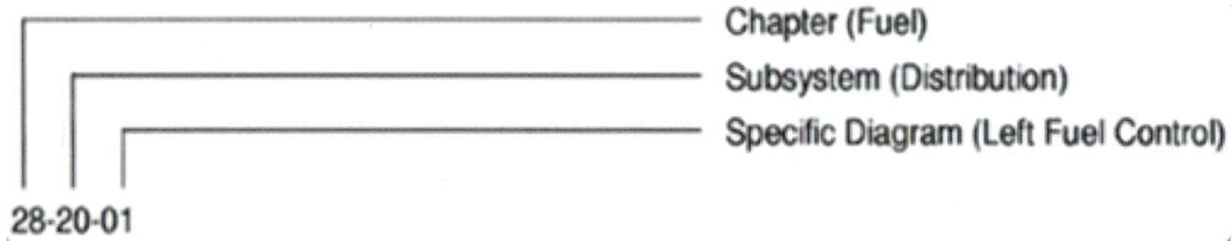

▲ 그림 12.3 WDM 페이지 번호 부여

C. 자료 · 재료

(1) C-172S WDM

D. 기기(공구 · 장비)

E. 학습

WDM의 활용에 대해 학습하여 익힌다.

(1) WDM에서 다음의 정보를 찾아본다.

(a) effectivity 정보

(b) revision 현황

(c) ground 위치

(d) connector 위치

(e) component 위치

12.4. 기골 수리 매뉴얼(Structural Repair Manual)

A. 실습 개요

(1) 기골 수리 매뉴얼(SRM, Structural Repair Manual)에 대해 학습한다.

B. 관련 지식

(1) SRM은 사용자가 정의되지 않은 매뉴얼(non-customized manual)로서 항공기의 1차 기골(primary structure) 및 2차 기골(secondary structure)의 식별, 허용 손상범위 및 수리에 대한 정보가 수록되어 있다.

(2) SRM에는 항공기 수리 대상 기골에 대한 자재의 식별, 기골 구성요소에 적용되는 일반적인 수리, 교체 재료 및 패스너 장착에 관련된 정보, 기골 수리 시 수행해야 하는 표면 보호 처리 및 씰링(Sealing) 절차에 대한 정보가 수록되어 있다.

C. 자료 · 재료

(1) Cessna single engine SRM

D. 기기(공구 · 장비)

E. 학습

(1) SRM에서 다음의 정보를 찾아본다.

(a) 부식처리(corrosion control)에 대한 정보

(b) 해당 항공기에 사용되는 fastener에 대한 정보

(c) 기골 수리 자재(repair material)에 대한 정보

(d) control surface repair 절차에 대한 정보

(e) stringer and channel repair 절차에 대한 정보

(f) glass fabric repair 절차에 대한 정보

(g) flight control surface balancing 절차에 대한 정보

13. 정비문서

13.1. 형식 증명서(Type Certificate Data Sheet)

A. 실습 개요

(1) 형식 증명서(TCDS, Type Certificate Data Sheets)에 대해 학습한다.

B. 관련 지식

(1) TCDS는 설계형식과 적용된 법적 제한사항이 기술되어 있다. 특정 형식 항공기의 제한사항과 정보를 담고 있다.

(2) 필수검사를 수행할 때 항공기와 항공기의 모든 주요 항목이 TCDS에 정의되어 있는 상태인지 확인할 필요가 있다.

C. 자료 · 재료

(1) 왕복 엔진 항공기 기종별 형식 증명서

D. 기기(공구 · 장비)

E. 학습

항공기 형식 증명서의 활용에 대해 학습하여 익힌다(그림 13.1a, 그림 13.1b, 그림 13.1c, 그림 13.1d).

(1) 항공기 형식 증명서에서 다음의 정보를 찾아본다.

(a) 형식 증명 항공기에 사용된 엔진의 모델

(b) 연료 등급

(c) 매니폴드 압력, 회전수, 마력 등 엔진 최대연속정격, 이륙정격

(d) 프로펠러 제작사, 모델, 사용한계, 프로펠러와 프로펠러-엔진(Propeller-engine)의 운용한계 및 제한사항

(e) 대기속도(Airspeed)

(f) 자중 무게중심(Empty weight center of gravity) 범위

(g) 기준점의 위치

(h) 평형 정보(Leveling means)

(i) 좌석 수와 모멘트, 거리(Arm)

(j) 오일 및 연료탑재량

(k) 최대 탑재 하중 상태에서 무게중심과 그 위치 범위를 표기하고, 감항 유별이 수송(T)인 항공기는 날개의 평균 공력시위(MAC, Mean Aerodynamic Chord)의 백분율(%)로 표기한다.

(l) 검사에 필요한 장비

(m) 형식 증명을 위해 필요한 추가적 특별한 장비

(n) 필요한 플래카드 자료

(o) Aircraft flight control surface의 작동 범위

DEPARTMENT OF TRANSPORTATION
FEDERAL AVIATION ADMINISTRATION

TYPE CERTIFICATE DATA SHEET NO. A7SO – REVISION 14

PIPER
PA-34-200
PA-34-200T
PA-34-220T

June 1, 2001

This data sheet, which is a part of type certificate No. A7SO, prescribes conditions and limitations under which the product for which the type certificate was issued meets the airworthiness requirements of the Federal Aviation Regulations.

Type Certificate Holder:
The New Piper Aircraft, Inc.
2926 Piper Drive
Vero Beach, Florida 32960

I. Model PA-34-200 (Seneca), 7 PCLM (Normal Category), Approved 7 May 1971.

Engines
S/N 34-E4, 34-7250001 through 34-7250214:
1 Lycoming LIO-360-C1E6 with fuel injector,
Lycoming P/N LW-10409 or LW-12586 (right side); and
1 Lycoming IO-360-C1E6 with fuel injector,
Lycoming P/N LW-10409 or LW 12586 (left side).
S/N 34-7250215 through 34-7450220:
1 Lycoming LIO-360-C1E6 with fuel injector,
Lycoming P/N LW-12586 (right side); and
1 Lycoming IO-360-C1E6 with fuel injector,
Lycoming P/N LW-12586 (left side).

Fuel
100/130 minimum grade aviation gasoline

Engine Limits
For all operations, 2,700 RPM (200 hp)

Propeller and Propeller Limits
Left Engine
1 Hartzell, Hub Model HC-C2YK-2 ( ) E, Blade Model C7666A-0;
1 Hartzell, Hub Model HC-C2YK-2 ( ) EU, Blade Model C7666A-0;
1 Hartzell, Hub Model HC-C2YK-2 ( ) EF, Blade Model FC7666A-0;
1 Hartzell, Hub Model HC-C2YK-2 ( ) EFU, Blade Model FC7666A-0;
1 Hartzell, Hub Model HC-C2YK-2CG (F), Blade Model (F) C7666A
(This model includes the Hartzell damper); or
1 Hartzell, Hub Model HC-C2YK-2CGU (F), Blade Model (F) C7666A
(This model includes the Hartzell damper).
Note: HC-( )2YK-( ) may be substituted for HC-( )2YR-( ) per Hartzell Service Advisory 61.

Right Engine
1 Hartzell, Hub Model HC-C2YK-2 ( ) LE, Blade Model JC7666A-0;
1 Hartzell, Hub Model HC-C2YK-2 ( ) LEU, Blade Model JC7666A-0;
1 Hartzell, Hub Model HC-C2YK-2 ( ) LEF, Blade Model FJC7666A-0;
1 Hartzell, Hub Model HC-C2YK-2 ( ) LEFU, Blade Model FJC7666A-0;
1 Hartzell, Hub Model HC-C2YK-2CLG (F), Blade Model (F) JC7666A
(This model includes the Hartzell damper); or

▲ 그림 13.1a TCDS

1 Hartzell, Hub Model HC-C2YK-2CLGU (F), Blade Model (F) JC7666A
(This model includes the Hartzell damper.)
Note: HC-( )2YK-( ) may be substituted for HC-( )2YR-( ) per Hartzell Service Advisory 61.
Pitch setting: High 79° to 81°, Low 13.5° at 30" station.
Diameter: Not over 76", not under 74". No further reduction permitted.

Spinner: Piper P/N 96388 Spinner Assembly and P/N 96836 Cap Assembly, or P/N 78359-0 Spinner Assembly and P/N 96836-2 Cap Assembly (See NOTE 4)

Governor Assembly:
1 Hartzell hydraulic governor, Model F-6-18AL (Right);
1 Hartzell hydraulic governor, Model F-6-18A (Left).
Avoid continuous operation between 2,200 and 2,400 RPM unless aircraft is equipped with Hartzell propellers which incorporate a Hartzell damper on both left and right engine as noted above.

Airspeed Limits	VNE (Never exceed)	217 mph	(188 knots)
	VNO (Maximum structural cruise)	190 mph	(165 knots)
	VA (Maneuvering, 4,200 lb)	146 mph	(127 knots)
	VA (Maneuvering, 4,000 lb)	146 mph	(127 knots)
	VA (Maneuvering, 2,743 lb)	133 mph	(115 knots)
	VFE (Flaps extended)	125 mph	(109 knots)
	VLO (Landing gear operating)		
	Extension	150 mph	(130 knots)
	Retract	125 mph	(109 knots)
	VLE (Landing gear extended)	150 mph	(130 knots)
	VMC (Minimum control speed)	80 mph	(69 knots)

CG Range (Gear Extended)
S/N 34-E4, 34-7250001 through 34-7250214 (See NOTE 3):
(+86.4) to (+94.6) at 4,000 lb
(+82.0) to (+94.6) at 3,400 lb
(+80.7) to (+94.6) at 2,780 lb
S/N 34-7250215 through 34-7450220:
(+87.9) to (+94.6) at 4,200 lb
(+82.0) to (+94.6) at 3,400 lb
(+80.7) to (+94.6) at 2,780 lb
Straight line variation between points given.
Moment change due to gear retracting landing gear (-32 in-lb)

Empty Weight CG Range None

Maximum Weight S/N 34-E4, 34-7250001 through 34-7250214:
4,000 lb – Takeoff
4,000 lb – Landing
See NOTE 3.

Maximum Weight S/N 34-7250215 through 34-7450220:
4,200 lb – Takeoff
4,000 lb – Landing

No. of Seats 7 (2 at +85.5, 3 at +118.1, 2 at +155.7)

Maximum Baggage 200 lb (100 lb at +22.5, 100 lb at +178.7)

▲그림 13.1b TCDS

Fuel Capacity 98 gallons (2 wing tanks) at (+93.6) (93 gallons usable)
See NOTE 1 for data on system fuel.

Oil Capacity 8 qt per engine (6 qt per engine usable)
See NOTE 1 for data on system oil.

Control Surface Movements	Ailerons	(±2°)	Up 30°	Down 15°
	Stabilator		Up 12.5° (+0,-1°)	Down 7.5° (±1°)
Rudder	(±1°)	Left 35°		Right 35°
	Stabilator Trim Tab (Stabilator neutral)	(±1°)	Down 10.5°	Up 6.5°
	Wing Flaps	(±2°)	Up 0°	Down 40°
	Rudder Trim Tab (Rudder neutral)	(±1°)	Left 17°	Right 22°
	Nosewheel	S/N 34-E4, 34-7250001 through 34-7350353:		
	Travel	(±1°)	Left 21°	Right 21°
	Nosewheel	S/N 34-7450001 through 34-7450220:		
	Travel	(±1°)	Left 27°	Right 27°

Manufacturer's Serial Numbers 3449001 and up.

DATA PERTINENT TO ALL MODELS

Datum 78.4" forward of wing leading edge from the inboard edge of the inboard fuel tank.

Leveling Means Two screws left side fuselage below window.

Certification Basis Type Certificate No. A7SO issued May 7, 1971, obtained by the manufacturer under the delegation option authorization. Date of Type Certificate application July 23, 1968.

Model PA-34-200 (Seneca I):
14 CFR part 23 as amended by Amendment 23-6 effective August 1, 1967;
14 CFR part 23.959 as amended by Amendment 23-7 effective September 14, 1969;
and 14 CFR part 23.1557(c)(1) as amended by Amendment 23-18 effective May 2, 1977. Compliance with 14 CFR part 23.1419 as amended by Amendment 23-14 effective December 20, 1973, has been established with optional ice protection provisions.

Production Basis Production Certificate No. 206. Production Limitation Record issued and the manufacturer is authorized to issue an airworthiness certificate under the delegation option provisions of 14 CFR part 21.

Equipment The basic required equipment as prescribed in the applicable airworthiness regulations (see Certification Basis) must be installed in the aircraft for certification. In addition, the following items of equipment are required:

▲ 그림 13.1c TCDS

MODEL	AFM/POH	REPORT #	APPROVED	SERIAL EFFECTIVITY
PA-34-200(Seneca)	AFM	VB-353	7/2/71	34-E4, 34-7250001 through 34-7250214
	AFM	VB-423	5/20/72	34-7250001 through 34-7250189 when Piper Kit 760-607 is installed; 34-7250190 through 34-7250214 when Piper Kit 760-611 is installed; and 34-7250215 through 34-7350353
	AFM	VB-563	5/14/73	34-7450001 through 34-7450220
	AFM Supp.	VB-588	7/20/73	34-7250001 through 34-7450039 when propeller with dampers are installed
	AFM Supp.	VB-601	11/9/73	34-7250001 through 34-745017 when ice protection system is installed

NOTES

NOTE 1 Current Weight and Balance Report, including list of equipment included in certificated empty weight, and loading instructions when necessary, must be provided for each aircraft at the time of original certification. The certificated empty weight and corresponding center of gravity locations must include undrainable system oil (not included in oil capacity) and unusable fuel as noted below:

Fuel: 30.0 lb at (+103.0) for PA-34 series, except Model PA-34-220T (Seneca V), S/N 3449001 and up
Fuel: 36.0 lb at (+103.0) for Model PA-34-220T (Seneca V), S/N 3449001 and up
Oil: 6.2 lb at (+ 39.6) for Model PA-34-200
Oil: 12.0 lb at (+ 43.7) for Models PA-34-200T and PA-34-220T

NOTE 2 All placards required in the approved Airplane Flight Manual or Pilot's Operating Handbook and approved Airplane Flight Manual or Pilot's Operating Handbook supplements must be installed in the appropriate location.

NOTE 3 The Model PA-34-200; S/N 34-E4, 34-7250001 through 34-7250189, may be operated at a maximum takeoff weight of 4,200 lb when Piper Kit 760-607 is installed. S/N 34-7250190 through 34-7250214 may be operated at a maximum takeoff weight of 4,200 lb when Piper Kit 760-611 is installed.

NOTE 4 The Model PA-34-200; S/N 34-E4, 34-7250001 through 34-7250189, may be operated without spinner domes or without spinner domes and rear bulkheads when Piper Kit 760-607 has been installed. --

NOTE 5 The Model PA-34-200 may be operated in known icing conditions when equipped with spinner assembly and the following kits: --

NOTE 6 Model PA-34-200T; S/N 34-7570001 through 34-8170092, may be operated in known icing conditions when equipped with deicing equipment installed per Piper Drawing No. 37700 and spinner assembly.

▲ 그림 13.1d TCDS

13.2. 항공기 운항일지(Aircraft Flight Log)

A. 실습 개요

(1) 항공기 운항일지(Aircraft flight log)의 기록법에 대하여 학습한다.

B. 관련 지식

(1) 항공기 운항일지는 비행 중에는 항공기에 탑재되어 있어야 한다.

(2) 항공기 운항일지의 유지, 관리는 항공기 소유자의 책임이다. 운항일지는 소유자의 정보와 소유자 보호를 위한 중요한 정보의 기록물이다.

(3) 작업지시서(Work order)를 로그북 안에 첨부할 것을 권고한다.

작업지시서 사본 첨부가 불가할 경우는, Repair station 스탬프 및 작업 지시 번호를 로그북에 기재해야 한다.

(4) 항공기 운항일지 기록에 포함되는 사항

(a) 기체의 총 비행시간

(b) 엔진, 프로펠러와 같은 사용시간 제한 부품의 신품 또는 오버홀 이후 현재까지의 사용시간과 사용 횟수

(c) 점검 수행 내역(점검 수행 유형의 명칭, 점검 수행 일자, 차기 점검 수행 계획)

(d) 기체, 엔진, 프로펠러 도달 시간, 감항성 개선명령(AD, Airworthiness Directive), 개조(Modification), 제작사 기술 지시(SB, Service Bulletin)를 포함한 비계획정비의 상세 수행 내역

(e) 모든 정비 수행 내용에 대한 작업 지시 번호(Work order number)

(f) 장탈 또는 장착된 모든 주요 부품의 일련번호, 인증서, 인증서 노트 또는 기타 필요 문서 내역 상세

(g) 사고로 인하여 항공기를 수리한 경우 사고 상황에 대한 세부 설명을 포함한 상세 수리 내역

(h) 감항성을 인정(Return to service)하는 문장을 기재하고 유자격 수행자의 자격증 번호, 장소(Station), 수행 일자, 서명 또는 검사인 날인

C. 자료 · 재료

(1) 항공기 운항 일지 견본

D. 기기(공구 · 장비)

E. 학습

항공기 운항일지를 기록하며 기록법을 학습하여 익힌다.

(1) 항공기 운항일지 기록법

(a) 항공기와 관련된 이력을 발생한 순서대로 정확하게 기록, 유지되어야 한다.

(b) 기재해야 할 모든 내용은 지체없이 기록한다.

(c) 문장은 대문자로 명료하고 누가 읽든 확실하게 이해할 수 있도록 기재한다.

(d) 검은색 볼펜 또는 동등한 영구성 물질의 펜으로 작성한다.

(e) 페이지를 뜯어내서는 안 된다.

(f) 기록은 지우거나 흔적을 없애서는 안 되며, 수정액의 사용은 불가하다.

(g) 삭제하고자 하는 내용은 그 위에 자를 대고 일직선을 긋고 가까운 곳에 싸인한다.

(h) 항공기가 운항 중 또는 정시 점검 중에 결함이 발견되었으나 그 결함이 비행에 저촉되지 않은 경우는 그 상세 내용을 정비 이월 기록부에 기록하여 정해진 시간 내에 정비가 이루어지도록 한다.

(i) MEL(Minimum Equipment List) 적용의 경우 해당 상세 내용을 운항 일지에 기록하고 필요하면 해당 장비품(계기 또는 조종 장치에 "Inoperative" 플래카드를 부착한다. 해당 Circuit breaker에 Collar를 장착한다.

(j) CDL(Configuration Deviation List) 적용의 경우 해당 상세 내용을 로그에 기록한다.

(2) 로그북 기록 예시(그림 13.2)

1 고장 내용 기록란
- 고장 내용을 기록한다.
- ITEM: 기록 순번
- LEG: 그날의 비행 순번
- ATA CODE: 고장계통의 ATA Chapter 코드

2 고장에 대한 조치사항 기록란
- STA: 조치사항을 수행한 공항(station) 표시
- 3 Letter code로 기록한다. (예: PUS, NYC, ICN, NRT)
- DATE: 일자, UTC(Coordinated Universal Time, 협정 세계시)로 기록한다.
- SIGNATURE: 작업자의 서명

3 부품 교환내용 기록
- P/N on: 장착한 부품의 Part Number를 기록
- S/N on: 장착한 부품의 Serial Number를 기록
- P/N off: 장착한 부품의 Part Number를 기록
- S/N off: 장착한 부품의 Serial Number를 기록

4 타이어 압력 보급량 기록
- 단위 PSI
- NOSE: nose tire의 압력 보급량
- MAIN: main tire의 압력 보급량

5 연료 보급 기록

- GRADE: 연료 등급(예: JET A-1)
- DENSITY: 연료의 밀도(예: 6.78), 단위는 Lbs/US gal
- REMAIN: 탱크 내 잔류 연료량
- SERVICE: 보급 연료량
- TOTAL TANK: 탱크 내 총 연료량

6 엔진 오일 보급량 기록

- 단위: Quarter

7 유압 작동유 보급량 기록

- 단위: Quarter

8 AIRWORTHNESS RELEASED

- 감항성 인정 사항을 기록한다.
- TR: 중간 기지 점검
- PR/PO: 야간 정박 후 최초 비행 전 점검/그날의 마지막 비행 후 점검
- DATE/TIME: UTC로 기록
- STN: 기지 3 Letter code 기록
- TECH NAME: 감항성을 인정한 정비사 성명 기록
- LICENSE: 정비사 자격증 번호 기록

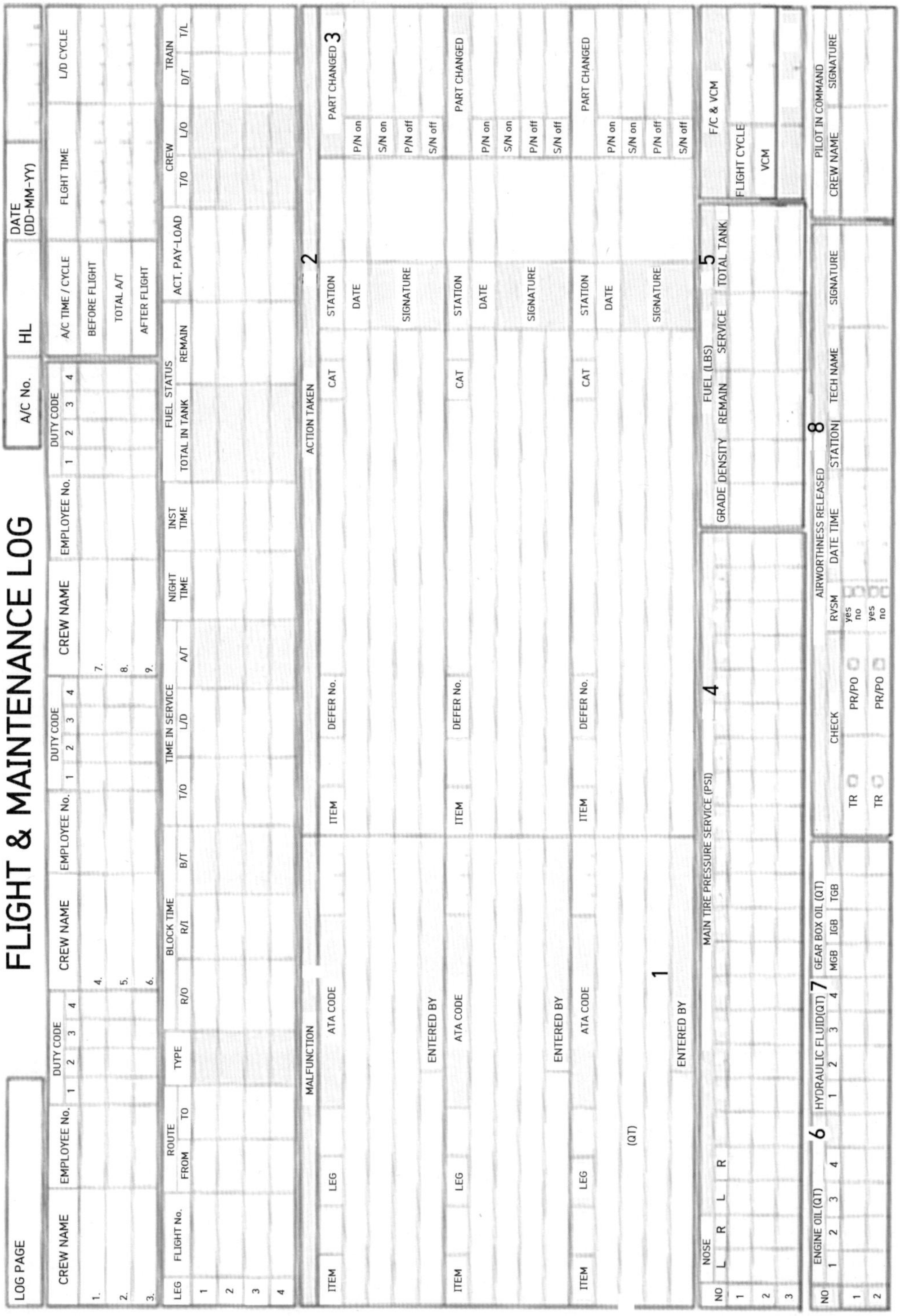
FLIGHT & MAINTENANCE LOG
LOG PAGE
A/C No.
HL
DATE (DD-MM-YY)
CREW NAME
EMPLOYEE No.
DUTY CODE
A/C TIME / CYCLE
FLGHT TIME
L/D CYCLE
BEFORE FLIGHT
TOTAL A/T
AFTER FLIGHT
LEG
FLIGHT No.
ROUTE
FROM
TO
TYPE
BLOCK TIME
R/O
R/I
B/T
TIME IN SERVICE
T/O
L/D
A/T
NIGHT TIME
INST TIME
FUEL STATUS
TOTAL IN TANK
REMAIN
ACT. PAY-LOAD
CREW
TRAIN
D/T
T/L
MALFUNCTION
ITEM
ATA CODE
ENTERED BY
ACTION TAKEN
DEFER No.
CAT
STATION
DATE
SIGNATURE
PART CHANGED
P/N on
S/N on
P/N off
S/N off
MAIN TIRE PRESSURE SERVICE (PSI)
NOSE
NO
(QT)
FUEL (LBS)
GRADE
DENSITY
SERVICE
TOTAL TANK
F/C & VCM
FLIGHT CYCLE
VCM
ENGINE OIL (QT)
HYDRAULIC FLUID(QT)
GEAR BOX OIL (QT)
MGB
IGB
TGB
AIRWORTHNESS RELEASED
CHECK
TR
PR/PO
RVSM
yes
no
DATE TIME
STATION
TECH NAME
PILOT IN COMMAND
1
2
3
4
5
6
7
8

▲ 그림 13.2 운항일지

2장

항공기 기체 정비 실습

1. 기골 수리(Structure Repair)

1.1. 리벳 작업 공구

A. 실습 개요

(1) 리벳 작업 공구에 대해 학습한다.

B. 관련 지식

(1) 리벳의 장착에 필요한 공구는 드릴, 리머, 리벳 커터, 버킹 바, 리벳 세트, 리벳 건, 드릴 스톱, 클레코, 클레코 플라이어, 리벳 스퀴저, 카운터싱크 툴 등이 있다.

C. 자료·재료

D. 기기(공구·장비)

(1) 리벳 장착 공구

(a) 드릴 비트(drill bit)

(b) 리머(reamer)

(c) 리벳 커터(rivet cutter)

(d) 버킹 바(bucking bar)

(e) 리벳 세트(rivet set)

(f) 리벳 건(rivet gun)

(g) 크레코, 크레코 프라이어(creco, creco plier)

(h) 마이크로 쉐이버(micro shaver)

(i) 리벳 스퀴저(rivet squeezer)

(j) 카운터싱크 툴(countersink tool)

E. 학습

(1) 리벳 장착 공구를 사용해 본다(그림 1.1).

(a) 드릴 비트(drill bit)는 구멍가공에 필요한 공구이다. 사용법을 습득하여 경금속에 리벳과 볼트 홀을 뚫는 것은 어렵지 않다. 드릴 비트는 통상 드릴로 불린다(그림 1.2).

(b) 리벳 커터는 리벳을 필요한 길이로 절단하기 위해 사용된다.

(c) 버킹 바는 리벳 장착 중 역진동을 발생하여 올바른 리벳 장착이 이루어지게 하는 데 필요한 다양한 형태의 무겁고 두터운 강철 조각이다.

(d) 리벳 세트는 특정한 유형의 리벳을 구동하기 위하여 리벳 건과 함께 사용하는 공구이다. 리벳 세트는 리벳 머리의 크기와 모양을 맞추어 사용한다. 유니버셜 헤드 리벳을 위한

▲ 그림 1.1 리벳 공구

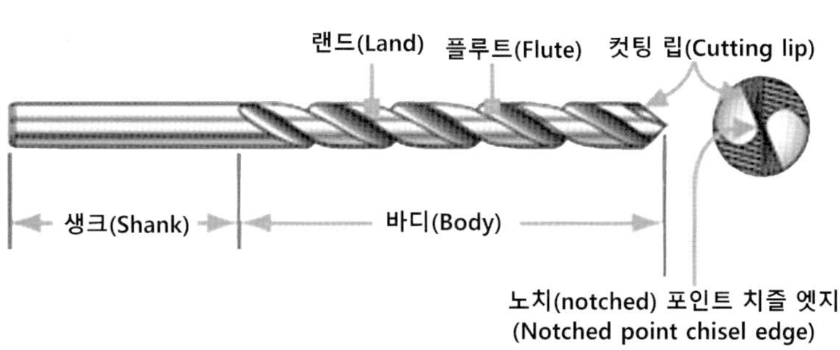

▲ 그림 1.2 드릴의 세부 명칭

세트는 리벳 머리에 맞게 움푹 파여 있거나 컵 모양으로 되어 있다.

(e) 카운터싱크 툴은 리벳 머리와 외판을 평탄하게 하기 위해 리벳 홀 주위를 뒤집어 놓은 원뿔(Cone) 모양으로 절삭하는 공구이다. 표준 카운더싱크의 각도는 100°이다.

(f) 리벳 건은 기체 수리에서 가장 일반적으로 사용되는 공구이다. 리벳 건은 90~100psi의 압축공기로 구동되며 호환 가능한 리벳 세트와 함께 조합하여 사용한다. 리벳 건은 1~3초에 리벳을 성형한다.

(g) 마이크로 쉐이버(Micro shaver)는 접시머리 리벳이 외피와의 평활도를 허용 한계 이내로 유지되도록 미세 가공하는 공구이다.

(h) 리벳 스퀴저(rivet squeezer)는 판재의 가장자리 위쪽에서, 압착기의 깊이가 허용되는 범위 내에서만 사용한다.

(2) 리머(reamer)(그림 1.3)

(a) 리머는 홀의 절삭 면이 매끈하고 정밀한 치수로 가공할 때 사용한다.

(b) 리밍(reaming) 작업

- 역회전 금지
- 직각 유지
- 리밍은 한 번에 완성할 것

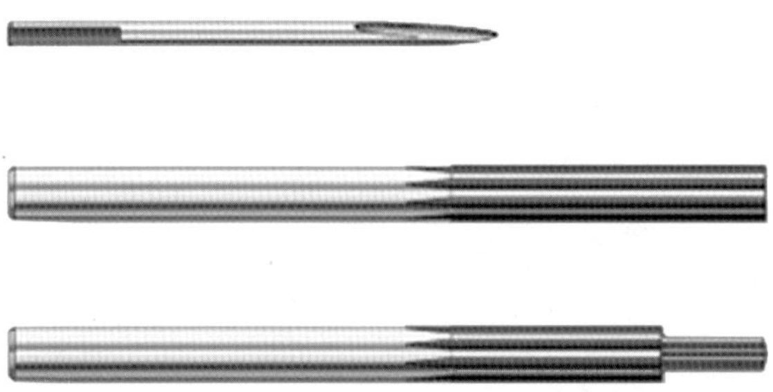

▲ 그림 1.3 리머

(3) 에어드릴, 드릴 고정하기(chucking)

(a) 에어드릴의 척(chuck)에 척 핸들을 사용하여 드릴을 고정해 본다(그림 1.4).

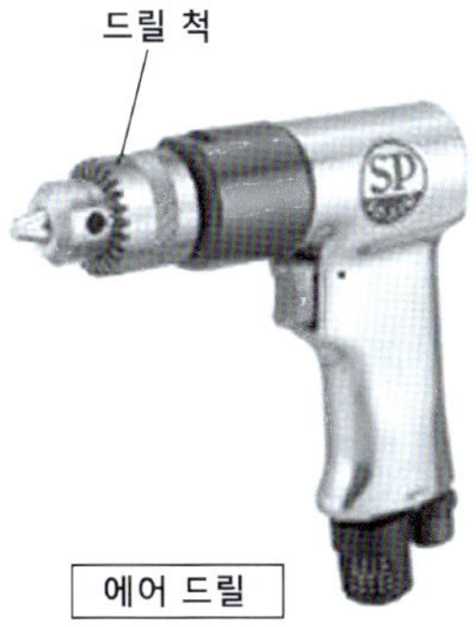

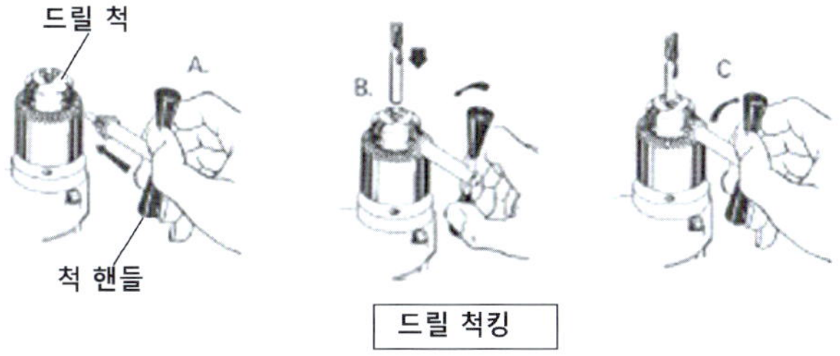

▲ **그림 1.4** 에어드릴, 척킹

1.2. 솔리드 생크 리벳(Solid Shank Rivet)

A. 실습 개요

(1) 솔리드 생크 리벳(solid shank rivet)의 식별에 대해 학습한다.

B. 관련 지식

(1) 솔리드 생크 리벳은 머리 모양, 제조 재료 및 크기에 따라 분류한다.

(2) 1100, 2117, 2017, 2024 및 5056으로 만들어진 알루미늄 합금 리벳이 주로 사용된다.

C. 자료 · 재료

(1) 솔리드 생크 리벳 종류

(2) 솔리드 생크 리벳이 체결된 항공기 기체 부품

D. 기기(공구 · 장비)

E. 학습

솔리드 생크 리벳의 식별법을 익힌다.

(1) 솔리드 생크 리벳의 식별(그림 1.5)

(a) 솔리드 생크 리벳 머리 형태 및 호칭에 대한 식별

(b) 솔리드 생크 리벳 부품번호에 대한 합금 재료, 지름, 길이 식별

(c) 솔리드 생크 리벳 코드별 분류 식별

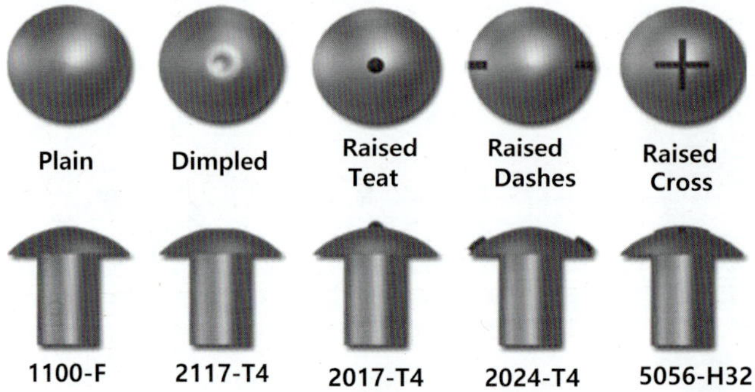

리벳 머리 모양 및 코드

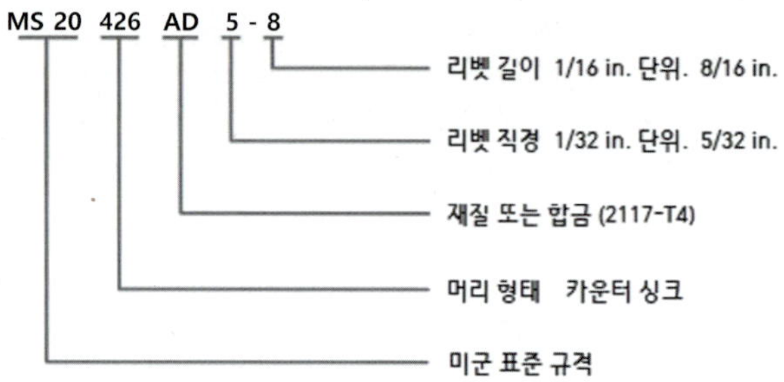

MATERIAL OR ALLOY	CODE LETTERS	HEAD MARKING ON RIVET
1100-F	A	Plain
2117-T4	AD	Intended Dimple
2017-T4	D	Raised Teat
2024-T4	DD	Raised Double Dash
5056-H32	B	Raised Cross

리벳 재질 별 머리 마크

▲ **그림 1.5** 솔리드 생크 리벳(Solid shank rivet)

1.3. 블라인드 리벳(Blind Rivet)

A. 실습 개요

(1) 블라인드 리벳의 장착 방법에 대해 학습한다.

B. 관련 지식

(1) 블라인드 리벳(blind rivet)은 솔리드 생크 리벳을 장착하기 위해서는 작업자가 양쪽으로 접근이 불가한 곳에 사용하기 위해 개발되었다.

(2) 블라인드 리벳은 리벳 부품이 엔진으로 빨려 들어갈 수 있는 공기 흡입구 주위에는 사용할 수 없다.

(3) 블라인드 리벳은 제빙 계통의 러버 부쓰(rubber boots)의 장착에 사용된다.

C. 자료 · 재료

(1) 블라인드 리벳 M3.2 × 8mm 스테인리스 강재

(2) 알루미늄 판재 100 × 50 × 1t 2장

D. 기기(공구 · 장비)

(1) 블라인드 리벳 건

(2) C 클램프

E. 학습

블라인드 리벳의 장착 방법에 대해 학습하여 익힌다.

(1) 블라인드 리벳의 장착(그림 1.6)

(a) 알루미늄 판재 2장을 겹쳐서 블라인드 리벳으로 고정하는 작업을 해본다.

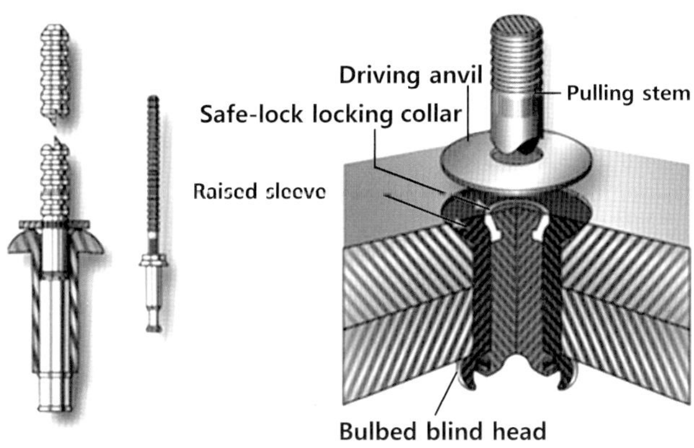

▲ **그림 1.6** 블라인드 리벳. Cherry max rivet

(b) C 클램프를 사용하여 2장의 알루미늄 판재를 서로 고정한다(그림 1.7).

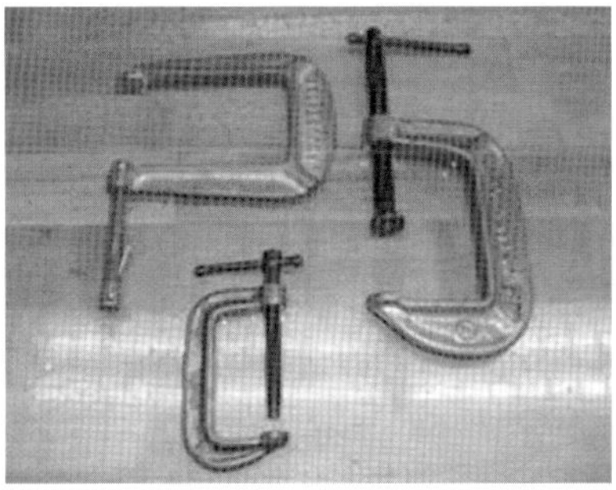

▲ **그림 1.7** C 클램프

(c) C 클램프의 양쪽 접촉면은 마스킹 테이프를 붙여 알루미늄 판재의 표면을 보호한다.

(d) 알루미늄 판재에 블라인드 리벳 규격과 합치하는 구멍을 가공한다.

(e) 구멍에 블라인드 리벳을 끼우고 핸드 리벳터로 장착한다(그림 1.8).

▲그림 1.8 핸드 리벳터

1.4. 리벳의 배열

A. 실습 개요

(1) 리벳 배열 방법에 대해 학습한다.

B. 관련 지식

(1) 리벳 연거리, 리벳 간격, 그리고 열 간 거리는 원래 장착된 것과 가능한 한 같아야 한다.

C. 자료 · 재료

D. 기기(공구 · 장비)

E. 학습

리벳 배열 방법에 대해 학습하여 익힌다.

(1) 유니버셜 헤드 리벳, 지름 3mm를 대입하여 3열 배치 리벳 배열도를 작성하여 본다(그림 1.9).

(a) 리벳 간격(rivet spacing): 돌출머리 리벳 사이의 최소간격은 리벳 지름의 3.5배보다 작아서는 안 된다. 접시머리 리벳 사이에 최소간격은 리벳 지름의 4배보다 작으면 안 된다.

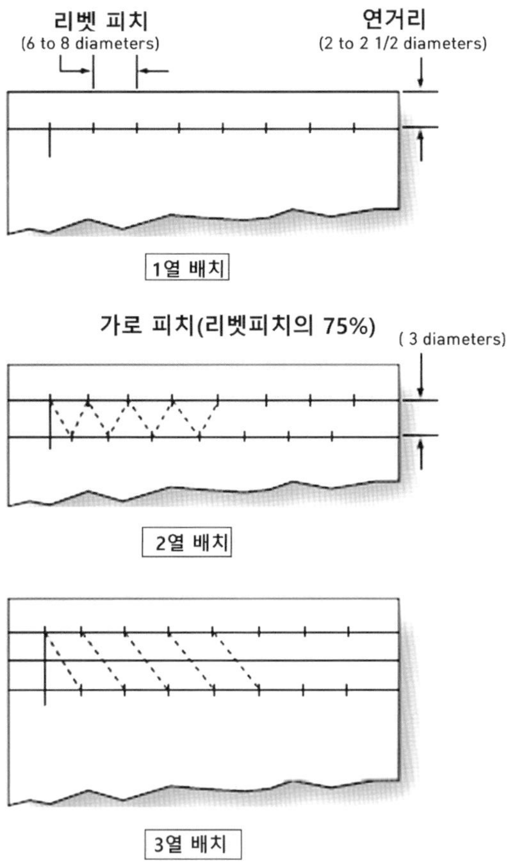

▲ 그림 1.9 리벳 배열

(b) 연거리(edge distance)(그림 1.10)

엣지 마진(edge margin)이라고도 불리는 연거리는 첫 번째 리벳의 중심에서 판재의 가장자리까지의 거리다. 연거리는 리벳 2개의 지름보다는 커야 하고, 리벳 4개의 지름보다는 작아야 한다.

(c) 리벳 피치(rivet pitch)

리벳 피치는 같은 열에서 이웃한 리벳들의 중심 간 거리이다. 허용되는 가장 작은 리벳 피치는 리벳 지름의 3배이다. 평균 리벳 피치는 리벳 지름의 4~6배 범위이다.

(d) 가로 피치(transverse pitch)

가로 피치는 리벳 열 사이의 수직 거리이다. 즉, 이는 리벳 피치의 75%에 해당하는 거리이다. 허용되는 가장 작은 가로 피치는 리벳 지름의 2.5배이다.

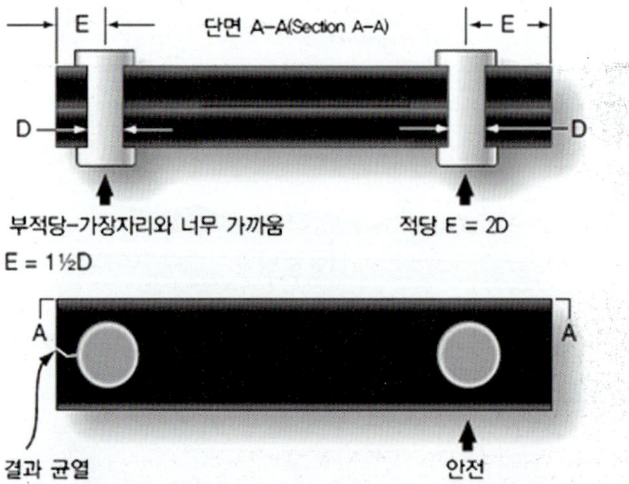

연거리/엣지 마진 (Edge Distance/Edge Margin)	최소 연거리 (Minimum Edge Distance)	적절한 연거리 (Preferred Edge Distance)
돌출 머리 리벳	2 D	2 D + 1/16"
카운터싱크 리벳	2½ D	2½ D + 1/16"

▲그림 1.10 최소 연거리

1.5. 리벳팅

A. 실습 개요

(1) 리벳팅 절차에 대해 학습한다.

B. 관련 지식

(1) 리벳팅 절차는 홀 옮기기, 홀 준비하기, 드릴링 및 리벳팅으로 이루어진다.

C. 자료 · 재료

(1) 솔리드 생크 리벳이 가공되어 있는 부품

D. 기기(공구 · 장비)

(1) 트랜스퍼 펀치(transfer punch)

(2) 드릴 비트 세트(drill bit set)

(3) 버킹 바

(4) 카운터싱크(countersink) 툴 100°

(5) 딤플링 세트 1/8"

(6) 시트 홀더(sheet holder)

(7) 시트 홀더 플라이어(sheet holder plier)

E. 학습

(1) 홀 옮기기

(a) 판재 위에 홀이 있는 부품을 놓고 기존 홀을 안내로 트랜스퍼 펀치(transfer punch)를 이용하여 표식을 냄으로써 다른 부품으로 홀의 옮기기를 완성한다(그림 1.11).

(b) 대체 방법으로, 구멍을 가공할 부품 위에 기존 홀이 있는 부품을 놓고 금긋기 바늘로 표시하고 센터 펀치하고 드릴링한다.

(2) 홀 준비

리벳 홀은 정확한 크기와 모양을 갖추고 버(burr)를 제거하는 것이 무엇보다도 중요하다. 만약 리벳 홀이 리벳 생크에 비해 너무 작다면 리벳을 그 홀에 박아 넣을 때 리벳 표면의 보호 처리 막이 긁혀서 벗겨질 것이다. 만약 홀이 너무 크다면, 리벳이 홀 속을 완전히 꽉 채우지는 못하고 느슨할 것이다. 이것을 압착하면 접합부가 원래의 강도를 생성하지 못하고 구조물은 그 지점에서 파손이 발생할 것이다.

(3) 드릴링

(a) 리벳 홀은 공기압 드릴로 가공한다. 표준 생크 트위스트 드릴이 일반적으로 사용된다.

(b) 리벳 홀에 대한 드릴 비트 크기는 리벳이 쉽게 삽입되는 가장 작은 크기이어야 하며, 생크 지름의 가장 큰 허용 한계보다 약 0.003in. 커야 한다.

(c) 드릴링하기 전 모든 리벳 위치에 센터 펀치 한다. 센터 펀치 표시는 드릴이 위치에서 미끄러지는 것을 방지하기 위해 충분히 커야 한다.

(d) 센터 펀치 할 때는 판재 뒤에 항상 금속제 받침판을 대어 판재의 우그러짐(dent)을 방지한다.

(e) 정확한 크기의 리벳 홀을 가공하기 위해서는, 우선 리벳 규격보다 약간 작은 홀(pilot hole)을 뚫고 그 홀을 적합한 규격의 드릴 비트로 뚫는다(그림 1.12).

- 드릴 비트가 정확한 크기와 모양인지 확인한다.
- 센터 펀치 표시에 드릴을 놓는다. 공기압 드릴을 사용할 때 모터를 시동하기 전에 손으로 비트의 척(chuck)을 1~2회 회전시키며 비트의 자리를 잡아준다.
- 드릴링 시에 항상 가공물에 90° 각도로 드릴을 잡아준다.
- 과도한 압력을 피하고, 드릴 비트가 절삭하게 한다. 절삭이 완료되는 순간에 바로 멈춰야 한다.
- 카운터싱크 또는 줄로 버(burr)를 제거한다.
- 드릴 칩을 깨끗이 제거한다.

(4) 카운터싱크 리벳 작업

두께 3mm의 판재를 이용하여 카운터싱크 리벳 작업을 해본다(그림 1.13).

(a) 카운터싱크 공구를 사용하는 방법

적정한 각과 지름의 카운터싱크를 이용하고 리벳 머리와 판재와의 매끄러운 표면을 형성하기 위해 충분할 정도의 깊이로만 절삭한다.

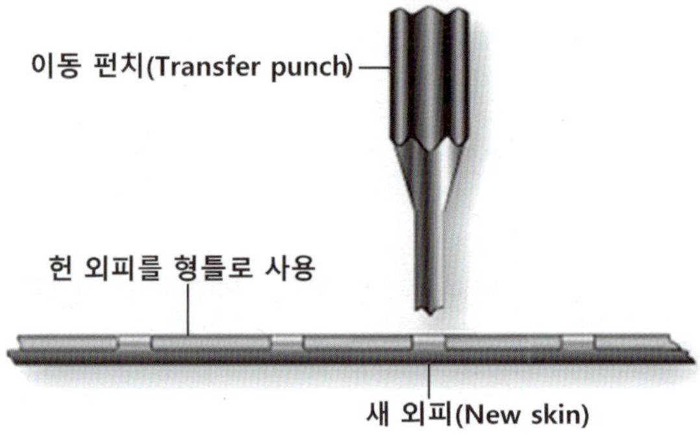

▲ 그림 1.11 홀 옮기기

Rivet Diameter (in)	Drill Size	
	Pilot	Final
3/32	3/32 (0.0937)	#40 (0.098)
1/8	1/8 (0.125)	#30 (0.1285)
5/32	5/32 (0.1562)	#21 (0.159)
3/16	3/16 (0.1875)	#11 (0.191)
1/4	1/4 (0.250)	F (0.257)

▲ 그림 1.12 표준 리벳 드릴 치수

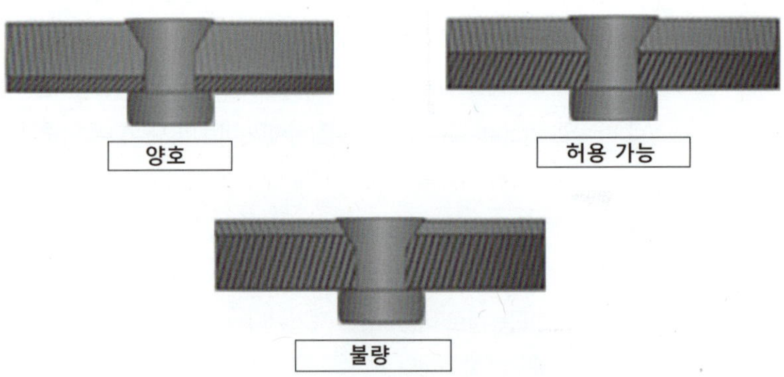

▲ 그림 1.13 카운터싱크 리벳 장착

(5) 리벳 장착

(a) 판금 부품 안으로 리벳을 장착하기 전에 모든 홀이 완전하게 일치하는지 확인한다. 모든 잔류물과 버(burr)는 제거해야 한다. 리벳하고자 하는 부분은 임시 패스너로 안전하게 고정한다.

(b) 작업에 따라 리벳팅 공정은 1인 또는 2인이 필요하다. 단독으로 리벳팅 작업을 수행할 때에는 한 손으로 버킹바를 잡고 다른 손으로 리벳 건을 작동한다.

(6) 리벳팅 결과 평가(그림 1.14, 1.15, 1.16)

리벳팅 결과를 평가하기 위한 검사는 제작 헤드(driven head)와 샵 헤드(shop head) 모두를 점검하는 것 및 주위의 외판과 구조물의 변형 여부를 점검하는 것이다. 적절한 필요조건에 일치하는지 확인하기 위한 샵 헤드(shop head) 상태를 점검하기 위하여 자(scale) 또는 리벳 게이지를 사용할 수 있다.

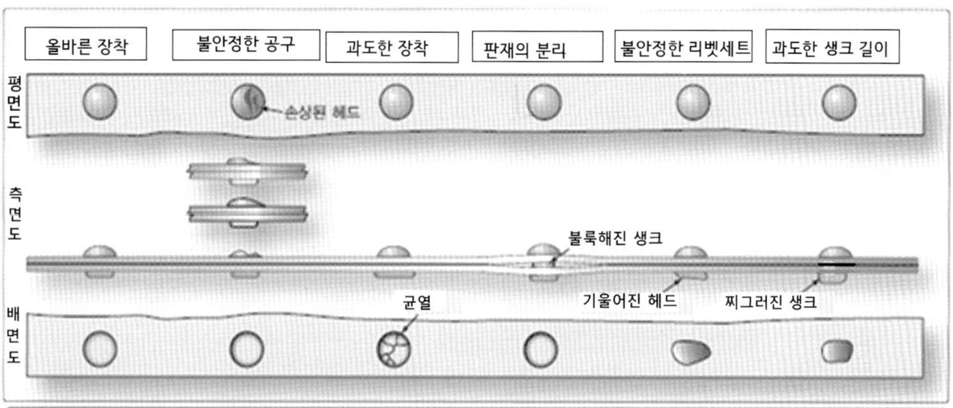

	Imperfection	Cause	Remedy	Action
A	None	None	None	None
B	Cut head	Improperly held tools	Hold riveting tools firmly against work	Replace rivet
C	Excessively flat head, resultant head cracks	Excessive driving, too much pressure on bucking bar	Improve riveting technique	Replace rivet
D	Sheet separation	Work not held firmly together and rivet shank swelled	Fasten work firmly together to prevent slipping	Replace rivet
E	Sloping head	a. Bucking bar not held firmly b. Bucking bar permitted to slide and bounce over the rivet	Hold bucking bar firmly without too much pressure	Replace rivet
F	Buckled shank	Improper rivet length, and E above	E above and rivet of proper length	Replace rivet

▲ 그림 1.14 리벳 평가

▲그림 1.15 리벳 게이지

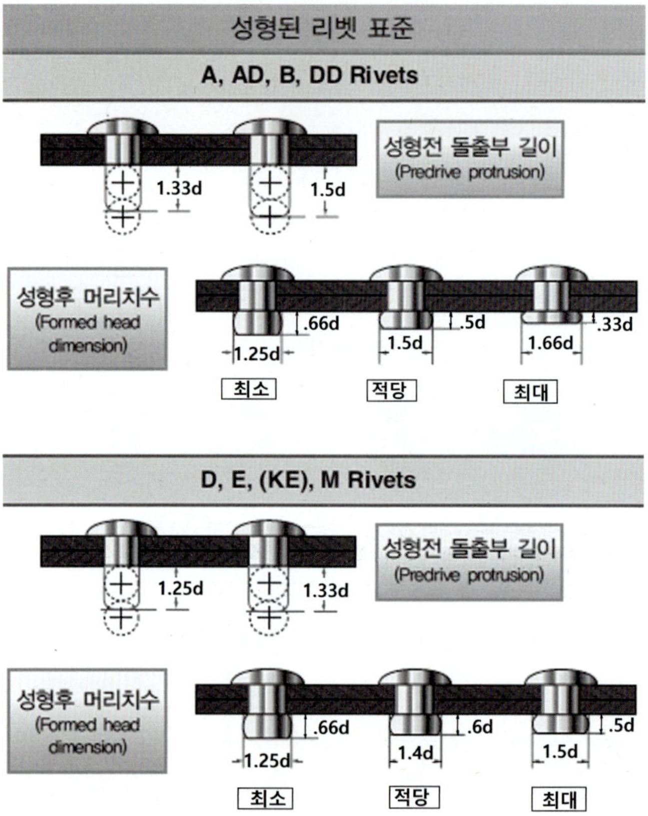

▲그림 1.16 리벳 머리 치수

1.6. 리벳의 제거

A. 실습 개요

(1) 리벳을 제거하는 방법에 대해 학습한다.

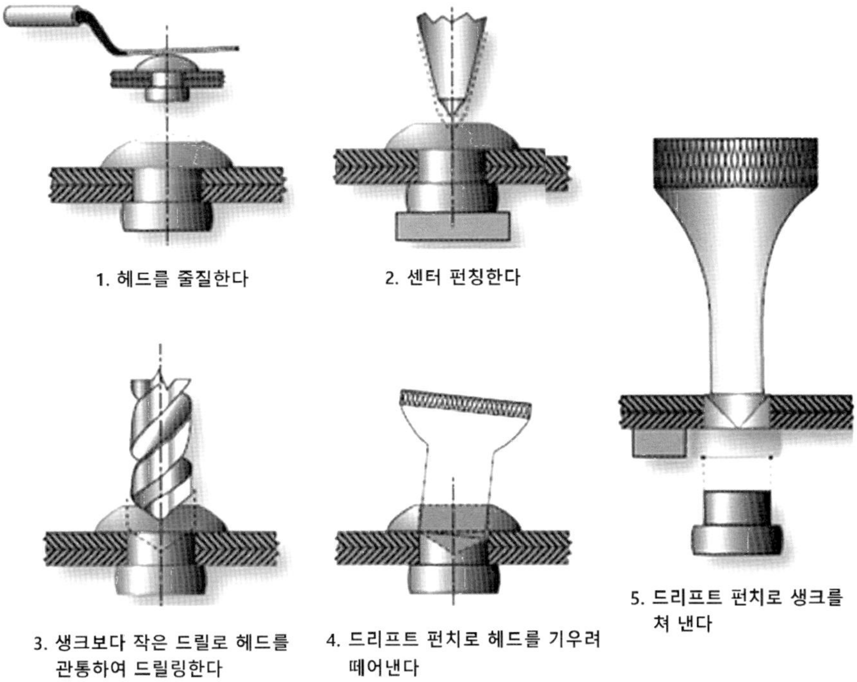

▲그림 1.17 리벳 제거

B. 관련 지식

(1) 리벳을 교체할 때 리벳 홀을 원래의 크기와 모양을 유지하기 위해 조심스럽게 제거한다.

C. 자료 · 재료

(1) 유니버셜 헤드, 라운드 헤드 리벳이 장착된 부품

D. 기기(공구 · 장비)

(1) 평줄

(2) 센터 펀치

(3) 드릴 비트

(4) 목재 블럭

(5) 드리프트 펀치

E. 학습

리벳의 제거 방법에 대해 학습하여 익힌다.

(1) 리벳 제거(그림 1.17)

ⓐ 줄을 사용하여 리벳의 머리를 평평하게 가공한다.

ⓑ 드릴링을 위해 평평한 면의 중심에 센터 펀치 한다.

ⓒ 리벳 생크보다 한 단계 작은 규격의 드릴 비트로 센터 펀치 한 자리에 직각으로 드릴을 대고 리벳 머리 높이의 깊이로 홀을 뚫는다.

ⓓ 리벳 머리가 떨어져서 드릴을 타고 따라 오를 때 드릴링을 정지한다.

ⓔ 리벳 머리가 드릴 비트를 타고 따라 오르지 않는다면 드리프트 펀치(drift punch)를 홀 속에 끼워 머리가 떨어질 때까지 좌우로 가볍게 비틀어 돌린다.

ⓕ 리벳 생크의 지름보다 약간 적은 드리프트 펀치로 남아 있는 리벳 생크를 빼낸다. 뒤쪽에 목재 블럭을 받친다(그림 1.18).

ⓖ 접시머리 리벳(countersink rivet)의 제거 절차는 줄질이 필요 없는 점을 제외하고는 유니버셜 헤드 리벳 제거 방법과 같다.

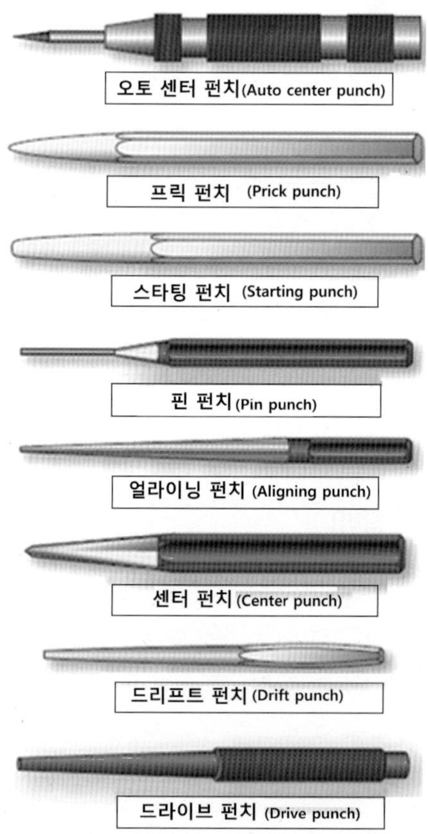

▲ 그림 1.18 펀치의 종류

1.7. 기체 외피 덧대기 수리

A. 실습 개요

(1) 기체 외피의 덧대기 수리 방법에 대해 학습한다.

B. 관련 지식

(1) 덧대기 수리 방법은 공기역학적인 매끄러움이 중요하지 않은 부분에서 사용된다.

(2) 패치의 오버랩 부분은 외판에 리벳으로 장착된다

(3) 패치는 필요한 수의 리벳을 장착하기에 충분히 커야 하고 원형이나 정사각형 또는 직사각형으로 절단되도록 한다.

(4) 정사각형이나 직사각형으로 되었다면, 모서리는 1/4in. 또는 그보다 큰 반지름으로 둥글게 가공한다.

C. 자료 · 재료

(1) 알루미늄 합금 판재 AA1100 1.0mm

(2) 리벳, 둥근 머리 AA1100 지름 × 길이, 3.0 × 6.5mm 20개

(3) 판금 수리 작업 기본 공구

D. 기기(공구 · 장비)

E. 학습

알루미늄 외피의 덧대기 수리 방법에 대해 학습하여 익힌다.

(1) 덧대기 수리 방법(그림 1.20)

(a) 알루미늄 판재에 임의의 손상을 만들고 1mm 판재를 이용하여 덧대기 수리를 해본다.

(b) 손상 부위의 끝부분과 날카로운 굴곡 부분에는 스톱 드릴을 한다. 스톱 드릴은 이 지점에서 응력을 경감시키고 균열이 진행되는 것을 방지한다. 스톱 드릴의 크기는 3/32in. 이다(그림 1.19).

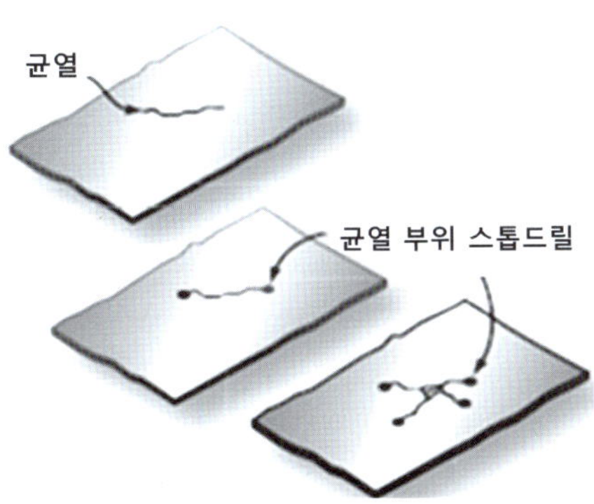

▲그림 1.19 스톱 드릴

(c) 손상 부위에 맞게 패치를 제작한다.

(d) 패치는 필요한 수의 리벳을 장착하기에 충분히 커야 하고 원형이나 정사각형 또는 직사각형으로 절단되도록 한다.

(e) 패치의 모서리 부분과 절단 부분은 부드러운 곡선으로 마무리한다.

(f) 손상 부위에 패치를 대고 리벳으로 장착한다.

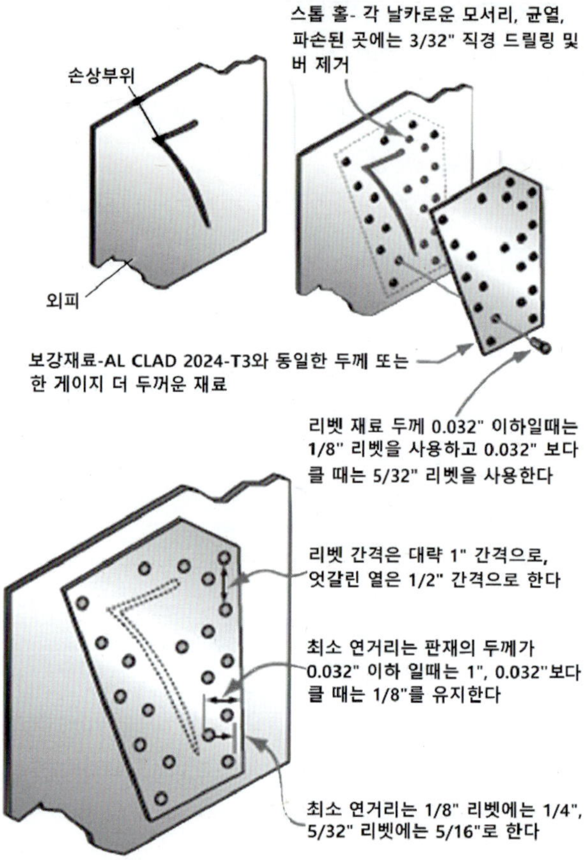

▲그림 1.20 기체 덧대기 수리

1.8. 기체 외피 패치 수리

A. 실습 개요

(1) 기체 외피 손상에 대하여 삽입재를 사용한 패치 수리방법에 대해 학습한다.

B. 관련 지식

C. 자료 · 재료

(1) 알루미늄 합금 판재

삽입재: A1100 1.0mm

보강재: A1100 1.2mm

(2) 리벳: 둥근머리 AA1100 3.0 × 6.5.mm 32개

D. 기기(공구 · 장비)

(1) 판금 작업 기본 공구

E. 학습

플러시 패치 수리 방법에 대해 학습하여 익힌다.

(1) 플러시 패치(flush patch) 수리 방법

(a) 기체 외피의 손상을 임의로 설정하여 플러시 패치 수리를 해본다(그림 1.21).

(b) 손상을 제거한다. 50 × 100mm 직사각형으로 손상을 절단한다. 12mm의 최소 반경으로 직사각형 판재의 모든 모서리를 둥글게 가공한다.

(c) 적용되는 최소 연거리는 지름의 2배이다.

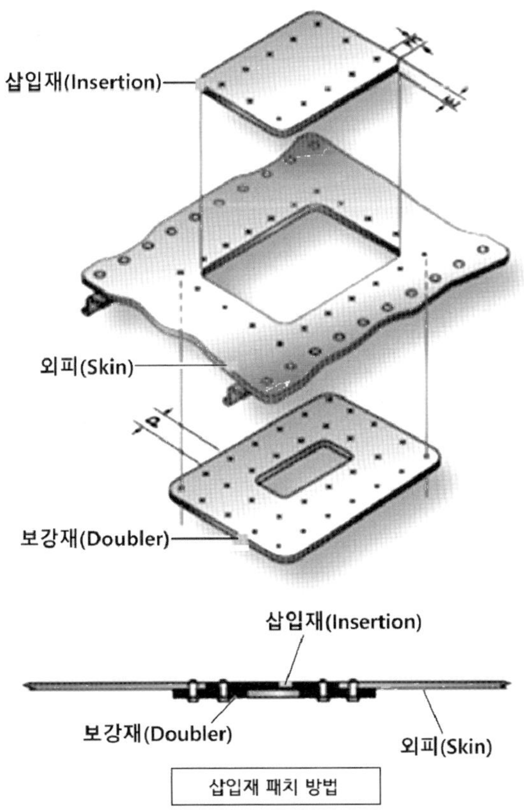

▲ 그림 1.21 기체 외피 패치 수리

(d) 리벳 간격은 지름의 4~6배이다.

(e) 삽입재의 재료는 손상된 외판과 동일 재료와 두께로 한다. 삽입재의 크기는 50 × 100mm이다.

(f) 보강재의 재료는 손상된 외판과 동일 재료로 하되, 손상된 외판보다 한 게이지 더 큰 두께로 한다. 크기는 연거리와 리벳 간격에 따른다.

(g) 보강재의 외부 모서리는 경사 연마 가공한다.

(h) 리벳의 크기와 유형은 항공기에서 유사한 수리에 사용된 리벳과 같아야 한다.

1.9. 복합소재 구조 수리(Composite Structure Repair)

A. 실습 개요

(1) 항공기 복합소재 구조 수리 방법에 대해 학습한다.

B. 관련 지식

(1) 이 장에서 소개하는 절차는 교육용으로만 참고하고, 항공기 작업 시에는 해당 기종 SRM(Structure Repair Manual)의 절차를 적용한다.

(2) 직물의 방향(fiber orientation)

직물의 설계, 제조, 수리는 직물의 방향을 아는 것이 무엇보다 중요하다. 그 이유를 이해하기 위해서는 네 가지 기본적인 용어를 알아야 한다.

(a) 워프(warp)

실(thread)이 직물(fabric)의 길이 방향으로 지나는 것을 워프(warp)라고 한다. 워프의 방향은 0으로 나타낸다. 천을 짤 때 필(fill) 방향보다 워프 방향에 더 많은 실을 사용한다. 이것이 워프 방향이 필 방향보다 더 강하게 하는 결과를 준다. 워프 방향이 복합소재를 가공하거나 수리할 때 중요하며 다른 종류의 실을 일정한 간격으로 넣어서 구별한다.

(b) 웨프트(weft/fill)

웨프트의 실들은 워프 화이버에 수직으로 지난다. 이것들을 90'로 나타낸다. 웨프트(weft) 혹은 필(fill) 실들은 워프 실들과 교차하여 엮어진다.

(c) 셀비지 엣지(selvage edge)

단단히 짜여진 끝에서 풀림을 방지하기 위한 끝을 말한다. 이것은 워프 방향과 나란하다. 셀비지 엣지(selvage edge)는 짜임새가 직물의 몸체와는 달리 직물과 같은 강도가 없으므로 제작이나 수리를 할 때는 제거해야 한다.

(d) 바이어스(bias)

바이어스는 워프 실과 45° 각도를 이룬다. 직물은 바이어스를 이용해서 곡면을 형성할 수 있다. 직물은 가끔 잡아서 늘릴 수가 있는데 이때는 워프나 웨프트가 아니고 바이어스의 방향이다.

(3) 밀봉용 자재(bagging material)

(a) 진공 포트 어셈블리(vacuum pot assembly)

진공 소스와 연결하여 밀폐된 진공 백에서 공기를 배출하는 수단을 제공한다.

(b) 밀봉(bagging)

수리 부위를 진공상태로 유지하기 위하여 고밀도 플라스틱 필름과 씰링 테이프를 이용하여 공간을 밀폐하는 작업을 말한다.

(c) 진공 백 실링 테이프(vacuum bag sealing tape)

진공 공간을 만들기 위하여 가장자리를 접착하는 테이프를 말한다.

(d) 천공 비닐(perforated parting film)

작업공정 중 진공상태에서 공기와 휘발성 물질을 외부로 배출할 수 있도록 구멍이 촘촘히 뚫린 비닐을 말한다.

(e) 아말론(armalon)

폴리테트라플루오로에틸렌(ptfe)에 유리섬유를 피복한 것으로 진공 백에 수지의 접착을 방지하기 위해 사용하는 것으로 다공성 아말론(armalon)과 비다공성 아말론이 있다.

(f) 브리더 클로스(breather cloth)

브리더 클로스는 직물 또는 부직포 매트로서, 다공성 재료이고 수리 부위의 공기가 배출되는 통로를 제공하며, 잉여 배출되는 레진으로 인한 진공 포트, 진공 호스, 밸브 막힘을 방지하기 위해 사용한다.

(g) 코울 플레이트(caul plate)

부드러운 금속 또는 복합플레이트로 경화 공정 도중 압력을 전달하고 적층에 매끄러운 표면을 제공하는 데 사용되는 보강판이다.

(4) 적층 구조재에 구멍을 뚫거나 자를 때 적합한 보안경과 필터가 장치된 마스크를 착용한다. 복합 재료에서 나온 먼지들은 폐나 피부로 침투하여 인체가 상해를 입힐 수 있다.

C. 자료 · 재료

(1) 복합소재 허니콤 샌드위치 구조물 부품

(2) 레진, two part epoxy paste adhesive/resin

(3) 세척제-알코올(alcohol), MEK, 아세톤

D. 기기(공구 · 장비)

(1) 적층 구조재 수리 장비, 재료

(a) Hot bonder HEATCON(상품명)

(b) Heat blanket HEATCON(상품명)

(2) 보호장구

(a) 보호 안경,

(b) 보호 마스크

(c) 보호 복장

E. 학습

복합소재 구조물 수리 방법에 대해 학습하여 익힌다.

(1) 손상 부위 검사

(a) 내부의 흠이나 층의 분리와 같은 결함이 예상되는 곳을 검사한다.

(b) 층의 분리가 예상되는 곳은 bonding line을 따라 탭 해머로 가볍게 두드리며 검사한다. 경쾌하고 견고한 소리는 양호한 상태를 나타내고 둔탁한 소리는 접착 부분이 분리된 것임을 알 수 있다.

(c) 육안으로 발견되는 손상 부위 주변을 동전으로 두드려서 눈으로 볼 수 없는 층의 분리 등

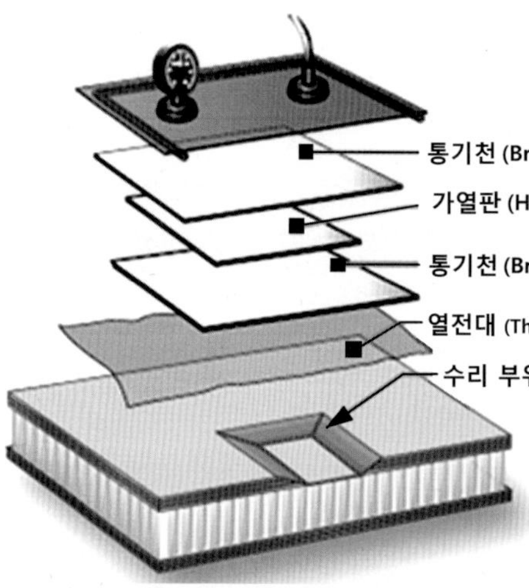

▲ 그림 1.22 수분 건조, 진공백 방법

▲ 그림 1.23 수리부위 연마

을 찾아 검사한다. 소리 차이 부위를 주의하여 검사한다.

(2) 손상 부위의 수분 제거

수리하기 전에 손상 부위의 수분을 완전히 제거해야 한다(그림 1.23).

(a) 모재의 적층 구조 부분의 손상 부위를 제거한다.

(b) 손상 부위의 중심 부분에 열전쌍(thermocouple)을 배치한다.

(c) 수분을 제거할 부위에 브리더 클로스(breeder cloth)를 얹고 테이프를 이용하여 고정한다.

(d) 브리더 클로스 하부에 진공 게이지 고정부를 놓는다.

(e) 수리 부품의 손상된 쪽에 열전쌍과 브리더 클로스를 놓고 그 위에 발열 담요를 놓는다.

(f) 브리더 클로스 위에 진공 게이지 고정부에 테이프로 접착한다.

(g) 수리 부품의 손상된 부분 주위에 실링 컴파운드를 사용하여 진공 백을 부착한다.

(h) 진공 백을 통과하여, 진공 게이지 고정부에 진공 게이지를 연결한다.

(i) 진공 호스를 연결하여 진공 게이지에 최소 22inHg가 되도록 진공을 가한다.

(j) 가열 접착 장비(hot bonder)를 가동한다.

(k) 250℉(121℃) 본딩(bonding)으로 제작된 부품은 180°~200°F(82°~93°C)가 될 수 있도록 분당 1~5℉(0.5~3℃)씩 온도를 올려주며 24시간 유지한다.

(l) 350℉(177℃) 본딩으로 제작된 부품은 240°~260F(115°~127°C)에 이르도록 분당 1~5℉(0.5~3℃)씩 온도를 올려주며 24시간 유지한다.

(m) 적정온도로 유지하여 건조 및 경화가 완료되면 분당 5℉(3℃)로 온도를 내린다.

(n) 진공 백, 열전쌍, 발열 담요, 브리더 클로스를 제거한다.

(3) 손상 부위 제거

(a) 모서리를 둥글게 하거나 원형 또는 타원형 형태로 외판을 매끄럽게 잘라서 떼어낸다.

(b) 손상되지 않은 층, 코어, 또는 주위의 구성품을 필요 이상으로 떼어내지 않도록 주의한다.

(4) 손상 부위 준비 작업

(a) 손상 부위를 유연한 디스크형 연마기 또는 패드형 연마기를 사용하여 1:40 기울기로 연마한다(그림 1.23, 1.24).

(b) 건조한 압축공기와 진공청소기 등을 사용하여 모든 연마 분진을 제거한다.

(c) 인가된 용제로 적신 깨끗한 직물 걸레로 수리할 부위를 깨끗이 세척한다.

(5) 적층 자재 준비 작업(그림 1.25)

(a) 투명한 필름을 수리 부품의 수리를 위한 연마 부위에 알맞게 붙인다.

(b) 수리 부품의 샌딩 부분에 투명 비닐 필름을 놓고 수리할 부분의 각 겹(ply)의 외각선 모양을 필름 위에 매직펜으로 표시한다.

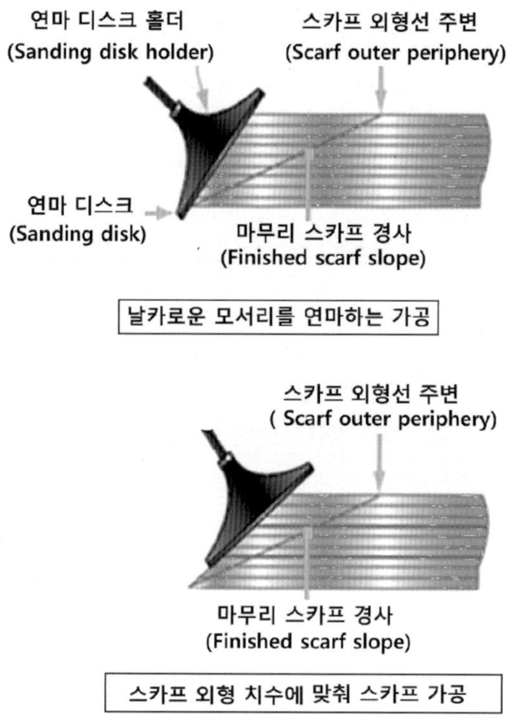

▲ 그림 1.24 수리부위 스카프 연마

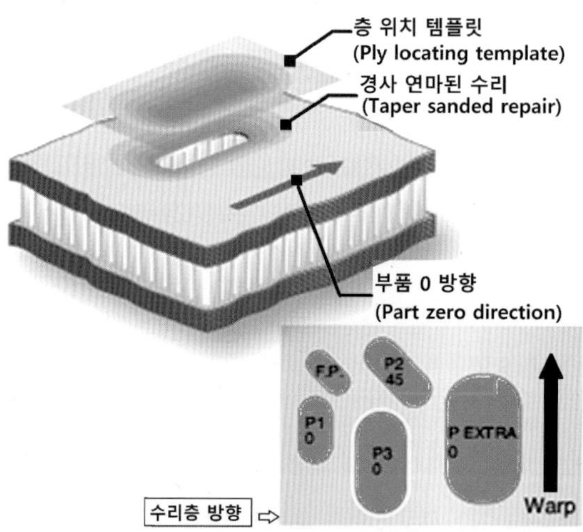

▲ 그림 1.25 적층 수리 기법

(c) 수리할 부품의 직물의 각 겹을 길이 방향(warp direction)을 따라 투명한 필름에 그리고 각 겹 위에 식별 표식을 한다.

(d) 테이블 위에 투명한 필름을 한 장 깔고 그 위에 직물을 얹는다. 변두리는 테이프로 고정

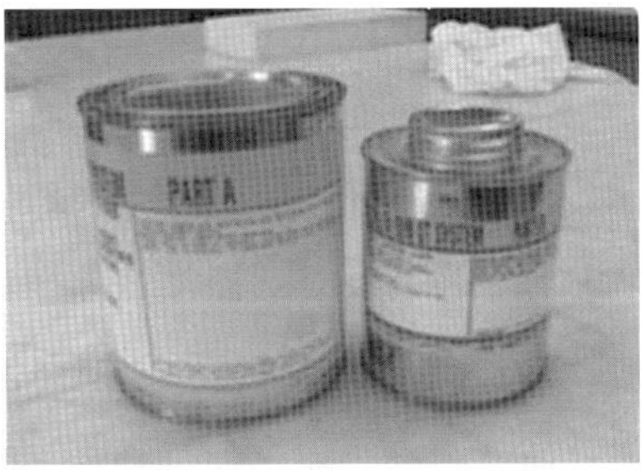

▲ 그림 1.26 투파트 에폭시 레진

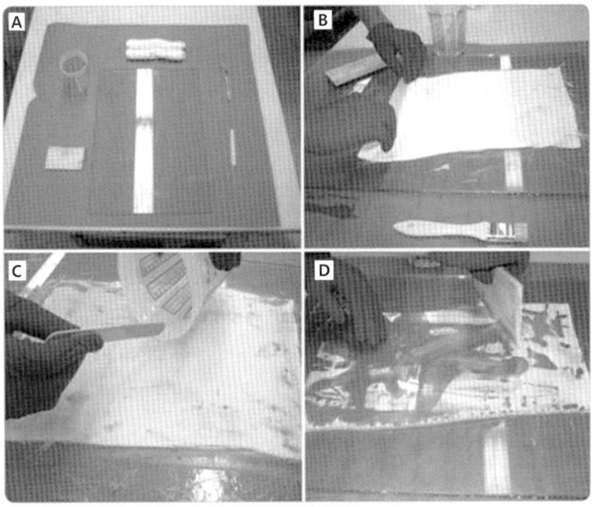

▲ 그림 1.27 천에 접착제 침투 방법

한다.

(e) 혼합한 수지와 직물의 혼합비는, 탄소섬유는 1:1.3, 유리섬유는 1:1 무게 비율로 한다(그림 1.26).

(f) 혼합한 수지를 직물 위에 도포한다.

(g) 투명 필름에 직물의 길이 방향(warp direction)과 모재의 샌딩 부분의 각 겹을 표시한 필름을 얹고 필름 변두리를 테이프로 고정한다.

(h) 수지가 직물에 고루 분포되도록 고무 롤러 또는 스퀴저(squeezer)를 사용하여 펼쳐 준다(그림 1.27).

① A 상온 적층 재료

② B 천의 배치

③ C 천에 접착제 침투

④ D 스퀴저를 사용하여 접착제가 충분히 침투하도록 한다.

(i) 직물의 길이 방향과 필름에 미리 그려 놓은 방향을 일치시켜 직물을 절단한다.

(j) 가장 작은 수지 침투 직물에서 방향 표시가 없는 필름을 떼어낸다.

(k) 모재의 직물의 방향을 고려하여 수리 부위에 수지 침투 직물을 얹는다.

(l) 수리 부위에 얹은 수지 침투 직물의 필름을 제거한다.

(m) 같은 방법으로 수지 침투 직물을 얹는다.

(6) 진공 백(vacuum bag)과 경화 공정(그림 1.28)

(a) 수지 침투 직물보다 최소 6in. 이상 크게 진공 백 필름을 준비한다.

(b) 천공 비닐은 수리 부위의 크기보다 각 변에서 1in. 크게 한다.

(c) 수리 부분의 가장자리에 열전쌍(thermocouple)을 놓는다.

(d) 잉여의 레진이 흡수될 수 있도록 브리더 클로스를 천공된 이형 필름보다 각 변에서 2in. 크게 한다.

(e) 브리더 클로스 위에 구멍이 뚫린 이형 필름과 같은 크기로 구멍이 안 뚫린 이형 필름(solid parting film)을 놓는다.

(f) 발열 담요 위에 열전쌍을 올려놓는다.

(g) 브리더 클로스를 올린다.

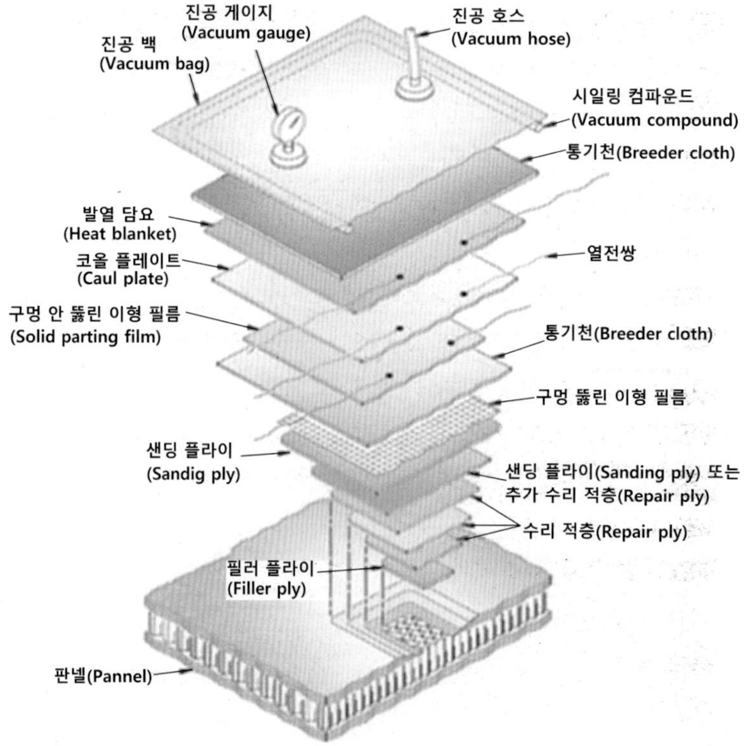

▲ 그림 1.28 경화 작업 공정

(h) 고정부에 테이프를 사용하여 브리더 클로스 위에 진공 게이지를 고정한다.

(i) 진공 백 비닐을 실링 컴파운드를 사용하여 부착한다.

(j) 진공 호스를 연결하여 진공을 공급하고 누설되는 곳이 없는지 확인한다.

(k) 22inHg로 진공을 가한다.

(l) 가열 접착 장비(hot bonder)를 세팅하여 가동한다(그림 1.29).

(7) 발열 담요(heat blanket)를 이용한 경화 작업(그림 1.30)

(a) 열전쌍, 발열 담요 설치 상태를 확인한다.

(b) 가열 접착 장비(hot bonder)를 이용하여 온도와 시간을 세팅한다.

(c) 경화 온도에 이를 때까지 분당 상승 온도를 1~3℉(0.5~2℃)로 유지한다.

(d) 50℉±10℉(66℃±6℃)에서 180~210분 동안 유지한다.

(e) 경화가 끝나면 하강 온도를 분당 5℉(3℃)로 유지한다.

(f) 온도가 125℉(52℃) 이하로 떨어질 때 진공을 제거한다.

(g) 가열 접착 장비를 제거한다.

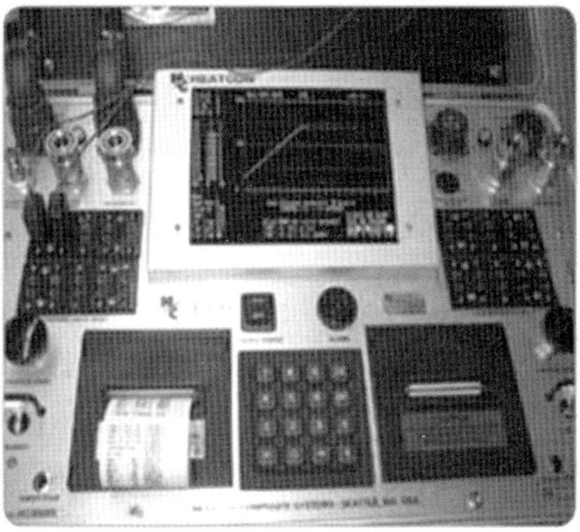

▲ 그림 1.29 Hot bonder

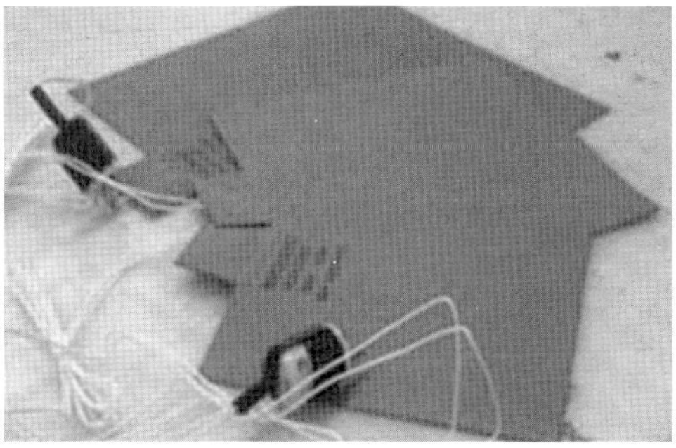

▲ 그림 1.30 Heat blanket

(8) 경화가 정상적으로 이루어졌는지 검사한다.

(a) 경화가 끝나면 압착 재료를 제거하고 수리 부위를 검사한다.
수리 부위에 패인 자국, 수포 현상, 과도하거나 결핍 상태의 접착 부위가 없어야 한다.

(b) 수리 부위의 섬유가 손상되지 않도록 마무리 상태를 매끄럽게 만들기 위해 수리 시 부착된 패치를 가볍게 연마한다.

(c) 수리 부위 표면에 페인트 작업을 수행하고, 번개 손상 방지를 위한 전류 방전용 도료를 칠한다.

(d) 육안검사 또는 소리 탐지 검사로 수리 완료 검사를 수행한다.

2. 용접

2.1. 가스 용접(Gas Welding)

A. 실습 개요

(1) 가스 용접에 대해 학습한다.

B. 관련 지식

(1) 전통적으로 용접은 공작물이 하나가 될 때까지 공작물 조각을 용해하거나 해머로 치는 작업에 의해 금속을 접합시키는 공정으로 정의한다.

(2) 용접의 일반적 유형은 가스 용접(gas welding), 전기 아크 용접(electric arc welding), 전기 저항 용접(electric resistance welding), 브레이징(Brazing)이다. 각 유형의 용접은 각각 차이가 있으며, 그중 일부는 항공기 조립에 사용된다. 스폿 용접은 전기 저항 용접의 일종이다.

(3) 가스 용접은 금속 부품의 끝단 또는 가장자리를 고온의 화염으로 융해된 상태로 가열하여 이루어진다. 아세틸렌을 태우고 그것을 순 산소와 혼합시키는 토치로 약 6,300℉ 온도의 산소·아세틸렌 화염(oxyacetylene flame)을 만든다.

C. 자료·재료

(1) 탄소강 강재 50 × 100 × 8mm

(2) 탄소강 용가재(filler rod)

D. 기기(공구·장비)

(1) 산소 용접 설비

(2) 보호 장갑

(3) 보호 안경

E. 학습

철 금속의 산소 아세틸렌 용접에 대해 학습하여 익힌다.

(1) 산소 아세틸렌 용접

(a) 기본 장비의 기능을 익힌다.

- 아세틸렌 실린더
- 산소 실린더
- 아세틸렌 압력 조정기

- 산소 압력 조절기
- 용접 호스
- 체크 밸브(check valve)
- 역 화염 막이(flash back arrestor)
- 토치(torch)
- 토치 팁(torch tip)
- 용접 안경(welding eyewear)
- 토치 라이터(torch lighter)

(b) 장비 설치

- 가스 실린더(gas cylinder)(그림 2.1)

  모든 실린더, 특히 아세틸렌 실린더는 액체 아세톤으로 적신 흡인성 물질을 함유하고 있으므로 수직 상태로 저장 하고 이동시켜야 한다. 실린더가 옆으로 뉘어 있으면 아세톤이 들어가서 조정기, 호스 그리고 토치를 오염시키고, 가스 결핍이 생기면 시스템에서 그로 인한 역 화염을 초래할 수 있다. 아세틸렌 실린더를 일정 기간 옆으로 눕혀 놓아야 하며 사용하기 전, 눕혀 둔 기간의 적어도 2배 이상 수직 상태로 저장해야 한다. 가스 실린더는 고정 위치 또는 적당한 이동 카트 내에서 체인으로 고정한다. 실린더를 주입할 때 이외에는 보호 캡을 씌워 두어야 한다.

- 조정기(regulator)(그림 2.2, 2.3)

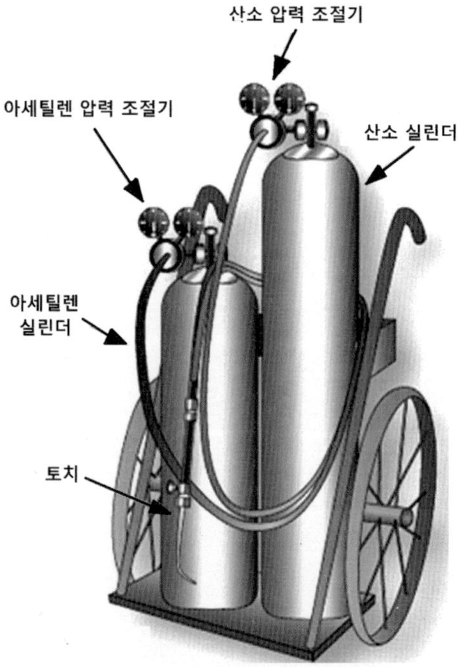

▲ **그림 2.1** 이동식 산소-아세틸렌 용접기

▲ 그림 2.2 1단 아세틸렌 조절기

▲ 그림 2.3 2단 산소 조절기

가스 실린더에 조정기를 장착하기 전에 배출구 안에 들어 있는 이 물질을 순간적으로 내보내기 위해 실린더 차단 밸브를 연다. 밸브를 닫고 깨끗하고 기름기가 없는 천으로 연결구를 닦아준다. 아세틸렌 실린더에 아세틸렌 압력 조정기를 연결하고 왼나사를 조인다. 산소 실린더에 산소압 조정기를 연결하고 오른나사를 조인다. 연결 부품은 황동이고 누설을 방지하기 위해서는 많은 회전이 필요하지 않다. 이때 각각의 압력 조정기의 조절 스크루가 자유롭게 돌아갈 때까지 반시계 방향으로 돌려가며 확인한다.

• 호스(hose)(그림 2.1, 2.5)

아세틸렌 압력 조정기에 왼나사로 되어있는 적색 호스를 연결하고 산소압 조정기에 오른나사로 되어있는 녹색 호스를 연결한다. 역 화염 막이는 조정기와 호스 사이에 위치한다. 부품은 황동으로 되어 있고 쉽게 손상되기 때문에 누설을 방지할 만큼만 조인다. 체크 밸브는 가스의 역류를 막으며 조정기와 호스 또는 호스와 토치 사이에 따로따로 장착할 수 있다(그림 2.4).

▲ 그림 2.4 체크밸브

▲ 그림 2.5 역 화염 막이

▲ 그림 2.6 용접 보호 안경

게이지의 표면으로부터 옆쪽으로 떨어져 서서 산소 실린더 밸브를 매우 천천히 열어준다. 그리고 탱크에 내용물을 점검하기 위해 실린더 게이지를 읽는다. 산소 실린더 차단 밸브는 이중 시트 밸브를 갖추고 있으며 밸브를 안착시키고 누설을 방지하기 위해 스톱 앞까지 완전하게 열어야 한다. 아세틸렌 실린더 차단 밸브는 조정기에서 실린더 압력을 읽을 수 있을 정도로 천천히 열어야 한다. 그 뒤 1/2 회전을 더 돌려준다. 이것은 필요한 경우 즉시 차단할 수 있게 한다.

- 왼나사 연결구 나사로 토치의 적색 호스를 왼나사 부품에 연결한다. 오른나사 연결구 나사로 토치의 녹색 호스를 오른나사 부품에 연결한다. 토치 손잡이에 밸브를 닫고 모든 연결 부위에 대해 누설을 점검한다.
- 팁 크기 선택

용접과 절단 팁의 크기는 숫자로 구분된다. 더 높은 숫자일수록 팁에 구멍이 더 커지게 되어 금속을 더 가열하고 더 두꺼운 금속의 절단이 가능하다. 다음은 과열과 역 화염에 대한 경계를 위해 권고하는 절차이다.

① 금속의 두께에 근거하여 팁 크기에 대한 제작사의 권고 사항을 참고한다.

② 사용하는 팁 크기에 대해 권고하는 가스 압력을 설정한다.

③ 각각의 팁 크기에 대해 권고하는 정확한 용량의 가스를 공급한다.

④ 다수의 연결이 있거나 직경이 너무 작아서 가스의 흐름을 제한하는 과도하게 긴 호스를 사용하지 않는다.

(c) 가스 용접하기: 탄소강 자재를 사용하여 맞대기 이음 용접한다(그림 2.9).

- 토치 라이팅과 조정(그림 2.7)

아세틸렌과 산소에 대해 설정한 적절한 동작 압력으로 아세틸렌 밸브를 1/4~1/2 만큼 돌려서 연다.

토치는 몸에서 먼 쪽으로 향하게 하고 토치 라이터로 아세틸렌 가스를 점화시킨다. 화염에서 검은 그을음의 연기가 사라질 때까지 아세틸렌 밸브를 연다. 순수 아세틸렌 화염은 길게 여러 갈래로 퍼지며 노르스름한 색채를 띤다. 토치 산소 밸브를 천천히 열면 화염이 짧아지고 푸르스름한 흰색으로 변한다. 이 짧고 푸른 빛을 띤 흰색 화염은 외염 가스체에 의해 둘러싸여 밝고 빛을 발하는 염심(inner cone)을 형성한다. 이것이 탄화

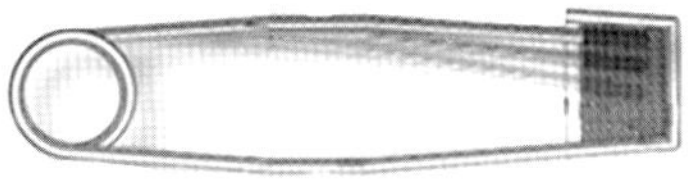

▲ 그림 2.7 토치 라이터

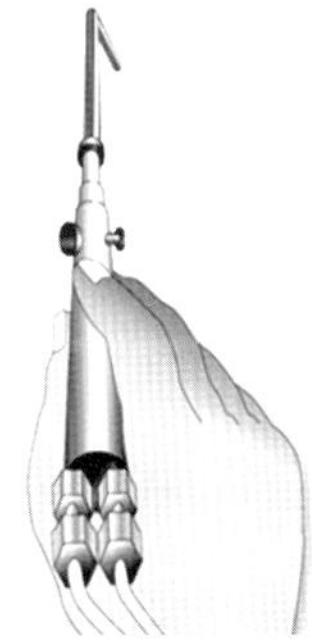

▲ 그림 2.8 가스 용접 손 위치

화염 또는 산화 화염 혼합물을 생성하기 전에 생성돼야 하는 중성 화염이다.

(d) 토치를 잡을 때는 팁이 용접하는 접합 부분과 일직선이 되도록 가장 편안한 자세로 잡고 직각에서 30°와 60° 사이로 기울인다. 이 자세는 용융물의 바로 앞에서 가장자리를 예열한다(그림 2.8).

(e) 토치 화염을 용접이 진행되는 방향으로 향하게 하여 용접할 수 있다. 이것을 전진 용접이라고 하며 얇은 배관이나 판금에 가장 흔하게 쓰이는 방법이다.

(f) 용접이 진행되고 용융물에 부착되는 방향으로 팁의 바로 앞에 용가재(filler rod)가 위치하며 유지한다.

(g) 용융물(puddle)

올바른 자세로 토치를 잡으면 용융 금속의 조그마한 웅덩이가 형성된다. 용융물 웅덩이는 접합부 중심에 있어야 하고 용접되고 있는 양쪽이 동일한 부분으로 구성되어 있어야 한다. 웅덩이가 생긴 후, 양쪽 금속 부분에 열을 균일하게 분포하기 위해 팁 반원 또는 원을 그리는 동작을 하며 이동한다.

(h) 용융물 웅덩이에 용가봉 접촉 금속이 녹고 용융물 웅덩이가 형성되었을 때 접합부 주위에서 흘러나가는 금속을 대체하기 위해 용가봉이 필요하다. 봉은 완료된 필릿(fillet) 이 모재 두께의 약 1/4 정도 쌓이도록 제공되는 양으로 용융물 웅덩이를 추가한다. 용가봉의 재료는 용접되는 모재와 일치하는 것이어야 한다.

(i) 가스 용접 장비의 차단

- 먼저 토치의 아세틸렌 밸브를 닫아서 화염을 끈다. 이 과정은 신속하게 화염을 차단한다.
- 그다음 토치 손잡이에 산소 밸브를 닫는다. 절단 토치에 산소 밸브가 있으면 역시 닫는다.
- 환기가 잘되는 지역에서 외부 대기로 가스가 배출되도록 토치에 아세틸렌 밸브를 연다. 그다음에 밸브를 닫는다.
- 가스가 배출되도록 토치에 산소 밸브를 연다. 그다음에 밸브를 닫는다.
- 풀어질 때까지 반시계 방향으로 조절 스크루를 뒤쪽으로 빼내어 아세틸렌과 산소 조정기 모두를 닫는다.

• 비틀림을 방지하기 위해 호스를 조심스럽게 감아준다. 그리고 토치 팁의 손상을 방지하도록 보관한다.

(j) 완성된 용접부는 다음과 같은 특성이 있어야 한다(그림 2.9, 2.10).

• 이음매는 매끈하고 비드 리플(bead ripple)의 간격이 같아야 하며 두께가 일정해야 한다.
• 용접부는 위쪽으로 쌓여 올라와서 살짝 볼록해서 접합부에 여분의 두께를 갖게 해야 한다.
• 용접부는 매끈하게 끝이 가늘어져서 모재 속으로 들어가야 한다.
• 용접부에 가까운 모재에 산화물이 형성되어서는 안 된다.
• 용접부는 기포 또는 튀어나온 소구체 등이 나타나면 안 된다.
• 모재가 탔거나, 움푹 들어갔거나, 균열이 생기거나 변형이 생겨서는 안 된다.

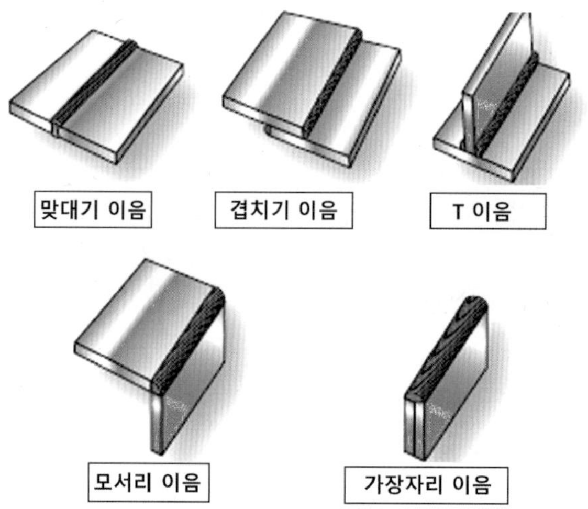

▲ 그림 2.9 기본적 이음

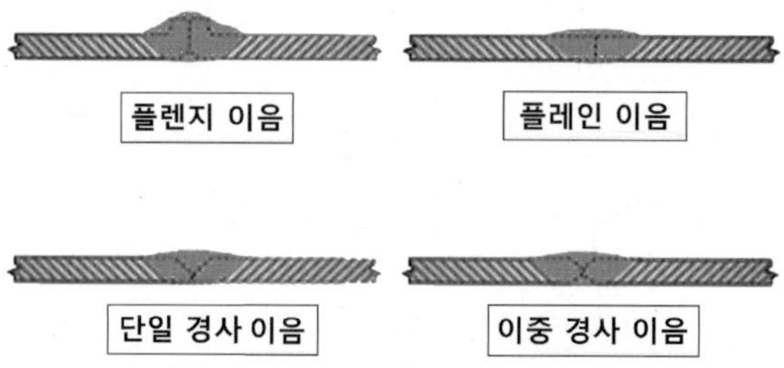

▲ 그림 2.10 맞대기 이음

2.2. 전기 아크 용접(Electric Arc Welding)

A. 실습 개요

(1) 전기 아크 용접에 대해 학습한다.

B. 관련 지식

(1) 전기 아크 용접은 항공기의 제작과 수리에 광범위하게 사용된다. 적절한 공정과 방법이 사용된다면 용접이 가능한 모든 금속의 접합에 사용된다.

C. 자료 · 재료

(1) 탄소 강판 50 × 100 × 5t 2매

(2) 탄소강 용가재(filler rod)

D. 기기(공구 · 장비)

(1) 아크 용접 설비

(2) 보호 장갑

(3) 아크 용접 헬멧

(4) 작업화(목이 긴 가죽제품)

E. 학습

철 금속의 전기 아크 용접에 대해 학습하여 익힌다.

(1) 전기 아크 용접

(a) 아크 용접 준비

용접기가 적절하게 연결되어 있고 정확하게 작동되는지 확인한다. 접지가 제대로 되어 있는지 확인한다. 접지가 제대로 되어있지 않으면 아크가 동요해서 조절하기가 어렵다.

(b) 차폐 전극을 사용할 때 전극의 노출된 끝단은 jaw와 90° 각도로 전극 고정구 사이에 고정되어야 한다. 다양한 용접 위치가 요구될 때는 일부 고정구는 45° 각도로 삽입할 수 있다.

(c) 용접을 시작하기 전에 다음과 같은 일반적인 항목들을 점검한다.

- 용접 헬멧, 용접 장갑, 보호복, 그리고 신발류를 포함하여 사용되는 개인 안전장비가 적절하며, 충분히 환기되는 지역이 아니라면 적절한 호흡 장치가 있는지 확인한다.
- 모든 접지가 공작물에 제대로 만들어져 있고 접지는 전류를 잘 통하는지 확인한다.
- 작업을 위해서 적당한 유형과 크기의 전극이 선택되었는지 점검한다
- 기계의 전극은 고정기 안에 제대로 고정되어 있는지 점검한다. 상태가 양호한 충분한 보호복의 구비 여부를 확인한다. 기계의 극성이 전극의 극성과 일치 여부를 확인한다. 기계가 정상적으로 작동하고 아크를 일으키는 데 필요한 전류를 내도록 기계가 조절되

는지 확인한다.

(d) 용접 아크의 생성

용접 아크는 전극으로 모재판, 즉 용접할 부분을 건드리고 즉시 그것을 짧은 거리만큼 뒤로 물려서 생성한다. 전극이 판에 닿는 순간 접촉점을 통해서 전류가 흐른다. 전극을 뒤로 물릴 때 전기 아크가 생성되어서 판 위의 1개 스팟과 전극의 끝단에서 녹는다.

(e) 아크를 일으키는 두 가지 방법(그림 2.12, 2.13)

• 접촉 또는 두드리는 방법

이 방법을 사용할 때 전극을 수직 위치로 두고 아크를 일으키는 지점에서 1in. 정도 위

▲ 그림 2.11 전극의 각도

▲ 그림 2.12 아크 시작 토치 방법

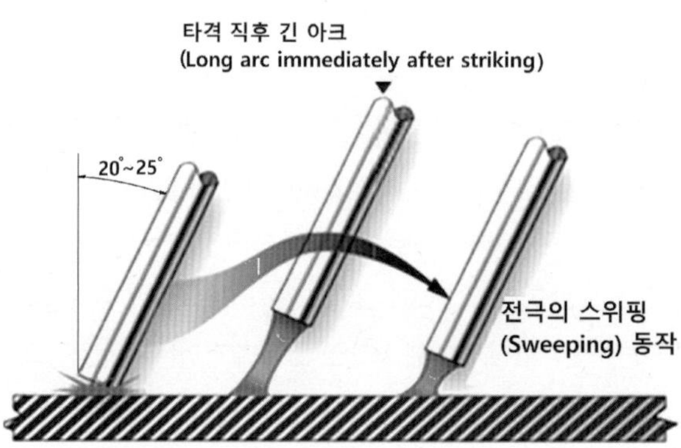

▲ 그림 2.13 아크 시작 스크래치 스위핑 방법

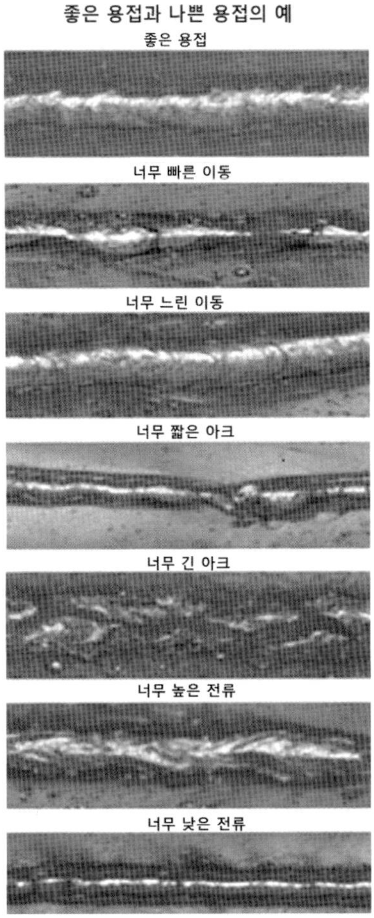

▲ **그림 2.14** 양호한 스틱 용접과 불량 스틱 용

에 이르게 될 때까지 전극을 낮춘다. 그다음 전극을 공작물 조각에 부드럽게 대었다가 즉시 떼어서 약 1/4in. 길이의 아크를 생성한다.

- 긁거나 쓸어내리는 방법(그림 2.11)

  아크를 일으키기 위해서 전극을 20°에서 25°의 각도로 판의 바로 위쪽에 위치하게 될 때까지 아래쪽으로 내린다. 손목의 동작으로 전극을 용접할 판에 대고 신속하게 스치는 식으로 긁어서 부드럽게 아크를 일으켜야 한다. 그리고 아크를 생성하기 위해서 전극을 즉시 들어 올린다.

(f) 평판 위에서 좋은 용접부 비드는 다음과 같은 특성이 있어야 한다(그림 2.14).

- 판의 표면에서 튀기는 것이 매우 적거나 없다.
- 아크가 부서졌을 때 비드에 약 1/16in.의 아크 흔적이 있다.
- 비드는 상단 면에서 중복된 금속 없이 약간만 형성되어야 한다.
- 비드는 모재 안으로 약 1/16in. 정도 충분히 침투되어 있다.

2.3. 스팟 용접(Spot Welding)

A. 실습 개요

(1) 스팟 용접에 대해 학습한다.

B. 관련 지식

(1) 스팟 용접(spot welding)은 전기 저항 용접의 일종으로 다양한 판금 제품을 용접할 수 있으며, 접촉 금속 표면 지점이 전류에 대한 저항으로부터 얻은 열에 의해 접합된다.

(2) 스팟 용접은 두 개의 구리 합금 전극을 사용하여 전류를 작은 점에 집중시키고 동시에 판금을 고착한다. 공작물은 전극에 의해 가해지는 압력에 의해 함께 고정된다. 일반적으로 판재의 두께는 0.5~3mm(0.020~0.118inch) 범위이다.

C. 자료·재료

(1) 탄소강 강판 100 × 100 × 2T mm 2개

D. 기기(공구·장비)

(1) 스팟 용접 설비

(2) 보호 장갑

(3) 보호 복장

(4) 보안경

E. 학습

철 금속의 스팟 용접에 대해 학습하여 익힌다.

(1) 스팟 용접(그림 2.15, 2.16)

(a) 스팟 용접 준비

- 보호 복장, 보안경, 보호 장갑 등 보호 장구를 착용한다.
- 용접기가 전원과 적절하게 연결되어있고 정확한 작동을 확인한다.
- 접지가 제대로 되어있는지 확인한다.

(b) 스팟 용접을 해본다.

- 강판에 용접할 지점을 표시한다.
- 탄소강 강판 2개를 겹쳐 잡고 용접 지점을 아래쪽 전극봉 위에 맞춰 놓는다.
- 페달을 순간적으로 밟았다 떼면서 용접을 마친다.

▲ 그림 2.15 스팟 용접기

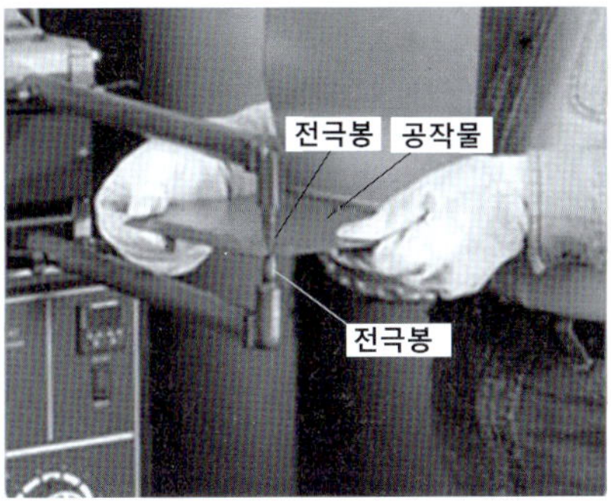

▲ 그림 2.16 얇은 판재 스팟 용접

2.4. 브레이징(Brazing)

A. 실습 개요

(1) 금속이 브레이징(brazing)에 대해 학습한다.

B. 관련 지식

(1) 브레이징은 경납땜이라고도 한다.

(2) 브레이징이란 금속재료나 비철 금속재료의 접합방법의 하나로서 모재를 450℃ 이상 가열하되 모재의 용융점 이하에서 접합부를 가열하여 모재는 녹이지 않고 용가재만 녹여 다른 모재를 접합하는 기술이다.

C. 자료 · 재료

(1) 모재 A. SM400 사각 철봉 20 × 7 × 60mm 1개

(2) 모재 B. SM400 사각 철봉 15 × 5 × 10mm 1개

(3) 용가재. 동 및 동합금

(4) 용매. 붕소 또는 붕소 화합물

D. 기기(공구 · 장비)

(1) 산소 아세틸렌 용접설비 일체

(2) 보호 장갑

(3) 보호 복장

(4) 보안경

(5) 와이어 브러시

E. 학습

(1) 금속의 국소가열 브레이징 방법에 대해 학습하여 익힌다(그림 2.17, 2.18).

(a) 브레이징 준비: 보호 복장, 보안경, 보호 장갑 등 보호 장구를 착용한다.

(b) 산소 아세틸렌 용접설비를 준비하고 접합할 모재 A와 모재 B를 그림과 같이 배치한다.

(c) 모재는 용가재가 녹아 흐르는 온도에 도달할 때까지 중성의 부드러운 불꽃으로 천천히 예열한다.

(d) 용매가 미리 코팅되지 않은 용접봉을 사용할 때는 진홍색의 토치로 봉 끝단의 약 2in.를 가열하고 용매 안에 살짝 담근다.

(e) 빨갛게 달아오른 모재 A와 모재 B에 용매 피복 봉을 가해주면 황동이 모재 안으로 자연스럽게 흘러간다. 용가봉을 용해시키기 위해서는 모재를 토치로 계속 열을 유지 시킨다. 봉을 토치로 용해시키지는 않는다.

(f) 용가봉은 빨갛게 달아오른 모재에 접근할 때 용해되어 모세관 작용에 의해 접합부 안으

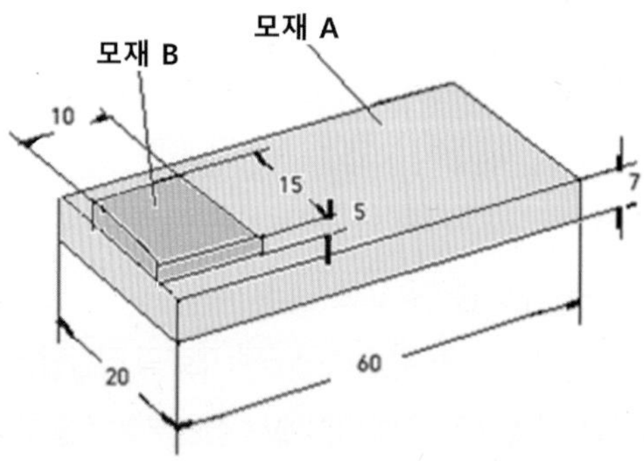

▲ 그림 2.17 브레이징 작업 모재 배치

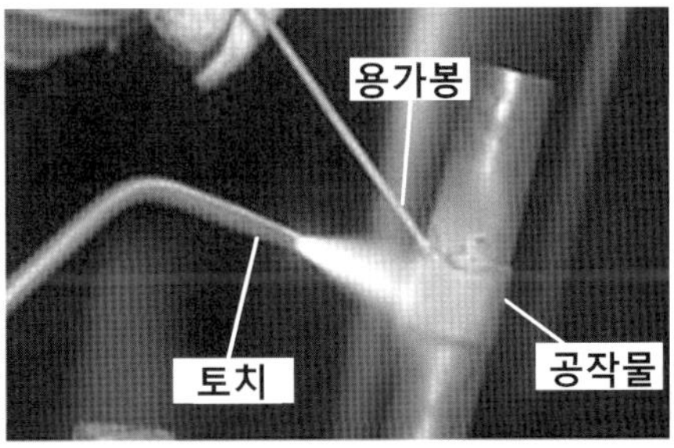

▲ 그림 2.18 국소 가열 브레이징(부록 참조)

로 빨려 들어간다.

(g) 브레이징을 진행하는 동안 용가봉을 계속 첨가하고 비드가 동일한 깊이와 높이로 만들어지도록 봉을 일정 간격으로 살짝 담그고 꺼내는 동작을 지속한다. 최대한 봉과 토치의 접촉하는 횟수를 적게 하여 작업을 신속하게 끝낸다.

(h) 브레이징이 완료된 후에 어셈블리 또는 구성품을 세척해야 한다. 대부분 브레이징 용매는 수용성이기 때문에 50℃ 이상의 뜨거운 물에 헹구고 와이어 브러시로 닦아내면 용매가 제거된다.

3. 항공기 연료 계통(Aircraft Fuel System)

3.1. 연료 탱크 섬프 드레인(Fuel Tank Sump Drain)

A. 실습 개요

(1) 연료 탱크의 섬프 드레인(fuel tank sump drain)방법에 대해 학습한다.

B. 관련 지식

(1) 연료 탱크의 밑면에 침전된 오염물질과 수분이 모이는 부분을 섬프(sump)라 하며 섬프는 불순물 및 물을 배출하기 위한 드레인 밸브(drain valve)를 갖추고 있다.

(2) 드레인 밸브를 통하여 수분 및 불순물을 제거하는 작업을 섬프 드레인이라 한다.

C. 자료 · 재료

(1) 항공기

D. 기기(공구 · 장비)

(1) 섬프 드레인 장비

E. 학습

(1) 연료 탱크의 섬프 드레인 작업 방법에 대해 학습하여 익힌다.

(a) 연료 탱크 하부의 섬프 드레인 밸브에 섬프 드레인 장비를 밀어 넣어 연료와 수분, 불순물을 받아낸다(그림 3.1).

(b) 모든 드레인 밸브마다 검사하여 수분 및 불순물을 배출한다.

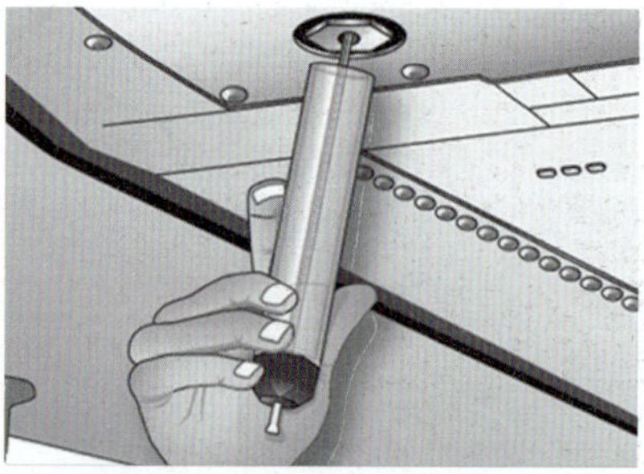

▲ 그림 3.1 연료 탱크의 섬프 드레인(Fuel tank sump drain)

3.2. 퓨얼 스트레이너 서비싱(Fuel Strainer Servicing)

A. 실습 개요

(1) 퓨얼 스트레이너(fuel strainer) 서비싱 방법에 대해 학습한다.

B. 관련 지식

(1) 연료 계통을 분리하고 연결할 때마다 퓨얼 부스트 펌프(fuel boost pump)를 사용하여 서보(servo)와 플로우 디바이더(flow divider) 입구에서 연료 0.5갤런으로 시스템을 불어(flush)낸다.

(2) 퓨얼 인젝션(fuel injection) 계통에 대한 작업을 수행할 때는 모든 부품을 청결하게 유지하고 오염이 되지 않게 한다.

C. 자료 · 재료

(1) O 링(O-ring)

(2) 개스킷

(3) 이소프로필 알콜

(4) Dow Corning 4 Silicon 그리스

D. 기기(공구 · 장비)

(1) C-172 항공기

(2) 플러그(plug) 및 캐핑(capping)

E. 학습

연료계통 스트레이너의 분해 및 세척, 조립 작업에 대해 학습하여 익힌다.

(1) 스트레이너의 분해 및 세척, 조립 작업(그림 3.2)

(a) 퓨얼 셀렉터 밸브(fuel selector valve) 스위치를 off 위치로 놓는다.

(b) 탑 어셈블리(top assembly)가 정확하게 장착되었는지 확인한다. top point의 화살표가 연료가 엔진으로 흐르는 방향으로 지시하게 장착되었다면 정확하게 장착한 것이다.

(c) 필터 보울(filter bowl) 하부에서 안전결선을 절단하고 너트, 와셔를 장탈한다.

(d) 보울을 장탈한다.

(e) 스탠드 파이프(stand pipe)를 조심스럽게 장탈한다.

(f) 필터 스크린(filter screen)과 개스킷(gasket)을 장탈한다.

(g) 필터 스크린과 bowl을 이소프로필 알콜로 세척한다.

(h) 필터 스크린을 압축공기로 건조시킨다.

(2) fuel strainer의 조립

(a) 필터 스크린과 탑 어셈브리(top assembly) 사이에 새로운 개스킷을 장착한다.

(b) 스크린을 장착한다.

(c) 스탠드 파이프(standpipe)를 핑거타이트(finger tight)하게 장착한다.

(d) 보울 하부에 있는 Step-washer의 Step이 O 링을 향하게 한다. O 링에 Dow Corning 4(DC-4) 실리콘 그리스를 사용하면 좋다.

(e) 새로운 O 링을 사용하여 보울을 장착한다. 너트를 25~30in-lb로 조인다.

(f) 45° 방향으로 안전결선한다.

(g) 퓨얼 셀렉터 밸브를 ON 위치로 하고 연료 누설 여부를 확인한다.

(h) 퓨얼 스트레이너(fuel strainer)에서 공기를 배출(air bleeding)한다.

- 퓨얼 인젝션 서보(fuel injection servo)로 가는 호스를 약간 풀어준다.
- Mixture control을 OFF 위치에 선택한다.

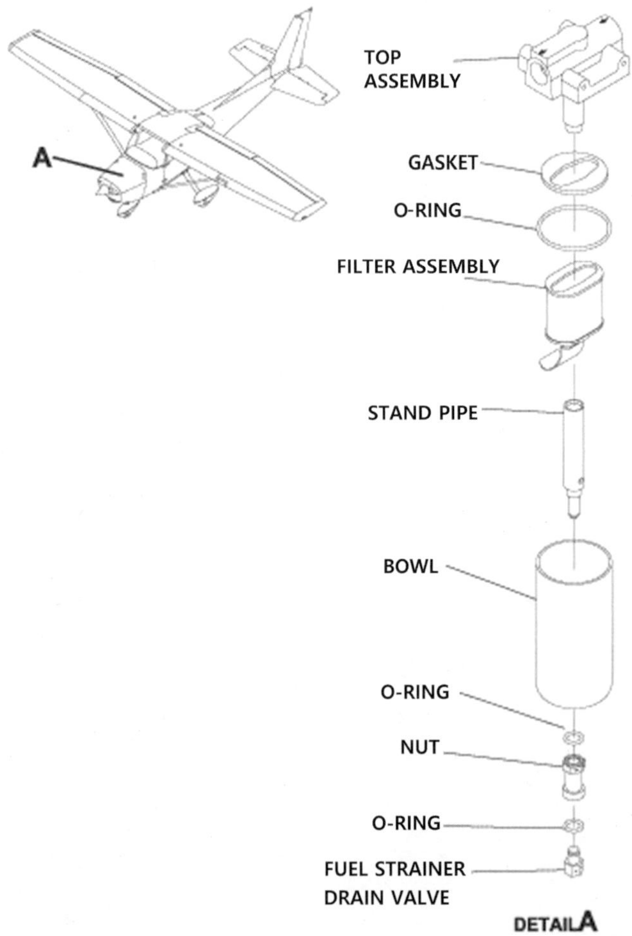

▲ 그림 3.2 퓨얼 스트레이너 C-172

- Throttle control을 IDLE STOP 위치에 선택한다.
- FUEL PUMP switch를 ON 위치에 선택한다.
- 연료 호스에서 공기가 배출되고 Prime 될 때까지 Auxiliary fuel pump를 작동한다.
- FUEL PUMP switch를 OFF 위치에 선택한다.
- MM ATA Chap. 20의 표준 토크 값으로 Fuel supply hose를 Fuel injection servo inlet에 연결한다.

3.3. 연료 탱크 섬프 드레인 밸브

A. 실습 개요

(1) 연료 탱크 섬프 드레인 밸브(sump drain valve)의 장탈, 장착작업에 대해 학습한다.

B. 관련 지식

(1) 드레인 밸브 작업을 위해서는 연료 탱크를 완전히 비워야 한다.

C. 자료 · 재료

(1) O 링

D. 기기(공구 · 장비)

(1) 섬프 드레인 장비(sump drain cup)

E. 학습

연료 탱크 섬프 드레인 밸브의 장탈, 장착작업에 대해 학습하여 익힌다(그림 3.3).

(1) 섬프 드레인 밸브의 장탈, 장착

(a) 연료 탱크로부터 연료를 완전히 드레인한다.

(b) 섬프 드레인 장비로 드레인 밸브를 밀어 올려 탱크 내부에 연료가 없음을 확인한다.

(c) 안전결선을 제거하고 밸브를 장탈한다.

(d) 드레인 밸브에 오물 부착 여부 등 상태를 점검한다.

(e) 새로운 O 링을 연료에 적시고 밸브에 돌려 채운다. 비틀어지지 않도록 O 링 자리에서 돌려준다.

(f) O 링이 윙(wing) 하면에 충분히 밀착되도록 장착한다.

(g) 안전결선한다.

(h) 소량의 연료를 탱크에 보급하며 드레인 밸브의 누설 점검을 수행한다.

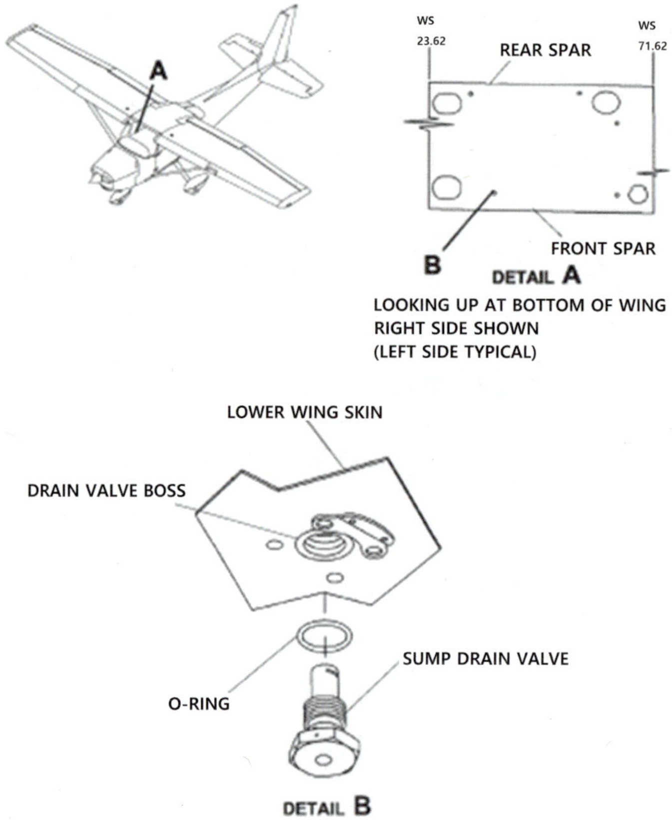

▲그림 3.3 섬프 드레인 밸브

3.4. AMM(Aircraft Maintenance Manual)에서 연료 배유 절차 찾기

A. 실습 개요

(1) AMM에서 연료의 배유 절차(Defueling procedures)를 찾는 방법에 대해 학습한다.

B. 관련 지식

(1) AMM은 ATA SpeC. 100에 의해 종이 매뉴얼로 개발되어 사용되었다.

(2) 최신형 항공기에는 ATA iSpeC. 2200에 의거하는 디지털 매뉴얼로 통합되었으며 인터넷을 이용해 사용할 수 있다.

(3) 최신형 항공기에서는 S1000D SpeC.에 의거하는 IETM(Integrated Electronic Technical Manual)으로 발행되며 인터넷을 통해 사용된다.

C. 자료 · 재료

(1) C-172 AMM

(2) ATA 100 Chapter list

D. 기기(공구 · 장비)

E. 학습

AMM에서 연료의 배유 절차(Defueling procedure)를 찾는 방법을 익힌다.

(1) 배유 절차(Defueling procedure)를 찾는 방법(그림 3.4, 3.5, 3.6)

(a) AMM Chapter list에서 Chapter 12. Servicing 페이지를 찾는다.

(b) 12-14-01, Fuel servicing 페이지를 찾는다.

(c) fueling and defueling 페이지를 찾는다.

(d) defueling 절차를 찾는다.

Chapter	Title
5	Time Limits/Maintenance Checks
6	Dimensions and Areas
7	Lifting and Shoring
8	Leveling and Weighing
9	Towing and Taxiing
10	Parking, Mooring, Storage and Return to Service
11	Placards and Markings
12	Servicing
20	Standard Practices - Airframe
21	Air Conditioning
22	Auto Flight
23	Communications
24	Electrical Power
25	Equipment/Furnishings
26	Fire Protection
27	Flight Controls
28	Fuel
31	Indicating/Recording Systems
32	Landing Gear
33	Lights
34	Navigation
37	Vacuum
51	Standard Practices and Structures - General
52	Doors
55	Stabilizers
56	Windows
57	Wings
61	Propeller
71	Power Plant
73	Engine Fuel and Control
74	Ignition
76	Engine Controls
77	Engine Indicating
78	Exhaust
79	Oil
80	Starting

▲ 그림 3.4 ATA 100 Chapter list

MODEL 172 MAINTENANCE MANUAL (Rev 20)
12-14-01 (Rev 12)

FUEL - SERVICING

1. General

A. Fuel Tanks.

(1) Each wing contains an integral fuel bay, located between the front and rear spars, extending from WS 31.38 to WS 65.125. Fuel bays should be filled immediately after each flight to lessen condensation in the tanks and lines. A fuel filler cap is located on top of each wing and provides a fueling/defueling point for each fuel bay.

B. Fuel Drains.

(1) Fuel drains are located at various places on the underside of each integral fuel bay and throughout the fuel system. These drains are utilized to collect fuel samples for analysis. This sampling is accomplished by placing the fuel sample cup up to the drain valve, and depressing the valve with rod protruding from the cup.

NOTE: For detailed description and maintenance practices related to the fuel system, refer to Chapter 28, Fuel - General.

2. Safety and Maintenance Precautions

그림 3-5 Fuel servicing 페이지

▲ 그림 3.5 Fuel servicing 페이지

3. Fueling and Defueling

A. Fueling Procedures.

CAUTION: Make sure that the correct grade and type of fuel is used to service the airplane. Refer to Pilot's Operating Handbook and FAA Approved Airplane Flight Manual for a list of approved fuels.

(1) Ground airplane and vehicle as outlined above.
(2) Ensure battery switch is turned OFF.
(3) Place protective mat around fuel filler area and remove fuel filler caps.
(4) Fuel airplane. Ensure correct grade of aviation fuel is used.
(5) Replace filler caps. Wipe up excess fuel from wing area.
(6) Remove grounding equipment.

B. Defueling Procedures.

(1) Ground airplane and vehicle as outlined above.
(2) Ensure battery switch is turned OFF.
(3) Remove fuel filler caps.
(4) Insert defueling nozzle into fuel bay and begin defueling.
(5) Remove as much fuel as possible with defueling nozzle.
(6) Drain fuel from drains located on underside of fuselage.
(7) Remove drain valves from bottom of fuel tank and drain remaining fuel.
(8) Remove grounding equipment.

그림 3-6 Defueling procedure 페이지

▲ 그림 3.6 Defueling procedure 페이지

4. 항공기 유압 계통(Aircraft Hydraulic System)

4.1. O 링, 백업 링, 개스킷

A. 실습 개요

(1) O 링(O-ring), 백업 링(back up ring), 개스킷(gasket)의 작업방법에 대해 학습한다.

B. 관련 지식

(1) 미끄러지는 또는 움직이는 구성품의 내부에 사용되는 씰(seal)은 일반적으로 패킹(packing)이라고 부른다. 움직이지 않는 피팅(fitting)과 보스(boss) 사이에 사용되는 유압 씰은 일반적으로 개스킷(gasket)이라 부른다.

(2) O 링은 재사용하지 않는다.

(3) 새로운 O 링은 장착 직전까지 밀봉된 포장지에 보관되어 있어야 한다. 이는 손상과 오염으로부터 O 링을 보호하고 부품번호의 확인을 위해 필요하다.

(4) 개스킷은 서로 상대적인 움직임이 없는 2개의 평면(flat surface) 사이에 고정되는 씰(seal)이다.

(5) 개스킷은 재사용하지 않는다.

(6) 백업 링은 O 링의 하류(downstream)에 장착된다.

C. 자료 · 재료

(1) O 링이 장착된 마스터 실린더, 유압계통 작동 실린더 목업(mock up)

(2) 개스킷이 장착된 부품 목 업

D. 기기(공구 · 장비)

(1) O 링 작업 공구

E. 학습

(1) 유압계통 작동 실린더를 이용하여 O 링의 작업방법에 대해 학습하여 익힌다(그림 4.1, 4.2).

(a) O 링 작업 공구를 사용하여 O 링을 장탈하여 폐기한다.

(b) 새로운 O 링은 장착 전에 늘려 보면서 긁힘, 찍힘의 상처에 대해 세밀하게 검사한다.

(c) 작동 실린더의 O 링이 자리할 공간의 벽 및 O 링이 예리한 공구로 인한 상처가 생기지 않도록 세심한 주의가 필요하다.

(d) O 링이 장착되는 부위는 오염으로부터 깨끗한지 확인한다.

(e) O 링을 장착 전에 깨끗한 작동유로 가볍게 윤활한다.

(f) O 링을 끼워 넣을 때 통과하는 나사산을 종이로 감싸주어 O 링이 나사산에 긁혀 상처가 생기지 않도록 한다.

(g) O 링 장착 후에는 제자리에서 손가락으로 굴려주며 뒤틀림을 풀어준다.

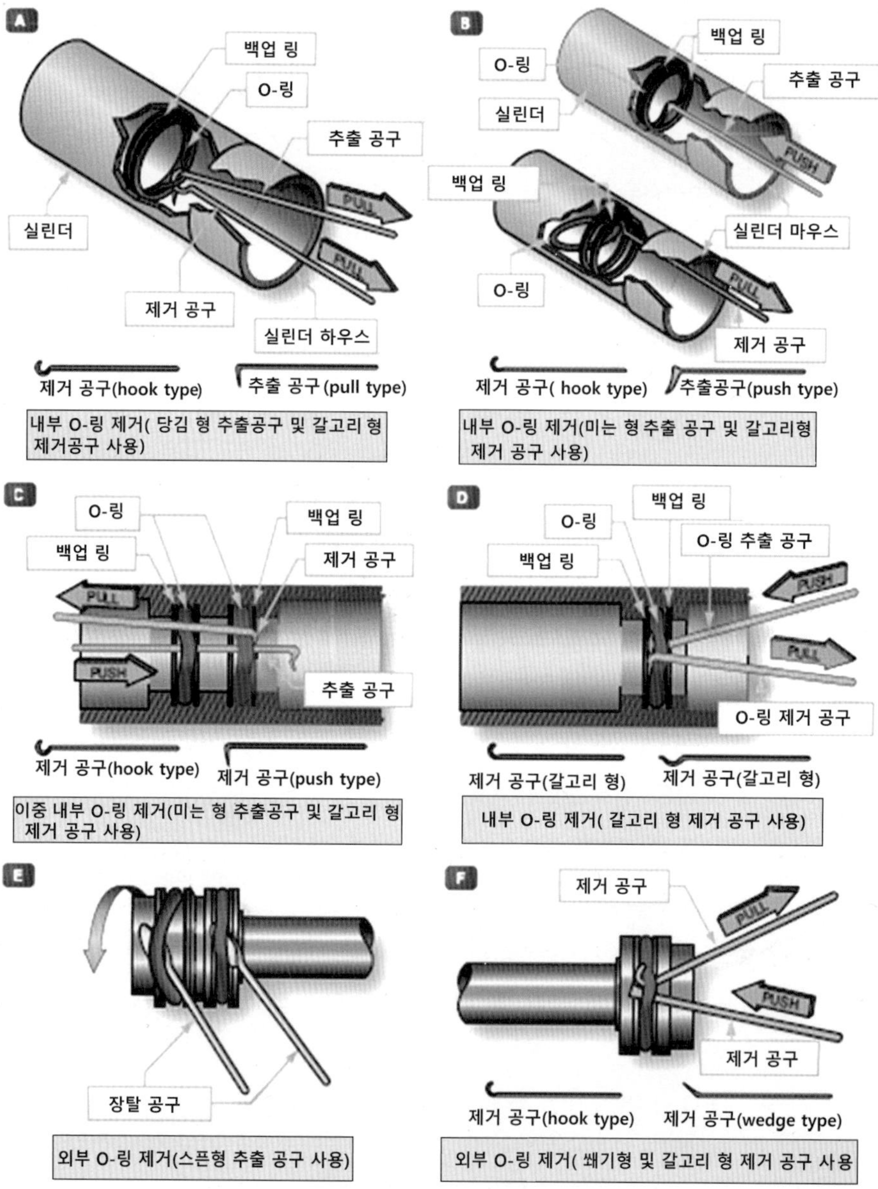

▲ 그림 4.1 O 링 장탈 기법(부록 참조)

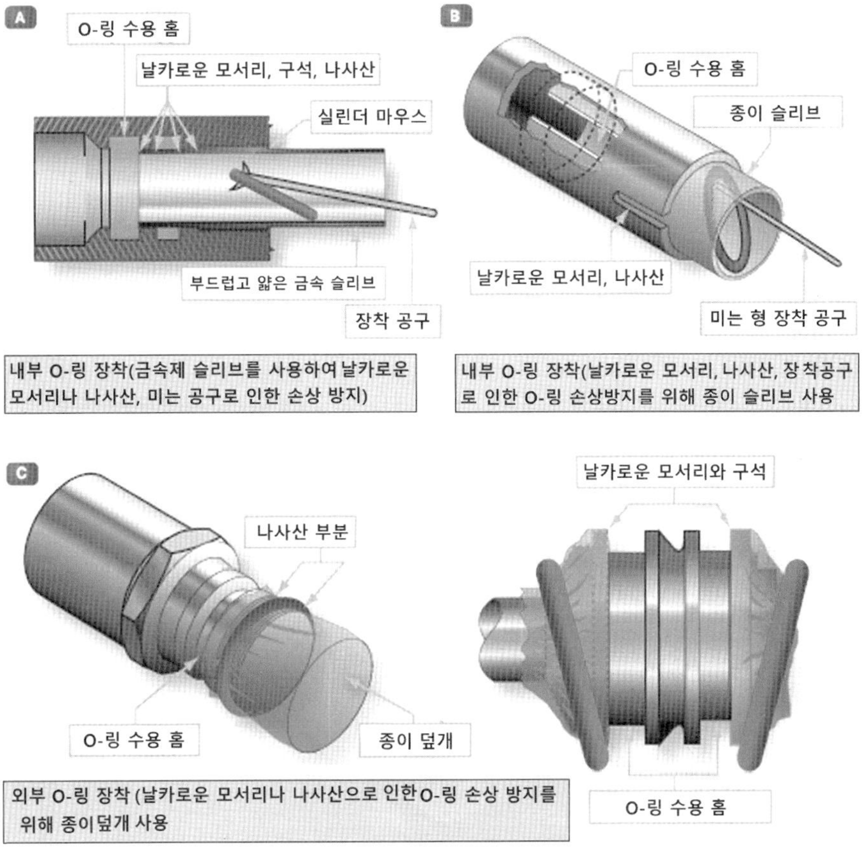

▲ 그림 4.2 O링 장착 기법(부록 참조)

(2) 유압계통 작동 실린더를 이용하여 백업 링의 장탈, 장착 작업방법에 대해 학습하여 익힌다(그림 4.3).

(a) O 링 작업 공구를 사용하여 백업 링을 장탈, 장착해 본다.

(b) 나선형 절단면의 방향에 유의한다.

(3) 개스킷이 장착된 부품을 이용하여 개스킷 작업방법에 대해 학습하여 익힌다.

(a) 개스킷을 교환하기 위해 제거할 때는 금속제 칼이나 스크래퍼는 사용하지 않는다. 금속제 공구는 개스킷이 자리할 면에 상처를 낼 수 있기 때문이다.

(b) 떼어낼 개스킷은 나무 칼 또는 아크릴 칼과 같은 비금속 칼을 이용하여 조심스럽게, 완전하게 제거한다.

(c) 개스킷을 장착할 표면은 상처가 없어야 하며 아세톤 또는 MEK로 세척한다.

(d) 개스킷 장착할 때는 특별히 지정하지 않는 한 접착제는 적용하지 않는다.

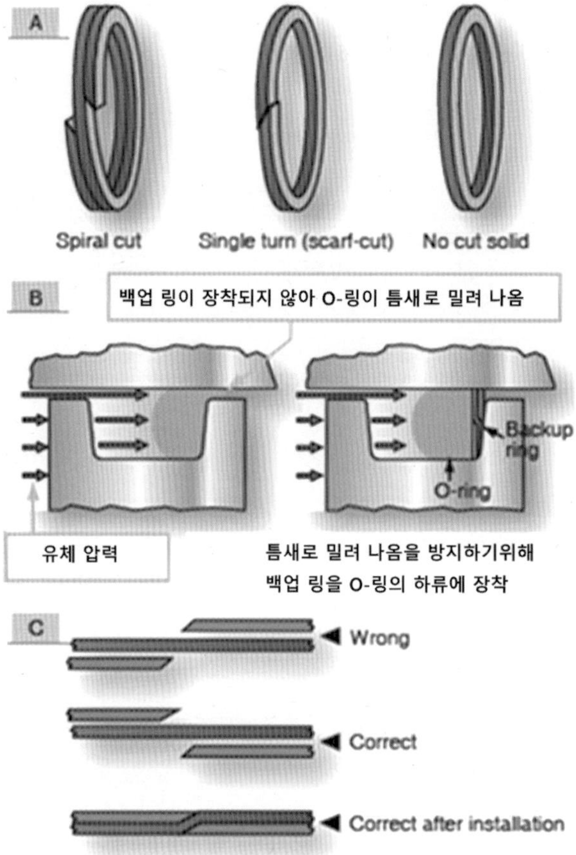

▲ 그림 4.3 백업링의 장착(부록 참조)

5. 착륙장치 계통(Landing Gear System)

5.1. 마스터 브레이크 실린더 O 링

A. 실습 개요

(1) C-172 항공기 마스터 브레이크 실린더 O 링의 교환 작업방법에 대해 학습한다.

B. 관련 지식

(1) 마스터 브레이크 실린더에 사용되는 유압 작동유 규격은 MIL- PRF-5606 이다.

C. 자료 · 재료

(1) C-172 AMM(Aircraft Maintenance Manual)

(2) C-172 IPC(Illustrated Parts Catalog)

(3) 마스터 실린더 C-172

(4) O 링 P/N(Part Number) MS28775-110

D. 기기(공구 · 장비)

(1) O 링 작업 공구

E. 학습

마스터 브레이크 실린더 O 링의 장탈, 장착 작업방법에 대해 학습하여 익힌다.

(1) 마스터 실린더 O 링 작업(그림 5.1, 5.2)

(a) AMM ATA Chap. 32. Landing gear system, Brake system에서 Master brake cylinder 교환작업 절차 정보를 찾는다.

(b) IPC ATA Chap. 32. Landing gear system, Brake system, Master brake cylinder Figure 페이지에서 교환할 O 링에 대한 Item number 정보를 찾는다.

(c) Master brake cylinder Figure Item 페이지에서 해당 Item의 P/N 정보를 찾는다.

(d) 해당 Part number의 O 링을 확보한다.

(e) O 링 작업 공구를 활용하여 구 O 링을 장탈하여 폐기하고 새로운 O 링을 장착한다.

MODEL 172 ILLUSTRATED PARTS CATALOG (Rev 21)
32-32-01 Figure 01 (Rev 13)

MASTER BRAKE CYLINDER ASSEMBLY - FIGURE 01

ITEM	PART NUMBER	NOMENCLATURE 1 2 3 4 5 6 7	EFFECTIVITY FROM	TO	UNITS PER ASSY
		MASTER BRAKE CYLINDER ASSEMBLY			
- 1	9882010-4	- CYLINDER-MASTER BRAKE ASSEMBLY FSO 9882010-7 172	80001	81332	NP R
- 1A	9882010-4	- CYLINDER-MASTER BRAKE ASSEMBLY FSO 9882010-7 172S	08001	10204	NP R
- 1B	9882010-7	- CYLINDER-MASTER BRAKE ASSEMBLY 172	81333	& ON	01 R
- 1C	9882010-7	- CYLINDER-MASTER BRAKE ASSEMBLY 172S	10205	& ON	01 R
2	9882011-1	- - BRAKE CYLINDER 172	80001	81332	01 R
- 2A	9882011-1	- - BRAKE CYLINDER 172S	08001	10204	01 R
- 2B	9882011-2	- - BRAKE CYLINDER 172	81333	& ON	01 R
- 2C	9882011-2	- - BRAKE CYLINDER 172S	10205	& ON	01 R
3	9881600-3	- - SPRING FSO S2951-81 172	80001	81332	NP R
- 3A	9881600-3	- - SPRING FSO S2951-81 172S	08001	10204	NP R
- 3B	S2951-81	- - SPRING 172	81333	& ON	01 R
- 3C	S2951-81	- - SPRING 172S	10205	& ON	01 R
4	MS28775-110	- - O-RING			01
5	S1628-110	- - RING-BACKUP			01
6	9882012-5	- - PISTON			01
7	9882013-1	- - CAP			01
8	0541139-0	- - PLUG			01
- 9		- - RUDDER INSTALLATION REFER TO 27-21-00 FIGURE 01			RF
- 10	AN565D6H3	- - SET SCREW 172	81333	& ON	01 R
- 10A	AN565D6H3	- - SET SCREW 172S	10205	& ON	01 R

- Item not illustrated

▲ 그림 5.1 마스터 브레이크 실린더, IPC Figure item 정보

MODEL 172 ILLUSTRATED PARTS CATALOG (Rev
32-32-01 Figure 01 (Rev

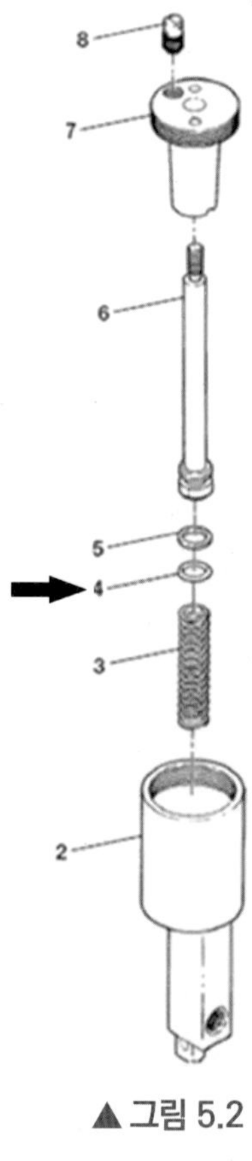

▲ 그림 5.2 마스터 브레이크 실린더

5.2. 노즈 랜딩기어 에어/오일 쇼크 스트러트 서비싱(Nose landing gear air/oil shock strut servicing)

A. 실습 개요

(1) 노즈 랜딩기어 에어/오일 쇼크 스트러트 서비싱에 대해 학습한다.

B. 관련 지식

(1) 노즈 랜딩기어 에어/오일 쇼크 스트러트 서비싱은 스트러트가 완충작용을 적절히 수행할 수 있도록 유압 작동유의 레벨(level)과 공기압력을 맞춰주는 작업이다.

(2) 유압 작동유(hydraulic fluid)는 위해 물질이다. 유압 작동유가 피부에 묻었을 경우는 흐르는 물과 비누로 신속하게 닦아내야 한다.

(3) 작업 중에 타이어가 작동유로 오염되지 않도록 타이어를 충분히 포장하여 보호한다. 작동유로 오염된 타이어는 비눗물로 세척하고 맑은물로 헹군다.

C. 자료 · 재료

(1) C-150, C-172, C-182, M-22 항공기

(2) 작동유 MIL-PRF-5606

(3) 보풀이 없는 걸레 · 린트 프리(lint free) 친 걸레

(4) 작동유 보급 피팅

(5) 투명 비닐 호스 5∅mm 1.5 M

D. 기기(공구 · 장비)

(1) 오일건

(2) 호이스트 2 Ton

(3) 동체 서포트, 제작 활용

(4) 슬링 벨트, 2 Ton, 길이 1M

E. 학습

(1) C-172 노즈 랜딩기어 에어/오일 쇼크 스트러트 서비싱 작업

(a) 엔진 상부 카울(upper engine cowl)을 장탈한다.

(b) 엔진 상부의 리프트 후크(lift hook)에 호이스트와 슬링 벨트를 설치하고 노즈 기어 타이어가 지상에서 충분히 뜰 만큼 들어 올린다. 후방 동체 스테이션 넘버, FS 205.81 지점의 기체의 프레임(frame) 하부를 서포트로 지지한다(그림 5.3, 5.4, 5.5).

(c) 호이스트를 사용하지 않을 경우, 동체 스테이션 넘버 FS 205.81 지점의 기체 프레임 하부를 서포트로 지지한다.

(d) 스트러트 상부의 에어 밸브 캡을 열어 공기를 배출한다.

(e) 에어 밸브 하우징을 장탈하고 그 자리에 투명 호스가 장착된 피팅을 장착하고 한쪽 끝은 액체 용기에 꽂아 유압 작동유를 받아낸다.

(f) 스트러트 이너 실린더(strut inner cylinder)가 아우터 배럴 허브(outer barrel hub)에 닿을 때까지 타이어를 들어 올린 후 받침대로 지지한다.

(g) 작동유 보급 장비를 이용하여 유압 작동유를 밸브 장착 구멍에서 넘칠 때까지 보급한다. 또는 호스를 밸브 구멍에 자유롭게 꽂고 오일 주입 펌프를 사용하여 흘러 넘칠 때까지 보급한다.

(h) 스트러트를 최대로 내린다.

(i) 에어 밸브를 장착한다.

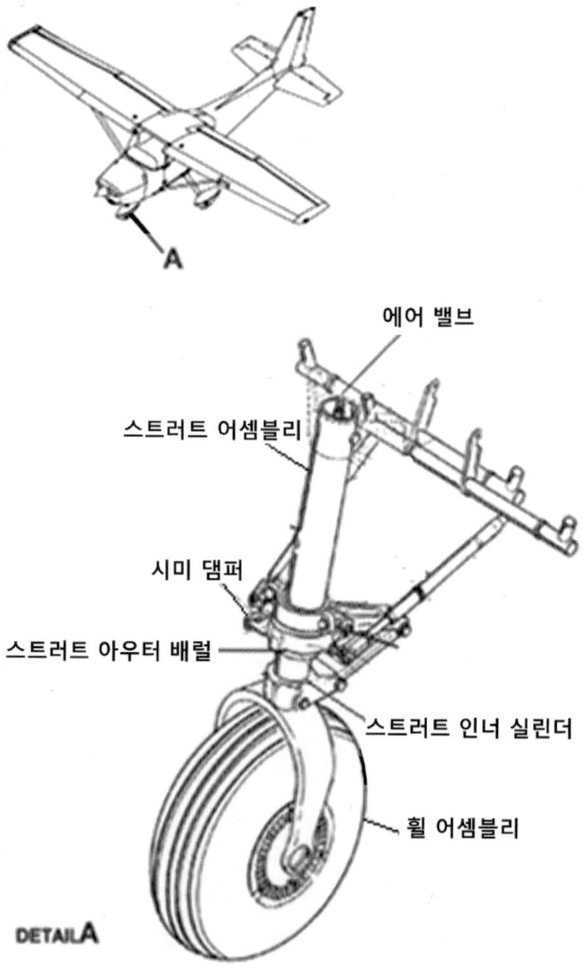

▲ 그림 5.3 노즈 랜딩기어 C-172

(j) 스트러트를 최대로 내리고 타이어가 지면에서 충분히 떨어진 상태에서 45psi 공기압으로 팽창시킨다.

(k) 스트러트의 크롬 부위를 유압 작동유 또는 케로신으로 적신 린트 프리 천으로 깨끗이 닦아준다.

(l) 호이스트로 전방 동체를 내리고 엔진 상부 카울을 장착한다.

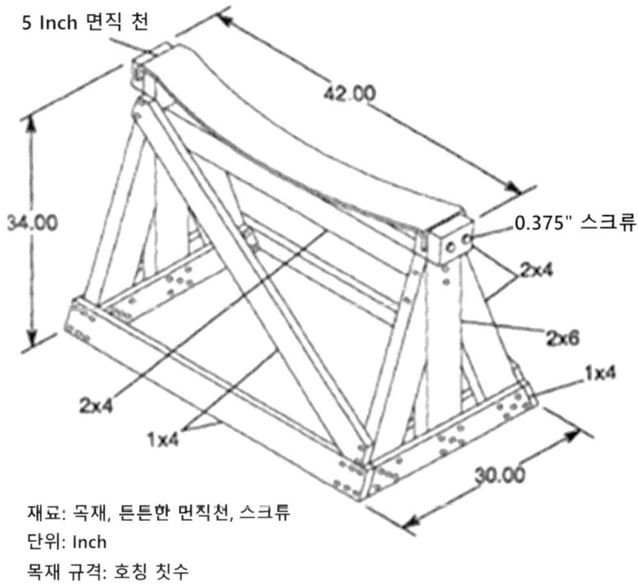

▲ 그림 5.4 동체 서포트 C-172

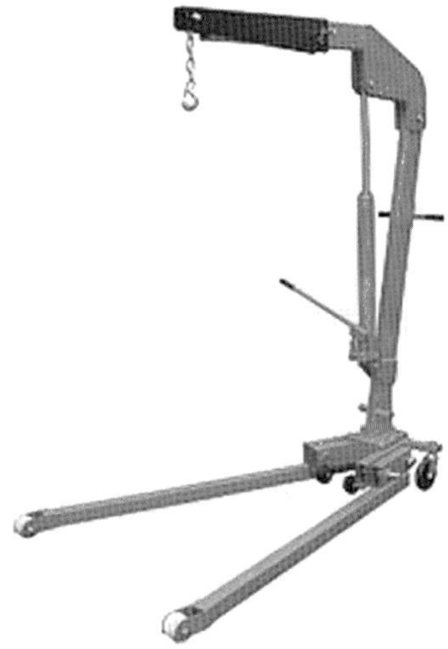

▲ 그림 5.5 호이스트

5.3. 마스터 브레이크 실린더 에어 블리딩(Master Brake Cylinder Air Bleeding)

A. 실습 개요

(1) 마스터 브레이크 실린더의 에어 블리딩(Air bleeding) 방법에 대해 학습한다.

B. 관련 지식

(1) 마스터 브레이크 실린더는 제작사에 따라 마스터 실린더, 브레이크 마스터 실린더로 호칭되고 있다.

(2) 브레이크 계통의 일반적인 필요조건은 유압 작동유에 공기가 섞이지 않아야 한다. 공기는 압축성이고 유압 작동유는 비압축성이기 때문에, 계통에 공기가 차 있으면 브레이크 페달을 밟을 때는 공기가 압축되는 스펀지(spongy) 브레이크 현상이 발생한다.

(3) 마스터 실린더의 에어 블리딩 방법은 중력식 에어 블리딩과 압력식 에어 블리딩이 있다.

C. 자료 · 재료

(1) AMM C-150, C-172, C-182 PA-34

(2) 유압 작동유

D. 기기(공구 · 장비)

(1) 브레이크 블리더 탱크 Model# 225DX 또는 유사품

(2) 투명 비닐 호스 5∅mm 1.0 M, 수량 2개

(3) 필러 캡 피팅

E. 학습

마스터 브레이크 실린더의 에어 블리딩 방법에 대해 학습하여 익힌다(그림 5.6, 5.7, 5.8, 5.9).

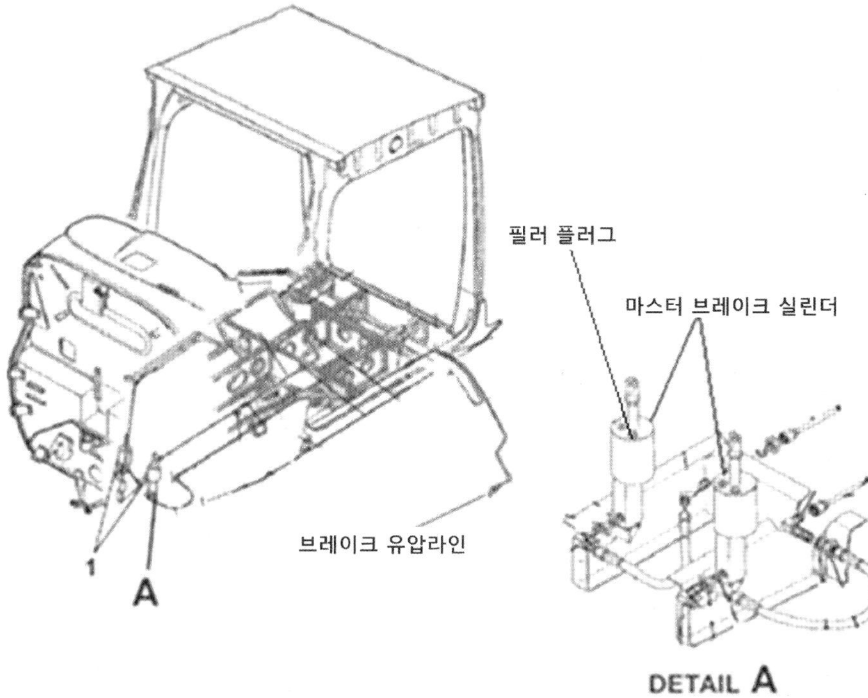

▲ 그림 5.6 마스터 브레이크 실린더 C-172

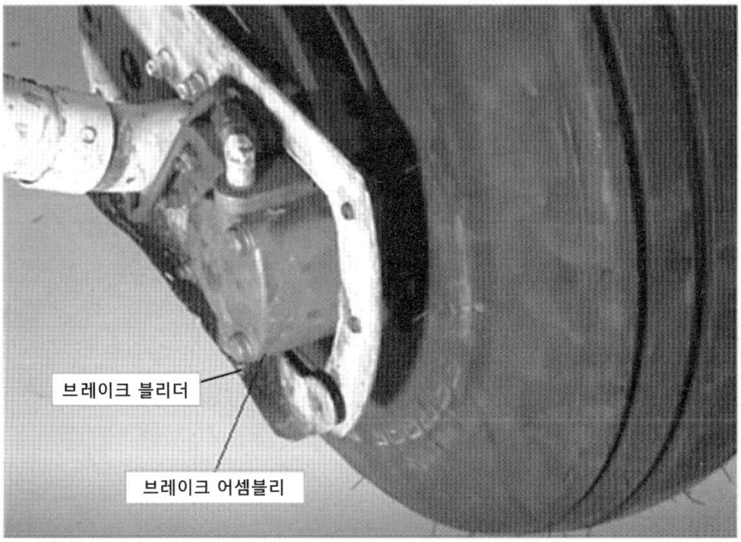

▲ 그림 5.7 브레이크 어셈블리

▲ 그림 5.8 브레이크 에어 브리딩 장비 연결

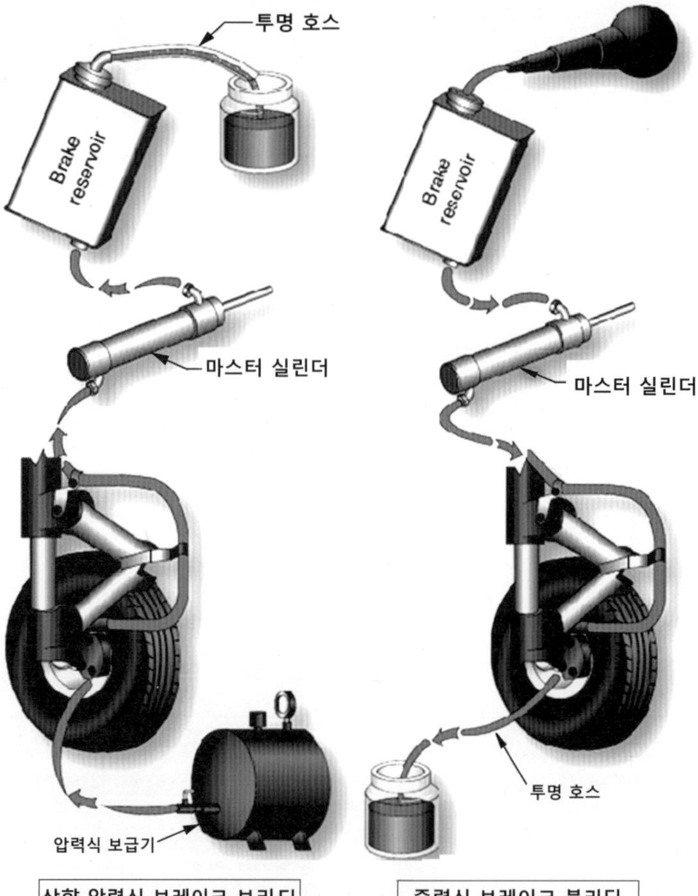

▲ 그림 5.9 브레이크 에어 브리딩

(1) 압력식 에어 블리딩

(a) 마스터 브레이크 실린더의 필러 플러그를 풀고 투명 호스가 연결된 피팅을 장착한다. 호스의 끝은 용기에 꽂는다.

(b) 브레이크 에어 블리더 탱크에 유압유를 채운다.

(c) 브레이크 에어 블리더 탱크의 호스를 브레이크 블리더에 장착한다.

(d) 브레이크 블리더를 열고(1~2회 회전) 작업자 1명이 브레이크 에어 블리더 탱크의 호스 제어 밸브를 열고 펌프를 가압하고, 다른 1명은 브레이크 페달에 연결된 마스터 실린더의 투명 호스에서 유압 작동유만 흐르며 기포의 배출이 보이지 않을 때 브레이크 블리더 스크루를 잠근다.

(e) 마스터 브레이크 실린더의 필러 플러그를 채운다.

(f) 브레이크 작동 점검을 수행한다.

(2) 중력식 에어 블리딩

(a) 항공기의 브레이크 작동유 레저브와(Reservoir)를 작동유로 가득 채운다.

(b) 브레이크 블리더 끝에 투명 비닐 호스를 연결한다.

(c) 브레이크 블리더 스크루를 풀고(1~2회전) 투명 호스에서 기포의 배출이 없고 작동유만의 흐름을 확인하고 브레이크 블리더 스크루를 잠근다.

(d) 호스를 제거하고 마무리한다.

(e) 작동유 레저브와를 보충한다.

5.4. 브레이크 계통의 고장탐구

A. 실습 개요

(1) 브레이크 계통 고장탐구 방법에 대해 학습한다.

B. 관련 지식

(1) 기존 AMM의 고장탐구 페이지는 계통의 고장에 대한 원인을 체계적으로 분석하고 그 수정 방안을 제공한다.

C. 자료 · 재료

(1) AMM C-150, C-172, C-182 PA-34

D. 기기(공구 · 장비)

E. 학습

AMM의 브레이크 계통의 고장탐구 페이지를 참조하여 고장탐구 방법에 대해 학습하여 익힌다.

(1) 고장: "브레이크 페달 걸림 현상이 있음"에 대한 예상 원인 분석

(a) 브레이크 페달이 걸림(그림 5.14)

(b) Parking brake linkage가 brake pedal을 밑으로 잡고 있다(그림 5.14).

(c) 마스터 실린더의 리턴스프링이 마모 또는 부러짐(그림 5.11)

(d) 유압 라인이 막힘.

(e) 브레이크 디스크의 마모, 긁힘, 휨(그림 5.10)

(f) 브레이크 계통의 부품이 훼손 또는 오물이 끼어 원활한 작동을 방해함.

고장 (TROUBLE)	예상 원인 (PROBABLE CAUSE)	조치(REMEDY)
브레이크에 걸림 현상이 있음	브레이크 페달이 걸림 (그림 5.14)	점검 및 조절한다. Refer to Brakes – Maintenance Practices.
	Parking brake linkage가 brake pedal을 밑으로 잡고 있다 (그림 5.14)	점검 및 조절한다. Refer to Brakes – Maintenance Practices.
	마스트 실린더의 리턴 스프링이 마모 또는 부러짐(그림 5.11)	마스터 실린더를 수리하거나 교환한다. Refer to Brakes – Maintenance Practices.
	유압 라인이 막힘	브레이크 유압 라인을 드레인 하고 압축공기로 불어낸다. 결함이 해소되지 않으면 마스터 실린더 고장이므로 수리한다.
	브레이크 디스크의 마모, 긁힘, 휨 (그림 5.10)	브레이크 디스크와 라이닝을 교환한다. Refer to Brakes – Maintenance Practices.
	브레이크 계통의 부품이 훼손 또는 오물이 끼어 원활한 작동을 방해함(그림 5.14)	브레이크 계통 부품의 수리 또는 세척 Refer to Brakes-Maintenance Practices.
브레이크가 작동하지 않음	계통의 누설	마스터 실린더 또는 휠 실린더에서 누출하면 새 부품으로 교환
	계통에 공기가 차 있다 (그림 5.9)	계통을 블리딩한다. Refer to Brakes – Maintenance Practices.
	마스터 실린더에 작동유 부족 (그림 5.13)	작동유를 보급하고 블리딩한다. Refer to Brakes – Maintenance Practices
	마스터 실린더 고장 (그림 5.12)	마스터 실린더 교환 또는 수리 Refer to Brakes – Maintenance Practices.

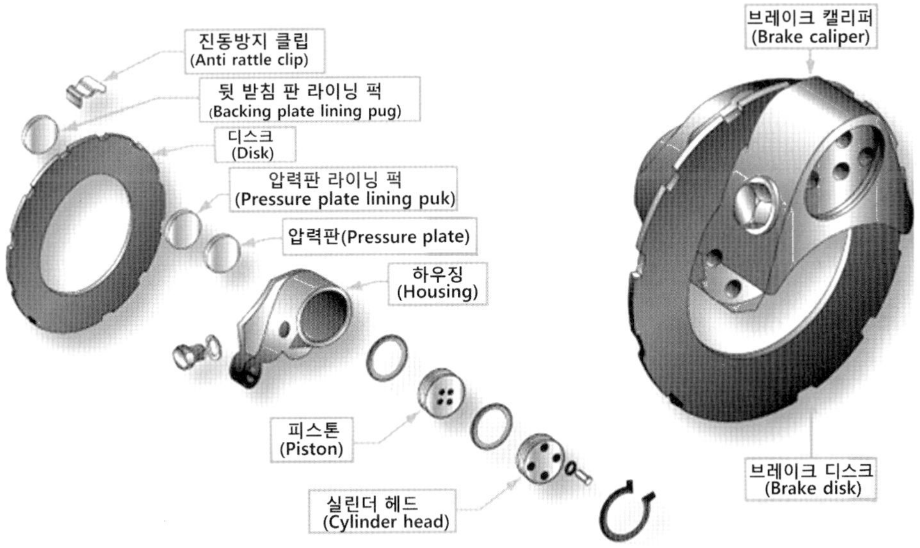

▲ 그림 5.10 브레이크 디스크

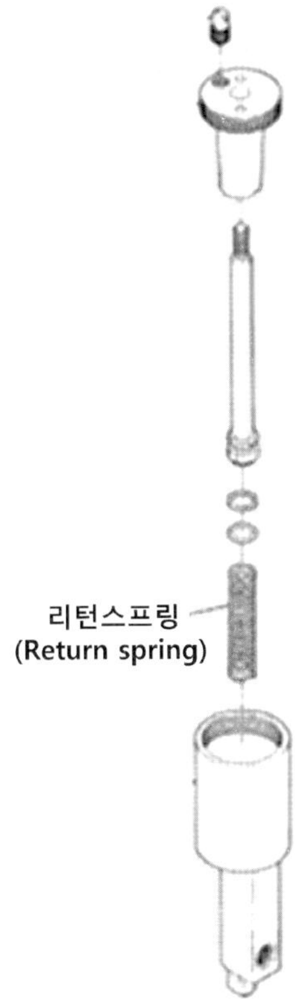

▲ 그림 5.11 마스터 브레이크 실린더 리턴 스프링

(2) 고장: "브레이크가 작동하지 않음"에 대한 예상 원인 분석

(a) 계통의 누설

(b) 계통에 공기가 섞여 있다.

(c) 마스터 실린더에 유압 작동유 부족(그림 5.13)

(d) 마스터 실린더 고장(그림 5.12)

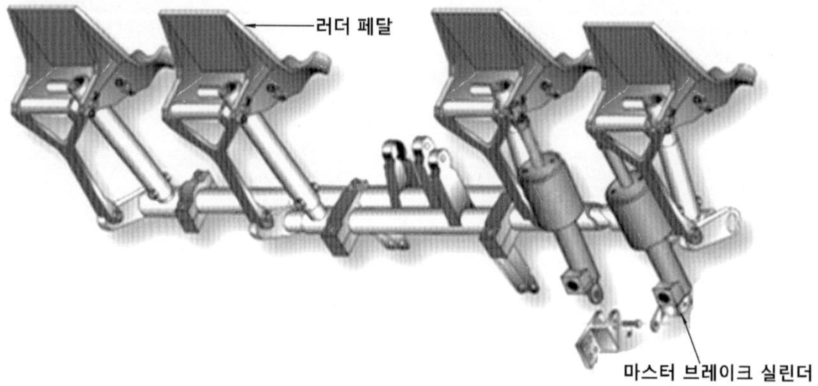

▲ **그림 5.12** 마스터 브레이크 실린더

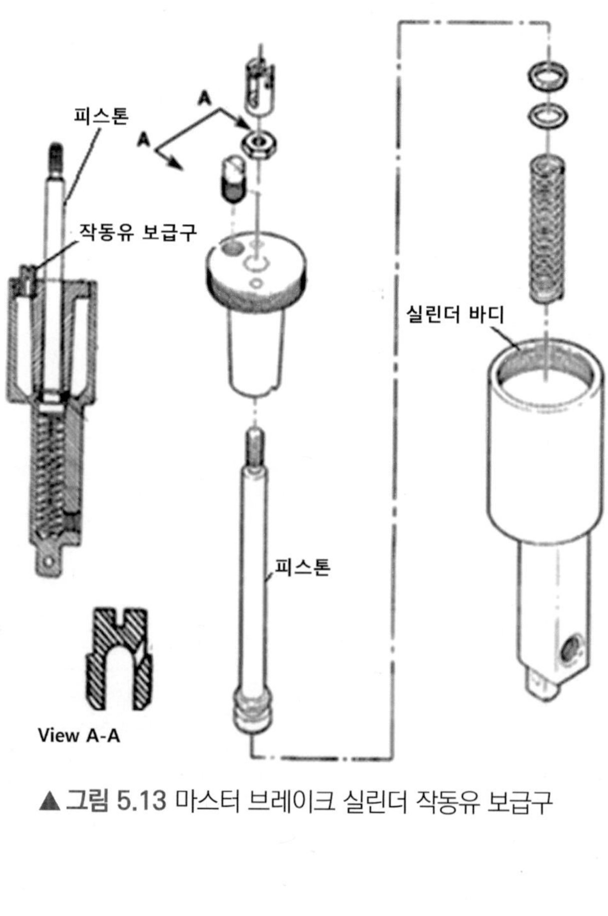

▲ **그림 5.13** 마스터 브레이크 실린더 작동유 보급구

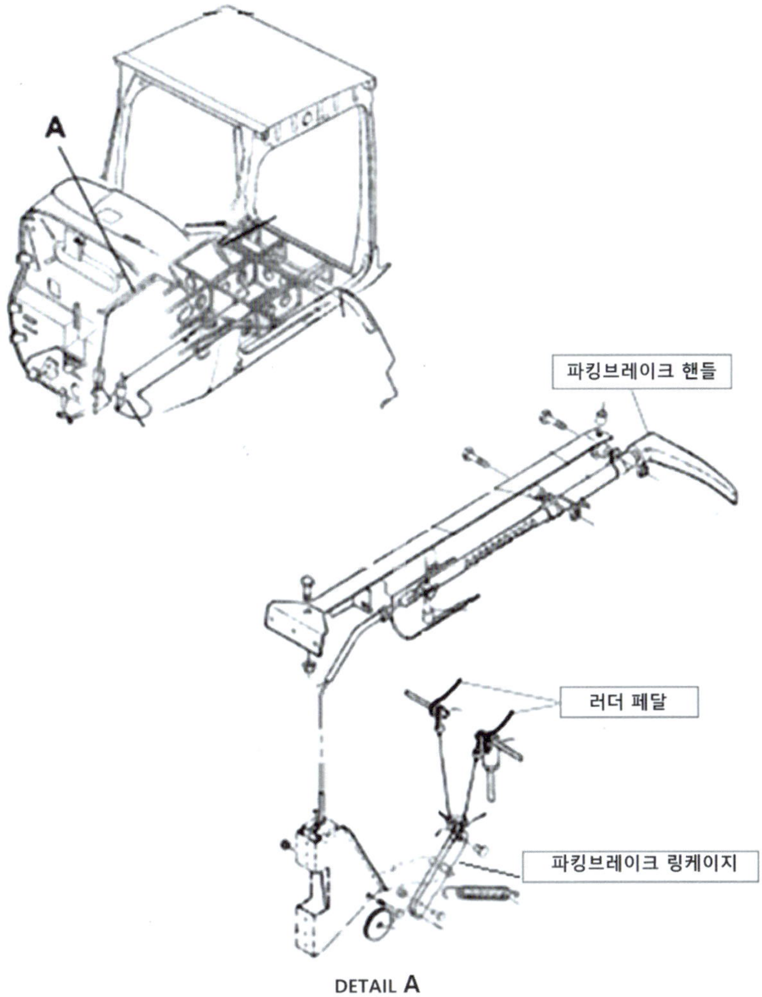

▲ 그림 5.14 파킹 브레이크 링케이지

5.5. 브레이크 디스크(Disc) 및 라이닝(Lining)의 마모 검사

A. 실습 개요

(1) 브레이크 디스크 및 라이닝의 마모 검사 방법에 대해 학습한다.

B. 관련 지식

(1) 멀티 디스크 브레이크에는 마모지시 핀이 구비되어 있다.

(2) 싱글 디스크 브레이크는 라이닝의 마모상태를 철자로 측정하여 판단한다.

C. 자료 · 재료

(1) C-150, C-172, C-182 PA-34 항공기

(2) 멀티 디스크 브레이크 어셈블리 목 업

(3) 싱글 디스크 브레이크 어셈블리 목 업

D. 기기(공구 · 장비)

6in. 철자

E. 학습

브레이크 라이닝(brake lining) 및 디스크(disk)의 마모 검사 방법에 대해 학습하여 익힌다.

(1) 싱글 디스크 브레이크의 라이닝 및 디스크의 마모 검사(그림 5.15)

(a) 싱글 디스크 브레이크의 라이닝을 철자를 사용하여 두께를 측정하여 마모상태를 판정한다.

(b) 싱글 디스크 브레이크에서 디스크의 두께를 측정하여 판정한다.

(2) 멀티 디스크 브레이크의 마모 검사(그림 5.16)

(a) 브레이크를 가압한 상태에서 마모지시 핀을 보고 마모상태를 판정한다. 세부사항에서 "L"의 길이 측정

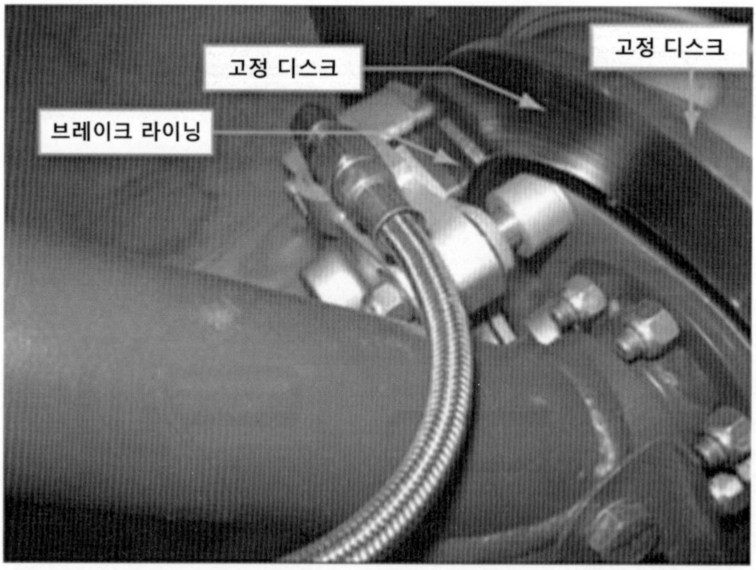

▲ 그림 5.15 싱글 디스크 브레이크

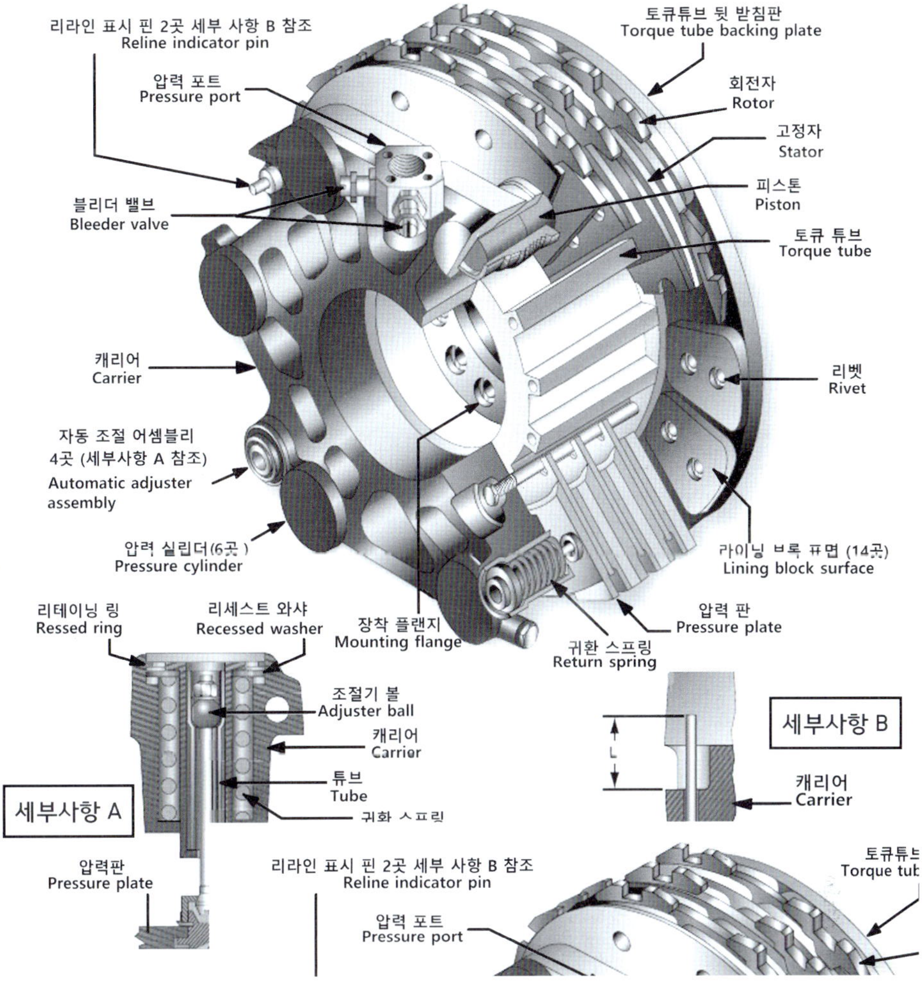

▲그림 5.16 멀티 디스크 브레이크

5.6. 메인 랜딩 기어 휠(Main Landing Gear Wheel)

A. 실습 개요

(1) 항공기 메인 랜딩 기어 휠(main landing gear wheel assembly) 의 장탈, 검사, 윤활, 장착작업에 대해 학습한다.

B. 관련 지식

(1) 타이어 작업 시에는 공기압을 완전히 제거하여야 한다. 공기압을 제거하지 않으면 인명 사고로 이어질 수 있다.

(2) 항공기가 잭업(Jack up) 상태에서는 기내에는 사람이 들어가지 않는다.

(3) 솔벤트를 이용한 세척 작업과 베어링 윤활 작업 시에는 비닐장갑을 착용한다.

C. 자료 · 재료

(1) 이소프로필 알콜

(2) 그리스 MIL-G-81322 General purpose

(3) 타이어 탤크(tire talc)

(4) 브러시

D. 기기(공구 · 장비)

(1) C-150, C-172, C-182

(2) 유압 잭 2 Ton, 높이 300mm

(3) 잭 어댑터, 유압 잭의 피스톤 외경에 맞추어 제작

(4) 잭 패드, 30M-FPP 또는 유사품(랜딩기어 스트러트에 잭 포인트가 없는 항공기에 한함)

(5) 액슬 렌치, 액슬 너트의 규격에 맞추어 제작, 구매

(6) 타이어 비드 분리 장비

E. 학습

항공기 메인 랜딩 기어 휠의 장탈, 검사, 윤활, 장착작업에 대해 학습하여 익힌다.

(1) 메인 휠의 장탈(그림 5.18, 5.19)

(a) 스프링 스트러트(strut)의 잭 업 포인트(jack up point)를 이용하여 항공기를 잭 업(jack up)한다.

(b) 잭 업 포인트가 없는 항공기는 특수 잭 패드(jack pad)를 사용할 수 있다.

(c) 허브 캡(hub cab), 코터핀, 액슬 너트(axle nut)를 장탈한다.

(d) 브레이크 실린더에 brake back plate를 장착하는 볼트를 풀고 back plate를 장탈한다.

(e) 액슬에서 바퀴를 떼어낸다.

(2) 메인 휠과 타이어를 분리하는 작업(그림 5.17, 5.19)

(a) 튜브로부터 공기압을 완전히 제거한다.

(b) 휠 하프(wheel halve)를 서로 결합하는 볼트를 푼다.

(c) 타이어 비드 분리 장비를 이용하여 휠에서 비드를 분리한다.

(d) 휠 하프로부터 타이어와 튜브를 분리한다.

(e) 리테이닝 링(retaining ring), 그리스 씰 링(grease seal ring), 그리스 씰 펠트(grease seal felt), 그리스 씰 링(grease seal ring)과 베어링을 장탈한다.

▲ 그림 5.17 타이어 비드 분리 장비

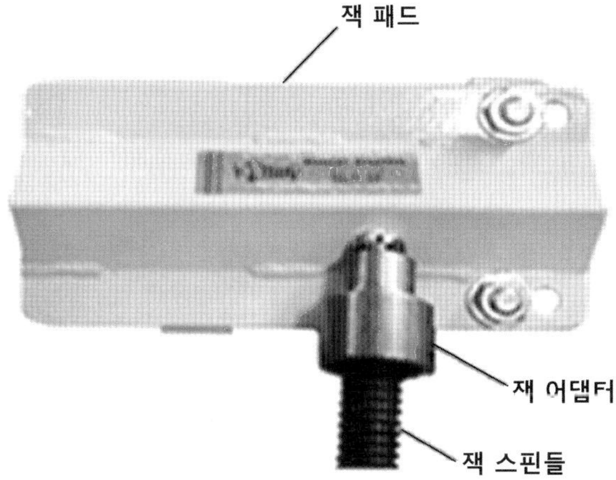

▲ 그림 5.18 잭 패드, 잭 어댑터

(3) 메인 휠을 검사하는 방법에 대해 학습하여 익힌다.

(a) 금속 부품과 그리스 씰 펠트를 솔벤트로 깨끗이 세척한다. 부드러운 브러시로 굳은 그리스, 먼지, 때를 세척한다.

(b) 압축공기를 사용하여 충분히 건조한다.

(c) 휠 하프(wheel half)의 crack, 부식, 손상을 검사한다.

(d) 베어링 콘(bearing cone), cup, 리테이닝 링(retaining ring), grease seal retainer 및 grease seal felt의 마모와 손상을 검사한다.

(e) 볼트 머리의 균열을 검사한다.

(4) 베어링의 세척과 검사

(a) 베어링을 이소프로필 알콜과 부드러운 브러시로 세척한다.

(b) 압축공기를 사용하여 충분히 건조한다.

(c) 베어링의 유격을 검사하고, 마모, 균열, 부식이 발견되면 폐기한다.

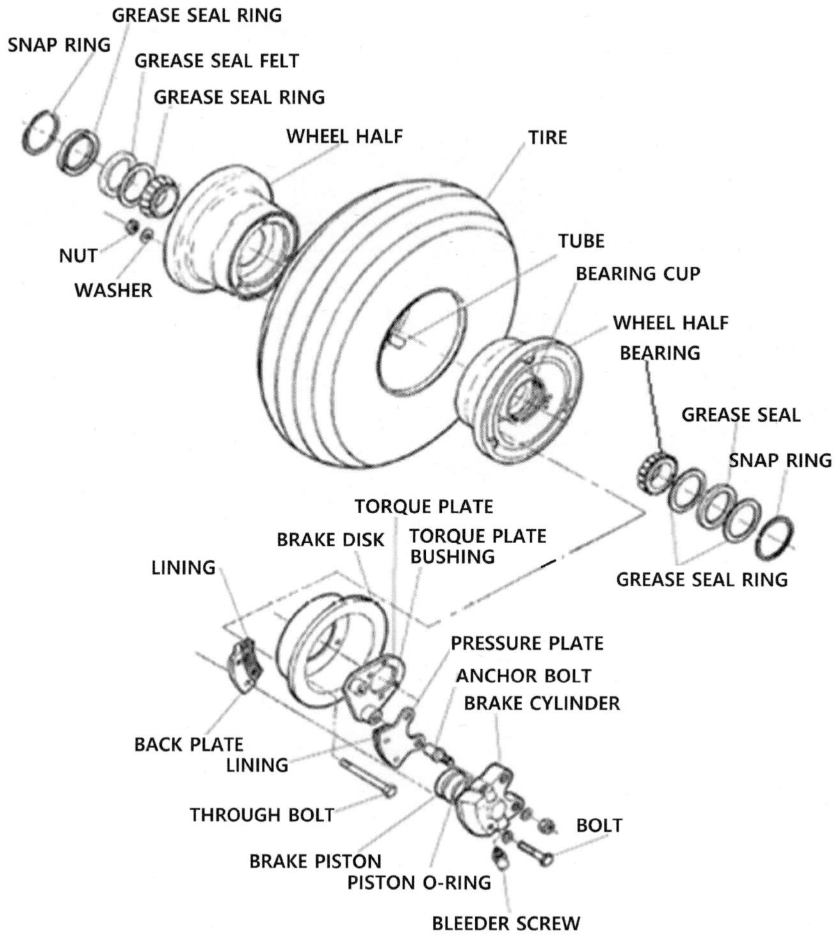

▲ **그림 5.19** 랜딩기어 브레이크 타이어 분해 C-172

(5) 휠의 조립(그림 5.19, 5.20)

(a) 베어링을 윤활한다.

(b) 펠트 그리스 씰(felt grease seal)에 그리스를 가볍게 바른다.

(c) 각각의 휠 하프에 베어링, 그리스 씰 펠트, 그리스 씰 리테이너 및 리테이닝 링을 장착한다.

(d) 타이어 안쪽 면과 튜브에 타이어 탈크(tire talc)를 가볍게 바르고 튜브를 타이어 속에 넣는다. 타이어 토크는 튜브가 팽창 시 타이어 내에서 접히지 않고 자연스럽게 자리 잡게 한다.

(e) 타이어와 튜브의 인덱스 마크(index mark)의 합치를 확인한다.

(f) 휠 하프를 타이어에 끼운다.

(g) 볼트 머리 밑에 와셔를 채워서 휠 하프에 채운다.

(h) 다른 한쪽 휠 하프를 타이어에 장착한다. 에어 밸브 스템(air valve stem)이 밸브 슬롯(valve slot)에 합치하도록 유의한다.

(i) 볼트를 조이기 전에 튜브가 휠 하프 사이에 끼지 않도록 확인한다.

(j) 너트 밑에 와셔를 채운다.

(k) 너트를 dry torque 값, 90±2in-lb(10.17±0.23N · m)으로 조인다.

(l) 타이어를 비드에 자리 잡도록 압축공기를 보급하여 팽창시킨다.

(m) 타이어를 45psi로 팽창시킨다.

(o) 공기 보급 밸브에 비눗물을 사용하여 공기 누출 여부를 확인한다.

(5) 휠의 장착작업

(a) 휠을 액슬(axle)에 끼운다.

(b) 볼트로 브레이크 백 플레이트(brake back plate를 장착한다.

(c) 액슬에서 휠을 회전시키며, 액슬 너트를 150~200in-lb로 조여 베어링 컵에 베어링이 자리 잡도록 한다.

(d) 액슬 너트를 0in-lb로 풀었다가 50~60in-lb로 조인다.

(e) 가까운 코터핀 홀에 맞춰 너트를 조인다.

(f) 코터핀 끝이 휠에 걸리지 않도록 하여 코터핀을 장착한다.

(g) 허브 캡(hub cab)을 장착한다.

(h) 항공기를 잭에서 내린다.

(i) 브레이크 계통을 작동 점검한다.

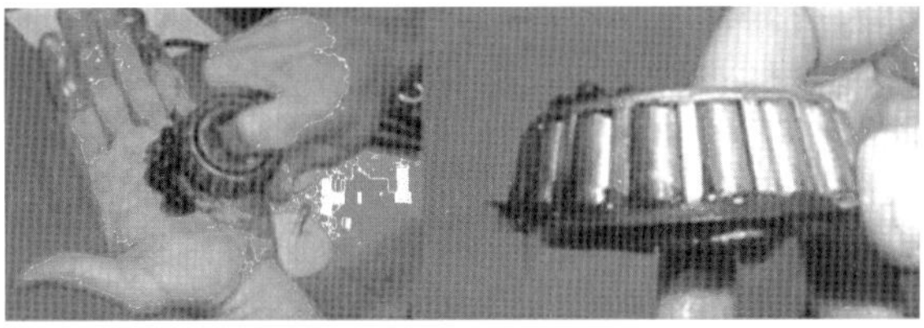

▲ 그림 5.20 베어링 그리스 주입

6. 비행 조종계통(Flight Control System)

6.1. 조종케이블 점검

A. 실습 개요

(1) 조종케이블(control cable) 장치와 풀리(pulley)의 점검 방법에 대해 학습한다.

B. 관련 지식

(1) 조종케이블은 탄소강 또는 스테인리스강 와이어로 제조되며, 7×7 cable과 7×19 cable이 주로 쓰인다.

(2) 풀리의 상태를 보면 조종케이블 계통의 결함을 알 수 있다.

C. 자료 · 재료

(1) C-172 AMM

(2) C-150, C-172, C-182, PA-34, M-22 항공기

(3) 면장갑

(4) 면직 천(보풀이 일지 않는)

(5) 조종케이블 mock up

(6) 풀리 mock up

D. 기기(공구 · 장비)

(1) 확대경, 5배율

(2) 손전등

E. 학습

C-172 항공기의 러더 조종 케이블(rudder control cable)의 검사 방법에 대해 학습하여 익힌다.

(1) 러더 조종 케이블의 검사(그림 6.1)

(a) AMM Chapter 27을 참조하여 케이블 장치의 위치를 확인하고 Ch.27을 참조하여 해당 점검 창(access cover)을 연

▲ 그림 6.1 러더 조종 케이블

다.

(b) 페어리드(fairlead) 및 풀리(pulley) 주위의 케이블에 면직 천을 감아 잡고 양방향으로 문질러 보며 절단된 와이어의 발생을 점검한다. 절단된 와이어의 가닥이 천에 걸리면 케이블을 확대경으로 세밀하게 점검한다.

(c) 케이블의 표면마모가 발견되면 케이블을 분리하여 부분적으로 구부리며 와이어의 절단을 점검한다(그림 6.2).

(d) 풀리 또는 쿼드런트(quadrant) 주위에서 케이블의 내부 마모에 착안하여 세밀하게 점검한다. 케이블의 내부 마모를 발견하기 위해서는 케이블의 스트랜드(strand)를 분리하여 점검한다. 내부 마모가 발생한 케이블은 폐기한다(그림 6.4).

▲ 그림 6.2 케이블 검사 방법

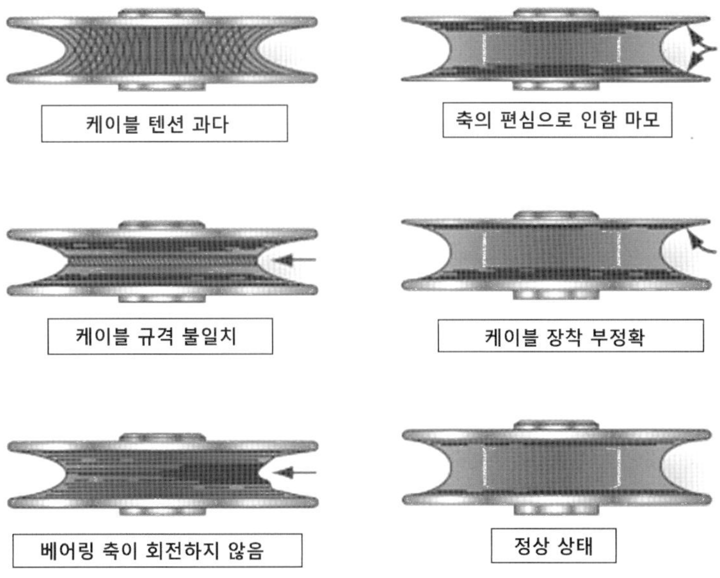

▲ 그림 6.3 풀리의 결함 상태

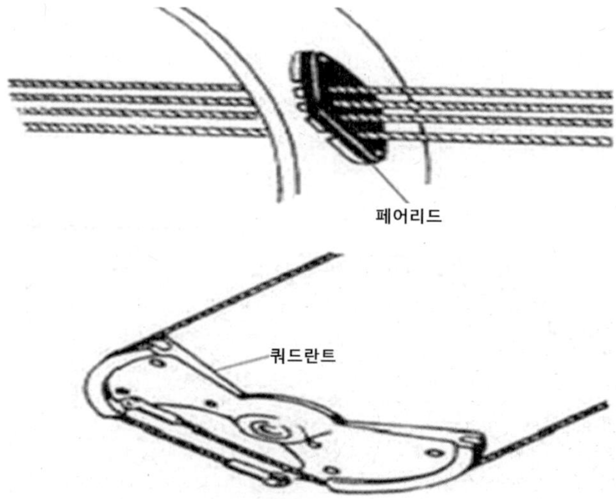

▲ 그림 6.4 케이블 마모 발생 부위

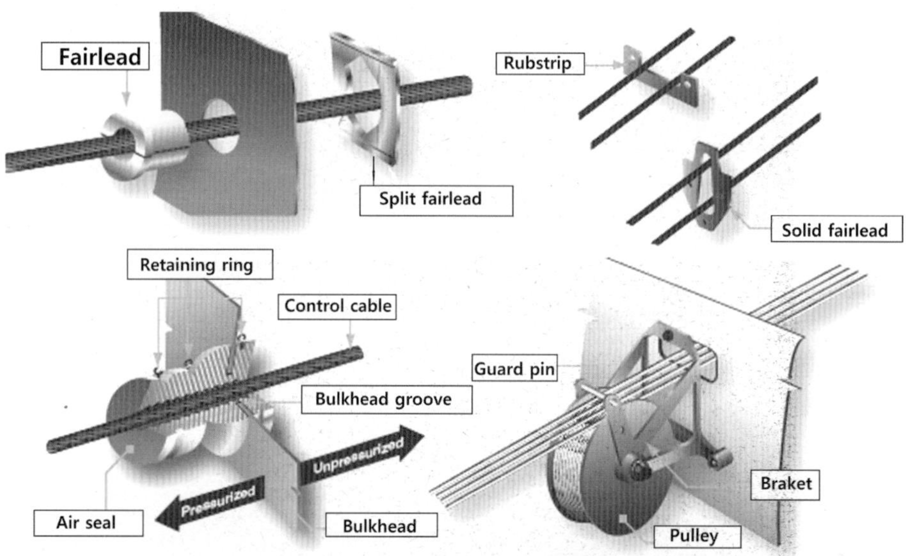

▲ 그림 6.5 케이블 가이드

(e) 케이블의 외측 마모가 40%~50% 이상 마모된 것이, 7×7 케이블에는 6개 이상, 7×19 케이블에서는 12개 이상이면 케이블은 교환한다(그림 6.6).

(2) 풀리의 점검 방법에 대해 학습하여 익힌다(그림 6.3).

(a) 풀리 모서리의 균열, 그루브(groove) 바닥의 비정상적 마모 자국 허브(hub)의 균열 및 과다한 유격에 대해 점검한다.

(b) 케이블 작동 시 풀리가 자연스럽게 회전하는지를 점검한다.

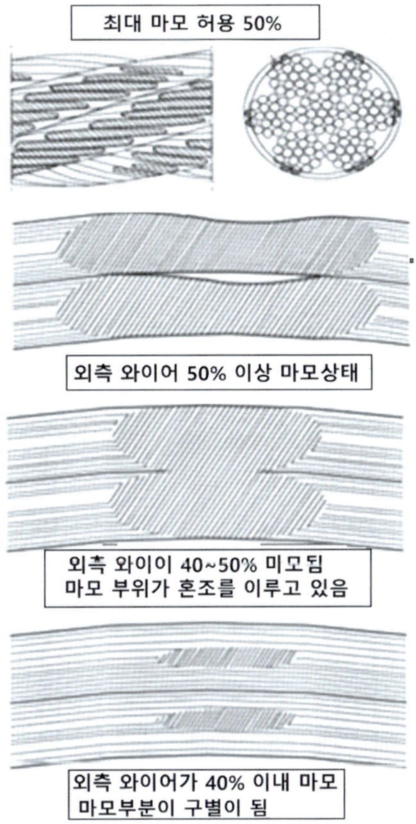

▲ 그림 6.6 케이블의 마모 형태

(c) 브래킷(bracket) 또는 가드(guard), 풀리가 장착된 구조물의 상태를 점검한다(그림 6.5).

6.2. 조종케이블 장력 측정

A. 실습 개요

(1) 조종케이블의 장력(tension) 측정에 대해 학습한다.

B. 관련 지식

(1) 조종케이블은 온도 변화에 따른 신축을 고려하여 조절되어야 한다.

(2) 조종케이블의 장력 측정은 C-8 텐션 미터와 T-5 텐션 미터가 주로 사용된다.

(3) 항공기 주위에서는 수은이 포함된 온도계의 사용은 불가하다.

C. 자료 · 재료

(1) 케이블 텐션 캘리브레이션 차트(cable tension calibration chart)

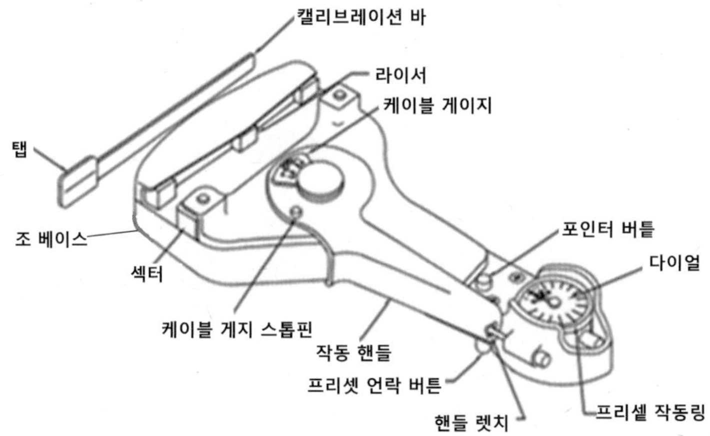

▲ **그림 6.7** C-8 케이블 텐션 미터

D. 기기(공구 · 장비)

(1) 케이블 장치 실습대

(2) 케이블 텐션 미터(cable tension meter)

(a) C-8

(b) T-5

(c) 턴버클 렌치(turnbuckle wrench)(P/N 12-01795)

(3) 디지털 온도계

E. 학습

(1) C-8 케이블 텐션 미터를 사용하는 조종케이블 장력 조절작업에 대해 학습하여 익힌다(그림 6.7).

(a) 텐션 미터의 교정 일자 유효기간을 확인한다.

(b) 텐션 미터의 일련번호와 캘리브레이션 바(calibration bar)의 일련번호가 일치하는지를 확인한다.

(c) 텐션 미터를 사용하기 전에는 매번 교정점검을 한다.

- 케이블 텐션 미터에는 캘리브레이션 바가 제공된다. 캘리브레이션 바를 사용하면 텐션 미터의 정확도를 즉시 확인할 수 있다. 캘리브레이션 바는 황동 탭에 표시된 부하 값을 나타내기 위해 정밀하게 조정되어 있다. 식별 표에는 텐션 미터의 일련번호가 표시되어 있다.
- 다이얼 상에 있는 가장 작은 케이블 크기 즉, 1/16로 선택한다. 캘리브레이션 바의 왼쪽 황동 탭(tab)을 잡는다. 황동 탭의 글자가 사용자를 향하게 하여 바의 오른쪽 끝이 기기의 모서리와 일치하도록 배치한다.

• jaw가 캘리브레이션 바를 잡을 수 있도록 작동 핸들을 천천히 풀어준다. 이 판독 값은 캘리브레이션 바의 황동 탭에 표시된 값과 ±2% 내에서 일치해야 한다.

(d) 케이블의 지름 측정(그림 6.8)

• 작동 핸들을 잠그고 케이블 게이지를 케이블 게이지 스톱 핀 쪽으로 붙인다.
• 작동 핸들을 움켜쥐어서 핸들 래치를 해제한 상태에서 케이블이 섹터와 라이저 사이에서 조 베이스에 밀착하여 자리 잡도록 놓는다.
• 포인터가 측정한 케이블 지름의 선 바로 위에 올 때까지 다이얼의 돌기가 있는 프리 셋 작동 링을 돌려가며 케이블 규격에 맞춘다.

(e) 장력 측정(그림 6.9)

• 돌기가 있는 프리 셋 작동 링을 돌려가며 측정하고자 하는 케이블 지름을 선택한다.
• 작동 핸들을 움켜쥐어 라이저와 섹터를 벌린 후 그 사이에 케이블을 놓고 핸들을 서서

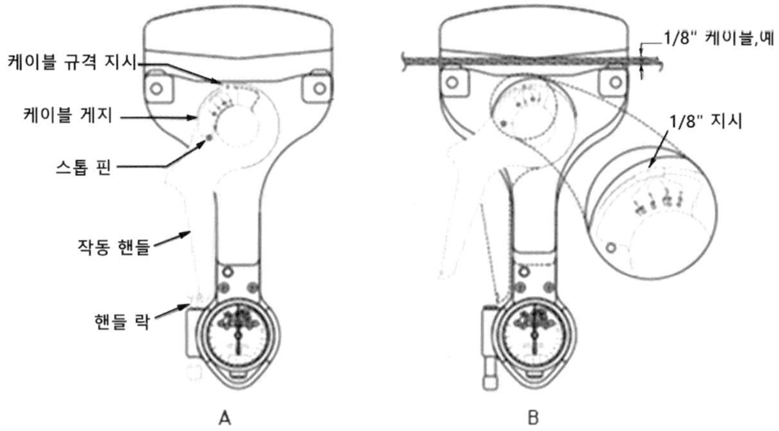

▲ 그림 6.8 케이블 지름 측정

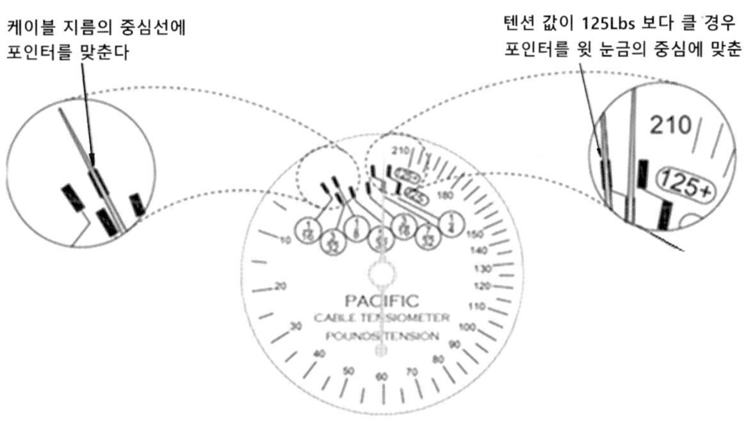

▲ 그림 6.9 케이블 규격 세트 하기

히 풀어준 후 다이얼의 지시 값을 읽는다.

- 7/32in. 및 1/4in.와 같이 큰 규격의 케이블의 경우, 한 줄에 두 개의 설정 선이 있다. 한 선은 125-로 표시되고, 다른 선은 125+로 표시된다. 125 Lbs. 이하의 장력을 측정할 때는 아래선을 사용하고, 125 Lbs. 이상의 장력을 측정할 때는 위선을 사용한다.

(2) T-5 케이블 텐션 미터(tension meter)의 사용방법에 대해 학습한다(그림 6.10).

(a) 텐션 미터를 사용하기 전에는 교정 일자의 유효기간을 확인한다.

(b) 사용 중 부주의로 인한 파손을 방지하기 위하여 손목걸이를 착용한다.

(c) 케이블 게이지를 이용하여 케이블의 지름을 측정한다(그림 6.11).

(d) 케이블의 크기에 따라 라이저(riser)를 선택하여 사용하며, 각각의 라이저에는 식별번호가 찍혀있다.

(e) 트리거(trigger)를 내리고 테스트할 케이블을 2개의 앤빌(anvil) 밑에 놓고 트리거를 올린다.

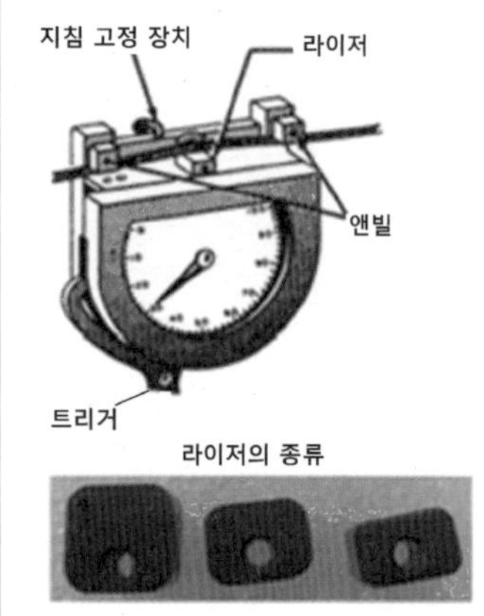

SAMPLE ONLY

Example

NO. 1			RISER	NO. 2		NO. 3
Dia. 1/16	3/32	1/8	Tension lb.	5/32	3/16	7/32 1/4
12	16	21	30	12	20	
19	23	29	40	17	26	
25	30	36	50	22	32	
31	36	43	60	26	37	
36	42	50	70	30	42	
41	48	57	80	34	47	
46	54	63	90	38	52	
51	60	69	100	42	56	
			110	46	60	
			120	50	64	

▲ **그림 6.10** T-5 텐션미터, 라이저, 환산표

▲ **그림 6.11** 케이블 지름 측정 장비

(f) 트리거를 올리면 라이저가 케이블을 앤빌 밑의 두 지지점으로부터 수직으로 밀어 올리며 이때 필요한 힘이 다이얼의 포인터에 지시한다.

(g) 환산표를 이용하여 다이얼 판독 수치를 IB. 값으로 변환한다.
(다이얼 판독 예: 2번 라이저를 사용하여 5/32in. 케이블의 장력을 측정하면 30의 판독 값을 얻을 수 있고 환산표에서, 30의 왼쪽으로 이동해 보면 케이블의 실제 장력은 70 Lbs. 임을 알 수 있다.)

(h) 1번 라이저는 1/16in. 3/32in. 및 1/8in. 케이블과 함께 사용된다는 점에 유의해야 한다.

(i) 장소 제한 등으로 인하여 다이얼을 보기가 어려울 경우는 브레이크 레버 로드(Brake lever rod)를 이용하여 포인터를 고정하고 케이블로부터 텐션 미터를 분리해서 판독 값을 읽는다. 브레이크 레버 로드를 당겨 빼면 포인터는 "0"으로 되돌아간다.

(3) 케이블 장력의 온도 보상(그림 6.12)

(a) 디지털 온도계를 사용하여 케이블 장치 주위의 온도를 측정한다.

(b) 케이블 주위의 외기 온도에 변화에 따른 신축에 의한 장력 변화는 케이블 캘리브레이션 차트를 이용하여 보상하여 준다.

(c) 온도 보상 예: 케이블 지름 1/8in. 7 × 19in. 케이블, 외기 온도가 85°F, 85°F 선과 1/8in. 케이블 곡선과의 교차점에서 오른쪽으로 이동하여 장력 값을 취한다. 이 사례에 대한 장력은 70Lbs.이다.

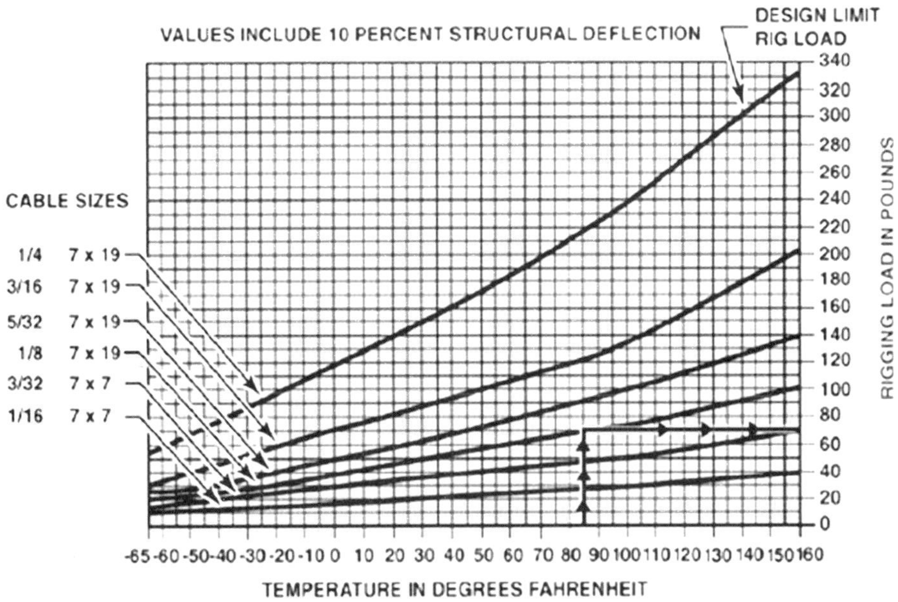

▲ 그림 6.12 케이블 장력 켈리브레이션 차트

6.3. 조종계통 점검

A. 실습 개요

(1) 조종계통(flight control system)의 점검 방법에 대해 학습한다.

B. 관련 지식

(1) 조종계통을 기능점검할 때는 조종석 1인, 조종면 1인, 2인 1조로 하여 서로 의사소통이 이루어지게 한다.

(2) 조종면이 작동하는 항공기 주위는 작업대, 스텝, 사다리 등을 제거한다.

(3) 조종계통을 1인이 점검할 때는 조종석 작동장치(조종간, 플랩 레버, 스위치)에 작동금지 표식을 부착한다. 작동금지 표식에는 "작동금지"와 함께 "해당 작동계통 명칭", "부착자 성명", "부착시간"을 기재한다.

C. 자료 · 재료

(1) AMM

(2) C-172 TCDS

D. 기기(공구 · 장비)

E. 학습

조종계통(flight control system)의 점검 방법에 대해 학습하여 익힌다.

(1) 항공기 조종계통 작동범위(flight control travel limit) 정보를 찾아본다.

(a) AMM에서 찾기

AMM ATA Chap. 6 Airplane dimensions and specification 페이지에서 찾아본다.

(b) TCDS에서 찾기

TCDS에서 조종계통 작동범위(flight control travel limit) 정보를 찾아본다.

(2) 에일러론(aileron), 엘리베이터(elevator), 러더(rudder), 플랩(flap) 계통을 기능점검한다. 조종계통을 기능점검할 때는 조종석에 1인, 조타면에 1인이 통신장치를 이용하여 서로 의사소통을 하며 수행한다.

(a) 에일러론: 에일러론이 전 작동범위 내에서 자유롭고 정확하게 작동하는지 점검한다.

(b) 엘리베이터: 엘리베이터가 전 작동범위 내에서 자유롭고 정확하게 작동하는지 점검한다.

(c) 러더: 러더가 전 작동범위 내에서 자유롭고 정확하게 작동하는지 점검한다.

(d) 플랩: 플랩이 전 작동범위 내에서 자유롭고 정확하게 작동하는지 점검한다.

(3) 엘리베이터 트림 탭(Elevator trim tab) 계통을 기능 점검한다. 엘리베이터 트림 탭이 작동범위 내에서 자유롭고 정확하게 작동하는지 점검한다.

(4) 엘리베이터 트림 탭 액추에이터(Elevator trim tab actuator) 계통의 Control cable, Control rod, Chain, Sprocket, Pulley에 대해 점검한다(그림 6.13).

(a) ATA Chap. 27에서 ELEVATOR TRIM CONTROL-MAINTENANCE PRACTICE 페이지를 찾는다

(b) ATA Chap. 6을 참조하여 점검창 320AB의 위치를 찾는다.

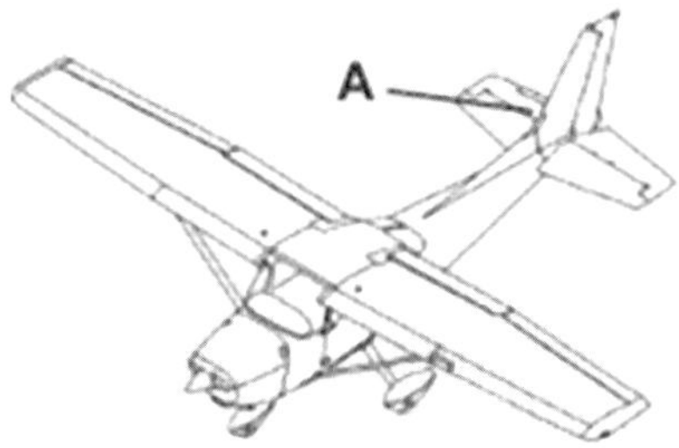

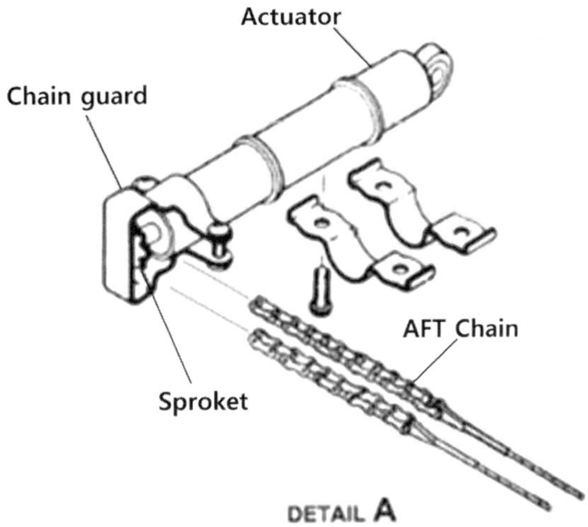

▲ 그림 6.13 엘리베이터 트림 탭 액추에이터

7. 산소계통(Oxygen System)

7.1. 산소 실린더 내압 테스트 일자 점검

A. 실습 개요

(1) 산소 실린더(Oxygen Storage Cylinders) 내압 테스트 일자 점검 방법에 대해 학습한다.

B. 관련 지식

(1) 항공용 산소 실린더는 녹색으로 도색되어 있으며 “Aviator’s breathing oxygen”과 같이 항공용 산소 실린더, 또는 조종사 호흡용 산소라는 글이 명기되어 있다.

(2) 대부분의 실린더는 유효 수명 기간 이상 사용할 수 없다.

(3) 제작 일자와 인증번호(certification number) 그리고 차기 내압시험 일자가 각각의 실린더 목(neck) 부위에 낙인된다. 복합재료 실린더는 꼬리표(placard)를 이용한다. 꼬리표는 새로운 수압시험 일자와 같은 추가적인 기록사항 발생 시 에폭시(epoxy)로 덧칠하고 그 위에 새로운 정보를 기재한다.

(4) 정비사는 산소계통 취급 시 오일, 연료, 그리스로 오염된 복장이나 장갑을 사용하지 않도록 주의한다.

C. 자료 · 재료

산소 실린더 mock up

D. 기기(공구 · 장비)

E. 학습

산소 실린더(oxygen storage cylinders) 내압 테스트 일자를 점검해 본다(그림 7.1, 7.2).

(1) 산소 실린더(oxygen storage cylinders) 내압 테스트 일자

(a) 실린더의 목 부위에 낙인된 검사 일자를 확인하여 인증 형식별 내압시험 주기 이내 인가를 확인한다. 내압시험 주기를 벗어난 실린더는 사용 불가하다.

(b) 복합재료 실린더의 꼬리표(placard)의 기재 사항을 확인한다.

▲ 그림 7.1 복합재료 항공용 산소 실린더

내압 시험 주기

인증 형식 (certification type)	재질 (Material)	정격압력 (psi) (rated pressure)	규정 내압 시험주기(년) (required hydrostatic test(years))	유효 수명 (년수) (service life(years))	유효 수명 (충전횟수) (service life(fillings))
DOT 3AA	강(Steel)	1,800	5	제한 없음	해당 없음
DOT 3HT	강(Steel)	1,850	3	24	4,380
DOT-E-8162	복합재료	1,850	3	15	해당 없음
DOT-SP-8162A	복합재료	1,850	5	15	해당 없음
DOT 3	알루미늄 합금	2,216	5	제한 없음	해당 없음

▲ 그림 7.2 항공용 산소 실린더 내압 시험 주기표

8. 프로펠러(Propeller)

8.1. 프로펠러(Propeller)

A. 실습 개요

(1) 프로펠러 장탈, 장착 방법에 대해 학습한다.

B. 관련 지식

(1) C-172 항공기에는 McCauley Propeller Systems의 2개의 날개, 고정 피치, 금속 프로펠러가 한 개 장착돼 있다.

(2) 프로펠러 작업을 할 때는 프로펠러를 회전하기 전에 매그니토(magneto) switch는 Off 위치에 유지하여야 한다.

(3) 스페이서(spacer)와 프로펠러는 함께 밸런싱(balancing)한다. 스페이서와 프로펠러는 분리해서 타 항공기 것과의 교환은 불가하다.

(4) 프로펠러 작업을 할 때는 프로펠러를 회전하기 전에 매그니토 스위치는 Off 위치에 유지하여야 한다.

C. 자료 · 재료

(1) 색소 침투 검사 키트, 샌드백

D. 기기(공구 · 장비)

(1) C-152, C-172, C-182, M-20 항공기

(2) 필러 게이지(feeler gauge)

E. 학습

(1) 프로펠러 장탈(그림 8.1)

(a) 항공기 카울(cowl)과 노즈 캡(nosecap)을 장탈한다.

(b) 전방(forward) 및 후방(after) 벌크헤드(bulkhead)를 고정하는 스크루를 풀고 스피너를 장탈한다.

(c) 프로펠러 장착 볼트에서 안전결선을 제거한다.

(d) 장착 볼트를 풀고, 크랭크 샤프트(crankshaft)에서 전방 벌크헤드, 프로펠러, 전방 벌크헤드와 스페이서를 장탈한다.

(e) 프로펠러 장착 볼트는 자분 검사(magnetic particle inspection 또는 액체 침투 검사(liquid penetrant inspection)를 수행한다.

(f) 프로펠러가 장탈되면 다월 핀(dowel pin)은 프로펠러와 후방 벌크헤드 및 스페이서를 함께 지지한다.

(g) 프로펠러를 허브(hub)에 가깝게 배치한 두 개의 샌드백 사이에 스페이서(spacer)를 밑으로 향하게 하여 올려놓는다.

(h) 다월 핀 구멍에 넣을 수 있는 적당한 굵기와 6in. 길이의 금속 봉을 준비한다. 다월 핀 구멍에 금속 봉을 넣고 해머로 가볍게 번갈아 두드려주어 프로펠러 허브에서 스페이서와 벌크헤드를 장탈한다.

(2) 프로펠러의 장착

(a) 접촉면을 깨끗이 세척한 후 스페이서, 프로펠러 및 벌크헤드를 크랭크 샤프트(crank-shaft)에 장착한다.

(b) 스페이서 측면에 찍힌 일련번호와 프로펠러 날개 한 개와 직선상에 오게 한다.

(c) 프로펠러 장착 전 위치 정렬

- Starter ring gear 후면에서 Top Center(TC) 표시를 찾는다.
- 프로펠러 날개와 TC 표시를 맞춘다.
- 프로펠러를 항공기 정면에서 보며 볼트 구멍이 맞을 때까지 시계 방향으로 회전시킨다.

(d) 스페이서, 후방 벌크헤드, 프로펠러 및 전방 벌크헤드 장착 볼트를 핑거타이트(fingertight)하여 크랭크 샤프트에 장착한다.

(e) 스피너를 벌크헤드에 씌우고 벌크헤드의 스크루를 핑거타이트하여 장착한다.

(f) 스피너 스크루를 장착하기 위해서는 후방 벌크헤드를 약간 회전한다.

(g) 스크루 구멍을 맞추기 위해 프로펠러, 스피너, 전방 및 후방 벌크헤드에 index mark를 표시한다.

(h) 전방 및 후방 벌크헤드가 제자리에 있도록 하며 스피너를 조심스럽게 장착한다.

(i) 프로펠러를 볼트와 와셔로 고정하고 볼트 위치를 서로 가로 지르는 순서로, 660~780 in-lb로 토크한다.

(j) 볼트에 안전결선한다.

(3) 후방 벌크헤드와 스피너 사이의 간격(clearance) 검사

(a) 필러게이지(feeler gauge)를 사용하여 스피너와 후방 벌크헤드 사이의 간격이 0.03in. 이내 인가를 확인한다. 간격이 0.03in. 를 초과하면 후방 벌크헤드를 교환한다.

(b) 얼터네이터 벨트(alternator belt) 장력을 조절한다.

(c) 노즈 캡과 카울링을 장착한다.

(4) 프로펠러 점검

(a) 날개(blade): 균열(crack), 우그러짐(dent), 찍힘(nick), 긁힘(scratch), 부식(corrosion), 침식(erosion) 및 기타 손상에 대해 점검한다.

(b) 프로펠러 허브(propeller hub): 일반적 컨디션에 대해 검사한다.

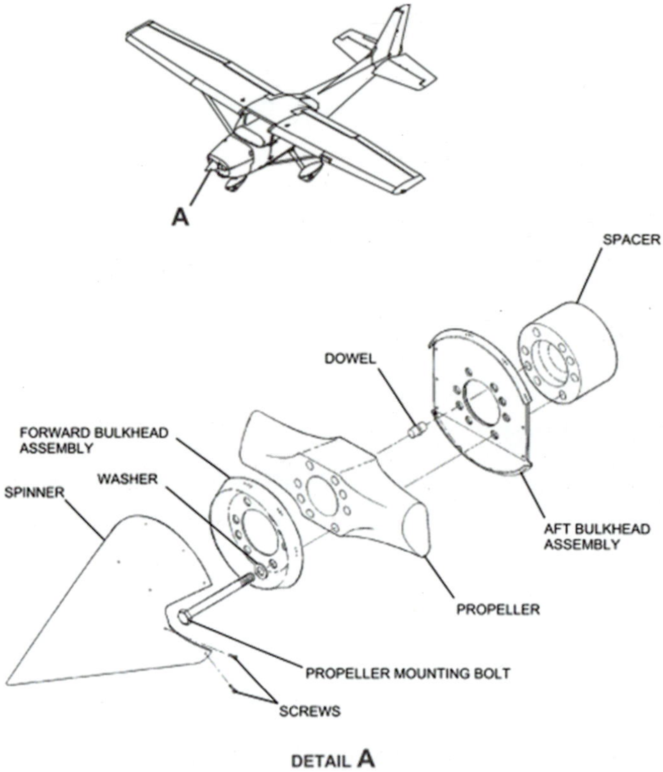

▲ 그림 8.1 프로펠러 장착 C-172

(c) propeller 장착 시큐리티에 대해 검사한다.

(5) 프로펠러 장착 볼트

장착 볼트에 대해 안전결선 헐거움을 점검하고, 필요하면 리토크(retorque)한다.

(6) 스피너

일반적 컨디션과 장착에 대해 검사하고, 스피너와 벌크헤드를 장탈하여 균열에 대해 점검한다.

8.2. 프로펠러 블레이드 궤적 검사(Propeller Blade Tracking Check)

A. 실습 개요

(1) 프로펠러 날개 궤적(Propeller blade track) 검사 방법에 대해 학습한다.

B. 관련 지식

(1) C-172 항공기에는 고정 피치, One-piece, 2개의 날개, Anodized aluminum alloy로 제작된 프로펠러가 장착돼 있다.

(2) 모든 물체와 사람이 프로펠러의 회전 반경에서 떨어져 있는지 확인한다. 전원이 켜져 있는 경우 와이어가 헐겁거나 끊어지면 엔진이 시동하여 프로펠러가 회전하여 인명 사고가 발생하거나 부상을 입을 수 있다.

(3) 전원이 공급된 상태에서 엔진에 대한 작동 테스트를 완료해야 하는 경우, 엔진 시동 시 부상이나 사망을 방지하기 위해 모든 인원은 프로펠러의 회전 반경에서 충분히 떨어져 있어야 한다.

C. 자료 · 재료

(1) 목재 판재

D. 기기(공구 · 장비)

(1) C-152, C-172, C-182

E. 학습

(1) 프로펠러 날개 궤적 검사 방법에 대해 학습하여 익힌다(그림 8.2).

(a) 항공기에 쵸크(chock)를 고여 기체가 움직이지 않게 한다.

(b) 판판한 목재 판재 위에 백지를 붙인 후 날개 팁 밑에 고정하고, 날개의 팁에 수성 잉크를 묻혀 회전하며 그 궤적을 표시하게 한다.

(c) 프로펠러를 조심스럽게 돌려주면서 두 날개의 궤적을 표시한다.

(d) 매번 선이 추가되면 궤적의 수평거리 차이를 기록한다.

(e) 피스톤 엔진에 장착된 모든 McCauley Propeller사의 프로펠러 날개 사이의 궤적의 차이 허용값은 최대 0.0625in.(1.6mm)이다.

(f) 궤적의 차이 허용값을 벗어나면 프로펠러 장착 볼트를 리토크(retorque)한다.

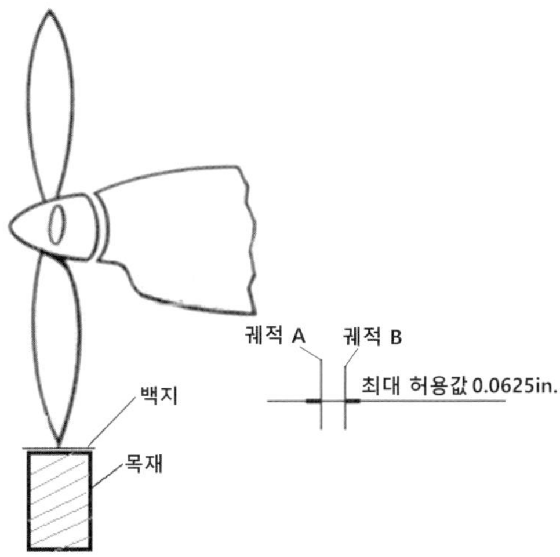

▲ 그림 8.2 프로펠러 날개 궤적 검사

3장

원동기 정비 실습

1. 왕복 엔진

1.1. 왕복 엔진의 계통별 점검 및 검사

A. 실습 개요

(1) 원동기의 계통별 점검(inspection) 및 검사(check)에 대해 학습한다.

B. 관련 지식

(1) 항공기 제작사는 항공기 계통별 점검 및 검사 항목을 설정하여 제공한다

C. 자료 · 재료

D. 기기(공구 · 장비)

(1) C-152, C-172, C-182, PA-34, M-22 엔진

E. 학습

(1) 용어의 정의

(a) 점검(Inspection): 시각이나 촉각으로 상태를 확인하는 수단

(b) 검사(Check): 적절한 작동을 검증하는 수단

(c) 서비싱(Servicing): 작동성능을 지속적으로 보장하기 위하여 제공하는 수단

(d) 안전 조치(Safetying): 안전결선, 코터핀 및 락킹 클립(locking clip)을 사용하여 부품을 올바르게 고정하는 수단 또는 방법

(e) 온 컨디션(On Condition)검사

차기 계획 점검(next scheduled inspection) 전까지 부품의 오작동(malfunction)이나 고장(failure)이 발생하지 않음을 보장하기 위한 필요한 점검(inspection) 및 검사(check)

(f) 컨디션(Condition)점검: 청결(cleanliness), 균열(crack), 변형(deformation), 부식(corrosion), 마손(wear) 및 헐겁거나 탈락된 고정 장치에 대한 점검

(g) 시큐리티(Security)점검: 패스너(fastener) 및 패스너를 고정하는 장치(예: 안전결선, 코터핀, 자동고정 너트)가 안전한지를 점검

(2) 점검 및 검사 가이드라인

(a) 움직이는 부품(Movable part)

윤활(lubrication), 보수(servicing), 부착물의 고정 상태(security of attachment), 걸림 현상(binding), 과도한 마멸, 안전결선, 적절한 작동, 적절한 조절, 정확한 행정(correct travel), 피팅(fitting)의 깨짐, 힌지(hinge)의 고정 상태, 결함 베어링, 청결,

부식, 변형, 밀폐(sealing) 및 장력(tension)에 대한 점검

(b) 유체 라인 및 호스(Fluid lines 및 Hose)

유체의 배관에 대해 누설, 균열, 부분 팽창, 납작해짐, 뒤틀림, 찌그러짐, 굵힘, 적절한 굽힘 반경, 장착상태, 변색, 탈색, 열에 의한 변질 및 적절한 배치와 고무 호스의 경화 또는 유연성 변질, 금속 배관의 부식에 대해 점검한다.

(c) 금속제 부품(Metal part)

장착상태, 균열, 금속의 변형, 헐겁거나 파손된 전기단자, 열에 의한 변질 및 부식된 전기단자에 대해 점검한다.

(d) 전기 배선(Wiring)

장착상태, 마찰, 연소, 아크, 절연 불량, 헐거움 또는 파손된 단자, 열에 의한 변질 및 단자 부식을 점검한다.

(3) 엔진에 대해 점검 및 검사를 수행한다(그림 1.1, 1.2, 1.3).

(a) 엔신 쇼크 마운트(shock mount), 실린더, 마운트 골격 상태, 시큐리티 및 정렬(alignment)에 대해 검사한다.

쇼크 마운트는 어떠한 종류의 솔벤트로도 세척하면 안 된다. 세척이 필요하면 깨끗하고

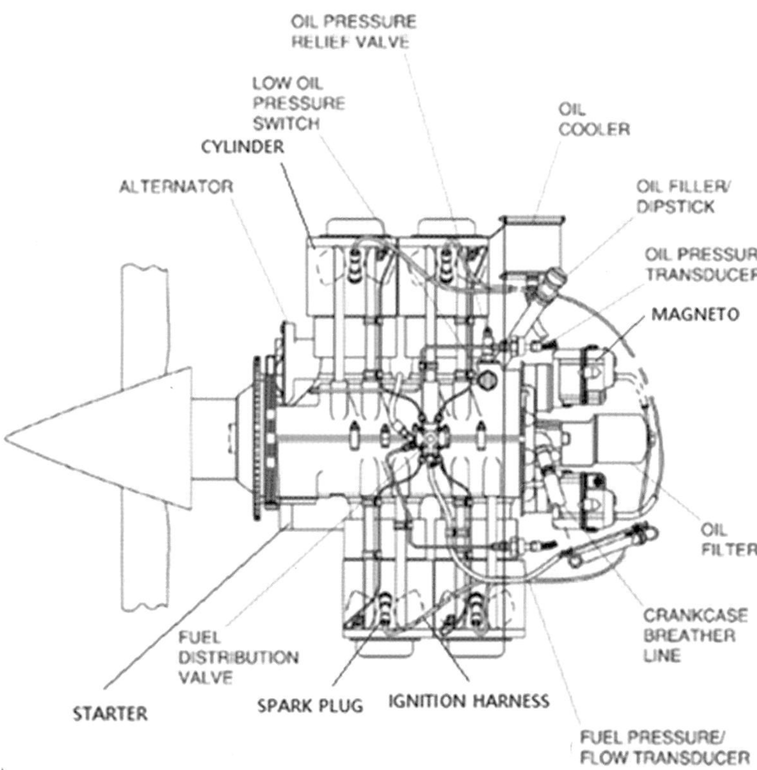

▲ 그림 1.1 IO-360 엔진

건조한 걸레를 사용하여 세척한다.

(b) 인덕션 airbox, valve, door 및 control: 에어 필터를 장탈하고 힌지(hinge), 도어, 씰(seal) 및 부착 부품의 마모 및 고정 상태를 점검한다.

(c) 호스, 금속 배관 및 피팅

오일과 연료의 누설 징후가 있는지 점검한다. 마멸(abrasion), 마찰(chafing), 고정 상태(security) 적절한 배관 경로(routing) 및 지지장치(support)와 성능 저하(deterioration) 징후를 검사한다.

(d) 실린더, rocker box cover 및 pushrod housing 핀(fin)의 손상, 균열, 오일 누설, 장착 안정성 및 일반적인 컨디션에 대해 검사한다.

(e) 실린더 metal lines, 호스, 클램프(clamp) 및 피팅(fitting)의 누설, 컨디션 및 시큐리티에 대해 검사한다. 배관과 지지장치에 대해 검사한다.

(f) 실린더 배플(baffle) 및 씰: 컨디션 및 장착상태에 대해 검사한다.

(g) 엔진: 오일과 연료의 누설에 대해 검사한다. 엔진을 세척하고 부속품(accessory)의 시큐리티(security)에 대해 검사한다.

(h) 배기 계통(exhaust system): 균열 및 시큐리티에 대해 점검한다. 열 교환기(heat

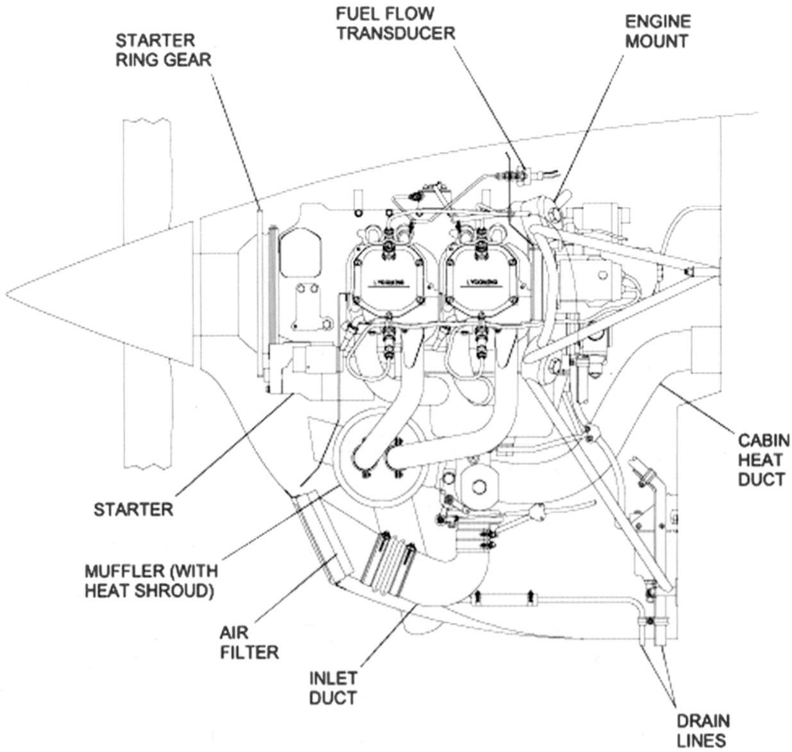

▲ 그림 1.2 IO-360 엔진, 좌측에서 보기

exchanger)에 대해 특별히 검사한다.

(i) 이그니션 하니스 인슐레이터(ignition harness insulator): 적절한 배열, 성능 저하 및 터미널의 컨디션에 대해 검사한다.

(j) 실린더 조정장치(control) 및 링키지(linkage)

전체적 범위에 걸쳐 일반적인 상태와 이동 행정의 자유로움에 대해 작동 시험(examine)을 수행한다. 올바른 이동 행정, 장착물의 시큐리티(security) 및 마손 흔적에 대해 검사한다. 적절한 작동에 대해 마찰 걸림 및 미세 조정 점검에 대해 검사한다.

쓰로틀(throttle), 퓨얼 믹스처(fuel mixture) 및 프로펠러 가버너 암(governor arm)이 이동 원호의 전체 범위를 따라 작동하는지 점검하여 확인한다.

(k) 얼터네이트 인덕션 에어 계통(alternate induction air system)

막힘(obstruction), 작동상태, 시큐리티에 대해 검사한다.

(l) 인덕션 계통(induction system)

클램프, 배관, 덕트의 시큐리티에 대해 검사한다. 누설 흔적에 대해 점검한다.

(m) 오일 쿨러(oil cooler)의 막힘(obstruction), 누설, 시큐리티에 대해 검사한다.

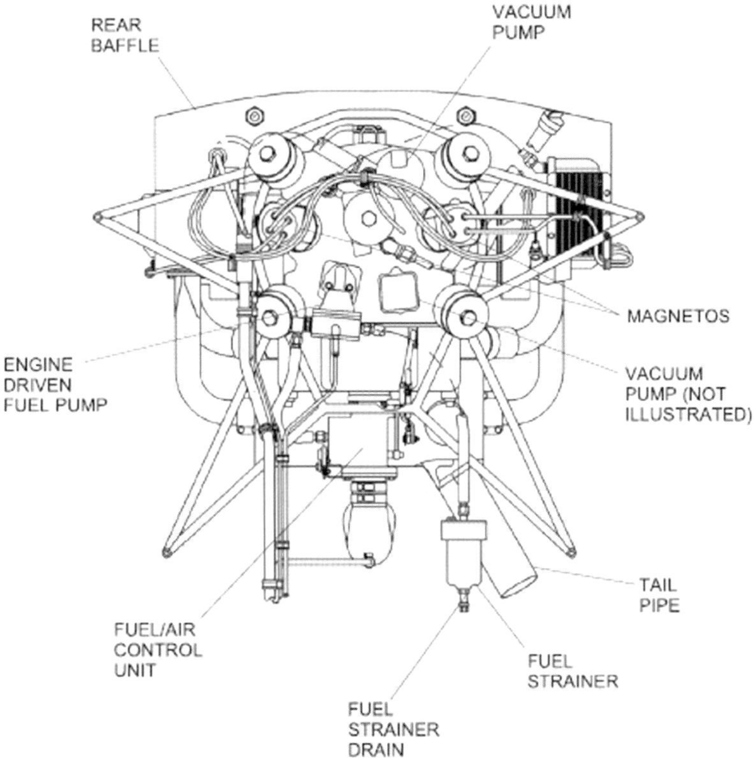

▲ 그림 1.3 IO-360 엔진, 후방에서 보기

1.2. 엔진 카울(Cowl)

A. 실습 개요

(1) 엔진 카울(cowl)의 장탈, 장착 작업방법에 대해 학습한다.

B. 관련 지식

(1) 엔진 카울은 상부 및 하부의 금속 판재 덮개와 복합소재의 노즈 피스(nose piece)로 구성된다. 카울은 퀵 릴리스, 1/4 회전 패스너로 마운트에 부착되어 장탈 및 장착이 용이하다. 노즈 피스는 스크루와 너트 플레이트를 사용하여 서로 고정된다.

(2) 우발적인 엔진 시동을 방지하기 위해 엔진의 모든 전원을 차단한다. 전원을 비활성화하지 않으면 우발적인 엔진 시동, 부상 또는 사망의 원인이 될 수 있다. 엔진에 대한 서비스 또는 정비를 시작하기 전에는 점화 스위치가 꺼져 있고 비활성화되어 있는지 확인한다.

C. 자료 · 재료

D. 기기(공구 · 장비

(1) C-172, C-182

E. 학습

(1) 엔진 카울 장탈 방법에 대해 학습하여 익힌다(그림 1.4).

(a) 상부 카울(upper cowl) 테두리에서 퀵 릴리스 패스너(quick release fastener)를 풀어준다.

(b) 상부 카울을 장탈한다.

(c) 하부 카울(lower cowl)에서 인덕션 에어 필터 브래킷(induction air filter bracket)을 장탈한다.

(d) 하부 노즈 피스(nose piece)에서 상부 노즈 피스를 분리한다.

(e) 하부 카울 테두리에서 노즈 피스를 분리한다.

(f) 하부 카울을 장탈한다.

(2) 엔진 카울 장착

(a) 엔진 주위에 하부 카울을 장착하고 퀵 릴리스 패스너를 이용하여 장착한다.

(b) 퀵 릴리스 패스너를 사용하여 인덕션 에어 필터 브래킷을 하부 카울에 장착한다.

(c) 나사를 사용하여 상부 노즈 피스를 하부 노즈 피스에 장착한다.

(d) 엔진 주위에 상부 카울을 장착하고 퀵 릴리스 패스너를 이용하여 고정한다.

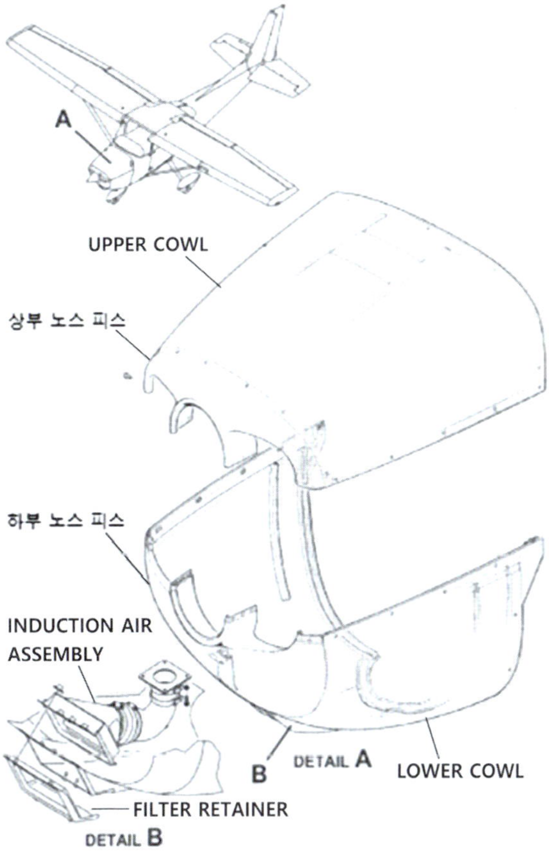

▲그림 1.4 엔진 카울 C-172

1.3. 엔진 실린더(Cylinder)

A. 실습 개요

(1) 실린더(cylinder) 장탈, 장착 방법에 대해 학습한다.

B. 관련 지식

(1) 실린더는 연소와 가스 팽창이 일어나는 연소실 역할을 하며, 내부에 피스톤(piston)과 커넥팅 로드(connecting rod)가 있다.

(2) 튜브 커플링 너트를 분리하거나 조립할 때는 두 개의 렌치를 사용한다. 렌치 한 개는 피팅을 잡고 다른 한 개는 커플링 너트를 풀거나 토크한다. 두 개의 렌치를 사용하지 않으면 계통에 손상을 줄 수 있다.

C. 자료 · 재료

(1) 토크 씰(torque seal)

D. 기기(공구 · 장비)

(1) IO-360 엔진

(2) 피스톤 링 압축기(Piston ring compressor, ST485)

(3) 실린더 베이스 너트 렌치 1/2in. 3/8in.

(4) 푸시 로드 스프링 압축기

E. 학습

(1) 실린더 장탈

(a) 엔진에 전원을 차단하고 기체로부터 실린더 wiring harness를 분리한다.

(b) 오일 드레인 튜브(oil drain tube) 장탈(그림 1.5)

- 오일 드레인 튜브 어셈블리(oil drain tube assembly)에 연결된 호스 클램프를 장탈한다.
- 실린더에서 드레인 튜브 피팅을 분리한다.
- 호스를 장탈한다.
- 실린더에서 오일 드레인 튜브 어셈블리를 장탈한다.

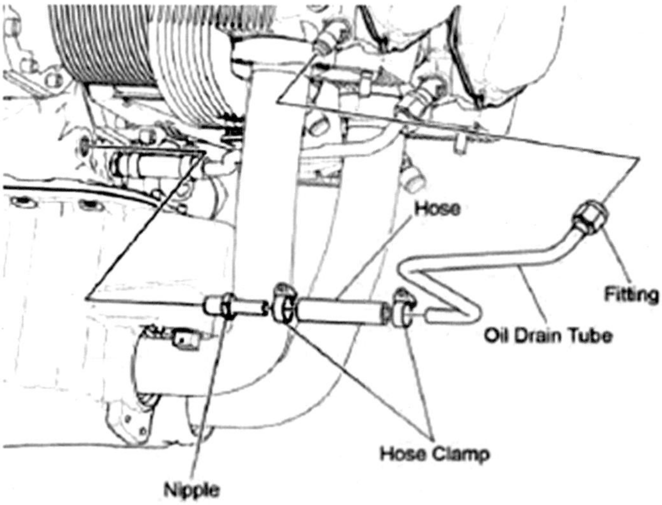

▲ 그림 1.5 오일 드레인 튜브

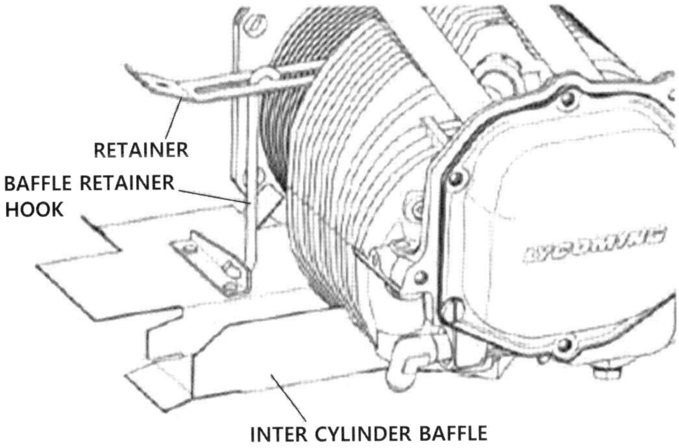

▲ 그림 1.6 인터 실린더 배플

(c) 인터 실린더 배플(inter cylinder baffle) 장탈(그림 1.6)

- 인터 실린더 배플에서 리테이너를 분리하기 위해서는 리테이너 후크(retainer hook)를 돌려준다.
- 실린더 사이에서 인터 실린더 배플과 리테이너 후크를 장탈한다.

(d) 로커 박스 커버(locker box cover)에서 스크루를 장탈하고 로커 박스 커버를 장탈한다(그림 1.7).

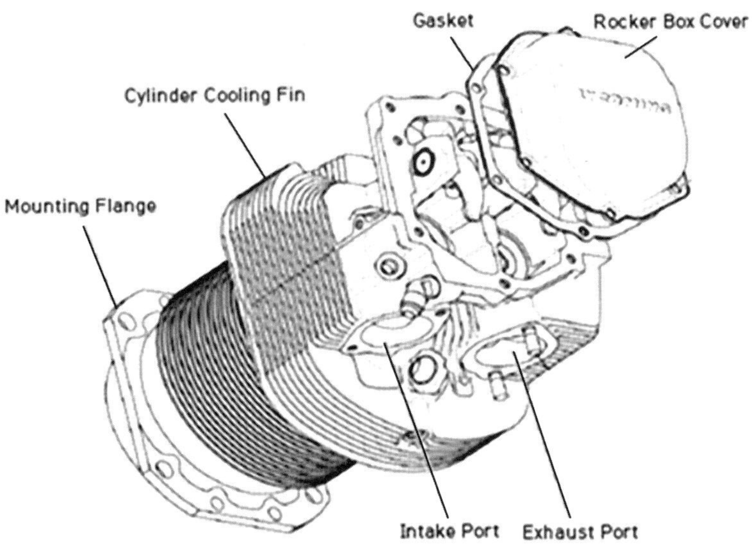

▲ 그림 1.7 IO-360 엔진 실린더

(e) 실린더의 번호는 우측 전방이 1번, 후방이 3번, 좌측 전방이 2번, 후방이 3번이다(그림 1.8).

(f) 장탈하려는 실린더의 피스톤을 컴프레션 스트로크(compression stroke)의 TDC(top dead center)에 오도록 크랭크 샤프트(crankshaft)를 돌려준다

(g) 밸브 로커 샤프트(valve rocker shaft) 끝에서 2개의 스러스트 버튼(thrust button)을 장탈한다.

(h) 로커 샤프트와 밸브 로커 어셈블리(valve rocker assembly), 부싱(bushing)을 장탈한다(그림 1.9).

(i) 배기 밸브(exhaust valve)로부터 푸시 로드(push rod)와 밸브 스템 캡(valve stem cap)을 장탈한다.

(j) 너트, 락 플레이트(lockplate) 및 슈라우드 튜브 스프링(shroud tube spring)을 장탈한다(그림 1.9).

(k) 로커 박스를 통해 슈라우드 튜브를 장탈한다.

(l) 슈라우드 튜브 끝에서 실(seal)을 장탈한다.

(m) 크랭크 케이스에서 Washer, Seal, 하이드로울릭 리프터 소켓(hydraulic lifter socket) 및 플런저 어셈블리(plunger assembly)를 장탈한다.

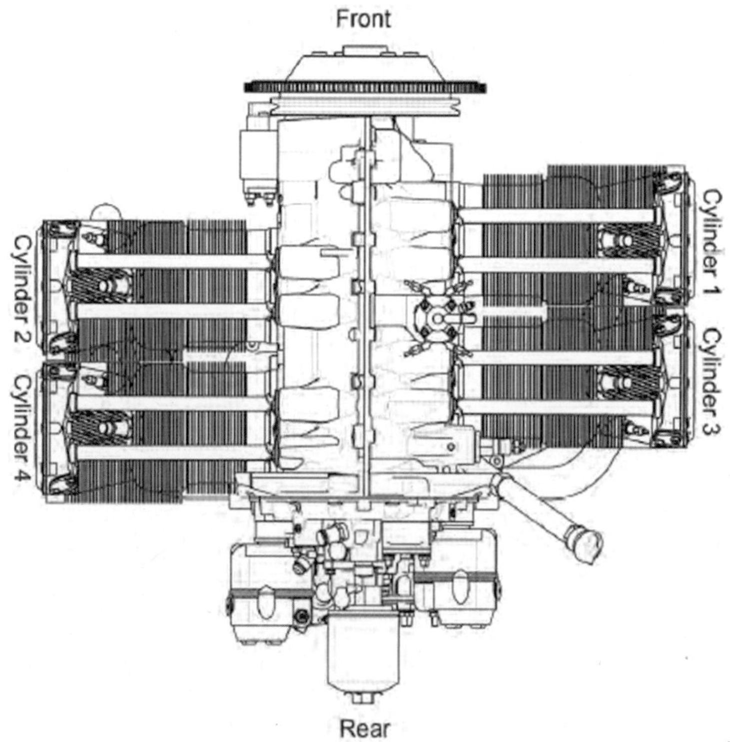

▲ 그림 1.8 실린더 번호 부여

(n) 실린더 홀드 다운 너트를 장탈한다(그림 1.10).

(o) 실린더를 장탈한다.

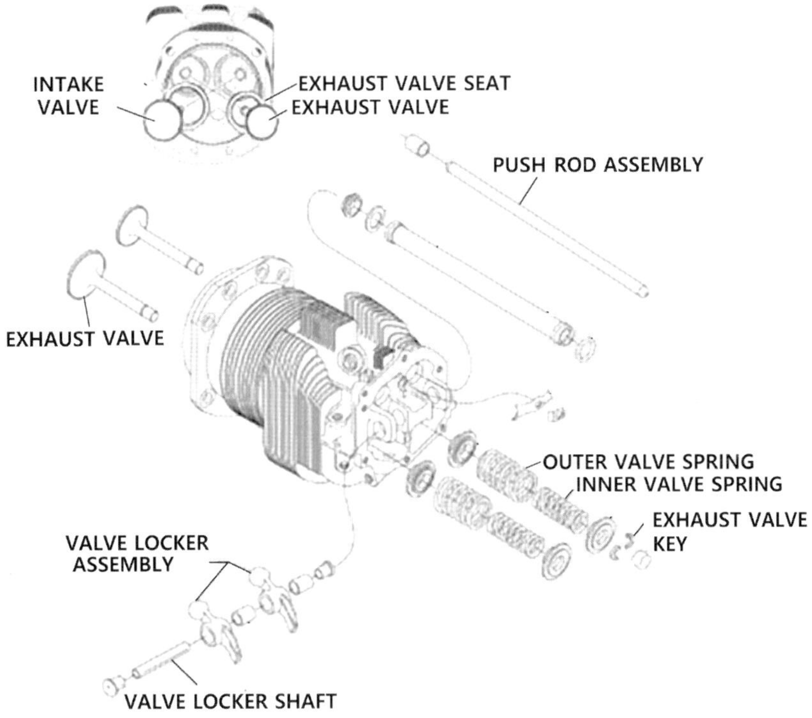

▲ **그림 1.9** 실린더 분해도

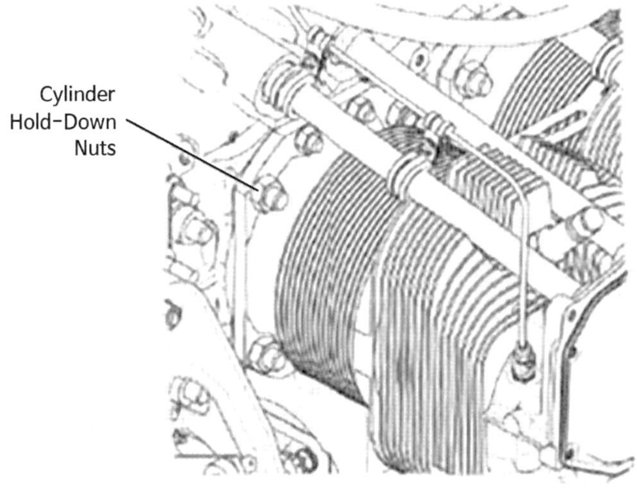

▲ **그림 1.10** 실린더 홀드 다운 너트

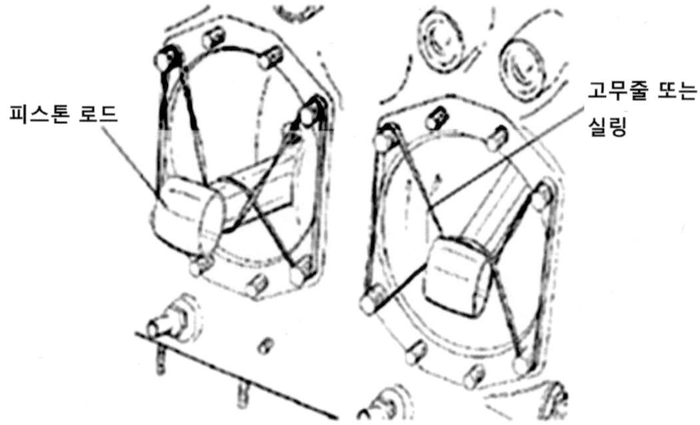

▲ **그림 1.11** 피스톤 로드 매달기

(p) 고무 밴드나 떼어낸 실린더 베이스 O 링을 베이스 스터드(stud)에 걸치게 하여 피스톤 로드를 매어 단다(그림 1.11).

(2) 실린더 장착

(a) 실린더 베이스에 실린더 베이스 오일 씰 링(base oil seal ring)을 장착한다(그림 1.12).

(b) 실린더 베이스 오일 씰 링에 엔진 오일을 가볍게 발라준다.

(c) 실린더 배럴(barrel) 내부를 피스톤 링 자리까지 엔진 오일로 윤활한다.

(d) 크랭크 케이스(crankcase)의 쓰루 스터드(thru stud)와 실린더 홀드다운 스터드(hold-down stud) 나사산의 끝에서 3산까지 엔진 오일로 윤활한다.

(e) 피스톤 링 컴프레서(piston ring compressor)를 사용하여 실린더를 다음과 같이 장착

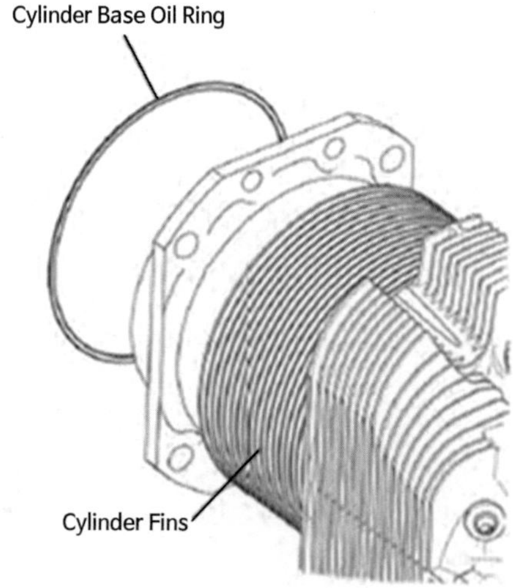

▲ **그림 1.12** 실린더 베이스 오일 실링

한다(그림 1.13, 1.14).

- 탑 피스톤 링(top piston ring)에 피스톤 링 컴프레서를 조립하고 실린더를 해당 커넥팅 로드(connecting rod)의 피스톤 위에 피스톤 링 컴프레서를 실린더 배럴과 함께 밀면서 장착한다.
- 실린더가 크랭크 케이스(crankcase)의 실린더 플랜지(flange)에 닿도록 밀어 끼운다.
- 스파크 플러그 구멍에 외부 물질이 들어가지 않도록 캐핑을 채운다.

(f) 실린더 베이스에 홀드다운 너트(hold down nut)를 쓰루 스터드(thru stud)와 실린더 홀드다운 스터드(cylinder hold down stud)에 장착한다(그림 1.9).

(g) 실린더 홀드 다운 너트를 그림(1-15)의 순서대로 다음과 같이 토크한다.

- 1/2in. 너트를 25 ft-lb(34 N · m)로 토크한다.
- 1/2in. 너트를 50 ft-lb(68 N · m)로 토크한다.
- 3/8in. 너트를 25 ft-lb(34 N · m)로 토크한다.

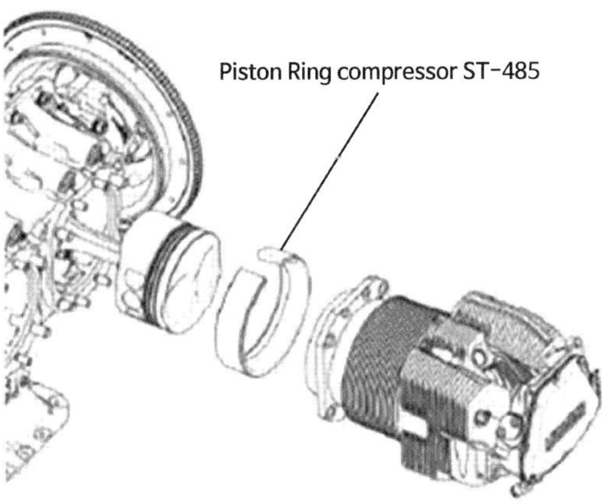

▲ 그림 1.13 피스톤 링 컴프레서

▲ 그림 1.14 피스톤 장착(부록 참조)

- 모든 1/2in. 너트를 50 ft-lb(68 N · m)로 토크한다.
- 실린더 홀드 다운 너트에 토크 씰(torque seal)한다.

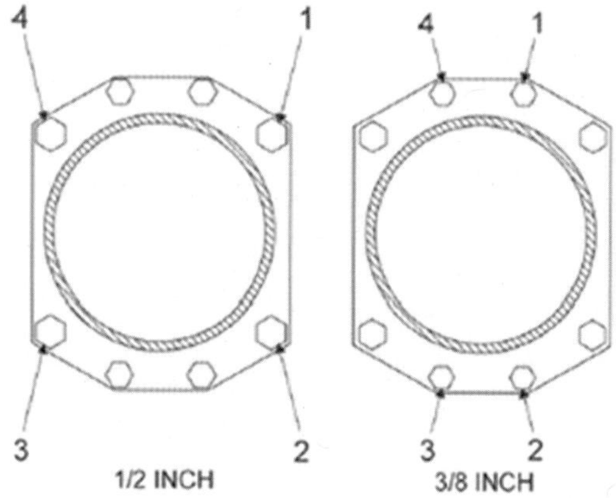

▲ **그림 1.15** 실린더 홀드 다운 너트 토크 순서

(h) 슈라우드 튜브(shroud tube)를 장착한다.
슈라우드 튜브 스프링, 락 플레이트 및 너트를 장착한다.
96in-lb로 토크한다.

(i) 푸시 로드(push rod)를 장착한다.

(j) 로커 접착(rocker contact)면을 윤활한다.

(k) 실린더 헤드에 로커박스 커버(rocker box cover)를 개스킷과 함께 장착한다.

(l) 스파크 플러그 홀에서 캡핑을 장탈한다.

(m) 아래, 위 스파크 플러그를 장착한다.

(n) 연료 라인을 연료 인젝션 노즐에 장착한다.

(o) 시라우드 튜브에 연료 라인을 장착할 때는 클램프를 반드시 장착한다.

(p) 실린더에 인테이크 파이프(intake pipe)를 장착한다.

(q) 오일을 교환한다.

(r) 인터 실린더 배플(inter cylinder baffle)을 장착한다.

(s) oil drain tube를 장착한다.

(t) 각각의 스파크 플러그에 해당 이그니션 리드(ignition lead)를 연결한다.

(u) 작동 점검을 수행한다.

(v) 누설 점검을 수행한다.

1.4. 피스톤 링(Piston Ring) 검사

A. 실습 개요

(1) 피스톤 링(piston ring)의 옆 간격(side clearance) 및 끝 간격(end gap) 검사 방법에 대해 학습한다.

B. 관련 지식

(1) 피스톤 링은 피스톤과 실린더 벽 사이의 간격에 대해 충분한 기밀이 유지되도록 실린더 벽에 잘 밀착되어야 한다. 실린더 내벽의 모든 지점에서 일정한 압력이 유지되어야 하고, 링의 홈 옆면에도 기밀이 유지되어야 한다.

C. 자료 · 재료

(1) 실린더

(2) 피스톤

D. 기기(공구 · 장비)

(1) C-152, C-172, C-182, PA-34, M-20 항공기 엔진

(2) 필러 게이지(feeler gauge)

(3) 직자

(4) 피스톤 링 플라이어

E. 학습

(1) 피스톤 링(piston ring) 옆 간격 검사 방법(그림 1.16)

(a) 피스톤 링과 피스톤 사이의 간격을 필러 게이지와 직자를 사용하여 측정한다.

(2) 피스톤 끝 간격 검사 방법에 대해 학습한다.

(a) 피스톤 링, 피스톤, 및 실린더 내벽을 엔진 오일로 윤활한다.

(b) 피스톤 링 한 개를 실린더에 넣는다.

(c) 피스톤 링이 실린더 내측에서 직각으로 유지하기 위하여, 피스톤을 장착한 후 피스톤 끝부분이 실린더 배럴(barrel)의 끝 면과 일치하도록 피스톤의 상부를 메릿으로 두드려 준다.

(d) 실린더에서 피스톤을 빼낸다.

(e) 필러 게이지(feeler gauge)로 피스톤 링 끝 간격을 측정하여 기록하여 기준값과 비교한다.

(f) 끝 간격을 증대시키기 위해서는 고운 평 줄을 이용하여 조심스럽게 연마한다.

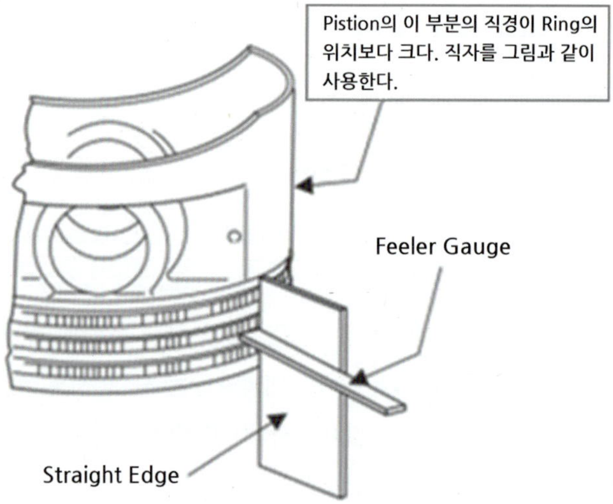

▲그림 1.16 피스톤 링 간격 측정

1.5. 로우 오일 프레셔 스위치(Low Oil Pressure Switch)

A. 실습 개요

(1) 로우 오일 프레셔 스위치(low oil pressure switch)의 장탈, 장착 방법에 대해 학습한다.

B. 관련 지식

(1) 오일 압력 지시계통은 로우 오일 프레셔 스위치(low oil pressure switch) 및 관련 배선으로 구성된다. 이 스위치는 엔진 케이스의 우측 상단에 있다.

C. 자료·재료

D. 기기(공구·장비)

(1) C-152, C-172, C-182, PA-34, 항공기 엔진

E. 학습

(1) 로우 오일 프레셔 스위치의 장탈 방법에 대해 학습하여 익힌다(그림 1.17).

(a) 엔진 카울링(cowling)을 장탈한다.

(b) 스위치에서 전선 커넥터를 분리한다.

(c) 실린더 케이스에서 스위치를 장탈한다.

(2) 로우 오일 프레셔 스위치의 장착 방법에 대해 학습한다.

(a) 로우 오일 프레셔 스위치의 장착에는 나사부에 테플론 테이프(teflon tape)를 사용하지

말아야 한다.

(b) 로우 오일 프레셔 스위치를 장착하기 전에 스위치 피팅(switch fitting)의 끝부분에 이물질이 없는지를 확인한다.

(c) 스위치를 손으로 조일 때는 과도한 토크가 가해지지 않도록 주의한다.

(d) 스위치를 장착하고 육각 피팅을 손힘으로만 토크한다. 육각 피팅의 모서리가 손상되지

벨트의 폭 in.	벨트의 상태	* 풀리 측 토크 값		벨트의 상태	* 풀리 측 토크 값	
		ft-lb	N·m		ft-lb	N·m
3/8	신품	11~13	15~18	사용한 것	7~9	10~12
1/2	신품	13~15	18~20	사용한 것	9~11	12~15

Note: 벨트가 엔진에서 1회 이상 구동되었으면 사용한 것으로 간주한다.

* 얼터네이터 풀리 측 토크 값을 측정한다.

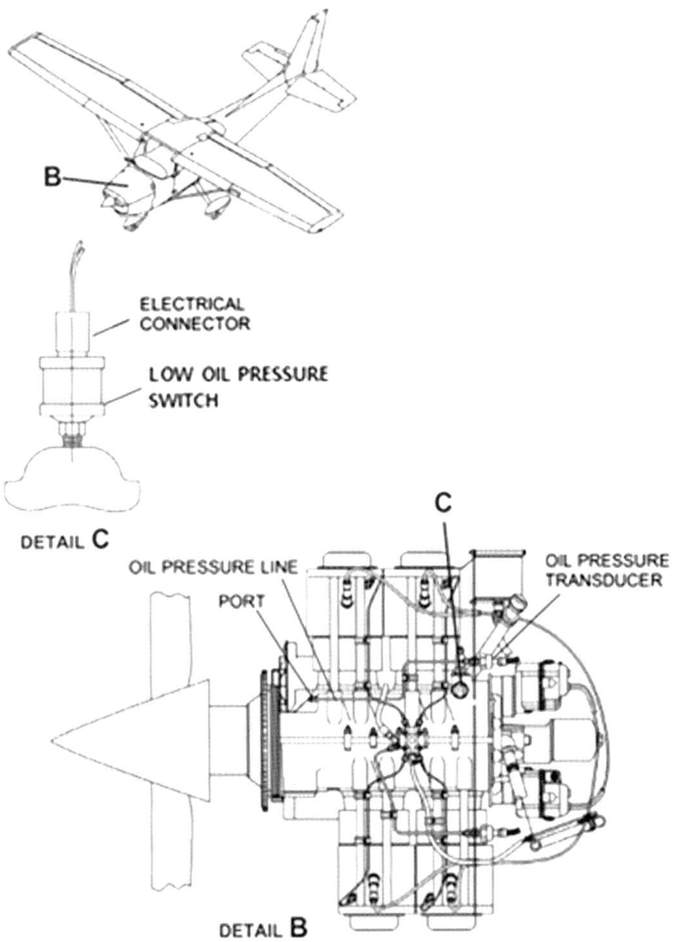

▲ 그림 1.17 로우 오일 프레셔 스위치 장착

않도록 주의한다.

(e) 핸드 타이트 후 7/16in. 렌치를 사용하여 1 1/2 회전을 더 돌려준다. 스위치에 60in-lb(6.8 N · m) 이상 토크를 가하지 말아야 한다.

(f) 스위치에 전선 커넥터를 연결한다.

(g) 엔진 카울을 장착한다.

1.6. 얼터네이터 벨트(Alternator Belt) 점검 및 조절

A. 실습 개요

(1) 얼터네이터(alternator) 벨트 점검 및 조절에 대해 학습한다.

B. 관련 지식

(1) 얼터네이터 벨트 장력이 올바르게 설정되어 있지 않으면 얼터네이터 벨트가 풀리(pulley)에서 미끄러지고, 마멸되어 결함이 발생한다.

(2) 얼터네이터 벨트 장력 점검에는 다음의 세 가지 방법이 있다.

(a) 토크 값 측정 방법(torque method)

(b) 벨트 변위 값 측정 방법

(c) 다이얼 게이지(dial gauge)를 사용하여 벨트 장력을 측정하는 방법

C. 자료 · 재료

D. 기기(공구 · 장비)

(1) C-152, C-172, C-182, PA-34, 항공기 엔진

(2) 소형 스프링 저울 IB. 단위

(3) 벨트 텐션 다이얼 게이지(belt tension dial gauge), Lycoming tool number ST-131

E. 학습

(1) 토크 값 측정 방법에 대해 학습하여 익힌다(그림 1.18, 1.19).

(a) 크랭크 샤프트(crankshaft)가 회전하지 않도록 프로펠러를 잡아 고정한다.

(b) 얼터네이터에 풀리(pulley)를 장착하는 너트에서 토크 렌치로 시계 방향으로 토크한다.

(c) 작은 풀리에서 벨트가 슬립(slip)하는 순간의 토크 값을 기록한다. 벨트가 엔진에 장착되어서 작동되었으면 사용한 벨트로 간주한다.

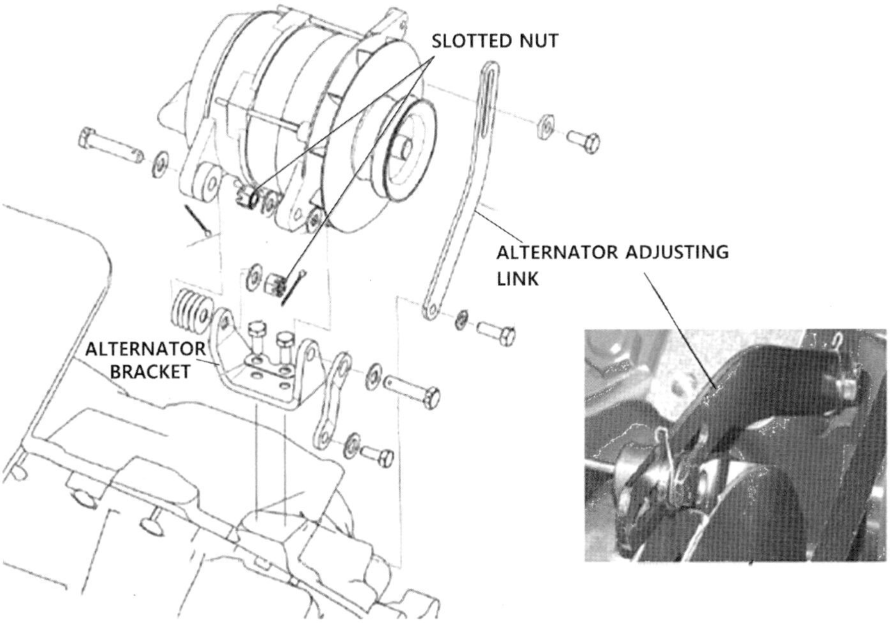

▲ **그림 1.18** 얼터네이터 장착

(2) 벨트 번위 값 측정 방법에 대해 학습하여 익힌다.

(a) 스프링 저울의 훅(hook)을 ring gear support와 얼터네이터 사이의 벨트 중간 부분에 장치한다.

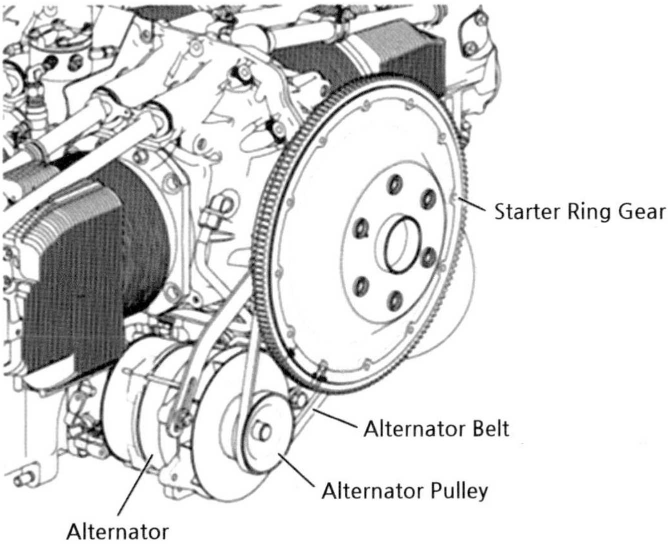

▲ **그림 1.19** 얼터네이터 및 얼터네이터 벨트

(b) 신품 벨트는 14 Lbs(6.4 kg)를 지시하고, 사용했던 벨트는 10 Lbs(4.5kg)를 지시할 때까지 저울을 당긴다.

(c) 얼터네이터 벨트에 10~14 Lbs(4.5kg~6.4kg)의 힘을 가했을 때의 벨트의 변위를 측정한다.

(d) 변위는 5/16in.(7.94mm)이며, 만약 5/16in.(7.94mm) 보다 작으면 얼터네이터 벨트는 정상보다 과하게 조인 것이다.

(e) 벨트의 변위가 5/16in.(7.94mm)가 되도록 얼터네이터 벨트 장력을 조절한다.

(3) 벨트 텐션 다이얼 게이지 방법

(a) 벨트 텐션 다이얼 게이지의 손잡이를 눌러 훅(hook)을 최대로 빼낸다.

(b) 벨트 텐션 다이얼 게이지의 nose piece가 중심에 오게 하며 훅을 얼터네이터 벨트 위에 장치한다.

(c) 벨트 텐션 다이얼 게이지의 손잡이를 빠르게 풀어준다. 천천히 풀어주면 내부의 마찰저항으로 인하여 부정확한 지시를 할 수 있다.

(d) 벨트 텐션 다이얼 게이지의 손잡이를 빠르게 풀어주며 계기를 읽는다. 이 절차를 여러 번 반복하여 정확한 값을 취한다.

(e) 얼터네이터 벨트의 장력 지시가 계기의 허용 범위를 벗어나면 장력을 조절한다.

(4) 얼터네이터 벨트 장력 조절(그림 1.20)

(a) 얼터네이터에 얼터네이터 조절 링크(adjusting link)를 장착하는 볼트를 안전결선을 제거하고 풀어준다.

(b) 크랭크 케이스(crankcase)에 얼터네이터 조절 링크를 장착하는 볼트를 풀어준다.

(c) 브래킷에 장착된 얼터네이터를 벨트 장력을 조절하기 위해 돌려준다.

(d) 얼터네이터 조절 링크의 두 개의 볼트를 17ft-lb(23 N.m)로 토크한다.

▲ 그림 1.20 벨트 텐션 다이얼 게이지

1.7. 스타터(Starter)

A. 실습 개요

(1) 엔진 스타터(starter)의 장탈, 장착 방법에 대해 학습한다.

B. 관련 지식

(1) 항공기에는 엔진의 전방 좌측, 하단에 direct drive 24V DC 스타터가 장착되어 있다.

C. 자료 · 재료

D. 기기(공구 · 장비)

(1) C-152, C-172, C-182, PA-34, M-20 항공기 엔진

E. 학습

(1) 스타터 장탈 방법에 대해 학습하여 익힌다(그림 1.21).

(a) 상부 및 하부 엔진 카울을 장탈한다.

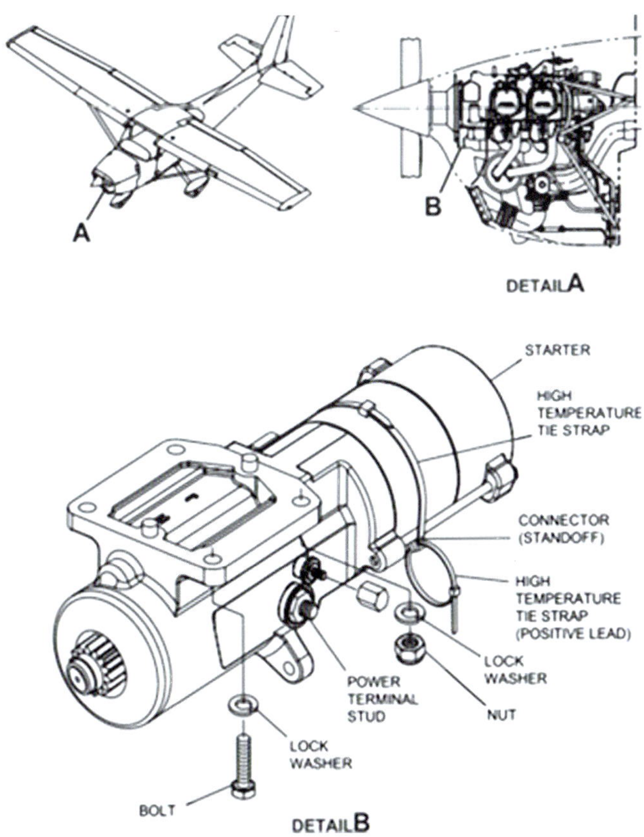

▲ 그림 1.21 스타터 장착

(b) 배터리에서 네거티브 터미널(negative terminal)을 분리한다.

(c) 엔진에서 좌측 전방 배플(baffle)을 장탈한다.

(d) 스타터의 positive lead, large electrical wire를 분리한다.

(e) 스타터에 얼터네이터를 장착하는 볼트를 장탈한다. 필요하면 얼터네이터 벨트(alternator belt)를 헐겁게 한다.

(f) 스타터를 장탈한다.

(2) 스타터 장착

(a) 실린더 크랭크 케이스(crankcase)에 스타터를 장착하고 볼트, 너트를 장착한다.

(b) 대각선 방향 순서로 토크한다. Sky-Tec 스타터는 204in-lb로 토크한다.

(c) 얼터네이터 벨트 장력을 조절한다.

(d) 얼터네이터에 브래킷을 장착하는 볼트에 안전결선 한다.

(e) 스타터에 positive lead를 연결한다. 스타터 파워 터미널 스터드(power terminal stud)에 보호 부트(protective boot)가 완전히 씌워지도록 확인한다.

(f) 스타터 파워 터미널 스터드 너트를 50 ±5in-lb로 토크한다. Sky-Tec 스타터의 파워 터미널 스터드에는 미터법 나사규격 너트가 사용된다.

(g) 고온용 타이 스트랩을 사용하여 positive lead를 스타터에 장착한다.

(h) 엔진에서 좌측 전방 baffle을 장착한다.

(i) 배터리에서 네거티브 터미널을 연결한다.

(j) 엔진 카울을 장착한다.

1.8. 퓨얼 디스트리뷰션 밸브(Fuel Distribution Valve)

A. 실습 개요

(1) 퓨얼 디스트리뷰션 밸브(fuel distribution valve. 연료 분배 밸브)의 장탈, 장착 방법에 대해 학습한다.

B. 관련 지식

(1) 퓨얼 디스트리뷰션 밸브는 엔진 상단에 위치하며, 4개의 실린더에 fuel/air control unit에 의해 조절된 연료를 고르게 분배하는 역할을 한다.

C. 자료·재료

D. 기기(공구·장비)

(1) C-152, C-172, C-182, PA-34 항공기 엔진

E. 학습

(1) 퓨얼 디스트리뷰션 밸브 장탈, 장착 작업방법에 대해 학습하여 익힌다(그림 1.22).

(a) 퓨얼 디스트리뷰션 밸브 장탈

- 상부 카울을 장탈하고, 퓨얼 디스트리뷰션 밸브에 연결된 연료 라인을 분리한다.
- 엔진 케이스에 퓨얼 디스트리뷰션 밸브를 고정하는 너트, 볼트, 와셔 및 스페이서를 장탈한다.

(b) 퓨얼 디스트리뷰션 밸브 장착

- 너트, 볼트, 와셔 및 스페이서를 사용하여 연료 분배 밸브를 엔진 케이스에 장착한다. 75in-lb로 토크한다.
- 퓨얼 디스트리뷰션 밸브로 연결하는 모든 라인을 장착한다.
- 엔진 작동 중 누출 여부를 점검한다.
- 상부 카울을 장착한다.
- 누설 점검을 수행한다.

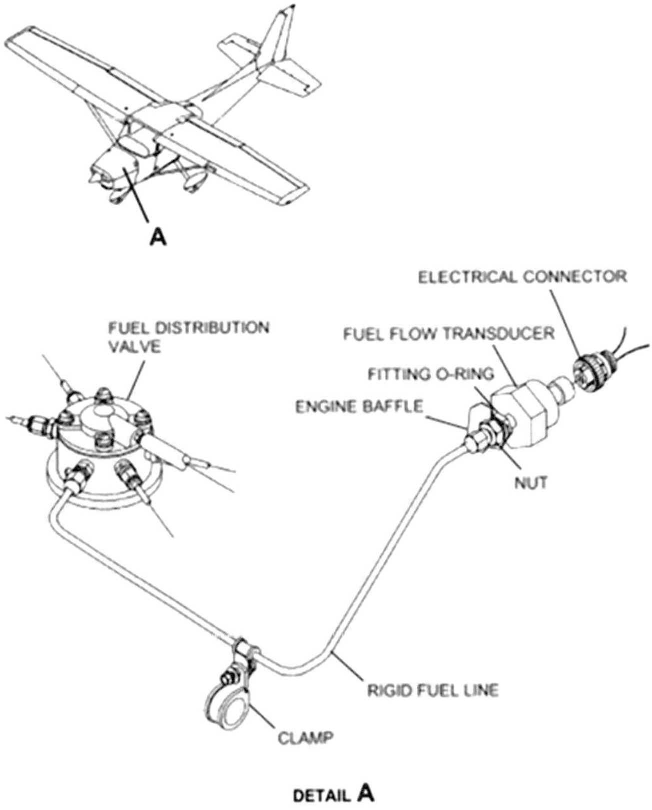

▲ 그림 1.22 퓨얼 디스트리뷰션 밸브

1.9. 퓨얼 인젝션 노즐(Fuel Injection Nozzle)

A. 실습 개요

(1) 퓨얼 인젝션 노즐(fuel injection nozzle, 연료 분사 노즐)의 장탈, 장착 방법에 대해 학습한다.

B. 관련 지식

(1) 각각의 실린더에는 퓨얼 인젝션 노즐이 장착되어 있다. 퓨얼 인젝션 노즐은 각 실린더로 유입되는 연료의 압력과 유량에 의해 교정된 연료의 분사를 담당한다.

C. 자료 · 재료

(1) C-172 MM

D. 기기(공구 · 장비)

(1) C-152, C-172, C-182, PA-34, M-22 항공기 엔진

E. 학습

(1) 연료 분사 노즐 장탈, 장착 방법에 대해 학습하여 익힌다(그림 1.23).

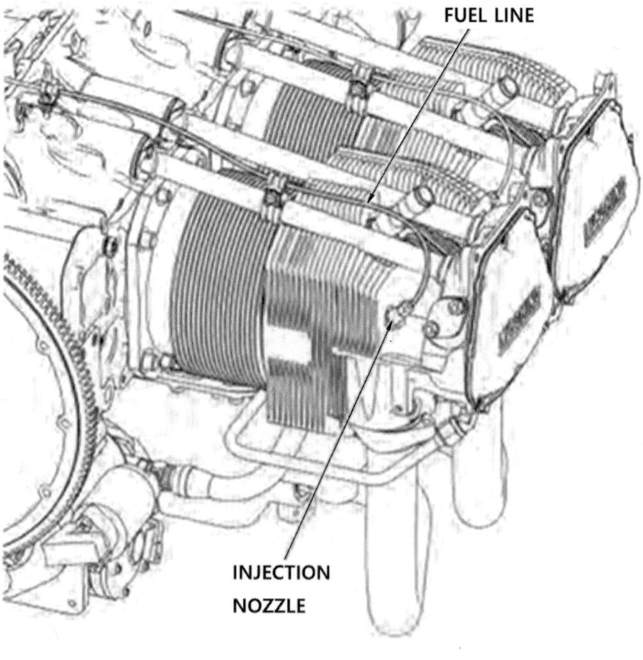

▲ 그림 1.23 퓨얼 인젝션 노즐

(a) 상부 엔진 카울을 장탈한다.

(b) 퓨얼 인젝션 노즐에 연결된 연료 라인 튜브를 장탈한다.

(c) 실린더에서 노즐을 장탈한다.

(d) 퓨얼 인젝션 노즐의 나사부에는 연료 용해성 윤활제(엔진 오일 등)만 사용한다.

(e) 퓨얼 인젝션 노즐을 실린더에 장착한다. 60in-lb로 토크한다.

(f) 퓨얼 인젝션 노즐에 연료 라인 튜브를 장착한다. 25~50in-lb로 토크한다.

1.10. 퓨얼 스트레이너(Fuel Strainer)

A. 실습 개요

(1) 퓨얼 스트레이너(fuel strainer)의 세척 방법에 대해 학습한다.

B. 관련 지식

(1) 퓨얼 스트레이너는 정해진 점검에 주기에 따라 세척한다.

(2) 연료계통 작업 시 연료가 입에 들어가게 하거나, 눈 또는 피부에 접촉되지 않도록 한다. 연료 증기는 흡입하지 않는다. 연료는 독성이 있고 인화성 물질이므로, 인체가 부상당할 수 있고 장비 손상을 유발할 수 있다.

C. 자료 · 재료

(1) 이소프로필 알콜(isopropyl alcohol)

(2) O 링(O ring)

D. 기기(공구 · 장비)

(1) C-152, C-172, C-182, PA-34 엔진

E. 학습

(1) 퓨얼 스트레이너의 세척 방법에 대해 학습하여 익힌다(그림 1.24, 1.25).

(a) 퓨얼 스트레이너에 접근하기 위하여 연료 입구 호스를 장탈한다.

(b) 퓨얼 스트레이너를 장탈하여 이소프로필 알콜(isopropyl alcohol)로 세척한다.

(c) 퓨얼 스트레이너를 장착하고 65~70in-lb로 토크한다.

(d) 연료 입구 호스를 장착한다. 렌치로 퓨얼 스트레이너 어댑터를 잡고 270~300in-lb로 토크한다.

(e) 누설 점검을 수행한다.

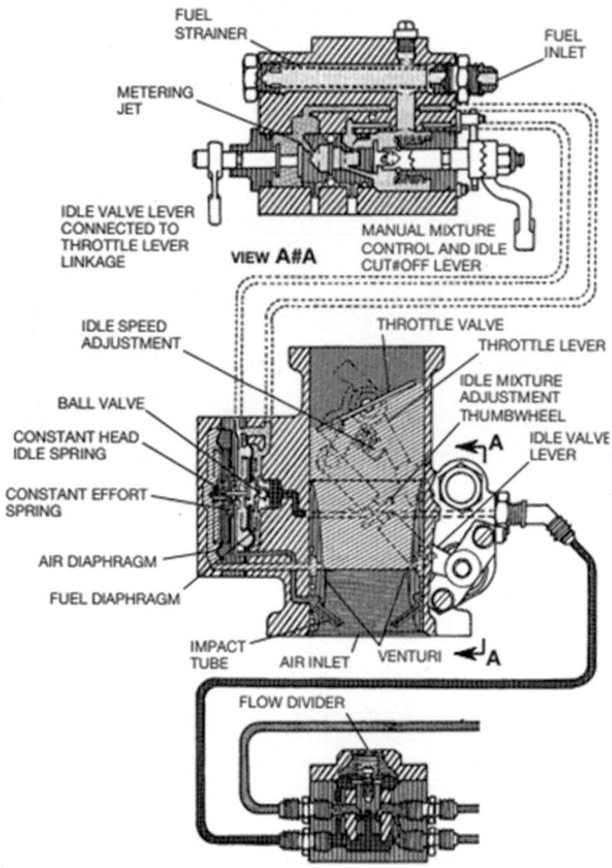

▲ 그림 1.24 Fuel Stariner 위치

▲ 그림 1.25 Fuel strainer

1.11. 스파크 플러그(Spark Plug)

A. 실습 개요

(1) 스파크 플러그(spark plug)의 장탈, 점검, 세척, gap 세팅, 장착 방법에 대해 학습한다.

B. 관련 지식

(1) 스파크 플러그를 장착할 때는 개스킷(P/N STD-295)을 항상 신품으로 장착한다.

(2) 스파크 플러그를 장착할 때는 고착 방지 컴파운드(anti-seize compound) 또는 엔진 오일을 스파크 플러그 나사부의 전극 쪽으로부터 나사산 두 개의 둘레에 도포한다. 단, 흑연 성분 컴파운드(graphite-based compound)는 사용하지 말아야 한다.

C. 자료 · 재료

(1) abrasive compound 15 oz size(스파크 플러그 연마 세척제)

D. 기기(공구 · 장비)

(1) C-152, C-172, C-182, PA-34 항공기 엔진

(2) 스파크 플러그 cleaner/tester CT-475AV 또는 유사품

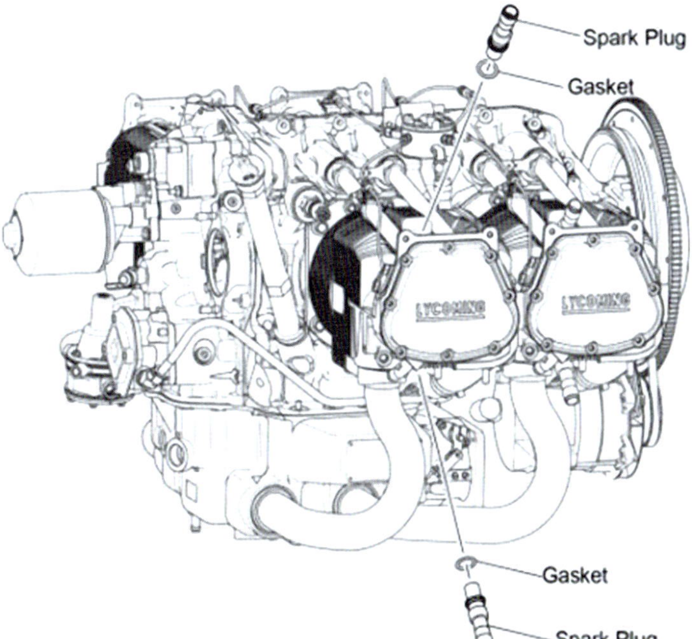

▲ 그림 1.26 스파크 플러그

(3) gap setting 장비 CT-415 또는 유사품

E. 학습

(1) 스파크 플러그의 장탈 방법에 대해 학습하여 익힌다(그림 1.26).

(a) 쇠테(ferrule)를 잡고 스파크 플러그 너트를 풀어 이그니션 리드(ignition lead)로부터 분리한다. 스파크 플러그 커플링(spark plug coupling) 너트를 풀 때는 쇠테(ferrule)를 잡아주어 전선이 꼬이지 않도록 한다.

(b) 스파크 플러그 상부에서 해당 규격 소켓으로 스파크 플러그를 돌려 실린더 헤드로부터 장탈한다.

(c) 각각의 스파크 플러그를 장탈할 때 식별 표로 실린더 number와 top 또는 bottom 위치를 표시한다.

(d) 스파크 플러그로부터 개스킷을 장탈하여 폐기한다.

(2) 스파크 플러그의 점검

(a) 스파크 플러그 커넥터 너트를 장탈한다.

(b) 매번 검사할 때마다, 세라믹의 마찰, 부식, 마손 및 균열 여부를 검사한다. 마손, 균열되거나 부식된 스파크 플러그는 새 스파크 플러그로 교환한다.

(c) 스파크 플러그 나사산의 상태를 점검한다.

(3) 스파크 플러그의 firing end 세척 방법에 대해 학습한다.

(a) 스파크 플러그 규격에 맞는 러버 어댑터(rubber adapter)를 선택하여 장치한다.

(b) 러버 어댑터에 스파크 플러그를 끼우고 "Abrasive Blast" 표시가 있는 붉은색 button을 누른다. 플러그 상부를 잡고 3~5초 동안 넓게 돌려준다.

(c) 스파크 플러그를 계속 돌려주며 "Air Blast" 표시가 있는 검은색 버튼을 눌러서 연마제 분말을 제거한다.

(d) 스파크 플러그를 빼어내서 점검한다. 세척이 완전하지 않으면 세척절차를 반복한다.

(4) 스파크 플러그 cleaner/tester, Model CT-475AV 장비를 이용한 실험

(a) 적절한 규격의 스틸 어댑터(steel adapter)를 선택하여 테스트 챔버(test chamber)에 장착한다. 플러그를 컴프레션 챔버(compression chamber)에 끼우고 손힘으로 토크한다.

(b) tester switch button을 누르고 spark jumping gap을 관찰한다. plug의 gap setting에 적합한 압력을 지시할 때까지 에어 밸브를 열어준다. 스파크가 만족스러운지를 관찰한다.

Electrode Gap	Test Pressure(psi)
0.016	135
0.019	115

(c) 하이 볼티지 리드(high-voltage lead)를 쉴드 배럴 컨텍터(shield barrel contactor)에 연결한다.

(5) 스파크 플러그의 갭(gap) 세팅 방법(그림 1.27)

(a) 스파크 플러그 갭은 0.016~0.022in.로 세트한다.

(b) Model CT-415 Tool을 사용하여 Two-electrode E Type 스파크 플러그와 Four-electrode N Type 스파크 플러그의 갭을 조절한다.

(c) 접지 쪽 electrode에만 힘을 가하여 조절한다.

(6) 스파크 플러그 장착

(a) 스파크 플러그 장착에는 항상 6각 소켓 렌치를 사용한다. 12각 소켓 렌치를 사용하면 terminal thread에 닿아 나사가 손상될 수 있다.

(b) 스파크 플러그를 장착하기 전에는 항상 세라믹(ceramic) 균열, 외부 물질 및 나사의 상태에 대해 육안 점검한다.

(c) 떨어트린 스파크 플러그는 사용 불가하므로 즉시 폐기한다.

(d) 스파크 플러그 나사산 하나 또는 두 개를 손으로 돌려가며 실린더 헤드에 장착한다. 이것이 불가할 경우 실린더 헤드의 나사산 세척이 필요하다. 나사산 세척 공구(소형 와이어 브러시)를 사용하여 실린더 나사산을 하나 또는 두 개를 손으로 조일 수 있을 때까지 나사산의 침전물을 제거한다.

(e) 6각 딥 소켓(deep socket) 렌치를 사용하여 420in-lb로 토크한다.

▲ **그림 1.27** Model CT-415 Gap setting tool에 의한 Gap 조절 방법

1.12. 매그니토-실린더 타이밍 검사(Magneto-Cylinder Timing Check)

A. 실습 개요

(1) 매그니토-실린더 타이밍 점검 방법에 대해 학습한다.

B. 관련 지식

(1) 매그니토(magneto)는 완전히 자체적인 점화 생성 장치이다. 일반적으로 한 엔진에 두 개의 매그니토가 중복으로 장착된다. 항공기 엔진 크랭크 축이 회전 시 엔진 액세서리 케이스에 있는 기어가 영구 자석이 구비되어 있는 매그니토 회전자 축(magneto rotor shaft)을 회전시킨다.

(2) 각 매그니토는 몸체 측면에 부착된 데이터 플레이트로 식별된다. 데이터 플레이트에는 일련번호 및 모델 번호, 임펄스 커플링의 지연 각도(lag angle), 축의 회전 방향(L은 반시계 방향, R은 시계 방향) 정보가 포함되어 있다.

(3) 매그니토-실린더 타이밍 점검 작업 시에는 조종석의 매그니토 스위치를 Off 위치에 두어야 한다.

C. 자료 · 재료

D. 기기(공구 · 장비)

(1) C-152, C-172, C-182 항공기

E. 학습

(1) 매그니토—실린더 타이밍 점검

(a) 스파크 플러그(spark plug)에서 이그니션 리드(ignition lead)를 분리한다.

(b) 매그니토 콘덴서 터미널(magneto condenser terminal)에서 너트와 락 와셔를 장탈한다.

(c) 1번 실린더에서 스파크 플러그 한 개를 장탈한다.

(d) 임펄스 커플드 매그니토(impulse coupled magneto)가 장착돼 있으면 크랭크 샤프트(crankshaft)를 1번 실린더가 Top Dead Center(TDC)에 이를 때까지 정 회전 방향으로 돌려준다. 매그니토의 임펄스 커플링(impulse coupling)이 찰칵 거리다 풀릴 때까지 정 회전 방향으로 계속 돌려준다. 그리고 1번 실린더는 컴프레션 스트로크(compression stroke)에서 TDC로부터 약 35° 전까지 크랭크 샤프트를 반대 방향으로 돌려준다.

(e) 논 임펄스 커플드 매그니토(non-impulse-coupled magneto) 가 장착돼 있으면, 1번 실린더가 컴프레션 스트로크에서 TDC에 약 35° 전에 이를 때까지 정방향으로 돌려준다.

(f) 엄지손가락으로 스파크 플러그 구멍을 막고 스파크 플러그 구멍에서 미는 압력이 걸릴 때까지 크랭크 샤프트를 정방향으로 돌려준다.

(g) 일부 타이밍 라이트는 반대로 작동하는 경우도 있다. contact point가 열리면 light가 켜진다. 타이밍 라이트 설명서를 참조한다.

(h) 타이밍 라이트 전선을 해당 magneto condenser terminal에 연결하고 접지선은 엔진의 페인트가 안 된 부분에 연결한다.

(i) 스타터 링 기어 서포트(ring gear support)에 타이밍 마크(timing mark)를 정렬할 때 엔진에는 두 가지 기준점이 있다.

- 프로펠러 쪽에서 스타터 링 기어 서포트(starter ring gear support)를 볼 때 기준점은 스타터의 타이밍 마크이다(그림 1.28).
- 크랭크 케이스 쪽에서 스타터 링 기어 서포트를 볼 때 기준점은 크랭크 케이스 parting flange이다(그림 1.29).

(j) 스타터 링 기어 서포트의 타이밍 마크가 엔진의 기준점과 일치할 때까지 크랭크 샤프트

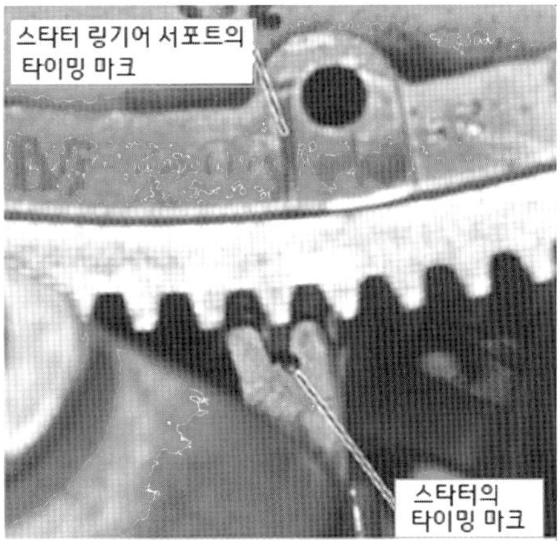

▲ 그림 1.28 스타터 링기어 서포트 타이밍 마크 기준점

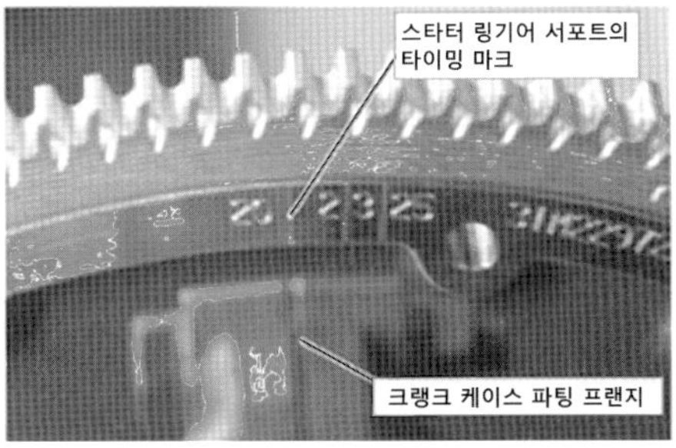

▲ 그림 1.29 스타터 링 기어 서포트의 타이밍 마크가 크랭크 케이스 parting flange와 일치

를 정방향으로 돌려준다.

(k) 타이밍 라이트는 스타터 링 기어 서포트의 타이밍 마크가 엔진의 기준점과 일치했을 때 매그니토가 엔진과 정확하게 타이밍이 맞아 매그니토가 firing이 되고 있음을 보여준다.

(l) 매그니토의 위치는 일반적으로 수평 중심 선상에서 15°~30° 위치에 장착된다.

(m) 매그니토—피스톤 타이밍 검사가 완료되면

- 타이밍 라이트 전선을 매그니토와 접지점으로부터 분리한다.
- 각각의 magneto condenser terminal에 P-Lead를 너트와 새 lock 와셔로 장착하고 13~5in-lb로 토크한다.

(n) 1번 실린더에 스파크 플러그를 장착한다.

(o) 스파크 플러그에 이그니션 리드를 장착한다.

(p) Operational Ground Check(지상 작동 점검)를 수행해서 매그니토가 정상적으로 작동하는지를 확인한다.

1.13. 쓰로틀 컨트롤(Throttle Control) 조절/시험

A. 실습 개요

(1) 쓰로틀 컨트롤(throttle control) 조절/시험(Adjustment/Test) 작업에 대해 학습한다.

B. 관련 지식

(1) 쓰로틀 컨트롤이 전 행정에서 부드럽게 움직이고, 마찰 잠금(friction lock)으로 안전하게 잠기고 쓰로틀 암(throttle arm)이 원호의 전체 행정을 따라 작동하는지를 점검하는 것이 중요하다.

(2) 쓰로틀 컨트롤은 윤활하지 않는다.

C. 자료 · 재료

D. 기기(공구 · 장비)

(1) C-152, C-172, C-182, PA-34 항공기 엔진

E. 학습

(1) 쓰로틀 컨트롤 시험 방법

(a) 조종석에서 쓰로틀 컨트롤 너브(knob)를 끝까지 당긴 후, 쓰로틀 바디(throttle body)의 아이들 스톱(idle stop)에 닿는지 점검한다.

(b) 쓰로틀 컨트롤 너브를 끝까지 밀고, 쓰로틀 바디의 full power stop에 닿는지를 점검

한다.

(c) 쓰로틀이 각 스톱으로부터 0.12in.(3.18mm) 이상, 0.25in.(6.35mm) 이내의 쿠션이 있는지를 점검한다.

(d) 쓰로틀 컨트롤을 전, 후방으로 여러 번 작동하며 걸림 현상(binding)이 있는지를 점검한다.

(2) 쓰로틀 컨트롤 조절 작업 방법(그림 1.30)

(a) 쓰로틀 컨트롤 로드 엔드(rod end)를 쓰로틀 바디로부터 분리한다.

(b) 잼 너트(jam nut)를 풀고 쓰로틀 컨트롤 로드 엔드를 필요한 길이로 조절한다.

(c) 잼 너트를 토크한다.

(d) 쓰로틀 컨트롤 로드 엔드를 쓰로틀 바디에 연결한다.

(e) 로드 엔드가 쓰로틀 컨트롤의 나사부에 적절하게 연결되었는지를 로드 엔드 확인 구멍(witness hole)을 통해서 확인한다.

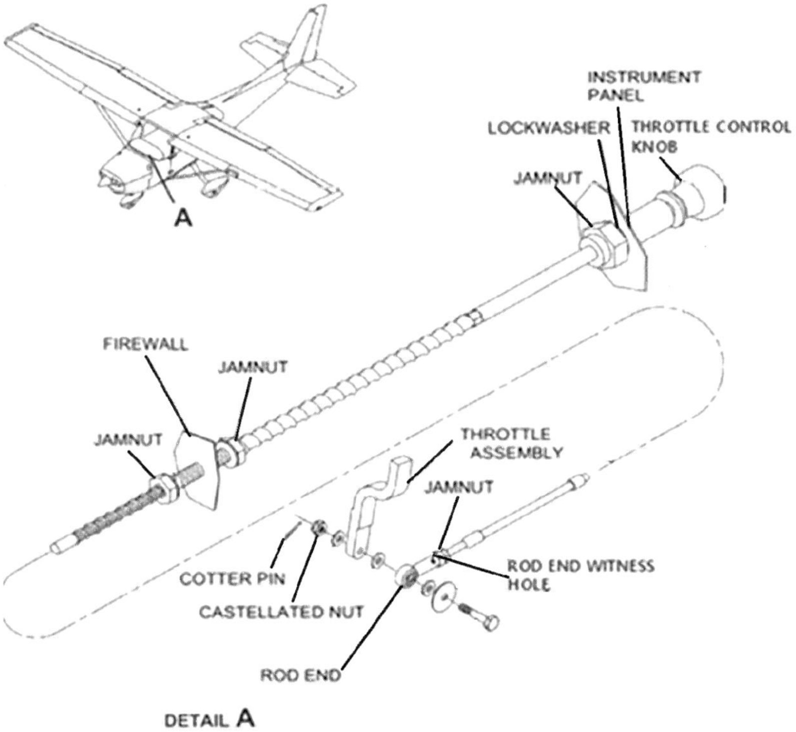

▲ 그림 1.30 쓰로틀 컨트롤

1.14. EGT 프로브(Probe)

A. 실습 개요

(1) EGT(Exhaust Gas Temperature) 프로브(probe)의 장탈, 장착 방법에 대해 학습한다.

B. 관련 지식

(1) EGT 시스템은 배기가스 온도를 측정하여 파일럿에게 연료/공기 혼합기(fuel/air mixture) 정보를 제공한다.

C. 자료 · 재료

D. 기기(공구 · 장비)

(1) C-152, C-172, C-182, PA-34, M-20 항공기 엔진

E. 학습

(1) EGT 프로브의 장탈(그림 1.31)

(a) 엔진 카울을 장탈한다.

(b) 전선 커넥터(connector)와 와이어를 지지하는 타이 스트랩(tie strap)을 제거한다.

(c) 전선 커넥터에서 프로브를 분리한다.

(d) 머플러 테일파이프(muffler tailpipe)에서 프로브를 떼어낸다.

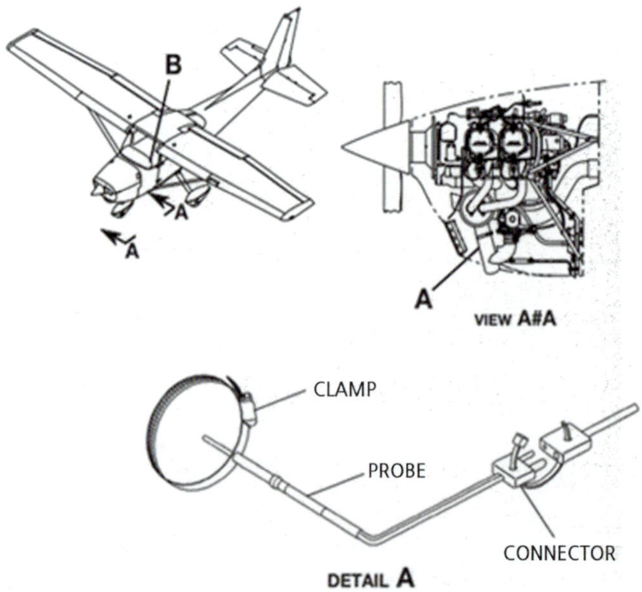

▲ 그림 1.31 EGT Probe 장착

(2) EGT 프로브의 장착

(a) 머플러 테일파이프에 프로브를 장착한다.

(b) 클램프의 스크루를 토크한다.

(c) EGT 프로브 클램프와 스크루에 안전결선한다.

(d) 프로브에 전선 커넥터를 연결한다.

(e) 전선 커넥터와 와이어를 타이 스트랩으로 고정한다.

(f) 엔진 카울을 장착한다.

1.15. 왕복 엔진 런업(Run-up) 절차

A. 실습 개요

(1) 왕복 엔진 런업(run-up) 절차에 대해 학습한다.

B. 관련 지식

(1) 엔진 런업 시에는 Pilot's Operating Handbook의 엔진 런업 절차를 참조한다.

(2) 항공기에 장착된 엔진 또는 전원이 연결된 테스트 스탠드에 설치된 엔진에 대한 서비스 또는 정비를 시작하기 전에는 점화 스위치가 꺼져 있고 비활성화되어 있는지 확인한다

C. 자료 · 재료

(1) Pilot's Operating Handbook

D. 기기(공구 · 장비)

(1) C-172 항공기

E. 학습

WARNING: 모든 물체와 사람이 프로펠러의 회전 반경에서 떨어져 있는지 확인한다. 전원이 켜져 있는 경우 와이어가 헐겁거나 끊어지면 엔진이 시동되어 프로펠러가 회전하여 사망 또는 심각한 부상을 입을 수 있다.

WARNING: 전원이 켜진 상태에서 엔진에 대한 작동 테스트를 완료해야 하는 경우, 엔진 시동 시 부상이나 사망을 방지하기 위해 모든 인원은 프로펠러의 회전 반경에서 충분히 떨어져 있어야 한다.

(1) 왕복 엔진 런업(Run-up) 절차

(a) 지상의 작업대, 스텝, 장비 등은 기체로부터 10 ft. 이상 거리를 두어야 한다.

(b) 항공기 주위에 소화기를 비치한다.

(c) 항공기는 바람의 방향에 대해 정면으로 주기한다.

(d) 3개의 타이어에 차륜지를 장치한다.

(e) WAI(Walk Around Inspection)를 수행한다.

(2) 엔진 시동(배터리 사용)

(a) Parking brake -- SET

(b) Throttle -- OPEN 1/4inCH

(c) Mixture -- IDLE CUTOFF

(d) Propeller Area -- CLEAR

(e) Master Switch -- ON

(f) Flashing Beacon — ON

NOTE: 엔진 온도가 높으면 다음 (g), (h), (i) 절차를 생략한다

(g) Auxiliary Fuel Pump Switch -- ON

(h) Mixture -- SET to FULL RICH(Full forward) 안정적 Fuel flow를 지시할 때까지 (보통 3-5 초), 그리고 IDLE CUTOFF(Full after)한다.

(i) Auxiliary Fuel Pump Switch -- OFF

(j) Ignition Switch -- START(엔진이 시동되면 Switch를 풀어준다.).

NOTE: 엔진에 연료가 보다 많이 들어간 경우, 보조 연료 펌프를 Off하고 Mixture를 Idle cutoff에 두고 Throttle을 1/2에서 최대로 열고 모터링을 한다. 엔진이 시동되면 Mixture를 Full rich로 두고 Throttle을 즉시 닫는다.

(k) Mixture -- 시동이 되면 Smooth하게 RICH로(앞으로) 민다.

(l) Oil Pressure -- CHECK

(m) Navigation Lights -- ON as required.

(n) Avionics Master Switch -- ON

(o) Radios -- ON

(p) Flap -- RETRACT

(q) RPM을 기록한다.

(3) 엔진 Shut down

(a) Avionic master switch -- OFF

(b) Mixture -- IDLE CUT OFF

(c) Ignition switch -- OFF

(d) Master switch -- OFF

(e) Control lock -- LOCK

(f) Fuel selector valve —- LEFT 또는 RIGHT

2. 터보 제트 엔진

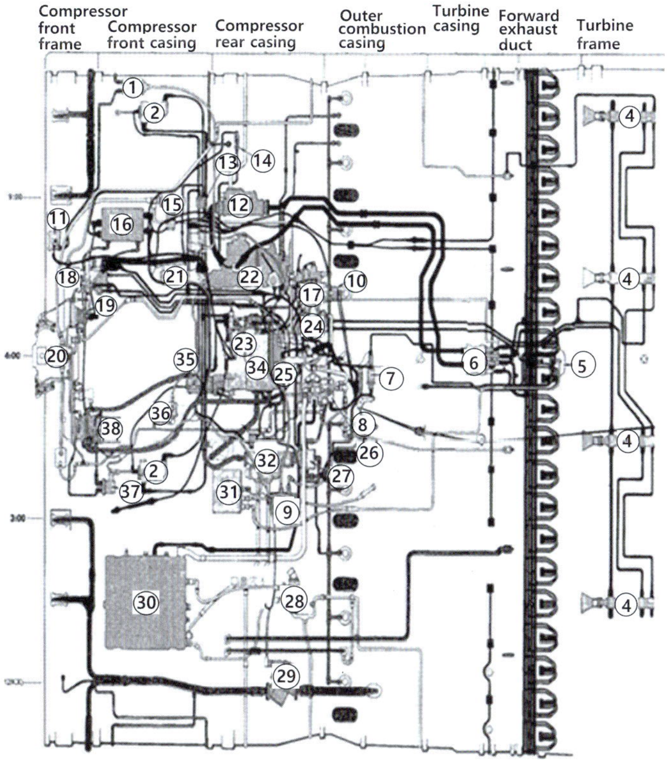

▲그림 2.1 J79 엔진 컴포넌트

보기

1. ANTIICING INDICATOR SWITCH
2. VARIABLE VANE ACTUATOR
3. DELETED
4. NOZZLE ACTUATOR
5. TORCH IGNITER
6. AFTER BURNER PRESSURIZING VALVE
7. TORCH IGNITER ON-OFF VALVE
8. FEEDBACK CABLE COMPENSATOR
9. NO 2 IGNITION UNIT
10. NOZZLE AREA CONTROL SPRING BOX ASSEMBLY
11. NOZZLE AREA CONTROL
12. AFTER BURNER OIL COOLER
13. AFTER BURNER IGNITION SWITCH
14. RESET CUTOUT SWITCH
15. SCAVENGE OIL FILTER
16. TEMPERATURE AMPLIFIER
17. SENSOR COIL
18. AFTER BURNER FUEL PUMP
19. CONTROL ALTERNATOR
20. TRANSFER GEARBOX SCAVENGE PUMP
21. AFTER BURNER FUEL FILTER
22. AFTER BURNER FUEL CONTROL
23. TORQUE BOOSTER
24. NOZZLE PUMP
25. REAR GEARBOX SCAVENGE PUMP
26. LUBE AND HYDRAULIC PUMP
27. PRESSURIZING AND DRAIN VALVE
28. PRESSURIZING AND VACUUM RELIEF VALVE
29. ANTI-ICING VALVE
30. OIL TANK
31. NO 1 IGNITION UNIT
32. MAIN OIL COOLER
33. EGT RESET SWITCH
34. MAIN FUEL CONTROL
35. MAIN FUEL FILTER
36. HORIZONTAL DRIVE SHAFT SUPPORT BEARING
37. BYPASS INDICATOR SWITCH
38. MAIN FUEL PUMP AND LOW PRESSURE FUEL FILTER

▲그림 2.1a 엔진 컴포넌트 범례

2.1. 로우 프레셔 퓨얼 필터(Low Pressure Fuel Filter)

A. 실습 개요

(1) 로우 프레셔 퓨얼 필터(low pressure fuel filter) 서비싱 방법에 대해 학습한다.

B. 관련 지식

(1) 로우 프레셔 퓨얼 필터는 트랜스퍼 기어박스(transfer gearbox) 우측 후방에 장착되어 있으며 주 연료 계통으로 공급되는 연료를 여과한다.

(2) 연료 계통 작업 시 연료가 입에 들어가거나, 눈 또는 피부에 접촉하지 않도록 한다. 연료 증기는 흡입하지 않는다. 연료는 독성이 있고 인화성 물질이므로, 인체가 부상당할 수 있고 장비 손상을 유발할 수 있다.

C. 자료·재료

(1) O-ring MS29513-255 1ea, MS29513-230 2ea, MS29512-4 1ea

(2) 이소프로필 알콜(isopropyl alcohol) 또는 제트 항공유

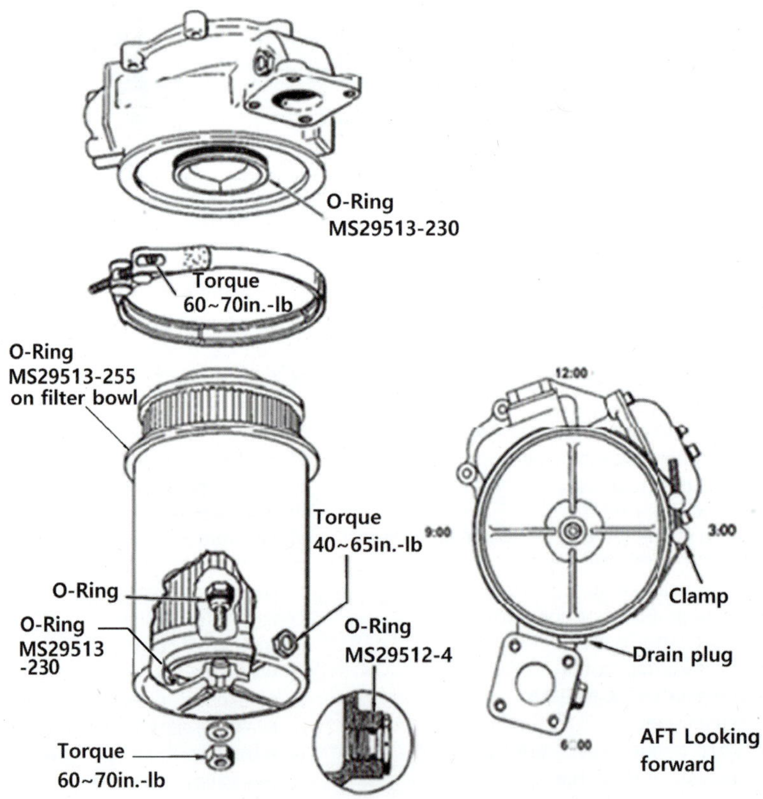

▲ 그림 2.2 로우 프레셔 퓨얼 필터 엘러먼트 장착

D. 기기(공구 · 장비)

(1) J79 엔진

(2) 드레인 용기

E. 학습

(1) 로우 프레셔 퓨얼 필터 엘러먼트(fuel filter element) 장탈(그림 2.1, 2.2)

(a) 필터 보울(filter bowl)의 드레인 플러그(drain plug)를 장탈하고 보울의 연료를 드레인한다.

(b) 브이 밴드(V-Band) 클램프를 풀고 필터를 떼어낸다.

(c) 소켓 렌치와 연장대를 이용하여 엘러먼트 지지 볼트, 너트, 와셔를 장탈하고 보울에서 엘러먼트를 떼어낸다.

(d) 드레인 플러그의 O 링을 장탈한다.

(e) 종이 필터 엘러먼트를 폐기한다. 필터 보울(bowl)을 이소프로필 알콜로 세척한다.

(2) 로우 프레셔 퓨얼 필터 엘러먼트 장착

(a) 다음 5개소의 O 링을 새것으로 장착한다. O 링의 장착을 쉽게 하도록 석유성분 윤활제로 윤활한다.

(b) 드레인 플러그를 장착하고 40~65in-lb로 토크하고 안전결선 한다.

(c) 새 엘러먼트를 보울에 넣는다.

(d) 엘러먼트 고정 볼트, 와셔, 너트를 장착한다. 60~70in-lb로 토크한다.

(e) 펌프 플랜지에 브이 밴드(V-band) 클램프를 장착한다. 볼트 헤드가 6시 방향으로 향하게 하고 60~70in-lb로 토크한다.

(f) 연료계통을 분해 또는 분리하고 재조립하였을 때는 누설 점검을 수행한다.

2.2. 메인 퓨얼 노즐(Main Fuel Nozzle)

A. 실습 개요

(1) 메인 퓨얼 노즐(main fuel nozzle) 장탈, 장착 방법에 대해 학습한다.

B. 관련 지식

(1) 메인 퓨얼 노즐은 연료를 연소실 안쪽에 균일하게 분사한다.

C. 자료 · 재료

D. 기기(공구 · 장비)

(1) J79 엔진

E. 학습

(1) 메인 퓨얼 노즐 장탈(그림 2.1, 2.3)

(a) 메인 퓨얼 노즐에서 매니폴드 커플링(manifold coupling) 너트를 분리한다.

(b) 메인 퓨얼 노즐을 장착하는 볼트, 와셔 및 너트를 풀고 퓨얼 노즐과 개스킷을 떼어낸다.

(2) 메인 퓨얼 노즐 장착

(a) 퓨얼 노즐을 연소실의 퓨얼 노즐 구멍에 맞춘다.

(b) 장착 패드(pad)에 퓨얼 노즐을 밀착시키고 전 후방으로 밀어주며 위치를 정한다.

(c) 퓨얼 노즐을 퓨얼 매니폴드(fuel manifold)에 연결하고, 연결 너트를 270~300in-lb로 토크하고 안전결선한다.

(d) 연료계통을 분해 또는 분리하고 재조립하였을 때는 누설 점검을 수행한다.

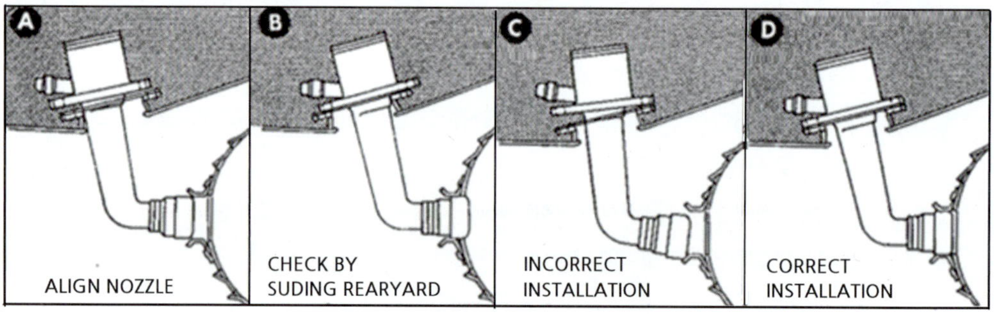

▲그림 2.3 메인 퓨얼 노즐 장착

2.3. 메인 퓨얼 필터(Main Fuel Filter)

A. 실습 개요

(1) 메인 퓨얼 필터(main fuel filter)의 장탈, 장착 방법에 대해 학습한다.

B. 관련 지식

(1) 메인 퓨얼 필터는 주 연료계통으로 공급되는 연료를 여과한다.

C. 자료 · 재료

D. 기기(공구 · 장비)

(1) J79 엔진

(2) 드레인 용기

E. 학습

(1) 메인 퓨얼 필터 장탈(그림 2.1, 2.4)

(a) fuel inlet hose에서 볼트, 와셔를 장탈한다.

(b) 호스와 씰(seal), 브래킷을 장탈한다.

(c) 장착 볼트 4개를 장탈한다.

(d) main fuel control에서 필터와 씰을 장탈한다.

(2) 메인 퓨얼 필터 장착

(a) main fuel control에 필터와 씰을 장착한다.

(b) 4개의 볼트와 와셔를 채우고 55~70in-lb로 토크하고 안전결선한다.

(c) fuel inlet hose를 브래킷에 연결하고 55~70in-lb로 토크한다.

(d) 브래킷을 장착한다.

(f) 연료계통을 분해 또는 분리하고 재조립하였을 때는 누설 점검을 수행한다.

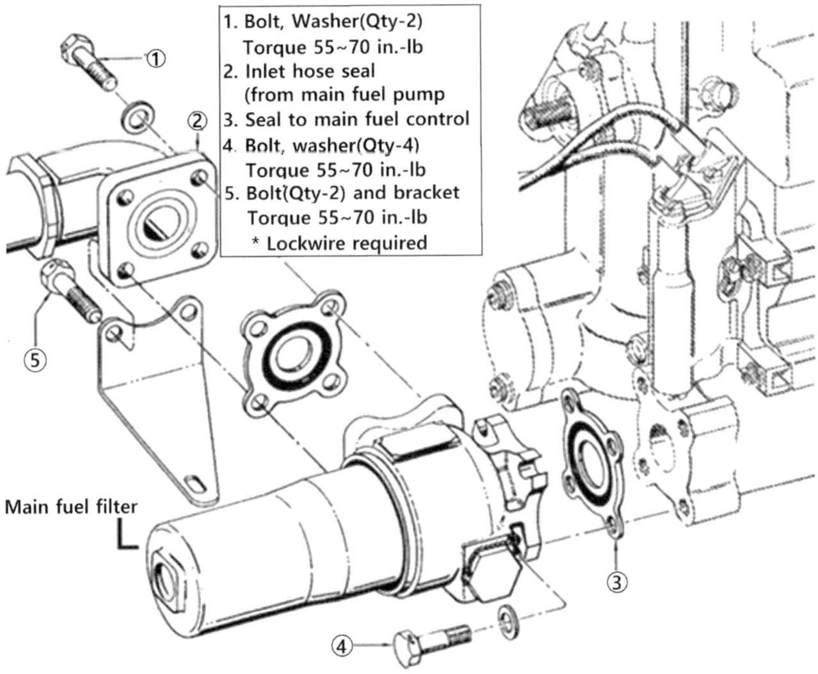

▲ 그림 2.4 메인 퓨얼 필터 장착

2.4. 프레셔라이징 및 드레인 밸브(Pressurizing and drain valve)

A. 실습 개요

(1) 프레셔라이징 및 드레인 밸브(P & D valve, Pressurizing and Drain valve) 장탈, 장착 방법에 대해 학습한다.

B. 관련 지식

(1) P & D valve는 main fuel control에서 servo assembly를 작동하기에 충분한 압력에 도달할 때까지 퓨얼 노즐(fuel nozzle)로의 흐름을 제한한다. 연료 흐름 schedule을 계량하고 또한 엔진 정지 시 fuel manifold로 배출하고 엔진 시동 시 빠른 시동이 가능하도록 시스템의 업 스트림(upstream, 상류)을 가압 상태로 유지한다.

(2) 튜브 커플링 너트를 분리하거나 조립할 때는 두 개의 렌치를 사용한다. 렌치 한 개는 피팅을 잡고 다른 한 개는 커플링 너트를 풀거나 토크한다. 두 개의 렌치를 사용하지 않으면 계통에 손상을 줄 수 있다.

C. 자료 · 재료

D. 기기(공구 · 장비)

(1) J79-17엔진

E. 학습

(1) P & D valve 장탈(그림 2.1, 2.5)

(a) 큰 elbows(2, 8)로부터 2개의 fuel manifold(1, 9)를 장탈한다.

(b) 후방 elbow(11)로부터 reference fuel pressure manifold tube(12)를 장탈한다.

(c) 커넥터 볼트(7), 2개의 O 링 및 drain tube를 장탈한다.

(d) 2개의 rear 장착 볼트(3), 4개의 볼트(4, 6), valve를 main oil cooler에 고정하는 2개의 브래킷을 장탈한다.

(e) valve와 씰(seal)(5)을 장탈한다.

(f) 3개의 elbows(2, 8, 11), 잼 너트 및 O 링을 장탈한다.

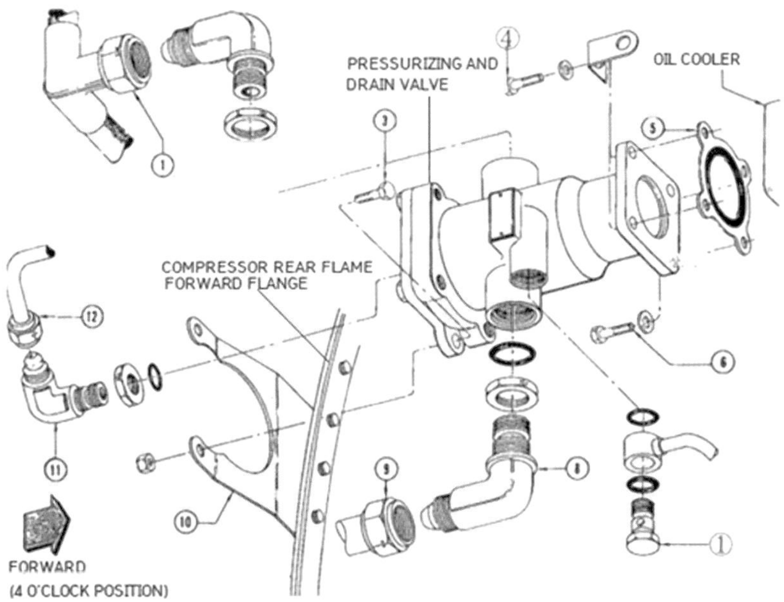

LEGEND

1. MAIN FUEL MANIFOLD (TO FUEL NOZZLES). TORQUE 648-768 LB IN.*
2. 90° ELBOW, JAM NUT AND O-RING. TORQUE JAM NUT 360-400 LB IN.*
3. BOLT AND NUT (QTY-2). TORQUE 55-70 LB IN.
4. BOLT, WASHER AND BRACKET (QTY-2). TORQUE 55-70 LB IN.*
5. SEAL (TO MAIN OIL COOLER).
6. BOLT AND WASHER (QTY-2). TORQUE 55-70 LB IN.*
7. UNIVERSAL CONNECTOR BOLT, TWO O-RINGS AND DRAIN TUBE (TO DRAIN MANIFOLD). TORQUE 135-150 LB IN.*
8. 90° ELBOW, JAM NUT AND O-RING. TORQUE JAM NUT 360-400 LB IN.*
9. MAIN FUEL MANIFOLO (TO FUEL NOZZLES). TORQUE 648-768 LB IN.*
10. BRACKET (TO COMPRESSOR REAR FRAME).
11. 90° ELBOW, JAM NUT AND O-RING. TORQUE JAM NUT 135-150 LB IN.*
12. INLET TUBE (FROM MFC). TORQUE 135-150 LB IN.*

*LOCKWIRE REQUIRED

▲ 그림 2.5 P & D Valve 장착

(2) P & D valve 장착

(a) large outlet port에 있는 2개의 elbow(2, 8), 잼 너트 및 O 링을 장착하고 핑거 타이트한다.

(b) rear port에 있는 elbow(11), 잼 너트 및 O 링을 장착하고 핑거 타이트한다.

(c) main oil cooler 후방에 있는 valve와 seal(5)을 4개의 볼트(4, 6)와 와셔로 장착한다. L모양 브래킷을 전방을 향하며 각각의 바깥 볼트 머리 밑에 장착한다. 55~70in-lb로 토크하고 안전결선한다.

(d) valve를 후방 장착 브래킷에 2개의 볼트(3)와 너트로 볼트 헤드를 전방으로 향하여 장착한다. 55~70in-lb로 토크한다.

(e) O 링, drain tube, O 링 및 커넥터 볼트(7)를 drain port에 장착하고 135~ 150in-lb로 토크하고 안전결선한다.

(f) 2개의 large elbow(2, 8)를 뒤에 놓고 fuel manifold(1, 9)를 장착한다. manifold 커플링 너트를 648~768in-lb로 토크한다. elbow 잼 너트를 360~400in-lb로 토크

하고 안전결선한다.

(g) 후방 elbow(11)를 놓고 reference fuel pressure manifold tube(12)를 장착한다. 튜브 커플링 너트(tube coupling nut)을 135~150in-lb로 토크한다. 잼 너트를 135~150in-lb로 토크하고 안전결선한다.

2.5. EGT 리셋 스위치

A. 실습 개요

(1) EGT(Exhaust Gas Temperature) 리셋 스위치(Reset Switch) 장탈, 장착 방법에 대해 학습한다.

B. 관련 지식

(1) EGT 리셋 스위치는 acceleration limit servo 압력이 증가하면 온도 증폭 회로를 자화시킨다.

C. 자료 · 재료

D. 기기(공구 · 장비)

(1) J79 엔진

E. 학습

(1) EGT Reset 스위치 장탈(그림 2.1, 2.6)

(a) electrical lead(1)를 분리한다.

(b) reference fuel pressure tube(4) 분리한다.

(c) signal fuel hose(5)를 분리한다.

(d) 3개의 장착 볼트(2, 3)와 와셔를 장탈한다.

(e) 스위치를 장탈한다.

(2) EGT 리셋 스위치 장착

(a) EGT 리셋 스위치를 장착 브래킷 위에 놓고 3개의 볼트(2, 3)와 와셔로 장착하고 안전결선한다. 후방 볼트는 55~70in-lb, 전방 볼트는 24~27in-lb로 토크한다.

(b) reference fuel pressure tube(4)를 연결하고 커플링 너트는 135~150in-lb로 토크하고 안전결선한다.

(c) electrical lead(1) 커넥터를 핑거 타이트하고 안전결선한다.

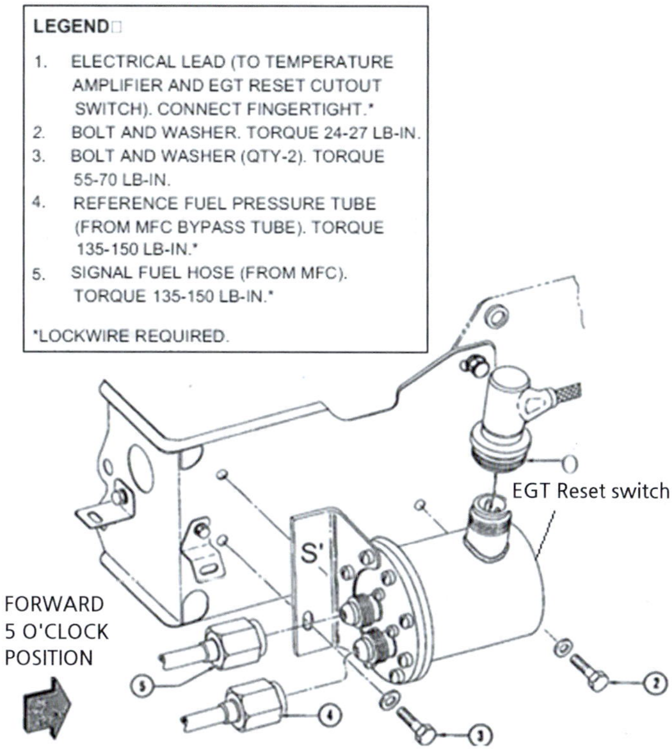

▲ 그림 2.6 EGT 리셋 스위치 장착

2.6. 이그니션 유닛(Ignition Unit)

A. 실습 개요

(1) 이그니션 유닛(ignition unit) 장탈, 장착 방법에 대해 학습한다.

B. 관련 지식

(1) 이그니션 유닛은 28 volt DC 항공기 전원을 스파크 플러그를 작동시키는 고에너지를 주기적 전기 펄스로 바꾸어준다.

C. 자료 · 재료

D. 기기(공구 · 장비)

(1) J79 엔진

E. 학습

(1) 이그니션 유닛 장탈(그림 2.1, 2.7)

(a) 전선(3, 4, 5, 8, 9)를 이그니션 유닛으로부터 분리한다.

(b) 스파크 플러그 lead 클램프를 No. 2 이그니션 유닛과 브래킷으로부터 장탈한다.

(c) No. 2 이그니션 유닛으로부터 장착 볼트(7)와 와셔를 장탈하고 유닛을 떼어낸다.

(d) 이그니션 유닛의 손상 여부를 점검한다. 외부의 우그러짐을 최대 깊이 0.100in.까지는 유닛이 정상 작동하면 사용이 허용된다. 외부의 균열은 허용되지 않는다.

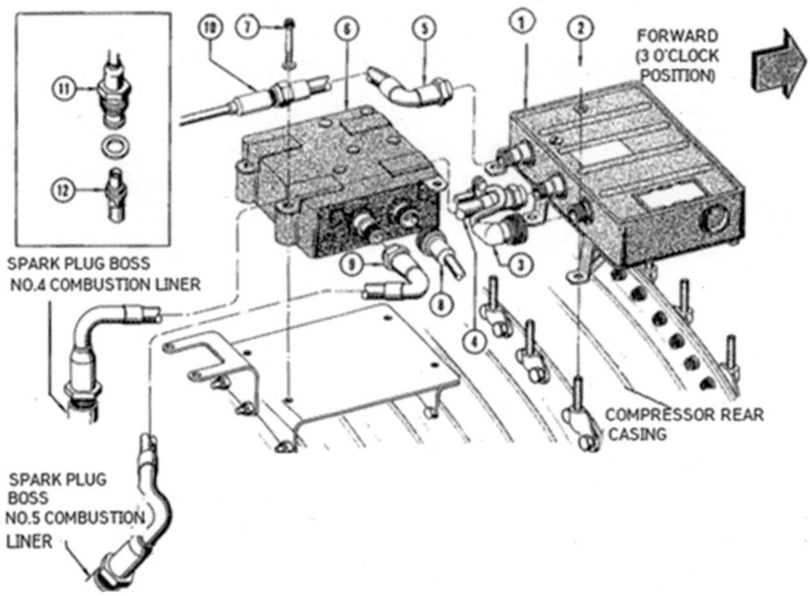

LEGEND:

1. NO. 1 IGNITION UNIT.
2. NUT AND WASHER (QTY-6). TORQUE 55-70 LB IN,
3. POWER INPUT LEAD. CONNECT FINGERTIGHT. *
4. MAIN SPARK PLUG LEAD. TORQUE 130-150 LB IN.
5. TORCH IGNITER SPARK PLUG FLEXIBLE LEAD (TO IGNITION UNIT). TORQUE 130ㅓ50 LB IN.
6. NO. 2 IGNITION UNIT.
7. BOLT AND WASHER (QTY-4). TORQUE 55-70 LB IN.
8. POWER INPUT LEAD. CONNECT FINGER-TIGHT.I*
9. MAIN SPARK PLUG LEAD. TORQUE 130-150 LO IN.
10. TORCH IGNITER SPARK PLUG FLEXIBLE LEAD (TO RIGID LEAD). TORQUE 30-40 LB IN.
11. MAIN SPARK PLUG LEAD. TORQUE 840-960 LB IN, BACK OFF 1/4 TURN, RE-TORQUE 840-960 LB IN,*
12. MAIN SPARK PLUG AND SPACER.

* LOCKWIRE REQUIRED.

▲ 그림 2.7 이그니션 유닛 장착

(2) 이그니션 유닛 장착

(a) 장착 볼트와 너트는 브래킷이 고정될 때까지 핑거 타이트한 상태로 둔다.

(b) No. 1 이그니션 유닛을 6개의 너트(2)와 와셔로 장착한다. 55~70in-lb로 토크한다.

(c) No. 2 이그니션 유닛을 4개의 볼트(7)와 와셔로 장착한다.

55~70in-lb로 토크한다.

(d) power input cable(3, 8)을 각 각의 이그니션 유닛을 연결하고 안전결선한다.

(e) No. 1 스파크 플러그 lead(4)와 after burner torch igniter 스파크 플러그 lead(5)를 연결하고 130~150in-lb로 토크한다.

(f) No. 2 스파크 플러그 lead(9)를 No, 2 이그니션 유닛을 연결하고 130~150in-lb로 토크한다.

(g) No. 2 unit와 브래킷에 No.1 스파크 플러그 lead를 클램프로 고정한다. 24~27in-lb로 토크한다.

(h) torch igniter 스파크 플러그 lead를 No. 2 unit의 뒤쪽 브래킷에 클램프로 장착하고 24~27in-lb로 토크한다.

2.7. 스파크 플러그(Spark Plug)

A. 실습 개요

(1) 스파크 플러그(spark plug) 장탈, 장착 방법에 대해 학습한다.

B. 관련 지식

(1) 스파크 플러그는 스파크를 발생하여 연소실 내에서 연료와 공기 혼합기를 점화하여 엔진을 작동하게 한다.

C. 자료 · 재료

D. 기기(공구 · 장비)

(1) J79 엔진

E. 학습

(1) 스파크 플러그 장탈(그림 2.1, 2.8)

(a) 커넥터가 boss로부터 직선으로 빠질 수 있도록 전선의 클램프를 풀어준다.

(b) 이그니션 리드 커플링 너트(ignition lead coupling nut)(11)를 풀고 컴버스쳔 케이싱(combustion casing)에서 lead가 직선으로 빠질 수 있도록 조심하여 스파크 플러그(12)를 떨어트리지 않고 lead와 함께 떼어낸다.

(2) 이그니션 유닛 장착

(a) 스파크 플러그의 점화 부분을 연마제나 날카로운 물체로 긁어내지 말아야 한다. 플러그 끝이 카본으로 씌워 있으면 연료에 적신 천으로 카본을 닦아준다.

(b) 스파크 플러그(12)를 boss의 안내 홈에 자리 잡도록 하며 outer 컴버스쳔 케이싱의 boss에 삽입한다.

(c) 스파크 플러그에 씰(seal)을 삽입하고 이그니션 리드(ignition lead)(11)를 장착한다.

(d) 커플링 너트(11)을 boss에 장착하고 840~960in-lb로 조인 후 1/4회전 풀었다가 840~960in-lb로 리토크(retorque)하고 안전결선한다.

(e) 스파크 플러그 lead를 클램프하고 24~27in-lb로 토크한다.

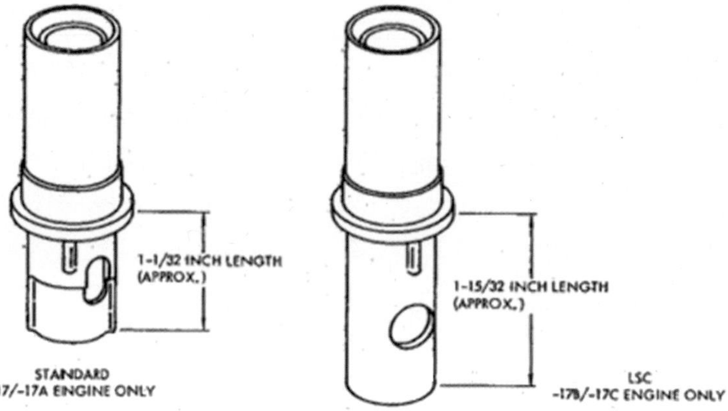

메인 스파크 플러그

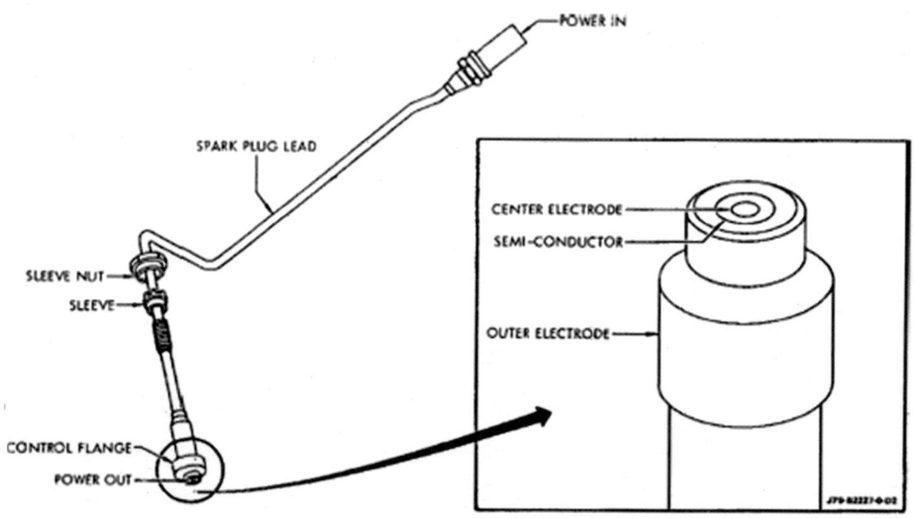

아프터 버너 스파크 플러그

▲ 그림 2.8 스파크 플러그

2.8. 스캐번지 오일 필터 엘러먼트(Scavenge Oil Filter Element)

A. 실습 개요

(1) 스캐번지 오일 필터 엘러먼트(scavenge oil filter element)의 세척에 대해 학습한다.

B. 관련 지식

(1) 스캐번지 오일 필터는 컴프레셔 프론트 케이싱(compressor front casing)의 8시 방향에 장착되어 있고 필터 엘러먼트는 세척하여 재사용이 가능하며 프레셔 릴리프 밸브(pressure relief valve)가 포함되어 있다.

(2) 스캐번지 오일 필터는 엔진에서 사용된 오일을 재사용하기 위해 오일 탱크로 되돌아오는 오일에서 오염물질을 제거한다.

C. 자료 · 재료

(1) O-ring, AB-1586-223, MS28774-223, AB-1586-116

(2) 이소프로필 알콜(isopropyl alcohol)

D. 기기(공구 · 장비)

(1) J79 엔진, 기름 받이

E. 학습

(1) 스캐번지 오일 필터 장탈(그림 2.1, 2.9)

(a) 필터 보울(filter bowl)을 풀어 장탈한다.

(b) 필터 엘러먼트의 스프링 클립(spring clip)을 누르고 보울에서 빼낸다.

(c) O 링과 플라스틱 씰링을 장탈하여 폐기한다.

(2) 스캐번지 오일 필터 장착

(a) 필터 엘러먼트를 초음파 세척방식으로 세척한다.

(b) 필터 보울을 이소프로필 알콜로 세척한다.

(c) 새로운 O 링을 장착하고, O 링은 장착이 용이하게 석유성분 윤활제로 윤활한다.

(d) 필터 엘러먼트를 필터 보울에 삽입한다.

(e) 스프링 클립 고리가 보울 그루브(groove)에 자리 잡는지 확인한다.

(f) 필터 보울을 필터 몸체에 장착하고 160~180in-lb로 토크하고 안전결선한다.

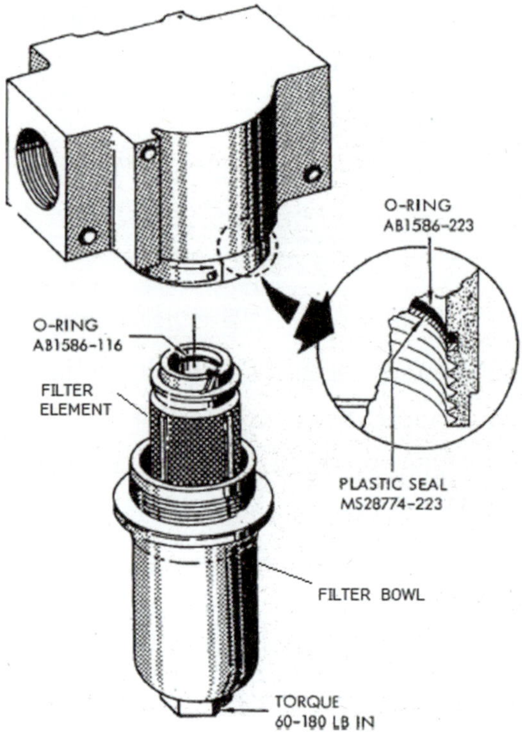

▲그림 2.9 스캐번지 오일 필터 엘러먼트 장착

2.9. 안티 아이싱 밸브(Anti-Icing Valve)

A. 실습 개요

(1) 안티 아이싱 밸브(anti-icing valve) 장탈, 장착 방법에 대해 학습한다.

B. 관련 지식

(1) 안티 아이싱 밸브 계통은 컴프레서 디스차지 에어(compressor discharge air)를 컴프레서 프론트 프레임(compressor front frame)의 스트러트(strut), 노즈 돔(nose dome), 노즈 돔 스트러트(nose dome strut) 및 인렛 가이드 베인(inlet guide vane)으로 보낸다. 이 압축 공기의 온도는 엔진에 손상을 줄 수 있는 얼음을 제거하거나 형성을 방지한다.

C. 자료·재료

D. 기기(공구·장비)

(1) J79 엔진

E. 학습

(1) 안티 아이싱 밸브 장탈(그림 2.1, 2.10)

(a) 전선(11)을 분리한다.

(b) 밸브로부터 후방 안티 아이싱 덕트(anti-icing duct)(7)와 센터 안티아이싱 덕트(9)를 분리한다.

(c) 밸브를 지지하는 rib 브래킷(1)에서 장착 bolt(6)를 장탈하고 밸브를 장탈한다.

(d) Rib 브래킷(2, 5)에서 2개의 support 브래킷(3, 4)을 장탈한다.

(2) 안티 아이싱 밸브 장착

(a) 2개의 support 브래킷을 2개의 Rib 브래킷(2, 5)에 2개의 볼트로 장착하고 핑거 타이트한다.

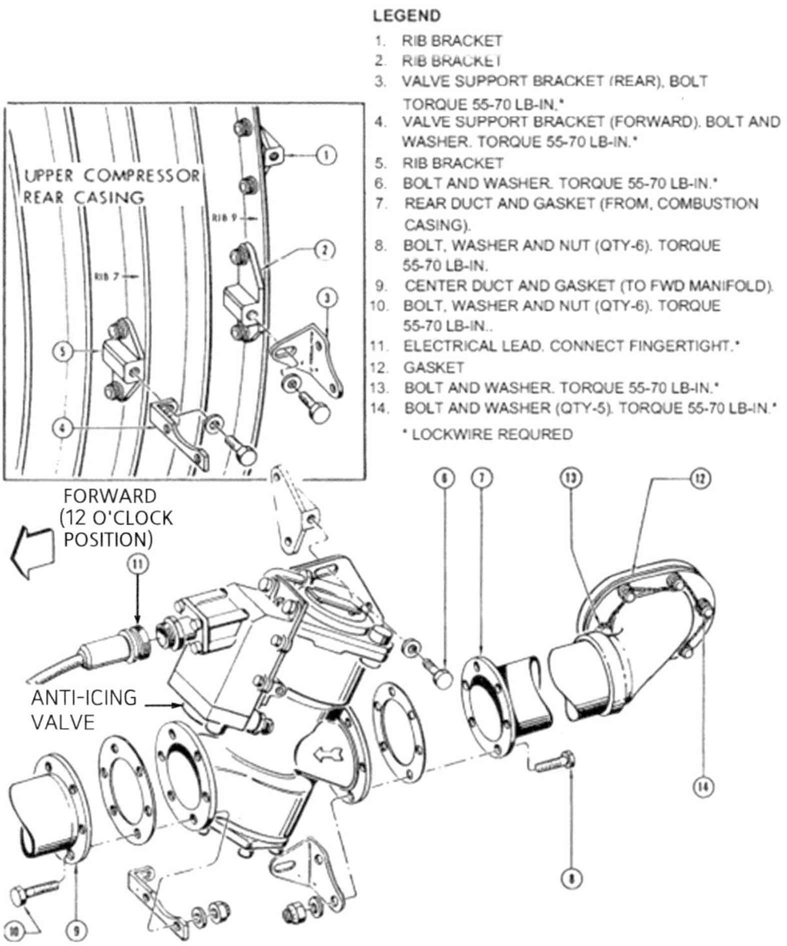

▲ 그림 2.10 안티 아이싱 밸브 장착

(b) 밸브를 브래킷(3, 4) 위에 놓는다. 안티 아이싱 덕트(7, 9)를 개스킷과 6개의 볼트, 너트(8, 10)로 헐겁게 장착한다. 2개의 약간 긴 볼트로 서포트(support) 브래킷을 밸브의 플랜지에 장착한다.

(c) 볼트(6)와 와셔를 밸브 브래킷을 통과하여 실린더 장착 브래킷(1)에 장착하고 핑거 타이트한다.

(d) 부품의 장착상태를 정돈하고 다음 순서로 토크한다.

- combustion casing에 rear duct 장착, 55~70in-lb로 토크한다.
- 밸브에 Rear duct 장착, 57~70in-lb로 토크한다.
- center duct 밸브에 center duct 장착, 55~70in-lb로 토크한다.
- compressor casing에 밸브 장착, 55~70in-lb로 토크한다.
- compressor casing에 support 브래킷 장착, 55~70in-lb로 토크한다.
- compressor casing에 center duct clamp 장착, 55~70in-lb로 토크한다.

(e) 전선(11)을 연결하고 핑거 타이트하고 안전결선한다.

(f) rear duct 장착 볼트(13, 14)를 안전결선한다.

(g) 밸브 및 브래킷 장착 볼트(3, 4, 6)를 안전결선한다.

2.10. 안티 아이싱 인디케이터 스위치(Anti-Icing Indicator Switch)

A. 실습 개요

(1) 안티 아이싱 인디케이터 스위치(anti-icing indicator switch) 장탈, 장착 방법에 대해 학습한다.

B. 관련 지식

(1) 안티 아이싱 인디케이팅 스위치는 컴프레서 프론트 케이싱(compressor front casing)의 12시 방향에 장착되어 있다.

(2) 안티 아이싱 인디케이터 스위치는 안티 아이싱 밸브의 다운스트림(downstream)에 장착되어 있고 안티 아이싱 에어가 흐를 때는 닫혀있고 안티 아이싱 에어의 흐름을 보여주기 위해서 조종석의 signal light를 ON 한다.

C. 자료 · 재료

D. 기기(공구 · 장비)

(1) J79 엔진

E. 학습

(1) 안티 아이싱 인디케이터 스위치 장탈(그림 2.1, 2.11)

(a) 전선(4)을 분리한다.

(b) 레퍼런스 포트 튜브(reference port tube)(8) 및 시그널 포트 튜브(signal port tube)(9)를 분리한다.

(c) 스위치를 엔진에 장착하는 3개의 볼트를 장탈한다.

(2) 안티 아이싱 인디케이터 스위치 장착

(a) 후방 장착 브래킷(1)에 볼트와 와셔 너트로 스위치를 조립하고 핑거 타이트한다. 브래킷을 switch 장착 브래킷 뒤쪽에 놓는다.

(b) 스위치를 장착 boss에 놓고 볼트와 와셔로 장착한다. 클램핑(clamping) 브래킷(5)을 전방 상부에 볼트에 고정하고 finger tight한다.

(c) reference air tube(8)를 연결하고 135~150in-lb로 토크하고 안전결선한다. signal air tube(9)를 연결하고 180~200in-lb로 토크하고 안전결선한다.

(d) 컴프레서 케이싱 보스(compressor casing boss)에 장착 볼트(3, 6, 7)를 장착하고 55~70in-lb로 토크하고 안전결선한다.

후방 브래킷 볼트(2)를 55~70in-lb로 토크하고 안전결선한다.

(e) 전선(4)을 장착하고 핑거 타이트 후 그림과 같이 안전결선한다

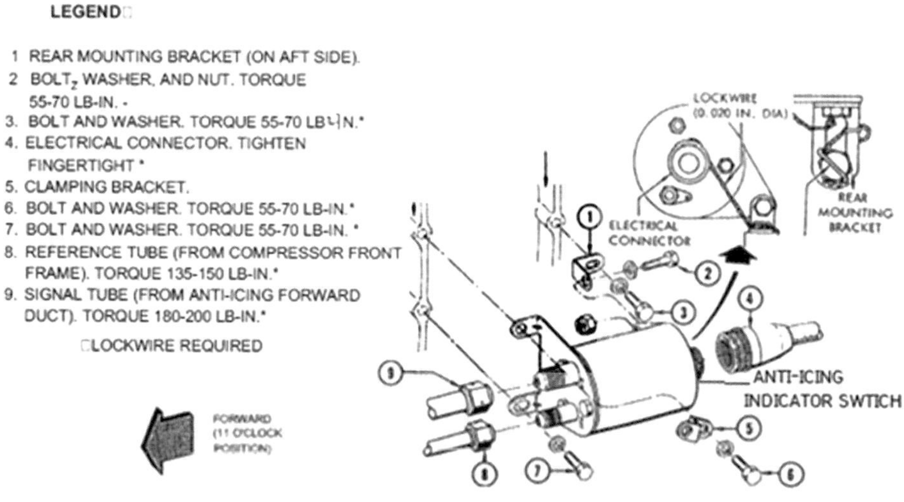

▲ 그림 2.11 안티 아이싱 인디케이터 스위치 장착

2.11. 안티 아이싱 덕트(Anti-icing duct)

A. 실습 개요

(1) 안티 아이싱 덕트 장탈, 장착 방법에 대해 학습한다.

B. 관련 지식

(1) 안티 아이싱 덕트는 스테인리스 스틸 판재를 사용하여 용접으로 제작되었다. 안티 아이싱 덕트는 cooling air를 각각의 사용처에 공급하는 배관으로 사용된다.

(2) 덕트(duct)를 분리하였을 때는 연결구 양쪽을 플라스틱 봉투와 문방용 고무줄 등을 사용해 캡핑하여 이물질의 유입을 방지한다.

C. 자료 · 재료

D. 기기(공구 · 장비)

(1) J79 엔진

E. 학습

(1) 안티 아이싱 덕트 장탈(그림 2.1, 2.12, 2.13)

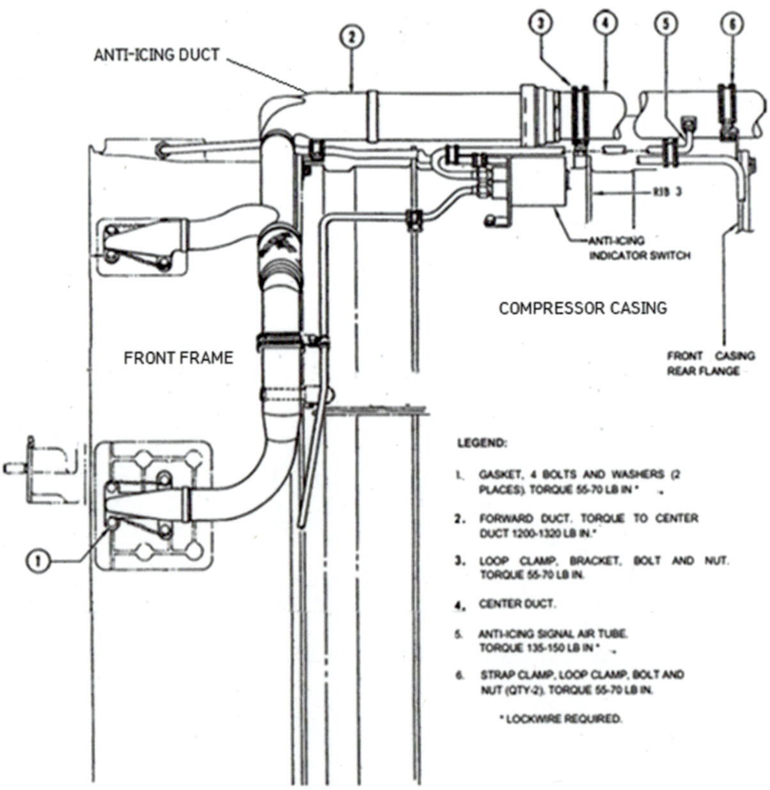

▲ 그림 2.12 안티 아이싱 덕트 좌측

(a) 안티 아이싱 signal air tube(5)를 center duct에서 분리한다.

(b) 전방 duct에서 볼트, 너트와 클램프를 장탈한다.

(c) front frame pad connection에서 볼트와 와셔를 풀고 center duct(4)에서 전방 duct(2)를 분리하여 장탈한다.

(d) valve에서 후방 및 center duct(7, 9)를 분리한다.

(e) center duct에서 클램프(3, 6)를 풀고 duct를 장탈한다.

(f) 후방 duct에서 볼트와 와셔(13, 14)를 풀고 duct와 개스킷을 장탈한다.

(2) 안티 아이싱 덕트 장착

(a) forward 안티 아이싱 duct(2)를 4개의 front frame pad에 장착한다. 각각의 pad에 개스킷, 4개의 볼트와 와셔를 사용하고 핑거 타이트(finger tight)한다.

(b) center 안티 아이싱 duct(4)를 장착한다.

- center duct를 안티 아이싱 signal air tube를 좌측을 향하며 boss와 함께 장착한다.
- strap 클램프(6)를 장착한다. 2개의 볼트와 너트를 사용한다.
- loop 클램프(3)를 rib boss에 볼트와 너트, 브래킷으로 장착한다.
- center duct를 forward duct에 연결하고 핑거 타이트한다.
- 안티 아이싱 signal air tube(5)를 center duct에 연결하고 핑거 타이트한다.

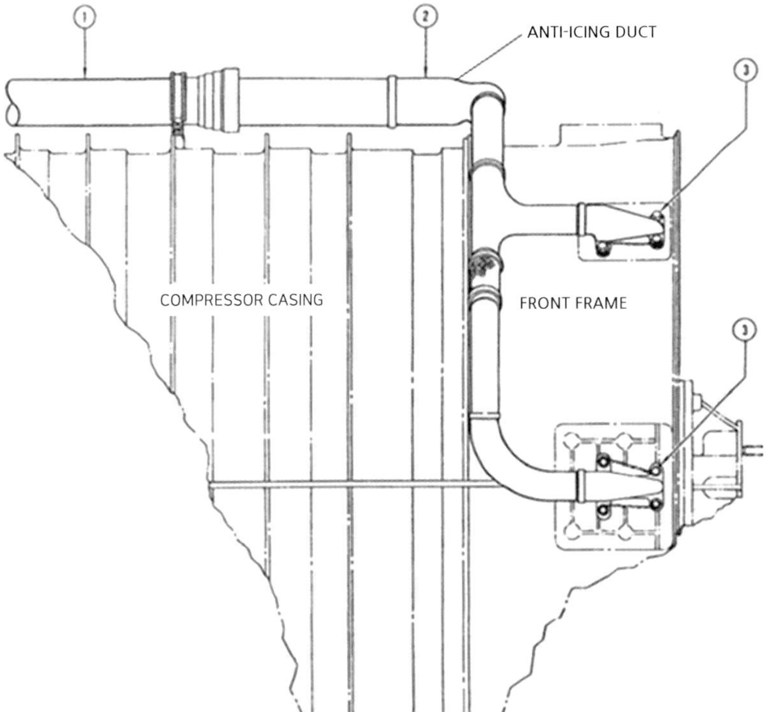

▲ 그림 2.13 안티 아이싱 덕트 우측

(c) 개스킷(12), 6개의 볼트와 와셔(13, 14)를 사용하여 rear 안티 아이싱 duct(7)를 combustion casing pad에 장착한다.

(d) 개스킷, 6개의 볼트와 와셔, 너트(8, 10)를 사용하여 안티 아이싱 duct(7, 9)를 valve flange에 헐겁게 설치한다. 각각의 support 브래킷을 부착할 때는 약간 긴 2개의 볼트를 사용한다.

(e) 각 부품의 정돈상태를 점검하고 볼트, 너트를 다음과 같이 토크한다.

- front frame에 forward duct 장착, 55~70in-lb로 토크하고 안전결선한다.
- combustion casing에 rear duct 장착, 55~70in-lb로 토크 하고 안전결선한다.
- valve에 rear duct 장착, 55~70in-lb로 토크하고 안전결선한다.
- valve에 center duct 장착, 55~70in-lb로 토크하고 안전결선한다.
- compressor casing에 valve 장착 55~70in-lb로 토크하고 안전결선한다.
- center duct에 forward duct 장착, 1200~1320in-lb로 토크 하고 안전결선한다.
- compressor casing에 center duct clamp 장착, 55~70in-lb로 토크하고 안전결선한다.
- center duct에 안티 아이싱 signal air tube 장착, 135~150in-lb로 토크하고 안전결선한다.

(f) electrical lead(11)를 연결하고 핑거 타이트 후 안전결선한다.

2.12. 안티 아이싱 밸브(Anti-Icing Valve)

A. 실습 개요

(1) 안티 아이싱 밸브(anti-icing valve) 장탈, 장착 방법에 대해 학습한다.

B. 관련 지식

C. 자료·재료

(1) 개스킷

D. 기기(공구·장비)

(1) J85 엔진

E. 학습

안티 아이싱 밸브의 장탈, 장착 작업방법에 대해 학습한다(그림 2.14).

(1) 안티 아이싱 밸브 장탈

(a) 안티 아이싱 밸브로부터 전선을 분리한다.

(b) 클램프(2)를 브래킷(3)에 고정하는 볼트(10)를 장탈한다.

(c) 볼트(5)를 장탈하여 안티 아이싱 밸브 후면에서 튜브를 분리한다.

(d) 안티 아이싱 밸브 후방을 고정하는 볼트(6)와 너트(7)를 장탈한다. 스페이서(spacer)와 쉼(shim)도 장탈한다.

(e) 안티 아이싱 밸브를 안티 아이싱 밸브 매니폴드(manifold)에 고정하는 볼트(9)를 장탈한다.

(f) 안티 아이싱 밸브를 장탈 하고 개스킷을 폐기한다.

(2) 안티 아이싱 밸브 장착

(a) 안티 아이싱 밸브 전면 패드(pad)에 새 개스킷을 넣고 매니폴드에 조립하고, 볼트(9)를 체결한다.

(b) 안티 아이싱 밸브와 프론트 프레임(front frame) 후방 플랜지 사이에 스페이서(8)를 넣는다. 스페이서와 밸브 사이의 틈새를 메꾸기 위해 필요한 양의 쉼(shim)을 사용한다. 밸브와 스페이서를 볼트와 너트(6,7)로 헐겁게 고정한다.

(c) 안티 아이싱 밸브 후방 패드에 새 개스킷을 넣고 튜브(4)를 밸브에 연결한다. 볼트(5)를 헐겁게 체결한다.

(d) 밸브 위에 클램프를 장착한다. 볼트(1)를 사용하여 브래킷(3)을 고정한다. 볼트를 24~27in-lb로 토크하고 안전결선한다.

(e) 볼트(9)는 20~25in-lb로 토크하고 안전결선한다.

(f) 볼트(7)는 35~40in-lb로 토크한다.

(g) 볼트(5)는 20~25in-lb로 토크하고 안전결선한다.

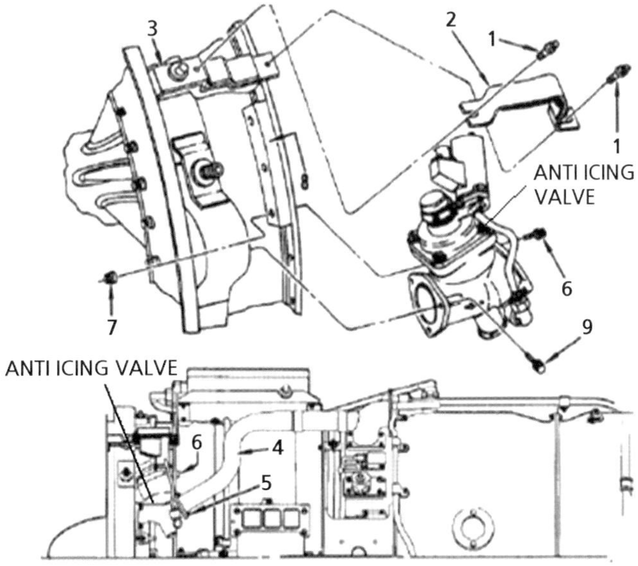

▲ 그림 2.14 안티 아이싱 밸브

2.13. 안티 아이싱 튜브(Anti-Icing Tube)

A. 실습 개요

(1) 안티 아이싱 튜브(anti-icing tube) 장탈, 장착 방법에 대해 학습한다.

B. 관련 지식

(1) 엔진 컴프레서에서 가열된 공기를 엔진 흡입구로 보내 얼음이 생성되는 것을 방지한다

C. 자료 · 재료

(1) 개스킷

D. 기기(공구 · 장비)

(1) J85 엔진

E. 학습

안티 아이싱 튜브의 장탈, 장착 방법에 대해 학습한다(그림 2.15).

(1) 안티 아이싱 튜브 장탈

(a) 안티 아이싱 밸브(2)의 후면에서 튜브(1)를 분리한다.

(b) 튜브 에어 클램프(3)를 푼다.

(c) 호스(4)에서 에어 튜브를 떼어낸다. 안티 아이싱 밸브 쪽의 개스킷은 폐기한다.

(d) 메인 프레임(main frame)에 고정하는 볼트를 풀고 티(tee)를 장탈한다. 개스킷을 폐기한다.

(2) 안티 아이싱 튜브 장착

(a) 메인 프레임 패드에 새 개스킷을 사용하여 티(tee)를 장착한다. 볼트를 채우고 16~19 in-lb로 토크하고 안전결선한다.

(b) 에어 튜브를 호스(4)에 연결한다.

(c) 볼트를 체결하여 안티 아이싱 밸브의 후면에 안티 아이싱 튜브(1)와 새 개스킷을 장착한다.

(d) 클램프(3)를 30~40in-lb로 토크하고 안전결선한다.

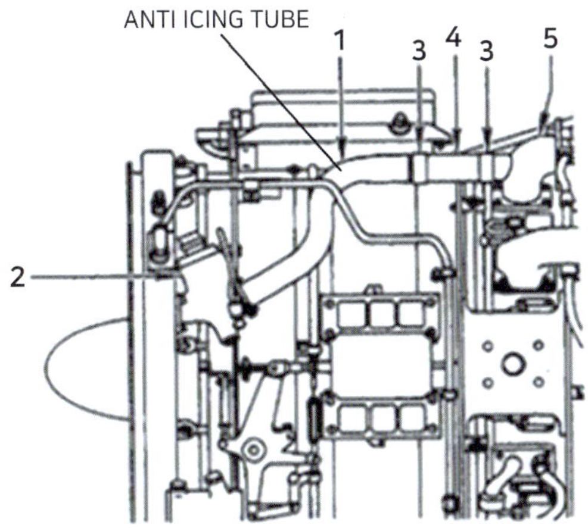

▲ 그림 2.15 안티 아이싱 튜브

2.14. 8 스테이지 리크 에어 덕트(8 Stage Leak Air Duct)

A. 실습 개요

(1) 8 스테이지 리크 에어 덕트(8 stage leak air duct) 장탈, 장착 방법에 대해 학습한다.

B. 관련 지식

C. 자료 · 재료

Easy Off 990 컴파운드

D. 기기(공구 · 장비)

(1) J85 엔진

E. 학습

8 스테이지 리크 에어 덕트(8 stage leak air duct) 장탈, 장착 방법에 대해 학습한다(그림 2.16).

(1) 8 스테이지 리크 에어 덕트(8 stage leak air duct) 장탈

(a) 이그져스트 케이싱(exhaust casing)에 리크 에어 덕트(leak air duct)(1)를 고정하는 너트를 장탈한다.

(b) 메인 프레임(main frame)에 엘보(elbow)(2)를 고정하는 볼트를 장탈한다.

(c) 엔진에서 튜브를 장탈하고 덕트에서 엘보를 분리한다. 개스킷(3, 4)을 폐기한다.

(2) 8 스테이지 리크 에어 덕트(8 stage leak air duct) 장착

(a) 새 개스킷(3, 4)을 메인 프레임과 이그져스트 케이싱(exhaust casing)사이에 끼운다.

(b) 엘보(2)에 에어 덕트(1)를 조립한다.

(c) 튜브와 엘보를 메인 프레임과 이그져스트 케이싱의 덕트 위에 놓는다.

(d) 엘보를 고정하는 볼트에 Easy Off 990 컴파운드로 윤활하여 토크하고 16~19in-lb로 토크하고 안전결선한다. 너트를 16~19in-lb로 토크한다.

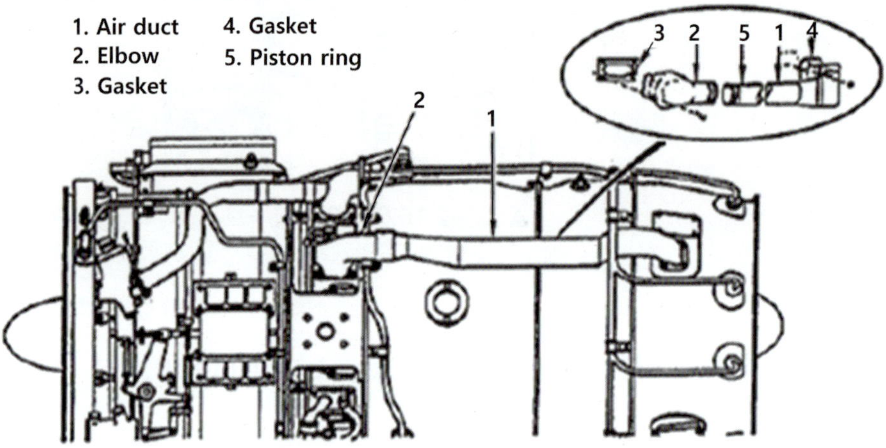

▲ 그림 2.16 8 스테이지 리크 에어 덕트

2.15. 에어 블리드 밸브(Air Bleed Valve)

A. 실습 개요

(1) 에어 블리드 밸브(air bleed valve) 장탈, 장착 방법에 대해 학습한다.

B. 관련 지식

C. 자료 · 재료

D. 기기(공구 · 장비)

(1) J85 엔진

E. 학습

에어 블리드 밸브(air bleed valve) 장탈, 장착 방법에 대해 학습한다(그림 2.17).

(1) 에어 블리드 밸브(air bleed valve)(3) 장탈

(a) 퓨얼 컨트롤(fuel control) 상부에서 액추에이터(actuator) 연료 라인(1)을 분리한다. 액추에이터 피스톤(piston)의 위치를 완전히 뽑힌 상태로 둔다.

(b) 액추에이터 벨 크랭크(bell crank)(4)에 블리드 밸브(bleed valve)(3)를 고정하는 클레비스 핀(clevis pin)을 장탈한다.

(c) 컴프레서 케이싱(compressor casing) 마운트 패드(mount pad)에서 밸브(valve)를 케이싱에 고정하는 스크루(5, 6)를 풀러 블리드 밸브와 개스킷을 장탈한다.

(2) 에어 블리드 밸브 장착

(a) 컴프레서 케이싱(compressor casing) 마운트 패드(mount pad)에 2개의 개스킷과 브리드 밸브를 장착한다.

(b) 블리드 밸브를 스크루(6)로 고정한다. 스크루를 25~30in-lb로 토크한다.

(c) 블리드 밸브를 스크루(5)로 고정한다. 스크루를 25~30in-lb로 토크하고 안전결선한다.

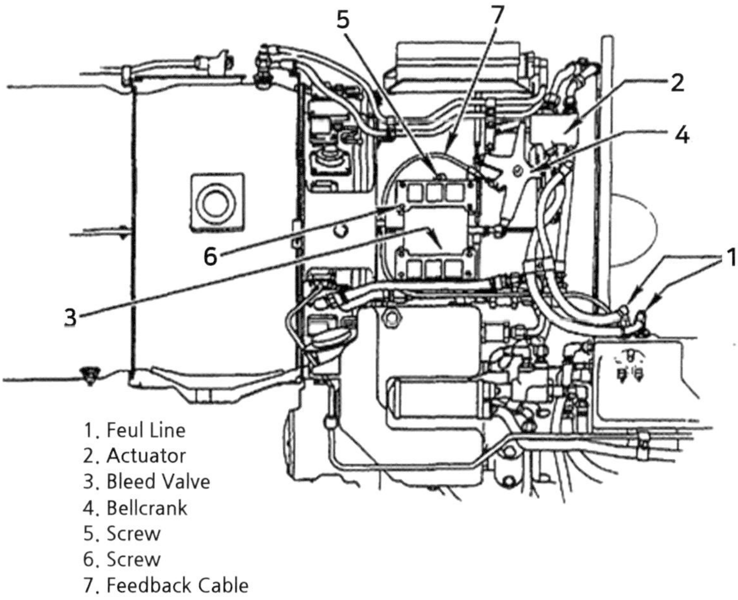

▲ 그림 2.17 에어 블리드 밸브

4장

항공 전기, 전자계통 정비

1. 전기계통
2. 통신/항법 계통

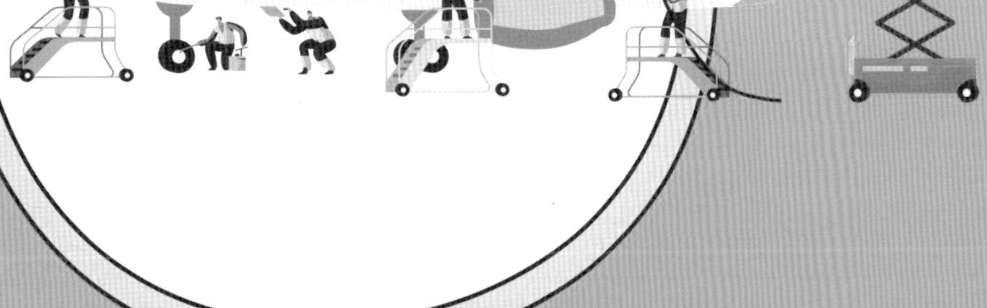

1. 전기계통

1. 기본 실기

1.1. 납땜(Soldering)

A. 실습 개요

(1) 납땜(soldering) 방법에 대해 학습한다.

B. 관련 지식

(1) 땜납이 녹을 때는 가스가 발생하므로 환기시설이 되어 있는 곳에서 작업한다.

(2) 납땜 작업 시 전기 신호를 서로 연결하는 매개체로 전도율이 좋은 납을 사용한다. 주석과 납의 성분 비율이 6:4로 되어 있는 것을 권장한다.

C. 자료 · 재료

(1) 만능 기판, 전선, 저항 등 전기회로 소자

D. 기기(공구 · 장비)

(1) 납땜 도구

E. 학습

(1) 납땜하는 방법에 대해 학습하여 익힌다(그림 1.1, 1.3, 1.4).

(2) 인두 팁(tip)의 길이에 따라 납이 녹는 온도가 다르다. 적당한 길이로 조절한다.

(a) 팁이 짧으면 온도가 높다. 온도가 너무 높으면 광택이 안 난다.

(b) 팁이 길면 납이 녹는 온도가 낮다. 너무 낮으면 냉납이 되고 접촉 불량이 발생한다.

(c) 팁의 길이는 조절 가능한 것으로 선택한다.

(3) 납땜이 끝난 후 산화 방지와 수명연장을 위해 팁의 끝 면에 납을 도포하고, 항상 깨끗하게 관리한다.

(4) 열을 식히기 위해 팁을 물에 담그지 않는다. 팁 손상 원인이 된다.

(5) 사용하지 않을 때는 전원을 반드시 끈다.

(6) 기본작업으로서 부품 없는 상태로 기판 위에 점 납땜부터 시작한다.

(7) 기판에 점 납땜하기

(a) 땜납과 인두는 약 45도 각도로 하여 접촉한다(그림 1.2).

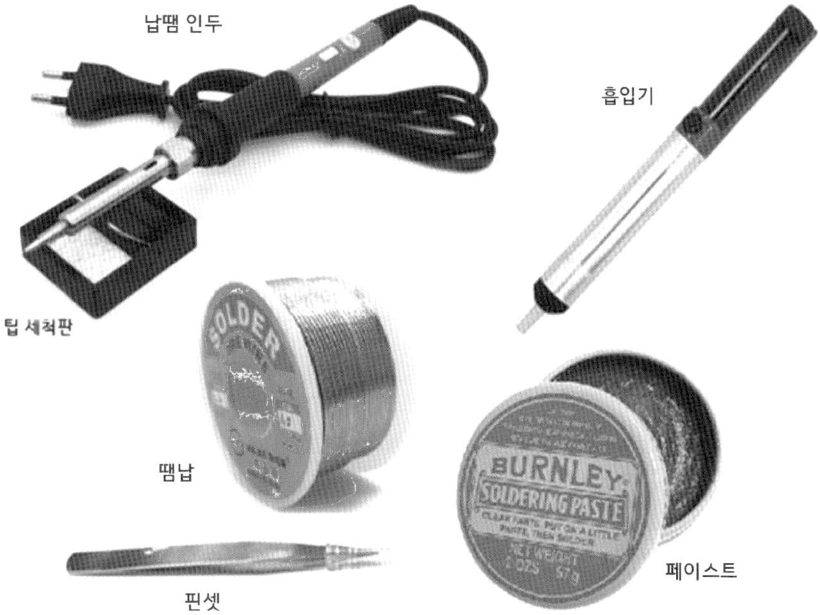

▲ 그림 1.1 납땜 도구, 재료

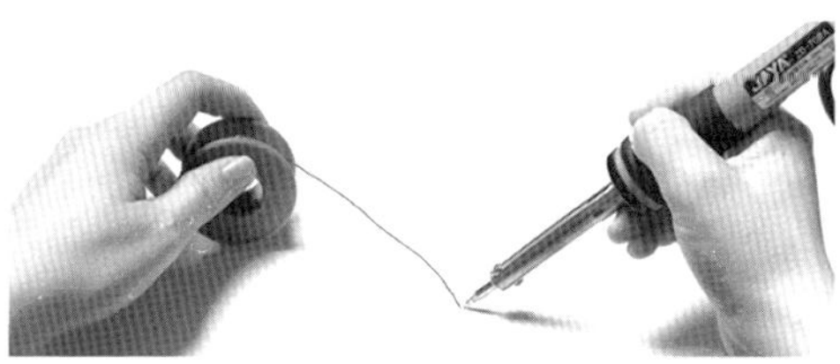

▲ 그림 1.2 납땜 인두 잡는 법

(b) 인두를 충분히 가열시키고 기판에 인두를 먼저 접촉하여 가열한다.

(c) 기판 구리 부분을 가볍게 인두를 누르면서 가열한다.

(d) 가열 후 땜납을 인두에 대고 녹는 것을 확인한다.

(e) 알맞게 납이 녹는 것을 확인하고 땜납을 먼저 뗀다.

(f) 기판의 납이 충분하게 녹고 윤기가 날 때 인두를 뗀다.

(g) 높이와 크기가 일정하고 광택이 나는가를 확인한다.

(h) 납땜 부위를 손가락으로 문질러 보아 긁히는 부분이 없고 매끄러우면 양호한 납땜이다.

(8) 기판에 선 납땜하기

(a) 점 납땜 부위를 선으로 납땜하여 서로 연결하는 작업을 한다.

(b) 납땜한 부분이 고르게 이어지도록 한다.

(c) 들뜨거나 배선 간 서로 겹쳐지지 않도록 한다.

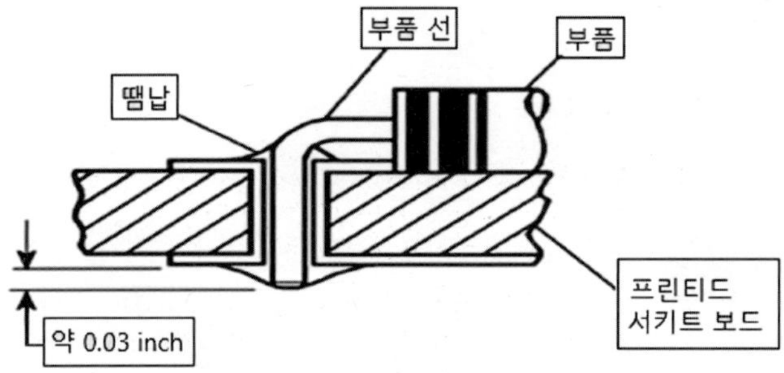

▲ 그림 1.3 부품 납땜

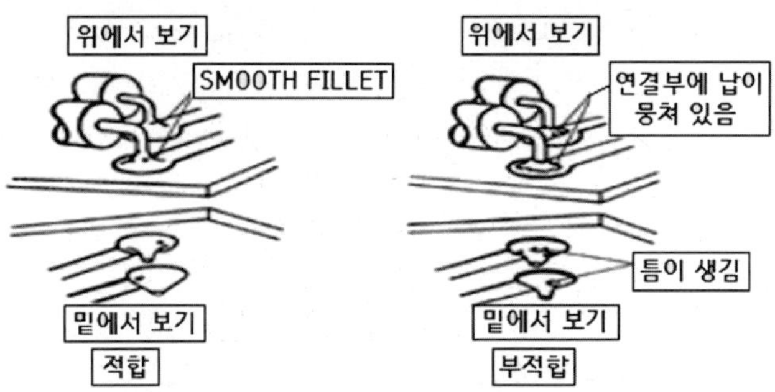

▲ 그림 1.4 납땜 상태

(9) 부품 납땜하기

(a) 부품을 기판에 꽂을 때는 규격 및 방향이 바뀌지 않도록 한다.

(b) 부품의 리드선은 부품 끝에서 3mm 이상 되는 곳에서 구부린다.

(c) 저항은 몸체를 기판에 거의 닿도록 하여 색 띠 방향을 일치시켜 꽂는다.

(d) 다이오드는 저항과 같이 몸체를 기판에 거의 닿도록 꽂는다.

(e) 트랜지스터의 머리 높이가 기판의 바닥에서 10~15mm 정도 되도록 한다.

(f) 콘덴서, LED 등은 바르게 세워서 기판에 꽂는다.

(g) 뒷면의 구부러지는 부분은 합선이 되지 않도록 한다.

(h) 꽂은 부품의 리드선은 2~3mm 정도를 남기고 동판 가장자리에서 절단한 뒤 납땜한다.

(i) 납땜 작업을 끝내고 작업장 주위를 정리한다.

1.2. 커넥터(Connector)

A. 실습 개요

(1) 커넥터에 전선을 연결하는 방법에 대해 학습한다.

B. 관련 지식

(1) 항공기에서의 커넥터 기능은 각기 다른 장소에서 커넥터 내의 핀과 소켓을 이용하여 전기적인 신호를 서로 연결한다.

(2) 커넥터는 항공기 전선 묶음, 전자 배선 및 안테나 케이블 등을 연결하는 곳에 사용한다.

C. 자료 · 재료

(1) Cessna 172 MM(ATA 20)

(2) 전선(AWG 16-20)

(3) 핀, 소켓

(4) 핀(♂)이 있는 플러그와 소켓(♀)이 있는 리셉터클

(5) 핀과 소켓 수요는 14개 내외

D. 기기(공구 · 장비)

(1) 압착 공구(crimping tool)

E. 학습

(1) 커넥터의 종류를 익히고, 압착 공구(crimping tool)를 이용하여 핀 또는 소켓에 전선을 압착하는 방법에 대해 학습하여 익힌다(그림 1.5).

(a) 커넥터에서 오염물질을 제거한다.

(b) 핀(pin)과 소켓(socket) 장 · 탈착 작업 시 무리한 힘을 가하지 않는다.

(c) 장탈 공구와 장착 공구 끝이 손상되지 않도록 한다.

(d) 커넥터에 공구를 끼울 때는 직각으로 힘을 가한다.

(e) 무리한 힘을 가하면 플러그와 리셉터클 내부의 락(lock)이 손상될 수 있다.

(2) 항공기에 사용되는 커넥터의 대표적인 형태는 원형 및 사각형이 있다.

(3) 커넥터는(connector)는 플러그(plug ♂)와 리셉터클(receptacle ♀)로 구별할 수 있다.

(a) 플러그: 리셉터클 안으로 넣어 전기적으로 연결하는 수놈(♂) fitting

(b) 리셉터클: 전기적인 신호를 연결하는 암놈(♀)의 배관부품

(4) 압착 공구를 이용하는 전선 작업

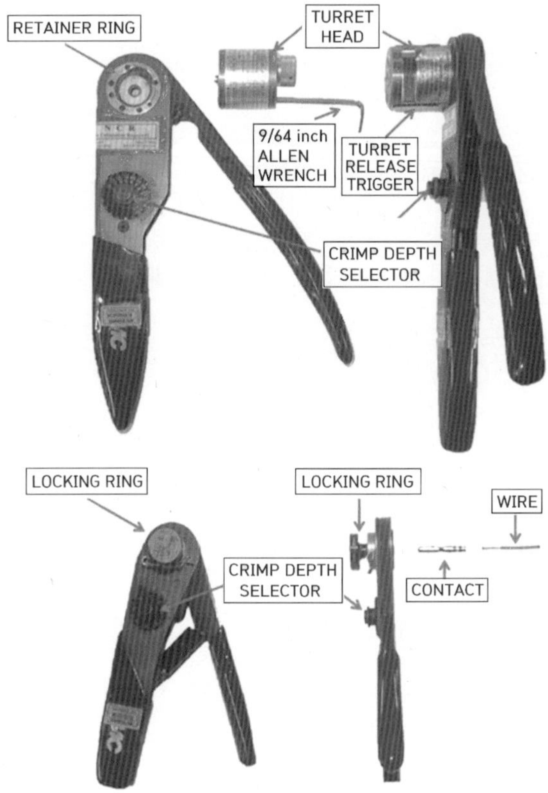

▲그림 1.5 커넥터 작업 공구

Contact Size	Wire Size AWG	Strip Insulation
20	Number 20 - 24	0.18
16	Number 16 - 20	0.25

(a) 전선을 선택(#20~#24)하여 연선이 잘리거나 흠집이 나지 않도록 주의하면서 전선을 벗긴다. 약 4mm (0.18")

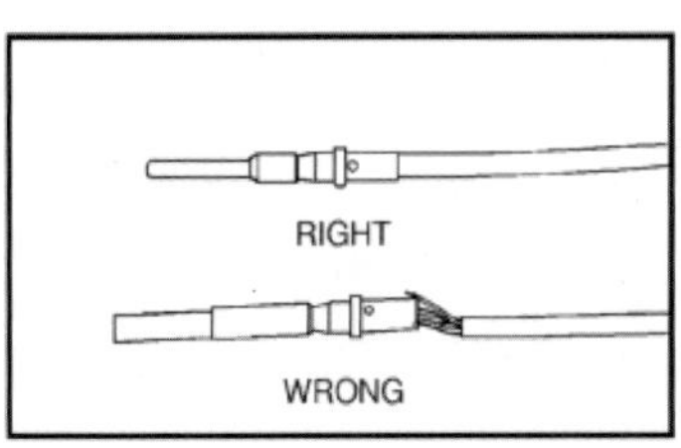

(b) 피복 벗긴 전선을 핀 또는 소켓에 넣는다. 전선이 검사 구멍(inspection hole)을 통해 보여야 한다.

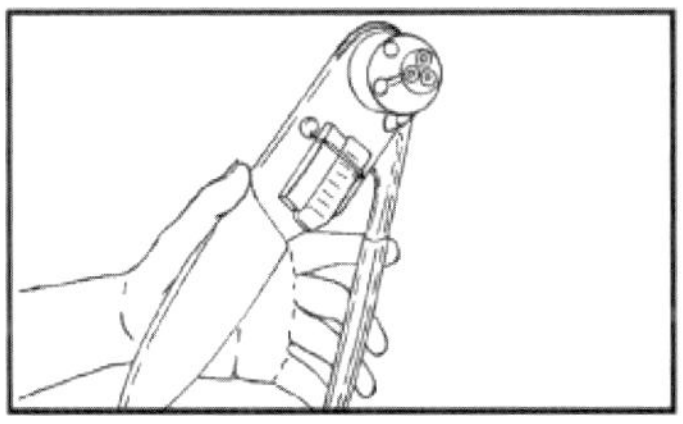

(c) 전선이 연결된 핀 또는 소켓을 압착 포트에 삽입한다. 손잡이가 완전하게 열린 상태에서 넣는다. 헤드(head) 또는 로케이터(locator)를 20으로 선택하고 완전히 조인다.

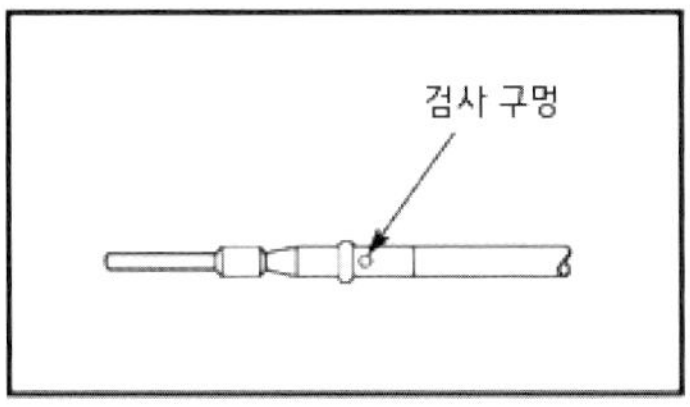

(d) 압착된 전선을 뽑아낸다. 검사구멍을 통해 와이어가 보이는지 확인한다. 접점 검사구멍(inspection hole – 화살표)이 있는 곳에 전선이 보이면 전선이 적당한 깊이와 치수로 압착되었음을 나타낸다.

(5) 커넥터에서 전선 장탈 하기

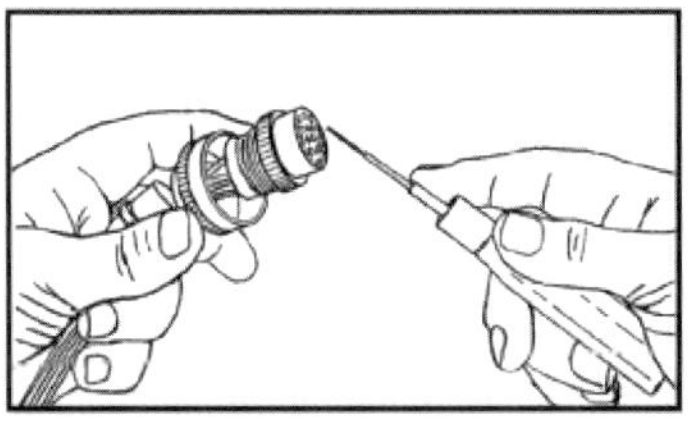

(a) 와이어 번들(wire bundle)의 핀 또는 소켓 위로 장탈 도구를 밀어 넣는다. 넣을 때는 힘을 가하지 않고 천천히 돌려가면서 집어넣는다.

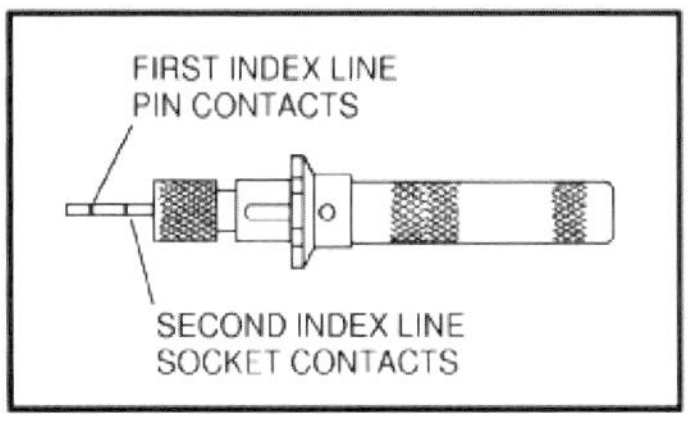

(b) 전선 굵기에 맞는 공구를 선택하여 핀 또는 소켓에 끼어 놓고 천천히 균일한 압력으로 밀어낸다. 첫 번째 인덱스 라인은 핀 접점을 제거하는 데 사용되며, 두 번째 인덱스 라인은 소켓 접점을 제거하는 데 사용된다.

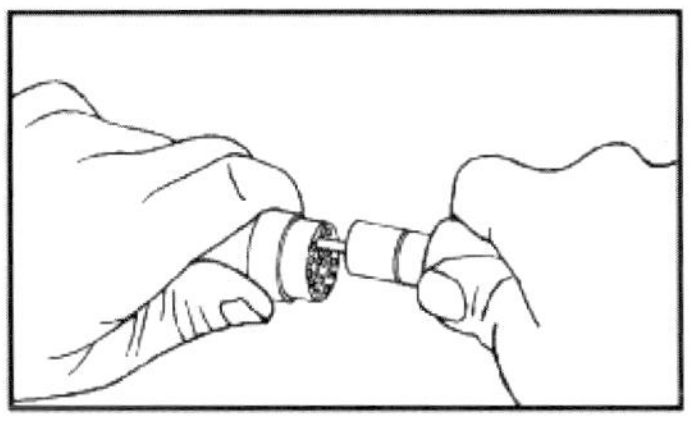

(c) 도구 끝이 절연체 면에 닿을 때까지 조심스럽게 회전시키면서 공구 본체에 균일한 압력을 유지하면서 힘을 가한다. 엄지와 검지로 플런저를 앞으로 밀어낸다. 커넥터에서 장탈 도구를 조심스럽게 뺀 후, 전선을 손으로 잡아당겨 뽑는다.

(6) 커넥터에 전선 장착

<table>
<tr><td>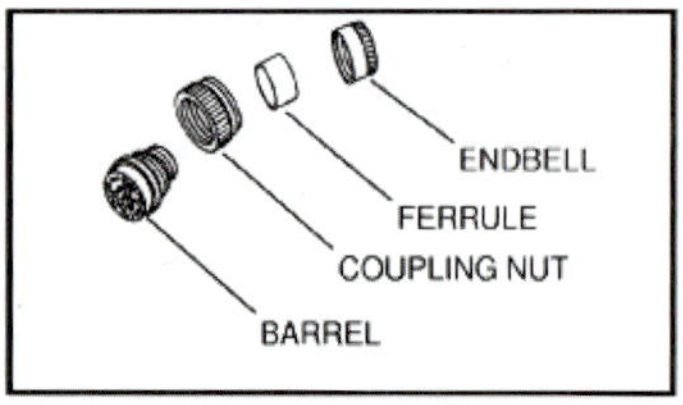
</td><td>(a) 커넥터를 분해한 구조다. 커넥터를 재조립 시 쉽게하기 위해 그림 순서대로 나열한다.</td></tr>
<tr><td>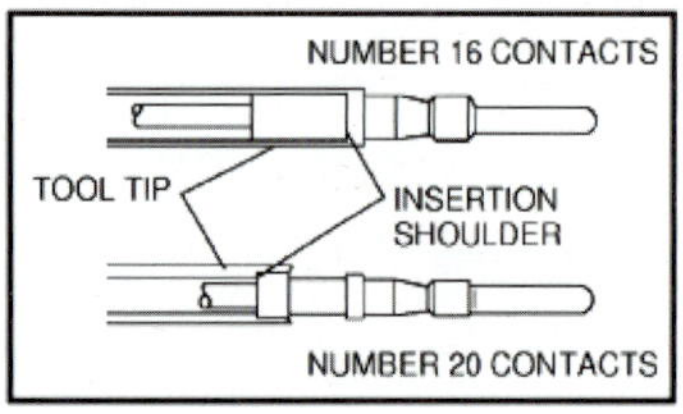
</td><td>(b) 손으로 넣기가 가능하지 않으면, 장착 도구를 사용한다. 공구 끝은 접점 숄더(insertion shoulder)에 맞닿도록 하고, 전선과 함께 공구를 밀어 넣는다. 끝까지 밀어 넣으면, 감각으로 느낄 수 있으며, 소리로도 확인할 수 있다.</td></tr>
<tr><td>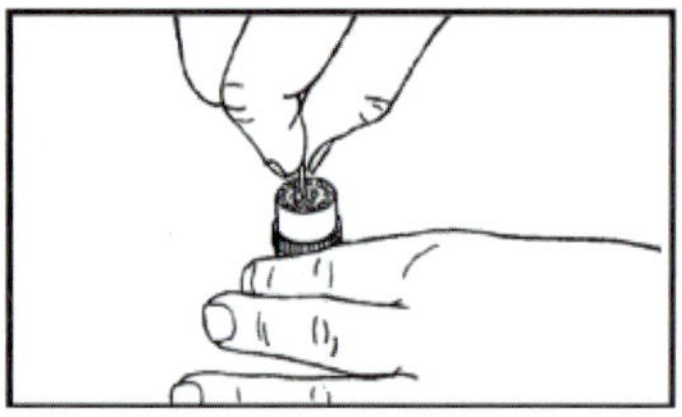</td><td>(c) 중앙 빈 곳에서부터 시작하여 바깥쪽으로 전선을 밀어 넣는다. 전선 넣는 곳은 커넥터 후면이고, 커넥터를 손으로 단단히 잡고 밀어 넣는다. 밀어 넣은 다음 전선을 가볍게 잡아당겨 고정되었는가를 확인한다.</td></tr>
<tr><td>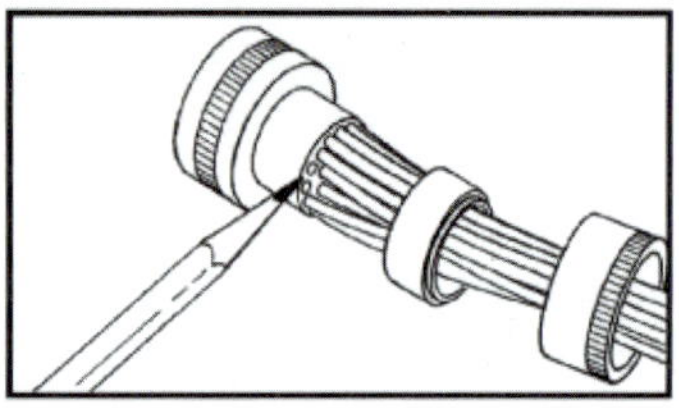</td><td>(d) 전선이 채워지지 않은 구멍에는 필러(filler) 또는 그로밋(grommet) 씰링 플러그(sealing plug)를 사용하여 빈 구멍을 채운다. 플러그 또는 리셉터클 후면에 조립한다.</td></tr>
<tr><td>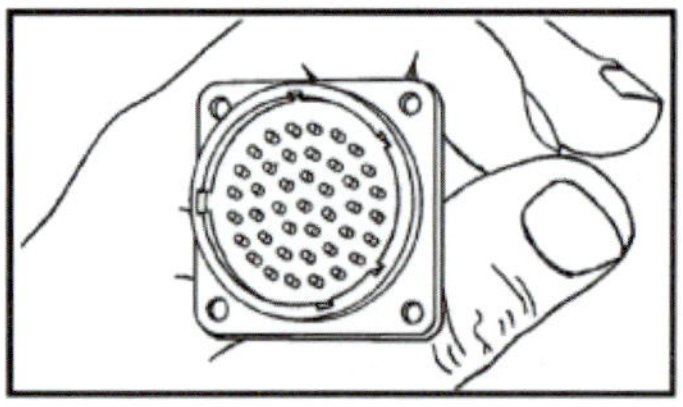</td><td>(e) 플러그 또는 리셉터클 표면을 확인하여, 모든 핀이나 소켓이 수평을 이루고 있는가를 확인한다.</td></tr>
</table>

1.3. 전선 다발(Wire Bundle)

A. 실습 개요

(1) 전선 다발 묶기(wire bundle tie)와 항공기에 전선 다발을 장착하는 방법에 대해 학습한다.

B. 관련 지식

(1) 전선 다발을 묶기 전에 전선 다발이 꼬여 있지 않게 하고 나란하게 정리한다.

C. 자료 · 재료

(1) 전선 다발(항공기에서 장탈 된 전선 다발 권장, 일반 전선 다발 가능)

(2) 묶음실(초실)

(3) 플라스틱 묶음띠(plastic tie strap)

(4) 전선 다발 묶기 실습대

(5) 전선 클램프

(6) 볼트 및 너트

D. 기기(공구 · 장비)

(1) 커터

E. 학습

(1) 전선 다발 묶기와 전선을 잇는(splicing) 방법에 대해 학습하여 익힌다.

(2) 전선 다발 손상의 원인은 항공기 기체의 진동, 연료 접촉에 의한 오염, 풍압, 기온 변화에 따른 팽창 및 수축, 외부 불순물 유입 등 환경 요인에 영향을 받을 수 있으므로 이에 유의하여 마무리한다.

(3) 작업자의 부정확한 작업에 의한 손상이 발생하지 않도록 주의한다.

(a) 부정확한 클램프 조임

(b) 부정확하게 만들어진 전선 다발 지선(branch)

(c) 너무 헐겁거나, 너무 조여진 전선 다발 장력 등 부정확한 묶음

(4) 기체 진동이 심하게 발생하는 곳

(a) 엔진, 보조 동력장치(APU) 장착 부위

(b) 주 날개 부위, 후방 동체, 착륙 장치 장착 부위 등

(5) 전선 다발은 과도하게 팽팽하거나 늘어진 상태를 피한다(그림 1.6).

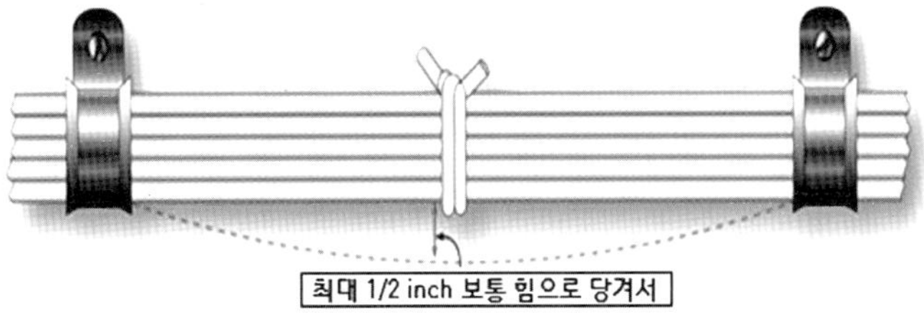

▲ 그림 1.6 전선 다발 클램핑

(6) 전선 다발의 늘어진 부분(그림 1.7)

(a) 전선 다발은 주변 환경에 따라 그 길이에 따라 균등하게 늘어진 상태가 되도록 한다.

(b) 정비 작업이 쉽고, 기체의 신축으로 인하여 전선에 영향이 없도록 충분히 늘어진 형태가 되도록 한다.

(7) 전선 다발의 묶는 간격은 2in.로 하며, 플라스틱 묶음띠는 다음과 같은 곳의 전선 다발에서는 사용하지 않는다.

(a) 강착장치 실(landing gear wheel well)

(b) 플랩(flap) 근처, 또는 날개 접히는 곳과 같은 외부 바람을 맞는 곳이나 습기가 많은 지역

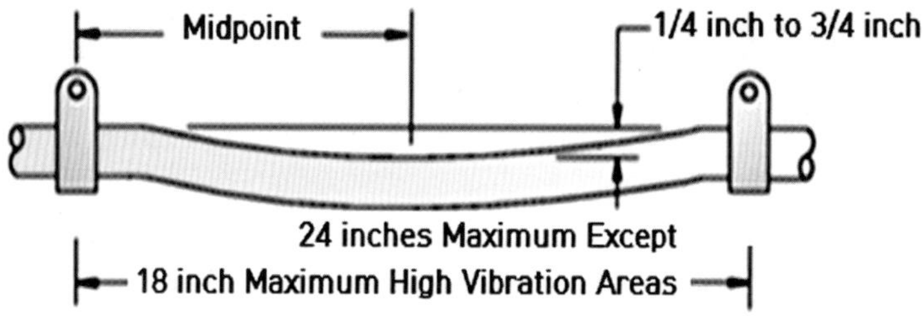

▲ **그림 1.7** 진동이 심한 곳에서의 전선 다발 클램프

(c) 진동이 심하여 절연체를 손상될 가능성이 있는 곳

(d) 여압이 안 되는 곳이나 자외선에 노출될 수 있는 곳

(e) 연료탱크 내부 및 고열이 발생하는 엔진 부위 등

(8) 전선 다발을 묶을 때는 전선 다발이 묶음실 사이에서 구부러지지 않도록 조립되었는가를 확인한다(그림 1.8).

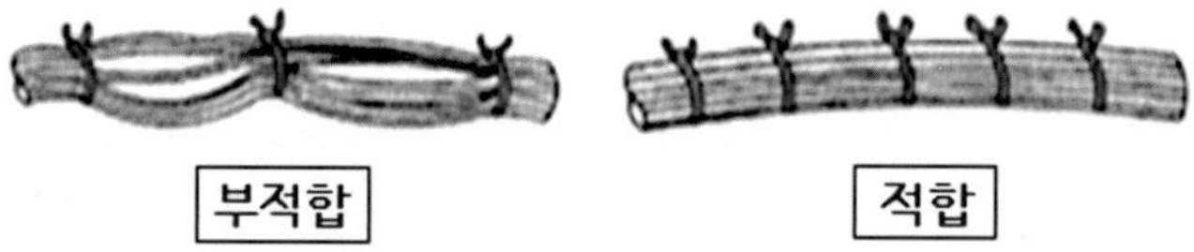

▲ **그림 1.8** 전선 다발 묶음

(9) 동축 케이블(coax cable)이 있는 전선 다발 묶기는 주의가 필요하다.

(a) 플라스틱 묶음띠의 바깥쪽 머리가 동축 케이블에 닿았을 경우에는 동축 케이블에서 플라스틱 묶음띠의 머리를 바깥쪽으로 향하도록 한다(그림 1.9).

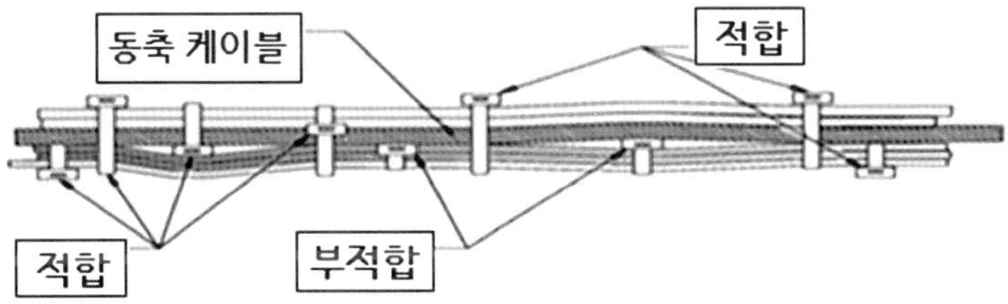

▲ 그림 1.9 동축 케이블이 포함된 전선 다발의 플라스틱 묶음띠 배열

(10) 전선 다발 지선(branch) 적용하기(그림 1.10)

(a) 전선 다발의 지선은 전선 다발의 중심선과 같은 면의 전선 다발로부터 부드러운 곡선을 갖도록 한다.

(b) 가능한 모든 전선은 전선 다발 지선이 만들어지기 전에 나란히 한다.

(c) 전선 다발과 서로 인접하지 않도록 한다.

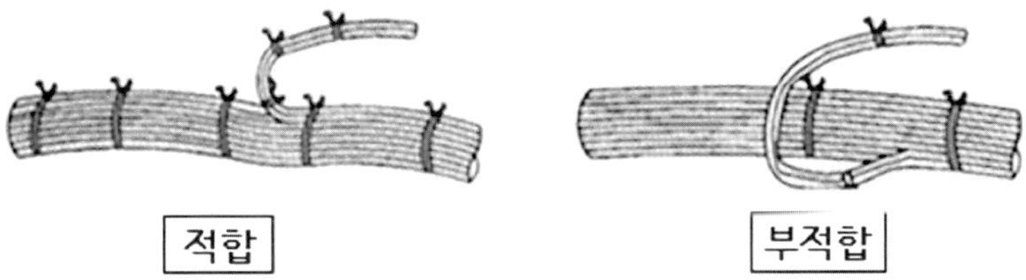

▲ 그림 1.10 전선 다발, 하나의 지선

(d) 두 개 이상의 지선이 있을 경우는 아래 좌측 그림과 같이 묶는다. 전선 다발 지선이 전선 다발에서 곡선을 만들 때 다른 전선을 가로질러 가지 않도록 한다(그림 1.11).

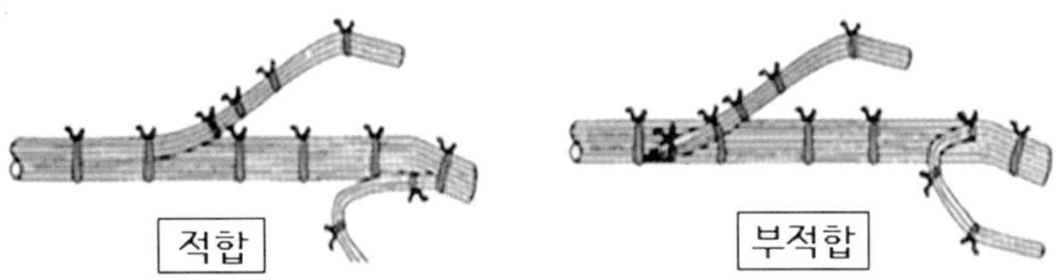

▲ 그림 1.11 전선 다발, 두 개 이상의 지선

1.4. 와이어 스트리핑(Wire Stripping)

A. 실습 개요

(1) 전선의 피복을 벗기는 방법에 대해 학습한다.

B. 관련 지식

(1) 항공기 전선은 전선 간의 합선을 방지하기 위해 절연체(피복)로 씌워져 있으므로 전기 신호 전달을 위해서는 해당 부분의 피복을 벗긴다.

C. 자료·재료

(1) 전선, AWG(American Wire Guage) #8 - #16

D. 기기(공구·장비)

(1) 와이어 스트리퍼(wire stripper)

E. 학습

(1) 절연전선 피복을 벗기는 방법에 대해 학습하여 익힌다(그림 1.12, 1.13).

(2) 피복을 벗기는 수동공구와 와이어 커터를 준비하고 전선(AWG #8 - #16)을 전선 크기에 맞는 구멍(slot)에 끼워 넣는다.

(3) 구멍의 크기는 MKS 단위(mm)로 표시돼 있고, AWG 단위는 다음 표를 이용하여 선택할 수 있다.

(4) 각 구멍에는 전선 굵기가 표시되어 있다.

(5) 핸들을 손으로 쥐고 오므려서 끝까지 좁히고, 핸들 사이의 스프링을 조인다.

(6) 핸들을 놓으면 조여 있던 스프링에 의해 핸들이 열린 상태로 된다.

(7) 물려 있던 전선의 피복이 벗겨진다.

(8) 피복이 벗겨진 전선을 뽑아낸다.

▲그림 1.12 피복 벗기는 순서

MODEL	• SPEC (mm 단위)	KNIFE SHAPE
A	0.5 /1.2/1.6/2.0 (AWG24/16/14/12)	A
B	1.0/1.6/2.0/2.6/3.2 (AWG18/14/12/10/8)	B
C	1.25/2.0/3.5/5.5/8.0 spuare (AWG 16/14/12/10/8)	C mm^2
D	1.5x2 / 1.8x2 (AWG15x2/ 13x2)	D
E	3.8/0.5	E
F	0.9/1.25/2.0/3.5/5.5 spuare (AWG17/16/14/12/10)	mm^2
G	5C2V(5.6mm/Line) 3C2V(3.8mm/Line)	G
H	1.2/1.6/2.0/2.6/3.2/0.5 (AWG16/14/12/10/8/24)	
N	0.5/1.2/1.6/2.0/2.6/3.2 (AWG24/16/14/12/10/8)	N
VA	1.6x2 /2.0x2 (AWG14x2/12/2)	VA

▲ 그림 1.13 수동 와이어 스트리퍼의 예, (제작사: SHE.K TOOLS. USA)

1.5. 멀티미터(Multimeter)

A. 실습 개요

(1) 멀티미터 활용 방법에 대해 학습한다.

B. 관련 지식

(1) 전기 · 전자 분야에서 가장 많이 쓰이는 기본 장비 중 하나이다.

(2) 과전류 보호용 휴즈(fuse) 250V, 1.0A 1개가 내장되어 있다.

(3) 저항, 전압, 전류의 측정오차는 4~5% 정도이다.

C. 자료 · 재료

(1) 멀티미터

D. 기기(공구 · 장비)

(1) 아날로그 멀티미터(analog multimeter)

E. 학습

(1) 멀티미터 활용 방법에 대해 학습하여 익힌다(그림 1.14).

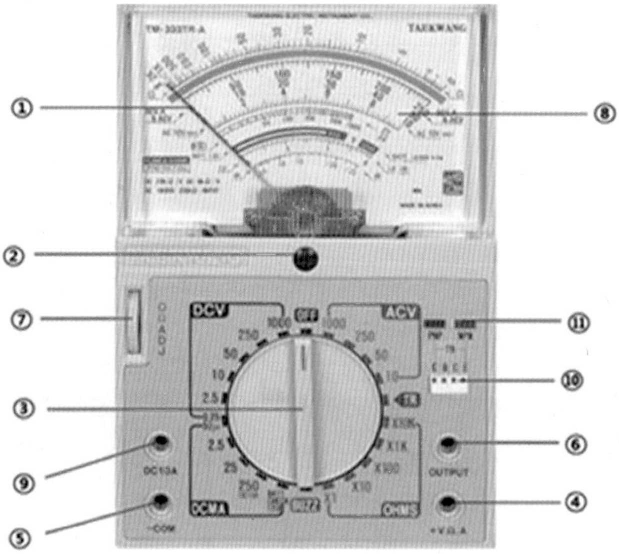

① 지시계 지침 ② 영점조정기 ③ 기능선택 S/W
④ 측정단자"+VΩA" ⑤ 측정단자 "-" ⑥ 직렬콘덴서 단자(output)
⑦ 0Ω 조정기 ⑧ 지시계 눈금판 ⑨ DC 10A 단자
⑩ TR 소켓 ⑪ TR 표시 LED

▲ **그림 1.14** 아날로그식 멀티미터 눈금판 및 선택 스위치(Selector switch)

(a) 적색 리드선(+)과 흑색 리드선(−)을 연결한다.
(b) 선택 스위치를 옴에 선택한다.
(c) 리드선 양쪽을 접촉하기 전의 지시계 지침은 맨 좌측 무한대 옴(∞ Ω) 지시를 확인한다. 영점 조절도 가능하다.
(d) 리드선 양쪽을 접촉하여 지침이 우측(영Ω)을 지시하는지 확인한다.

(2) 실습에 사용되는 기본이 되는 멀티미터는 아날로그식이다.
(3) 멀티미터의 각 기능은 다음과 같다.
(a) 지시계 지침: 최 외각 눈금(Ohms), 검정 눈금(ACV, DCV)이 있으며, 가운데 붉은 눈금(AC 10V) 밑에 있는 3개의 눈금은 일반적으로 사용하지 않는다.
(b) 영점 조절: 단자 접촉을 안 한 상태에서 왼쪽으로 조절(무한대 Ω)한다.
(c) 기능 선택 스위치: 저항, 교류전압, 직류 전압, 직류전류(mA)를 선택
(d) 측정 단자(+): 붉은 선 접촉. 측정 단자(−): 검은 선 연결
(e) Ω 영점 조절기: 두 단자를 연결하여 zero(0) Ω에 맞춤

(4) 측정 방법에 따라 눈금판 위의 지침이 움직이는 아날로그 형태와 디지털식으로 구분한다.
(5) 전기·전자 기본 회로의 요소인 전압, 전류, 저항을 측정한다.

(6) 반도체의 극성을 구분할 때 멀티미터를 사용한다.

(7) 회로의 구분을 판별하여 고장탐구에 유용하다. 즉 열린회로(open circuit) 또는 폐회로(closed circuit)인가를 판별한다.

(8) 디지털식이 아날로그식과 다른 점은 측정 범위, 측정오차 범위, 내부저항 등의 차이가 있지만, 측정값에는 차이가 없다.

(9) 아날로그식에는 바늘이 머문 곳의 숫자를 읽기 때문에 시각 오차에 대한 오류가 발생할 수 있다.

(10) 전류 및 전압 측정은 다음과 같이 연결한다(그림 1.15).

전류계(ammeter) - 직렬연결
전압계(voltmeter) - 병렬연결

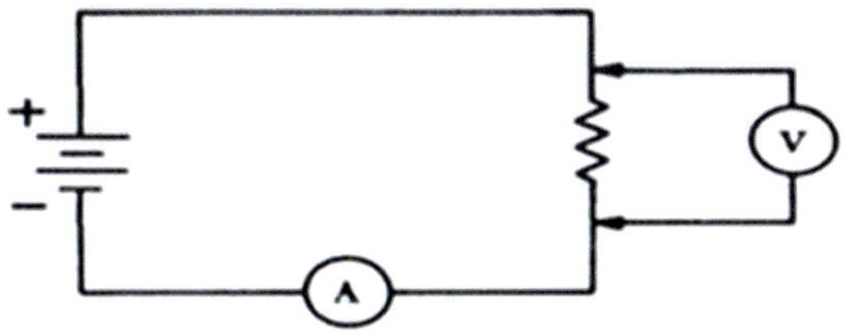

ammeter and voltmeter symbol

▲ **그림 1.15** 전류계(Ammeter)와 전압계(Voltmeter) 연결 방법

(11) 다음의 멀티미터 지시치를 보고 판독 능력을 익힌다.

(a) 기능 선택 스위치의 위치를 확인하고 다음의 (b)~(e) 지시 값을 괄호( ) 안에 써넣으시오.

(b) 직류 전압 판독하여 괄호( ) 안에 써넣으시오.

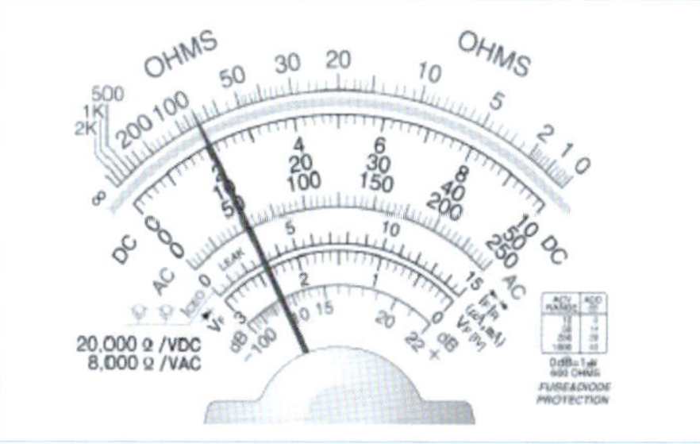	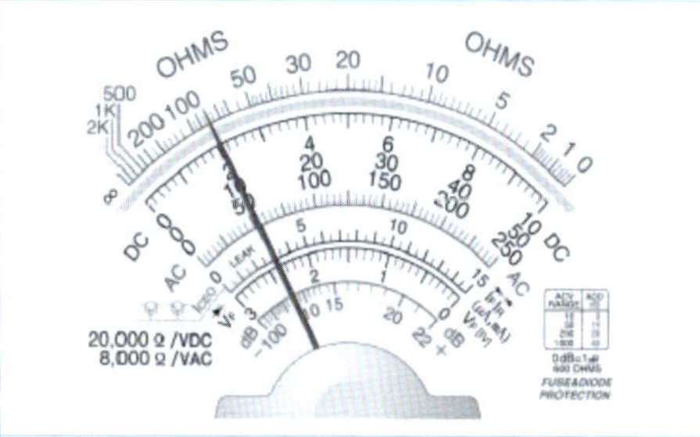
전환스위치: DCV 50	전환스위치: DCV 250
측정값 : ( ) 단위: ( )	측정값 : ( ) 단위: ( )

(c) 교류전압 판독하여 괄호( ) 안에 써넣으시오.

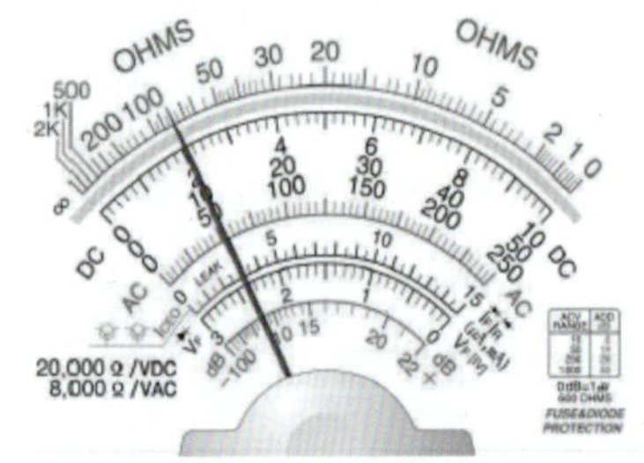	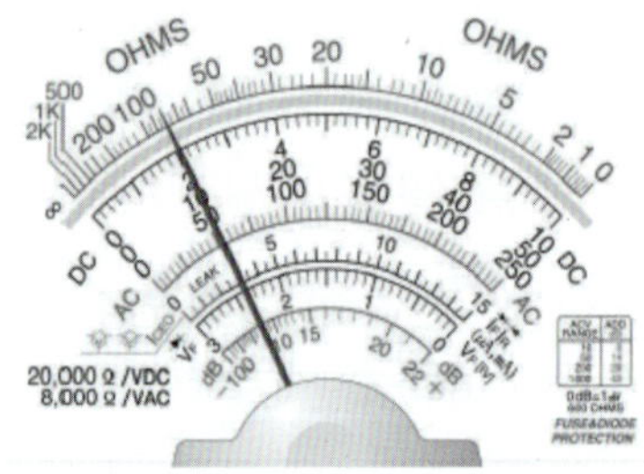
전환스위치: ACV 50	전환스위치: ACV 250
측정값 : ( ) 단위: ( )	측정값 : ( ) 단위: ( )

(d) 직류전류 판독하여 괄호( ) 안에 써넣으시오.

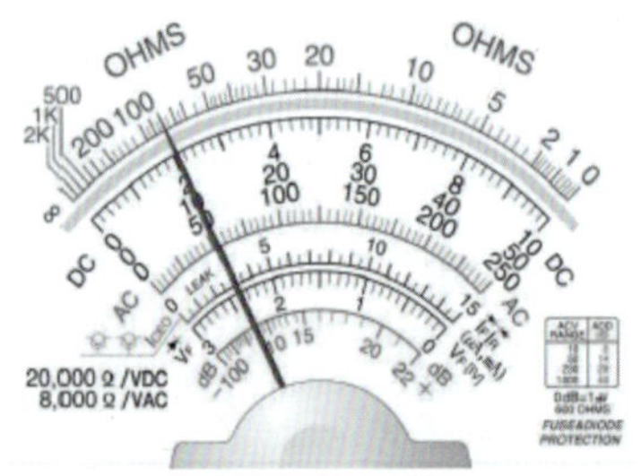	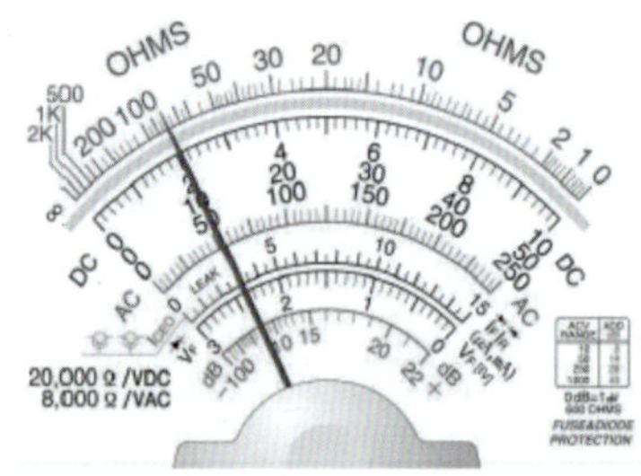
전환스위치: DCmA 25	전환스위치: DCmA 2.5
측정값 : ( ) 단위: ( )	측정값 : ( ) 단위: ( )

(e) 교류전류 판독하여 괄호( ) 안에 써넣으시오.

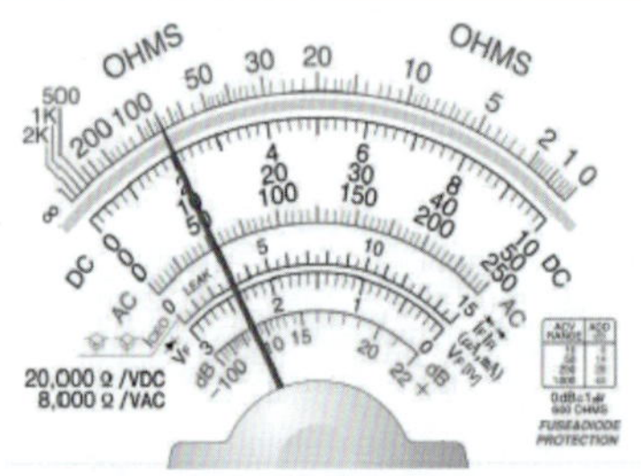	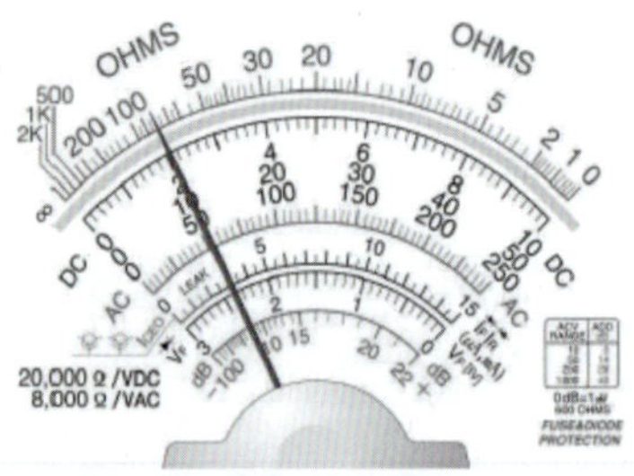
전환스위치: ACmA 25	전환스위치: ACmA 2.5
측정값 : ( ) 단위: ( )	측정값 : ( ) 단위: ( )

2. 저항(Resistance)

2.1. 학습자 신체 저항

A. 실습 개요

(1) 학습자 자신의 신체 저항 측정에 대해 학습한다.

B. 관련 지식

(1) 학습자 자신의 신체는 전류가 통하는 저항이 있는 도체이므로 전기 작업 시 감전의 위험이 있다. 신체는 25mA에서도 치명상을 입을 수 있으며, 100mA에서는 심장 마비를 일으킬 수 있다고 알려져 있다.

C. 자료 · 재료

(1) 학습자 신체

D. 기기(공구 · 장비)

(1) 멀티미터(multimeter)

E. 학습

(1) 학습자 자신의 신체가 도체임을 감지하고 전기 작업 시 감전의 위험이 언제나 노출되어 있는 신체 저항의 측정 방법에 대해 학습하여 익힌다.

(2) 전기 작업 시 안전이 우선임을 항상 숙지하고 감전을 피하기 위한 안전한 예방 지식을 갖추고 있어야 하며, 멀티미터 활용을 숙지한다.

(3) 학습자 자신의 신체를 마른 수건으로 깨끗하게 한 후, 건조 상태에서 신체 저항을 측정한다.

(a) 건조한 양손 엄지와 검지를 각각 리드선 끝 도체에 접촉한다.

(b) 1R, 100R, 1,000R에서는 지침의 움직임이 거의 없다.

(c) 10,000R로 선택하면 지침이 움직일 것이다. 지침이 머무는 숫자에 10,000을 곱한다. 건조한 상태의 학습자 자신의 저항값이다.

(d) 3차 이상 저항을 측정하고 다음 빈칸에 적어 넣는다.

측정 횟수	신체(손) 상태	측정 저항값	비 고
1 차	건 조	(Ω)	
2 차	건 조	(Ω)	
3 차	건 조	(Ω)	
평 균	건 조	(Ω)	

(4) 학습자가 습기에 노출된 상태에서의 저항 측정 방법에 대해 학습하여 익힌다. 양손을 수돗물에 적신 후 습기가 있도록 하고, 위 (3)항의 (a)~(d) 순서로 반복한다.

측정 횟수	신체(손) 상태	측정 저항값	비 고
1 차	습 기	(Ω)	
2 차	습 기	(Ω)	
3 차	습 기	(Ω)	
평 균	습 기	(Ω)	

(5) 건조된 상태의 몸의 저항과 습기에 찬 몸의 저항은 습기가 있는 몸의 저항이 낮다는 것을 확인할 수 있다. 따라서, 샤워 후 전기를 취급하는 것은 위험하므로 조심하여야 한다.

(6) 인체는 도체이므로 항상 정전기가 축적되어 있다. 축적된 정전기는 항공기 전자 제품에 악영향을 끼칠 수 있어 신체를 접지시킨 후에 다루어야 한다.

(7) 흙 위에서 맨발 걷기운동은 몸에 쌓인 정전기를 접지(earthing)시키는 생활 건강의 한 수단이다.

2.2. 색상 저항(Color Code)

A. 실습 개요

(1) 색상으로 표시된 저항 판별 방법에 대해 학습한다.

B. 관련 지식

(1) 저항은 탄소, 흑연이 정교하게 배합된 절연재료이다.

(2) 저항기는 색상 코드(color code)로 저항값을 나타낸다.

(3) 색상과 색상 띠의 순서는 숫자를 대신한다(그림 2.1).

Resistor color code		
Color	Number	Tolerance
Black	0	—
Brown	1	1%
Red	2	2%
Orange	3	3%
Yellow	4	4%
Green	5	5%
Blue	6	6%
Violet	7	7%
Gray	8	8%
White	9	9%
Gold	—	5%
Silver	—	10%
No color	—	20%

▲그림 2.1 저항 색상 코드(부록 참조)

C. 자료 · 재료

(1) 색상이 있는 다수의 저항

D. 기기(공구 · 장비)

(1) 멀티미터

E. 학습

(1) 색상 저항을 선택하여 저항값을 구하는 방법에 대해 학습하여 익힌다.

(a) 임의로 색상 저항 띠가 3개 있는 것과 4개가 있는 것을 각각 4개를 선택한다.

(b) 색상으로 된 저항값을 구한다.

(c) 멀티미터로 실제 저항을 측정한다.

(d) 색상으로 된 저항값과 멀티미터로 실제 저항을 측정한 값과 비교한다.

(e) 색상 띠가 3개인 저항체를 선택하여 저항을 측정한다.

측정 저항체	색상 저항값	측정 저항값	비 고
1번 저항체	(Ω)	(Ω)	
2번 저항체	(Ω)	(Ω)	
3번 저항체	(Ω)	(Ω)	
4번 저항체	(Ω)	(Ω)	

(f) 색상 띠가 4개인 저항체를 선택하여 저항을 측정한다.

측정 저항체	색상 저항값	측정 저항값	비 고
1번 저항체	(Ω)	(Ω)	
2번 저항체	(Ω)	(Ω)	
3번 저항체	(Ω)	(Ω)	
4번 저항체	(Ω)	(Ω)	

(2) 다음 그림에 있는 색상 저항의 최소 저항과 최대 저항을 구하시오.

(a) 4색 저항 구하기

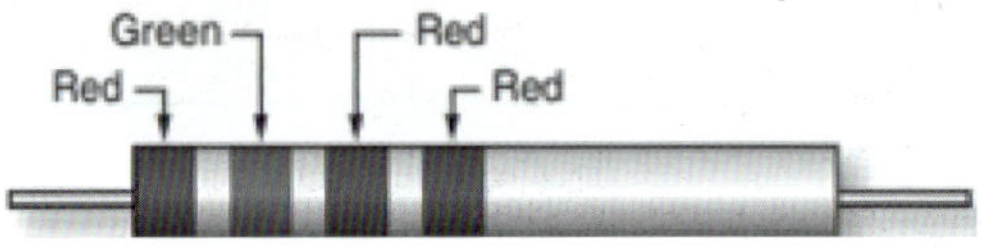

최대 저항:
최소 저항:

(b) 3색 저항 구하기

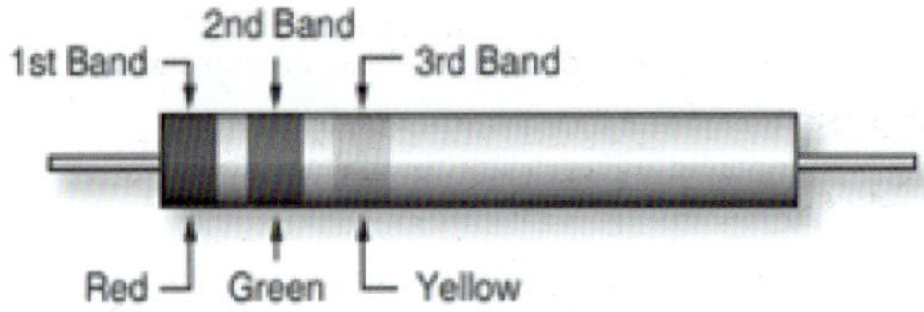

최대 저항:
최소 저항:

3 전압 및 전류(Voltage, Current)

3.1. 직·병렬 저항의 전압

A. 실습 개요

(1) 직·병렬로 연결된 회로 저항에서 멀티미터를 이용하여 전압 강하를 측정하는 방법에 대해 학습한다.

B. 관련 지식

(1) 직·병렬저항 특성 이해

C. 자료·재료

(1) 저항(1㏀, 2㏀, 3㏀)

(2) 축전지(24V)

(3) 점퍼선

D. 기기(공구·장비)

(1) 멀티미터

(2) 만능 기판

(3) 직류전원 장치

E. 학습

(1) 간단한 직·병렬저항 회로를 꾸며보고, 멀티미터를 이용해 저항 양단의 전압을 측정하는 방법에 대해 학습하여 익힌다(그림 3.1).

(2) 그림과 같이 3개의 저항을 직·병렬로 연결하고 24V의 직류전원을 연결한다(R1 = 1㏀, R2 = 2㏀, R3 = 3㏀).

(3) 저항의 직·병렬연결 시 총저항 구하는 식을 이용하여 전체 저항을 계산하고, 옴의 법칙을 이용하여 전체전류(i_t)를 구한다.

(4) 각 저항의 양단 간의 전압은 옴의 법칙을 이용하여 다음식으로 구할 수 있다.

$V_1 = i_1 \times R_1,\ V_2 = i_2 \times R_2,\ V_3 = i_3 \times R_3$

(5) 멀티미터를 이용하여 각 저항에 흐르는 전압을 측정하고 이론값과 일치하는지 확인한다.

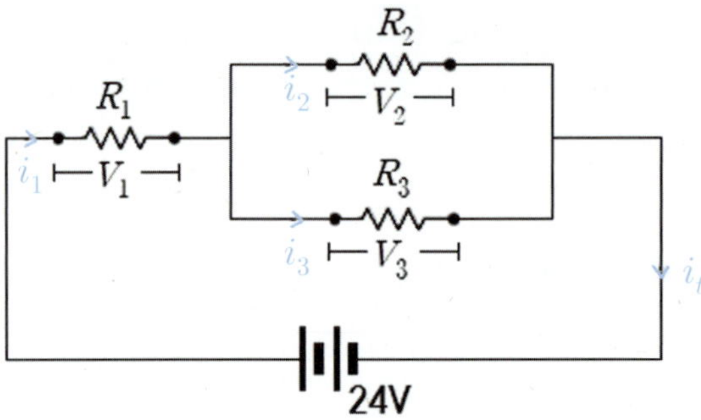

▲**그림 3.1** 직·병렬 저항의 전압 측정

3.2. 직·병렬 저항의 전류

A. 실습 개요

(1) 직·병렬로 연결된 저항에서 멀티미터를 이용하여 전류측정 방법에 대해 학습한다 (그림 3.2).

B. 관련 지식

(1) 저항의 직·병렬연결 및 총 전류 구하는 법

(2) 멀티미터를 이용한 전류측정법

(3) 만능 기판 이용하는 법

(4) 옴의 법칙

(5) 키르히호프 전압 및 전류 법칙

C. 자료·재료

(1) 저항(1㏀, 2㏀, 3㏀)

(2) 축전지(24V)

(3) 점퍼선

D. 기기(공구·장비)

(1) 멀티미터

(2) 만능 기판

(3) 직류 전원장치

E. 학습

(1) 저항 3개(R1 = 1㏀, R2 = 2㏀, R3 = 3㏀)를 이용한 간단한 직·병렬저항 회로를 꾸며보고, 멀티미터를 이용해 저항에 흐르는 전류를 측정하는 방법에 대해 학습하여 익힌다(그림 3.2).

(2) 그림과 같이 3개의 저항을 직·병렬로 연결하고 24V의 직류전원을 연결한다.

(3) 저항의 직·병렬연결 시 총저항 구하는 식을 이용하여 전체 저항을 계산하고, 옴의 법칙을 이용하여 전체전류(i_t)를 구한다.

(4) 각 저항에 흐르는 전류는 옴의 법칙과 키르히호프 전류 법칙을 이용하여 다음식으로 구할 수 있다.

$$i_1 = \frac{V_1}{R_1},\ i_2 = \frac{V_2}{R_2},\ i_3 = \frac{V_3}{R_3}$$

총 전류 $i_t = i_1 + i_2 + i_3$

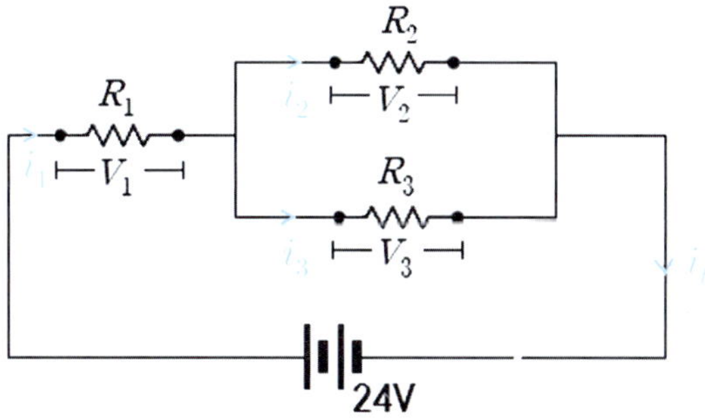

▲ **그림 3.2** 직·병렬 저항의 전류 측정

(5) 측정 전류를 표에 기록한다.

구분	이론값	측정값	비고
i_t			-
i_1			-
i_2			-
i_3			-

(6) 실습 결과를 통하여 키르히호프 전류의 법칙을 확인할 수 있다.

4. 전기 기본 법칙

4.1. 옴의 법칙(Ohm's Law)

A. 실습 개요

(1) 전기 기본 법칙인 옴의 법칙(Ohm's Law)을 이해하는 방법에 대해 학습한다.

B. 관련 지식

(1) 저항(R), 전압(V), 전류(I)에서는 V = RI 공식이 성립된다. 즉 저항이 일정할 때, 전류는 공급되는 전압의 크기에 비례한다.

C. 자료 · 재료

(1) 직류전원 장치(0~30 Vdc)

(2) 백열전등: 3개, 스위치 및 퓨즈(fuse 1.0 amp): 각 1개

(3) 만능 기판(breadboard): 3개

D. 기기(공구 · 장비)

(1) 아날로그 멀티미터

(2) 납땜 도구(soldering kit)

E. 학습

(1) 실습으로 옴의 법칙(ohm's law)에 대한 전류와 전압의 상관 관계에 대해 학습하여 익힌다(그림 4.1).

(2) 소형 백열전등 또는 LED를 사용하여 만능 기판에 회로를 구성한다.

(3) 다음 그림과 같이 직렬 회로를 구성한다.

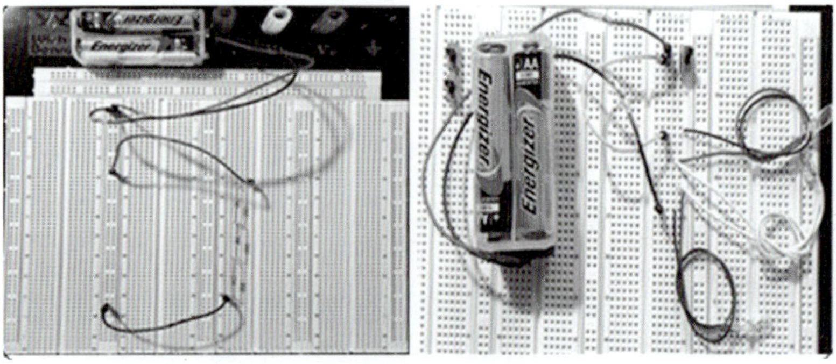

▲ **그림 4.1** 직렬연결(좌, 저항 연결. 우, 전등 연결)

(4) 백열전등 L1, L2, L3는 저항이 같은 소형등(lamp)으로 연결한다.

(a) 직렬 회로에 전원을 3 Vdc, 6 Vdc, 9 Vdc, 12 Vdc, 15Vdc로 순차적으로 변화시킨다. 전압 측정 시 스위치를 닫고 불이 켜짐을 확인하고, 전압 측정 시 반드시 극성을 확인한다.

(b) 저항이 일정할 때 전압이 증가함에 따라 전류가 증가할 것이다(옴의 법칙).

(c) 공급 전압이 변할 때 측정된 전류값을 적으시오.

공급 전압	3Vdc	6Vdc	9Vdc	12Vdc	15Vdc
전류 측정					

(d) 위 (c)항의 값을 그래프에 표시하시오(X축: 전압, Y축: 전류).

(e) 전등 L1, L2, L3 저항에 걸리는 전압을 측정한다. 각 전압을 V1, V2, V3라 한다.
VT = V1 + V2 + V3임을 증명할 수 있다.

회로 저항	L1 = Ω	L2 = Ω	L3 = Ω	LT = Ω
측정 전압	V1 = V	V2 = V	V3 = V	VT = V

(5) 저항(백열전등)이 일정할 때 전압이 증가함에 따라 전류가 증가할 것이다.
실습을 통해 그래프에서 직선으로 표시되는 것으로, 옴의 법칙을 이해할 수 있다.

4.2. 키르히호프(Kirchhoff)의 전압 법칙

A. 실습 개요

(1) 키르히호프의 전압 법칙을 이해하는 방법에 대해 학습한다.

B. 관련 지식

(1) 폐회로(closed circuit)에서 각 저항에서 소모되는 전압(voltage drop)의 합은 공급된 전압과 같다.

C. 자료 · 재료

(1) 가변 직류전원 또는 건전지

(2) 백열전등 전등: 3개, 스위치 및 퓨즈(fuse 1.0 amp): 각 1개.

(3) 만능 기판(breadboard)

D. 기기(공구 · 장비)

(1) 아날로그 멀티미터

(2) 납땜 도구(soldering kit)

E. 학습

(1) 키르히호프(Kirchhoff)의 전압 법칙에 대해 학습하여 익힌다.

(2) 소형 백열전등 또는 LED를 사용하여 만능 기판에 회로를 구성하여 다음 그림과 같이 직렬 회로를 구성한다(그림 4.2).

(a) 저항을 측정할 때는 전원을 공급하지 않는다.

- 직렬저항의 합은 각 저항을 합한 값과 같다.
- 각 저항에 흐르는 전류는 같다.
- 각 저항에서 소모되는 전압 강하의 합은 공급한 전압과 같다. 즉 폐회로에서 전압 강하는 가해진 전압 강하와 같다.

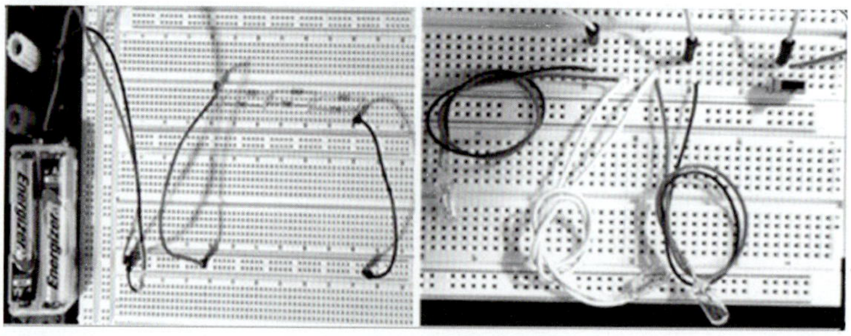

▲ 그림 4.2 저항의 직렬연결

(3) L1, L2, L3 저항에 걸리는 전압을 측정한다. 각 전압을 V1, V2, V3라 한다. VT = V1 + V2 + V3임을 증명하시오.

회로 저항	L1 =	L2 =	L3 =	LT =	비고
측정 전압	V1 =	V2 =	V3 =	VT =	

(4) 폐회로(close circuit)의 전압 강하의 합은 전체 전압(total source voltage)과 같음을 실습을 통해 확인할 수 있다. 즉, 이를 키르히호프 전압 법칙(kirchhoff voltage law)이라 한다.

4.3. 키르히호프(Kirchhoff)의 전류 법칙

A. 실습 개요

(1) 키르히호프의 전류 법칙을 이해하는 방법에 대해 학습한다.

B. 관련 지식

(1) 폐회로(closed circuit)의 한 지점에서 흘러들어오는 전류와 흘러나가는 전류는 동일하다. 즉, 한 지점에서 유입되는 전류와 유출되는 전류의 대수합은 영(zero)이다.

C. 자료 · 재료

(1) 가변 직류전원 또는 건전지

(2) 백열전등: 3개, 스위치 및 퓨즈(fuse 1.0 amp): 각 1개

(3) 만능 기판(breadboard)

D. 기기(공구 · 장비)

(1) 아날로그 멀티미터

(2) 납땜 도구(soldering kit)

E. 학습

(1) 키르히호프의 전류 법칙을 이해하는 방법에 대해 학습하여 익힌다.

(2) 소형 백열전등 또는 LED를 사용하여 만능 기판에 병렬 회로를 구성한다(그림 4.3).

(3) 병렬 회로에 직류 전압을 공급한다.

(4) L1, L2, L3 저항에 흐르는 전류를 측정하고, 극성을 반드시 확인한다.

(5) 각 전류를 i1, i2, i3라 한다.

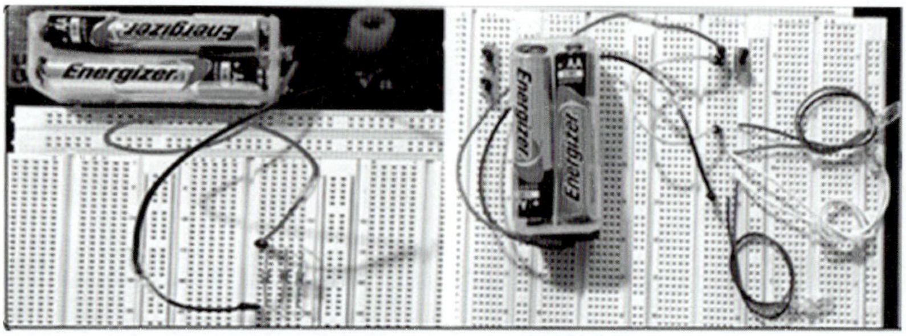

▲ **그림 4.3** 저항의 병렬연결

(6) 병렬저항 L1, L2, L3에 흐르는 전류를 측정하고 다음 칸에 측정값을 적어 넣으시오.

회로 저항	L1	L2	L3	LT	비고
측정 전류	i1 =	i2 =	i3 =	iT =	

(7) iT = i1 + i2 + i3임을 확인한다(키르히호프의 전류 법칙).

(8) 흘러 들어간 전류와 흘러 나가는 전류의 대수의 합은 영(zero)이다. 수식으로 나타내면, +iT − (i1 + i2 + i3) = 0

측정된 전류를 수식으로 표시한다.

(답)

(9) 병렬 회로의 전압특징은 공급한 전압과 각 회로의 전압 강하는 동일하다. 병렬저항 L1, L2, L3에 걸리는 전압(voltage drop)을 측정하시오.

(a) 각 저항에 걸리는 전압을 V1, V2, V3로 할 때 이들의 합은 공급한 전압(VT)과 같다.

(b) 병렬저항의 전압을 계산한 값과 실제 측정값을 적어 넣으시오.

(10) 병렬 회로에서 각 저항에서 소모되는 전압(voltage drop)은 공급된 전압과 같음을 확인할 수 있다.

측정 내용	계산값	측정값	참고 사항
I1			전류계 이용(직렬연결) 극성에 유의
I2			
I3			
V1			전압계 이용(병렬연결) 극성에 유의
V2			
V3			

5. 정전기 부품

5.1. ESDS 부품

A. 실습 개요

(1) 정전기 발생에 예민한(ESDS, Electro Static Discharge Sensitive) 품목의 취급 방법에 대해 학습한다.

B. 관련 지식

(1) ESDS 관리는 항공전자 계통의 부품 관리 측면에서 효과적인 정전기 제어 절차를 제공함으로써 전위차가 축적되지 않도록 하는 것이다.

C. 자료 · 재료

(1) ESDS 플래카드(placard)가 부착된 부품 및 장비

(2) ESDS bag

(3) 회로기판

(4) ESDS cap

D. 기기(공구 · 장비)

(1) 일반 전선 작업 공구

(2) ESDS 리스트 스트랩(wrist strap)

(3) ESDS 리스트 스트랩 테스터(wrist strap tester)

E. 학습

(1) ESDS 부품의 구별 및 취급 방법과 작업절차 방법에 대해 학습하여 익힌다.

(2) 정전기 부품의 구별, 취급 및 작업 전에 ESDS 리스트스트랩(wrist strap) 테스터를 사용하여 ESDS 리스트 스트랩의 상태를 점검한다(그림 5.1, 5.2).

(a) 전원 스위치를 ON 한다.

(b) 리스트 스트랩을 착용한 상태에서 코드를 스트랩 테스터 전면의 노란색 잭에 꽂는다.

(c) 리스트 스트랩을 착용한 손의 검지나 중지를 금속판에 접촉 시키면 결과가 표시된다. 테스트 결과에 영향을 미칠 수 있으므로 테스트 중 다른 금속을 만지지 않는다.

(d) "PASS" 시험 결과는 녹색 LED로 표시되고, "FAIL" 테스트 결과는 빨간색 LED가 들어온다.

(e) ESDS 테스트가 실패하면 리스트 스트랩 상태를 확인한다.

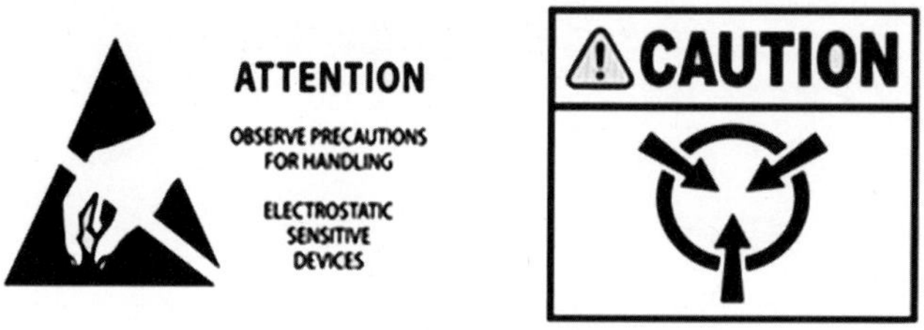

▲ 그림 5.1 ESDS 플래카드

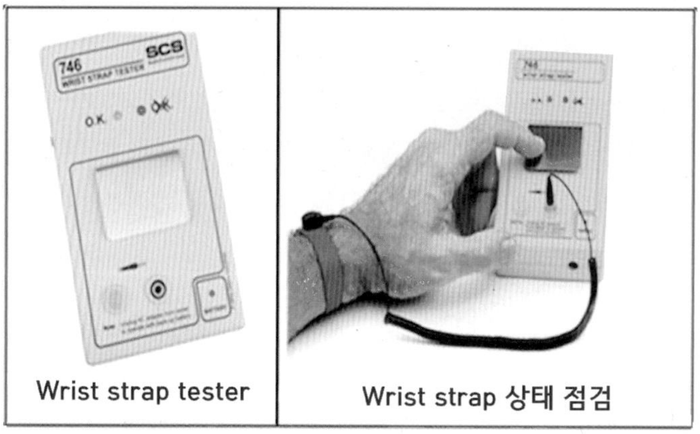

▲ 그림 5.2 ESDS 리스트 스트랩 테스터

(3) ESDS 플래카드 식별

(a) ESDS 플래카드가 부착된 부품은 취급 시 반드시 리스트 스트랩을 착용한다.

(4) 항공기의 전자장비실(avionic compartment)에서의 작업절차(그림 5.3, 5.4)

(a) 리스트 스트랩을 손목에 착용 후 스트랩의 다른 한쪽을 항공기의 jack point에 연결하여 작업자 신체에 축적된 정전기를 항공기 기체를 통하여 접지시켜 신체의 정전기가 제거된 상태에서 부품보관 박스를 개봉하고 부품의 캡을 분리한 후 부품을 교체한다.

(b) 장탈된 부품은 정전기 방지 캡을 사용하여 캡핑 후 정전기 방지 백이 있는 경우에는 우선 정전기 방지 백으로 포장한 후 박스에 포장한다.

(c) 항공기에 ESD jack point가 없는 작업 부위에서는 strap의 다른 한쪽 끝에 악어클립을 부착하여 항공기의 기체에 연결하여 정전기의 통로를 제공한다.

(d) 스트랩을 고정하는 금속 부분은 깨끗하고 도색되지 않았는지 확인한다.

(5) ESDS 품목은 정전기 방지 백에 넣어 보관한다.

(6) 정전기 방지 백은 오랜 기간이 지나면 효과가 저감 되므로 개봉 전에는 반드시 접지된 ESDS 손목 띠로 부품을 보호해야 한다.

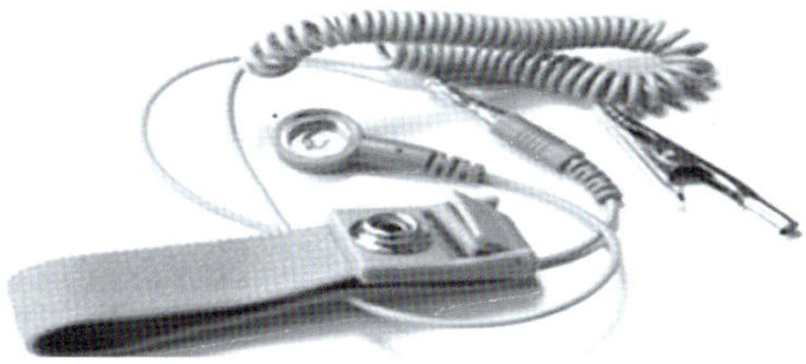

▲ 그림 5.3 정전기 방지 리스트 스트랩

	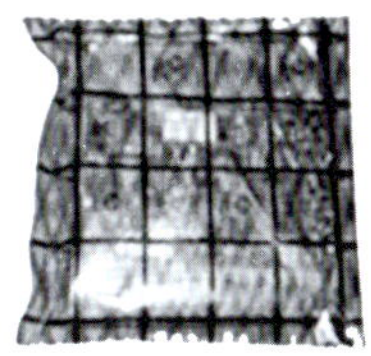	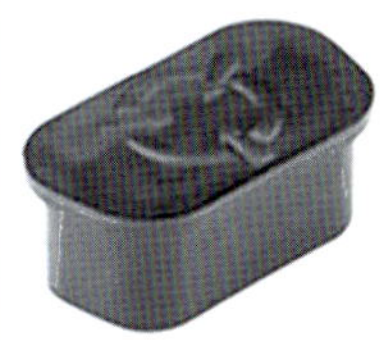
ESD 잭 포인트	ESDS 백	ESDS 캡

▲ 그림 5.4 ESD 잭, ESDS 백, ESDS 캡

5.2. 본딩 저항(Bonding Resistance)

A. 실습 개요

(1) 본딩 저항을 측정하는 방법에 대해 학습한다.

B. 관련 지식

(1) 본딩이란 2개 이상의 분리된 금속 구조물 또는 기계적으로는 접합되어 있으나 전기적으로 연결이 불충분한 금속 구조물을 전기적으로 완전히 연결하는 과정을 말하며 여기서 사용되는 도선을 본딩 선(bonding wire) 또는 본딩 점퍼(bonding jumper)라고 한다.

(2) 본딩의 저항은 기체와 전위차가 없이, 평형을 이루어야 하므로 저항이 영(zero)에 근접할수록 양호하다. 접합부의 최대 접촉저항은 0.003Ω이다.

C. 자료·재료

(1) 전선

(2) 본딩 스트랩(bonding strap)

(3) 세척 도구(scotchbrite. 수세미-상품명)

D. 기기(공구 · 장비)

(1) 디지털 멀티미터(밀리볼트 미터 및 10A 이상 측정 가능)

(2) 직류 전원장치(용량 : 최소 10A 이상)

(3) 가변저항(용량 : 0~10Ω, 최소 300 W)

(4) 730A bonding meter

(5) 항공기 C-172,

E. 학습

(1) 본딩 저항 측정 방법에 대해 학습하여 익힌다(그림 5.5).

(2) 본딩 저항 측정 방법은 아래와 같다.

(a) 항공기의 일차 조종면에 장착된 본딩스트랩(bonding strap)에 아래의 회로와 같이 설치한다.

(b) 28V 전원을 공급하고 10A의 전류가 흐르도록 R1을 조절한다.

(c) 디지털 멀티미터에 지시하는 전압을 기록 후 아래의 예시와 같이 본딩 저항을 계산하고 이 값은 0.003Ω 이상을 초과하면 안 된다.

예) 밀리 볼트 지시 값 : 30 ㎷ 경우

$$\frac{30\, milli\, volt}{10\, amp} = 3\text{milli}\Omega(0.003\Omega)$$

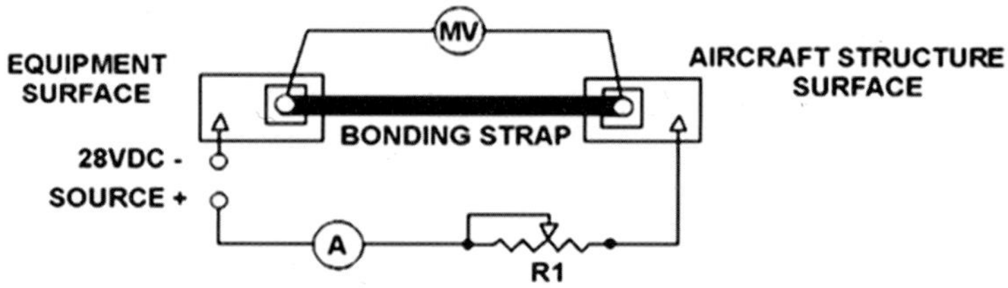

▲그림 5.5 본딩 저항 측정

6. 회로 연속성 테스트(Circuit Continuity Test)

6.1. 직렬 회로의 연속성 테스트

A. 실습 개요

(1) 회로의 연속성을 테스트하는 방법에 대해 학습한다.

B. 관련 지식

(1) 회로가 정상적으로 연결되었는지를 확인한다.

C. 자료 · 재료

(1) 만능 기판, 건전지 1.5V × 2, 저항 3, 꼬마전등 3

D. 기기(공구 · 상비)

(1) 멀티미터

E. 학습

(1) 멀티미터를 이용하여 직렬 회로의 연결 상태를 확인(도통 테스트)하는 방법에 대해 학습하여 익힌다(그림 6.1).

(2) 저항 및 꼬마전등을 회로와 같이 연결한다.

(3) 저항을 그림과 같이 연결 후 전원을 연결하기 전에 멀티미터로 점검한다.

(4) 직렬로 연결된 회로 저항값이 지시하는가를 확인한다.

(5) 꼬마전등이 연결된 회로에 전원을 연결하여 전등이 켜지는가를 확인한다.

(6) 저항이 연결된 한쪽 끝을 분리하여 멀티미터로 점검 시 저항이 무한대를 지시하는가 확인한다.

(7) 전등 회로에서는 전등 한쪽 끝을 분리하여 불이 들어오지 않는 것을 확인한다.

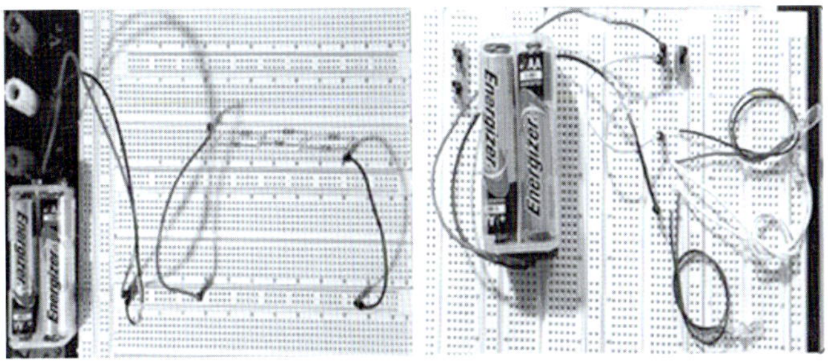

▲ 그림 6.1 직렬로 연결된 회로

6.2. 릴레이 연속성 테스트(Relay Continuity Test)

A. 실습 개요

(1) 릴레이의 연속성 테스트하는 방법에 대해 학습한다.

B. 관련 지식

(1) 릴레이 내부의 접촉 단자는 전기를 공급할 때와 공급되지 않은 상태로 구분되어 있어야 한다.

(2) 릴레이 내부에는 전자석의 역할을 하는 코일이 장착되어 있어 직류를 공급하여야 한다.

C. 자료 · 재료

(1) 릴레이

D. 기기(공구 · 장비)

(1) 멀티미터

E. 학습

(1) 멀티미터를 이용하여 릴레이의 도통 테스트하는 방법에 대해 학습하여 익힌다(그림 6.2).

(2) 릴레이의 표면에 있는 회로와 핀 배열을 확인한다.

(3) 전원을 연결하기 전, 멀티미터로 연결 상태를 확인한다.

(4) 핀 12와 13을 멀티미터로 확인하여 저항이 통하는지 확인한다.

(5) 핀 11과 핀 13의 저항은 무한대(∞)를 지시하는지 확인한다.

(6) 릴레이를 작동시키는 코일의 상태를 확인한다.

(a) 코일(X1, X2)의 연결 상태를 확인한다.

(b) 멀티미터에서 저항값이 지시되는지 확인한다.

(c) 만일 무한대를 지시하면, 코일이 끊어진(open) 상태이다.

(7) 정상상태를 확인하고 핀 X1과 X2에 전원을 연결한다.

A1-A2, B1-B2, C1-C2는 연결되고(closed), 12-13은 개방(open)된다.

(8) 항공기 장착용의 상기와 같은 유사한 릴레이를 구입 후 테스트할 수 있다.

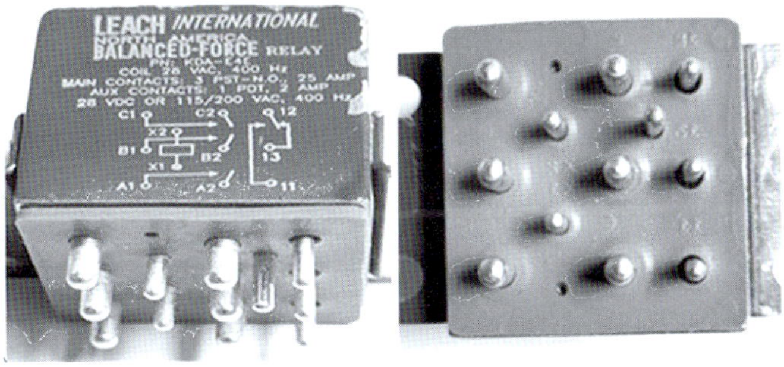

▲ 그림 6.2 릴레이 회로 및 핀 배열

6.3. 4핀 및 8핀 릴레이 테스트

A. 실습 개요

(1) 릴레이의 작동과 멀티미터를 이용하여 사용하는 접점을 판별하는 방법에 대해 학습한다.

B. 관련 지식

(1) 코일이 전사석으로 되었을 때 절판을 끌어당겨서 그 철판에 붙어 있는 스위치 부위의 접점을 닫거나 열기도 한다.

(2) 릴레이는 전기적으로 독립된 회로를 연동시킬 수 있다.

C. 자료 · 재료

(1) 점퍼선

(2) 4 핀 및 8 핀 릴레이

D. 기기(공구 · 장비)

(1) 만능 기판

(2) 가변 직류 전원장치

(3) 멀티미터

E. 학습

(1) 릴레이(4핀 및 8핀)를 작동시키고 접점을 확인하는 방법에 대해 학습하여 익힌다(그림 6.3, 6.4).

(2) 릴레이의 장점

(a) 적은 전류로 큰 전류 회로를 ON, OFF 시킬 수 있다.

(b) 1개의 릴레이로 여러개의 접점을 동시에 ON 또는 OFF 시킬 수 있다.

(c) 사람의 손이 미치기 어려운 장소의 전기회로를 ON, OFF 시킬 수 있다.

(d) 원격 제어를 할 수 있고 전자 회로에 의하여 ON, OFF 시킬 수 있다.

(e) 위험한 장소의 고전압을 릴레이를 사용함으로써 안전한 장소에서 ON, OFF 시킬 수 있다.

(f) 논리회로의 구성이 가능하다.

(3) 4핀 릴레이 테스트하기

(a) 극성에 상관없이 코일은 전류가 흐르면 전자석의 성질을 띤다.

(b) 멀티미터를 준비하고 저항 테스트를 위한 준비를 한다.

(c) 선택 스위치 레벨을 저항 ×1K로 한다.

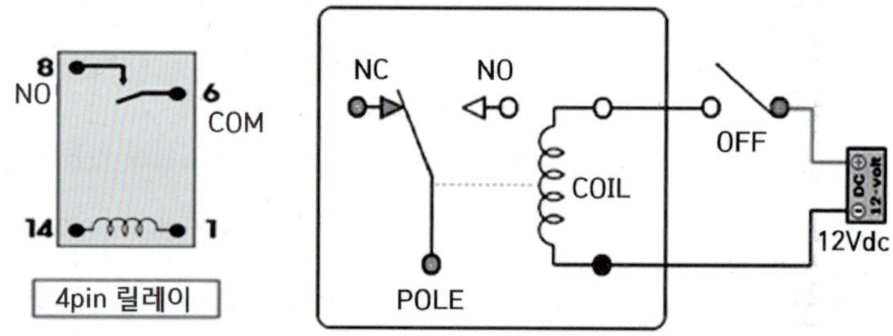

▲ **그림 6.3** 4핀 릴레이

(d) 각 핀 사이의 저항값을 테스트하여 다음 표에 기입하고 코일과 스위치의 위치를 찾아 보자.

(e) 측정된 저항값을 다음 표에 적는다.

구 분	측정 저항값	
	전원 미공급	24V 전원 공급
①번과 ⑭번		적용 안 됨
⑥번과 ⑧번		

(4) 8핀 릴레이 테스트하기

(a) 4핀 릴레이와 같은 방법으로 테스트한다.

(b) ①번부터 ⑯번까지 차례대로 접촉하여 저항값을 테스트한다.

(c) 전원의 인가 여부와 관계없이 코일 부분은 어느 정도의 저항값을 갖는다.

(d) 전원을 공급하여 내부적으로 스위치가 어떻게 연결되어 있는지 확인한다.

(e) 전원 공급 후 ①번과 ⑯번은 테스트를 금지한다.

(f) 측정된 저항값을 다음 표에 적는다.

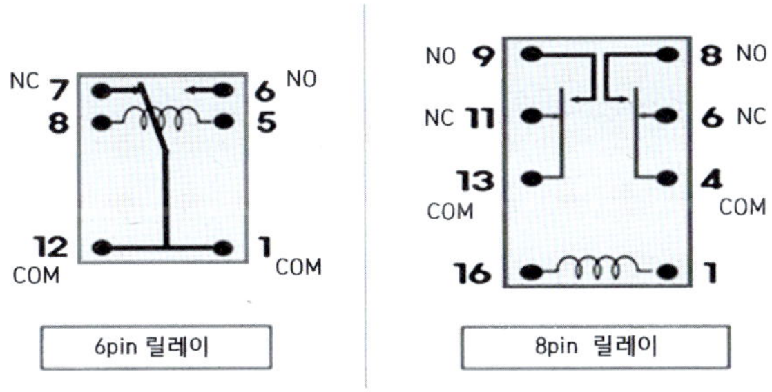

▲ **그림 6.4** 6핀 릴레이와 8핀 릴레이

구 분	측정 저항값	
	전원 미 인가	24V 전원 인가
①번과 ⑯번	[Ω]	적용 안 됨
④번과 ⑥번	[Ω]	[Ω]
④번과 ⑧번	[Ω]	[Ω]
⑬번과 ⑪번	[Ω]	[Ω]
⑬번과 ⑨번	[Ω]	[Ω]

7. 교류 회로소자

7.1. 직렬연결 인덕턴스(Inductance)

A. 실습 개요

(1) 인덕터를 직렬연결하고 전체 용량을 측정하는 방법에 대해 학습한다.

B. 관련 지식

(1) 인덕터 전체 용량 계산하기

두 개 이상의 인덕터 코일을 감은 방향이 같고, 따라서 자속이 나오는 부분이 같을 시 L = L1 + L2로 표시된다.

C. 자료 · 재료

(1) 페라이트 코어 인덕터 3개

D. 기기(공구 · 장비)

(1) LCR 미터

(2) 만능 기판

(3) 점퍼선

E. 학습

(1) 인덕터를 직렬연결하고 LCR 미터를 이용하여 전체 용량을 측정 방법에 대해 학습하여 익힌다(그림 7.1).

구 분	직렬연결
기호 및 표시	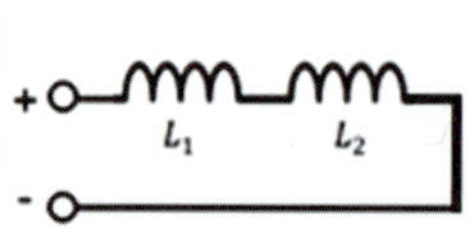
인덕턴스 계산식	L = L1 + L2

▲ 그림 7.1 인덕턴스(Inductance)의 직렬연결

(2) 임의로 종류별 세 개의 인덕터를 선택한다.

(3) 인덕터 세 개를 만능 기판에 직렬로 연결 후 전체 용량을 측정한다.

구분	계산 용량	측정 용량
L1+L2	mH	mH
L1+L2+L3	mH	mH

7.2. 병렬연결 인덕턴스(Inductance)

A. 실습 개요

(1) 인덕터(inductor)를 병렬연결하고 전체 용량을 측정하는 방법에 대해 학습한다.

B. 관련 지식

(1) 인덕터 전체 용량 계산하기

두 개 이상의 인덕터 코일을 감은 방향이 같고 병렬로 연결 시 저항의 병렬연결처럼, $L = \frac{L1 \cdot L2}{L1 + L2}$ 로 표시된다.

C. 자료 · 재료

(1) 페리이트 고이 인덕터 2개

D. 기기(공구 · 장비)

(1) LCR 미터

(2) 만능 기판

(3) 점퍼선

E. 학습

(1) 인덕터(inductor)를 병렬연결하고 전체 용량을 측정하는 방법에 대해 학습하여 익힌다(그림 7.2).

(2) 인덕터 2개를 만능 기판에 병렬로 연결한다.

(3) 계산에 의한 인덕턴스 값과 측정기를 이용하여 측정한 전체 용량 값을 비교 후 병렬로 연결한 회로의 인덕턴스를 구한다.

(a) 인덕터를 병렬로 연결하고 측정된 인덕턴스를 측정한다.

(b) 계산된 용량과 비교한다.

(c) 계산된 값과 측정된 값을 아래에 기록하고 비교한다.

구 분	병렬연결	
기호 및 표시	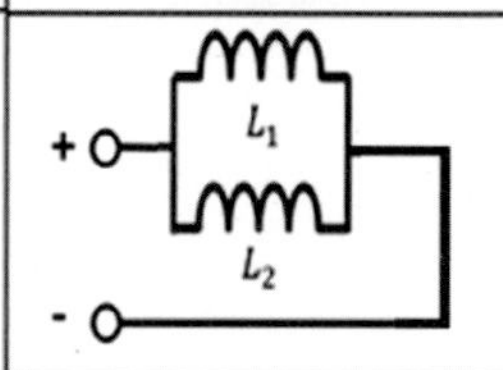	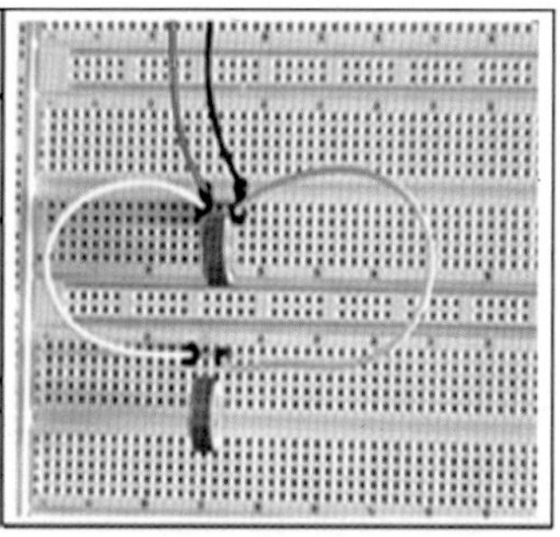
인덕턴스 계산식	$L = \frac{L1 \cdot L2}{L1+L2}$	

▲ **그림 7.2** 인덕턴스(Inductance)의 병렬연결

구 분	계산 용량	측정 용량	비 고	정격전압
$\frac{L1 \cdot L2}{L1+L2}$	mH	mH		

[참고] 인덕터의 용도 및 종류

(1) 인덕터의 용도

(a) 필터: 직류와 교류에서 직류만 통과시킨다.

(b) 발진과 자기에너지의 일시적 저장 기능을 갖는다.

(c) 변압기 등에서의 자기 통로를 생성하는 데에 사용된다.

(2) 인덕터의 종류

공심 인덕터 Toroidal iductor 페라이트 코어 SMD inductor 가변콘덴서(바리콘)

(a) 공심 인덕터

내부에 코어가 없이 코일만 감아놓은 형태이며, 아주 작은 인덕턴스나 수백 MHz 이상의 높은 주파수 회로에서 사용한다.

(b) 토로이달 인덕터(Toroidal Inductor)

솔레노이드 권선을 도넛 모양으로 구부려서 시작 부분과 끝부분을 마주 보게 하여 자로(자력선이 형성되는 영역)가 폐회로를 구성하며, 효율이 좋고 소형으로 큰 인덕턴스를 만들 수 있다.

(c) 페라이트 코어 인덕터(ferrite core inductor)

페라이트 코어는 광대역 회로에 주로 사용되며, 전자부품에 많이 이용된다.

(d) 가변 인덕터(variable inductor)

가변 인덕터는 인덕터의 도선 사이의 거리 혹은 인덕터와 주위에 형성된 금속판 사이의 거리를 변화시킴으로써 구현된다.

7.3. 콘덴서(Condenser)

A. 실습 개요

(1) 콘덴서 실물을 보고 판독하는 방법에 대해 학습한다.

B. 관련 지식

(1) 전자 회로의 맥류를 제거하여 잡음을 없앤다.

(2) 용량(㎌), 내압(V), 주위 온도(℃)에 따라 구분된다.

C. 자료 · 재료

(1) 임의의 전해 콘덴서 및 세라믹 콘덴서

D. 기기(공구 · 장비)

(1) LCR 미터

E. 학습

(1) 콘덴서 실물을 보고 판독하는 방법에 대해 학습하여 익힌다.

(2) 전해 콘덴서를 구입한다.

(a) 값이 다른 전해 콘덴서 3개 정도 준비한다.

(b) 외형은 그림을 참조하여 실물과 비교한다(그림 7.3).

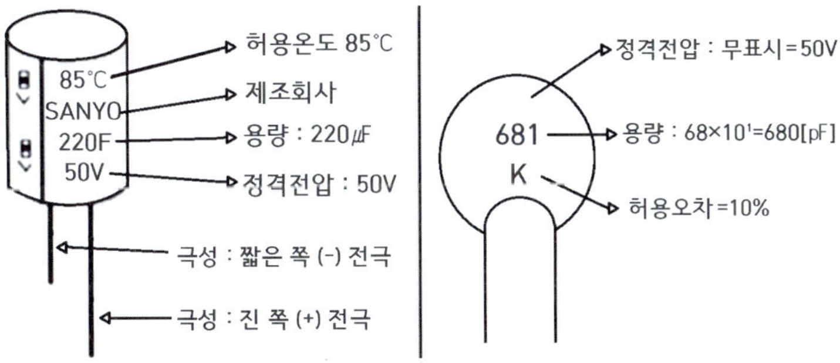

▲ 그림 7.3 전해 콘덴서(좌) 및 세라믹 콘덴서

(c) 표면에 그려진 극성 표시 방법이나 리드선의 길이를 관찰하여 극성을 구분한다.

(d) 표면에 적힌 콘덴서의 규격을 판독하고 값을 표에 기록한다.

구분	허용온도	제조회사	용량	정격전압
콘덴서 1				
콘덴서 2				
콘덴서 3				

(3) 세라믹 콘덴서

(a) 값이 다른 세라믹 콘덴서 3개를 준비한다.

(b) 외형은 그림을 참조하여 실물과 비교한다.

(c) 세라믹 콘덴서 실물을 보고 다음 빈칸을 채운다.

구분	허용온도	제조회사	용량	정격전압
콘덴서 1				
콘덴서 2				
콘덴서 3				

(d) 콘덴서 허용 오차 구분의 표시는 표를 참조한다.

문자	B	C	D	F	G	J	K	M	N	V	X	Z	P
허용 오차	±0.1	±0.25	±0.5	±1	±2	±5	±10	±20	±30	±20	±40	±80	±100

[콘덴서 오차 구분]

(예제) 104J = ?

첫째 숫자(용량) ⇨ 1

둘째 숫자(용량) ⇨ 0

셋째 숫자(승수) ⇨ 10^4

넷째 숫자(허용오차) ⇨ J(±5%)

• 10×10^4[pF] = 10×10^{-2} [μF] = 0.1[μF]±5[%]

7.4. 직렬연결 콘덴서 용량

A. 실습 개요

(1) 콘덴서를 직렬연결하여 전체 용량을 측정하는 방법에 대해 학습한다.

B. 관련 지식

(1) 콘덴서란 전기를 축적하는 기능이 있는 소자이다. 일반적으로 전기를 축적하는 기능 이외에 직류전류를 차단하고 교류전류를 통과시키려는 목적에도 사용되며 콘덴서는 기본적으로 두 장의 금속판을 대향시킨 구조로 되어 있다.

C. 자료 · 재료

(1) 전해 콘덴서

(2) 세라믹 콘덴서

D. 기기(공구 · 장비)

(1) LCR 미터

(2) 만능 기판

(3) 점퍼선

E. 학습

(1) 전해 콘덴서와 세라믹 콘덴서를 선택하여 정격전압과 용량 값을 구하는 방법에 대해 학습하여 익힌다(그림 7.4).

(2) 임의로 종류별 세 개의 콘덴서를 선택하여 표면에 적힌 숫자에 의해 용량을 확인한다.

(3) LCR 미터를 사용하여 실제 용량을 측정한다.

(4) 표면에 적힌 숫자에 의한 커패시터의 용량값과 LCR 미터로 실제 용량을 측정한 값과 비교한다.

(5) 3개의 주어진 세라믹 콘덴서를 판독하고 다음의 빈칸을 채운다.

구분	실측 숫자 및 문자표시	정격전압	용 량	허용오차
콘덴서1				
콘덴서2				
콘덴서3				

(6) 콘덴서 전체 용량 계산하기

(a) 콘덴서들을 직렬로 접속하면 합성 정전 용량은 각 콘덴서의 정전 용량의 곱을 합으로 나

눈 값이며, 합성 저항의 반대 유형과 같다.

C = Q/V = C1·C2·C3/C1 + C2 + C3 = 1/(1/C1 + 1/C2 + 1/C3)

(b) 값이 다른 전해 콘덴서 3개를 준비한다.

(c) 표면에 그려진 극성 표시 방법이나 리드선의 길이를 관찰하여 극성을 구분한다.

(7) 만능 기판에 아래의 콘덴서를 직렬로 연결한다.

(C1: 100㎌, C2: 100㎌, C3: 100㎌)

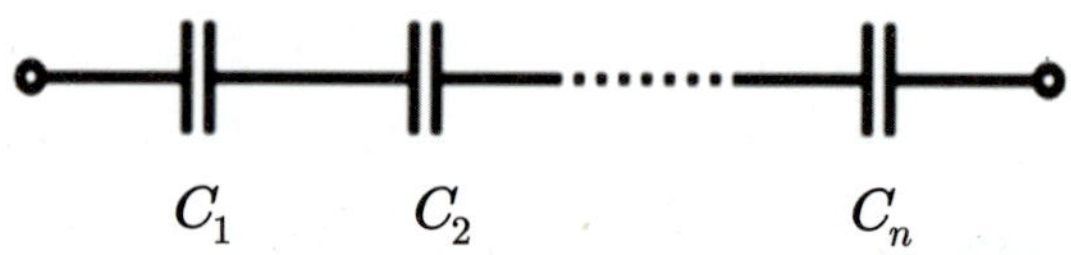

▲ **그림 7.4** 콘덴서(condencer)의 직렬연결

(8) 표면에 적힌 콘덴서의 규격을 판독하고 계산에 의한 전체 용량과 측정기를 사용하여 얻은 측정값을 표에 기록한다.

구분	계산용량	측정용량
C1 + C2	㎌	㎌
C1 + C2 + C3	㎌	㎌

7.5. 병렬연결 콘덴서 용량

A. 실습 개요

(1) 콘덴서의 종류 및 규격을 판별하고 콘덴서를 병렬연결하여 전체 용량을 측정하는 방법에 대해 학습한다.

B. 관련 지식

(1) 콘덴서 전체 용량 계산하기

콘덴서들을 병렬로 접속하면 합성 정전 용량은 각 콘덴서의 정전 용량의 합과 같다.

C = Q / V = C1 + C2 + C3

(a) 값이 다른 전해 콘덴서 3개를 준비한다.

(b) 표면에 그려진 극성 표시 방법이나 리드선의 길이를 관찰하여 극성을 구분한다.

(2) 만능 기판에 아래의 콘덴서를 병렬로 연결한다
(C1: 100 ㎌, C2: 100 ㎌, C3: 100 ㎌).

C. 자료 · 재료

(1) 전해 콘덴서

(2) 세라믹 콘덴서

D. 기기(공구 · 장비)

(1) LCR 미터

(2) 만능기판

(3) 점퍼선

E. 학습

(1) 전해 콘덴서와 세라믹 콘덴서를 선택하여 정격전압과 용량 값을 구하는 방법에 대해 학습하여 익힌다(그림 7.5).

(a) 임의로 종류별 세 개의 콘덴서를 선택하여 표면에 적힌 숫자에 의해 용량을 확인한다.

(b) LCR 미터를 사용하여 실제 용량을 측정한다.

(c) 표면에 적힌 숫자에 의한 커패시터의 용량 값과 LCR 미터로 실제 용량을 측정한 값과 비교한다.

(2) 전해 콘덴서 3개를 만능 기판에 병렬로 연결하고 전체 용량을 측정하여 전체 용량 값을 구한다.

(3) **그림 7.5**에서 주어진 값을 가지고 콘덴서가 2개와 3개가 각각 따로 병렬연결되어 있을 경우, 그 값을 구하여 빈칸을 채울 수 있다.

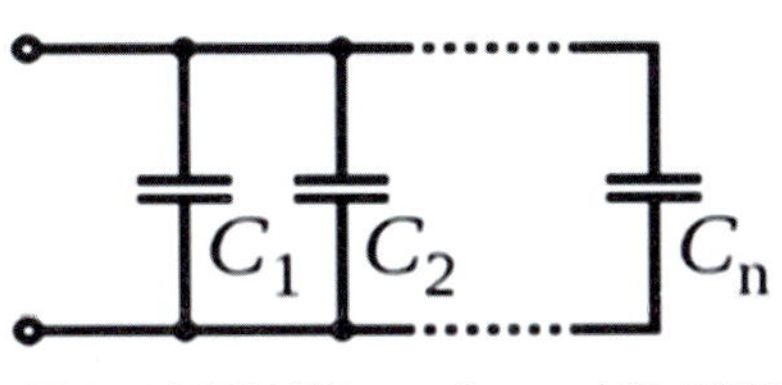

▲ **그림 7.5** 콘덴서(Capacitance)의 병렬연결

구 분	계산 용량	측정 용량
C1 + C2	㎌	㎌
C1 + C2 + C3	㎌	㎌

7.6. 교류 R-L-C 회로의 임피던스(Impedance)

A. 실습 개요

(1) 저항, 인덕터(inductor) 및 축전기(capacitor)로 구성된 교류 회로에서 저항값 R과 인덕턴스(inductance) L, 전기용량(capacitance) C를 각각 측정하고, 직렬 R-L-C 교류 회로의 전체 저항 임피던스(impedance)를 구하는 방법에 대해 학습한다.

B. 관련 지식

(1) 교류에 대한 지식

(a) 임피던스(impedance): 합성 저항에서 교류전류를 방해하는 힘

(b) 유도 리액턴스(inductive reactance) : 코일에 의한 전류를 방해하는 힘

(c) 용량 리액턴스(capacitive reactance) : 정전 용량에 의한 전류를 방해하는 힘

C. 자료 · 재료

(1) 점퍼선

(2) 저항(100Ω 1/4W)

(3) 인덕터(2mh)

(4) 커패시터(100㎌)

D. 기기(공구 · 장비)

(1) 멀티미터

(2) 주파수 발생 전원장치(주파수: 0~1,000Hz, 교류: 0~10V)

(3) 만능 기판

(4) LCR미터

E. 학습

(1) 다음과 같이 회로의 임피던스 값을, 수식을 이용하여 R-L-C 교류 회로의 임피던스(impedance)를 구하는 방법에 대해 학습하여 익힌다.

(a) 식 ②와 ③을 이용하여 L과 C의 리액턴스를 구한다.

(b) 교류 회로에서 저항의 역할을 하는 임피던스는 ①의 식으로 나타나며, 임피던스는 '리액턴스 차이(XL - XC)'와 '일반 저항값 R'을 각각 밑변과 높이로 하는 직각삼각형의 빗변 길이로 구해지므로 식 ①을 이용하여 회로의 임피던스를 구하고, 옴의 법칙을 이용하여 회로에 흐르는 전류 값을 계산하여 기록한다.

$$Z = \sqrt{R^2 + (X_L - X_C)^2} \quad \cdots\cdots ①$$

$$X_L = \omega L = 2\pi f L \quad \cdots\cdots ②$$

$$X_c = \frac{1}{\omega C} = \frac{1}{2\pi f C} \quad \cdots\cdots ③$$

$$I = \frac{E}{Z} \quad \cdots\cdots ④$$

(c) 그림과 같이 R-L-C 직렬 회로를 꾸민다. 먼저 R(100 Ω), L(2 mH), C(100 ㎌)를 만능기판에 설치하고 점퍼선을 이용하여 R-L-C 직렬 회로를 구성한다(그림 7.7).

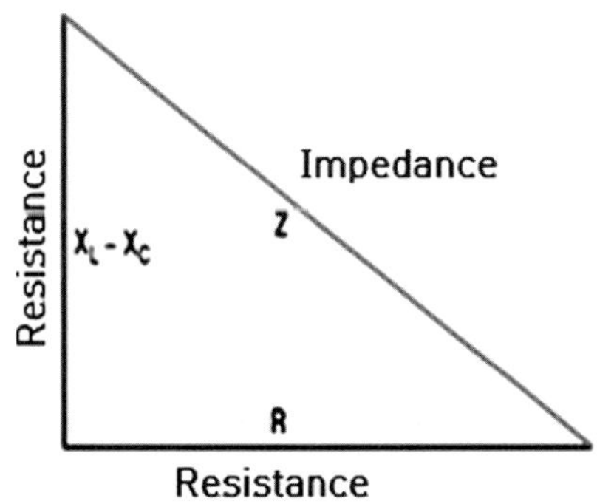

▲ 그림 7.6 교류 임피던스 삼각형

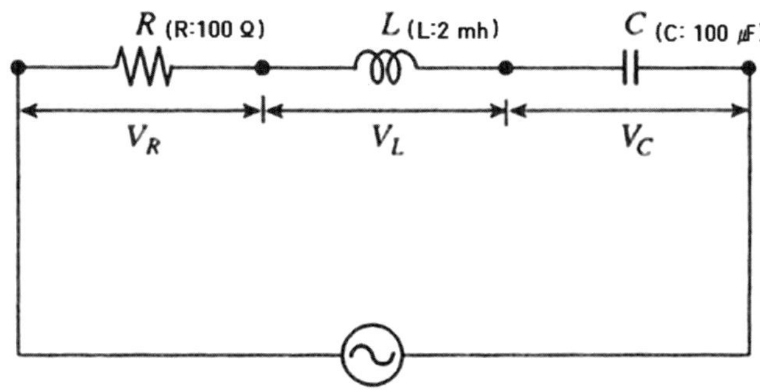

▲ 그림 7.7 R-L-C 직렬 회로

(d) 전류계용 테스터(선택 다이얼 레인지는 mA 교류전류)를 준비한다(교류이므로 극성의 구별은 필요 없다).

(e) 주파수 발생 전원장치의 전원을 ON하고 주파수는 60Hz, 전압은 5V로 맞춘 후, LCR 멀티미터를 이용하여 저항 R과 코일 L, 커패시터 C의 리액턴스를 측정 후 기록한다.

(f) 주파수를 400Hz로 고정하고, 전원 전압 5V 공급 시, 저항 R과 코일 L, 커패시터 C의

리액턴스를 측정 후 기록한다.

(g) 얻어진 값으로부터 다음식을 이용하여 임피던스 Z값을 구한다.

$$Z = \sqrt{R^2 + (X_L - X_C)^2}$$

(2) LCR 미터를 이용하여 회로의 임피던스 값을 측정하고 수식 때문에 얻어진 값과 일치하는지 확인하고, 교류 회로에서의 저항요소가 R, L, C인 것을 확인한다.

(3) LCR 미터 사용방법은 주파수가 있는 인덕턴스(inductance) 및 캐패시턴스(capacitance)를 측정할 수 있으며, 사용방법은 구입 시 첨부되는 사용 설명서를 참조한다(그림 7.8).

(4) 저항(resistance)은 주파수와 관련이 없으므로 멀티미터로 측정 가능하다.

(5) 다음에서 간단한 교류 이론을 확인하고, 전기는 크기와 방향이 있는 벡터(vector)량임을 그림을 통해 확인할 수 있다.

(a) 교류(alternate current)의 크기 및 주파수(frequency)

(b) 교류의 흐름을 방해하는 요소(그림 7.6)

- 전류를 방해하는 직류의 저항과 교류의 임피던스(impedance)를 확실하게 구분하고 설명할 수 있다.
- 코일과 캐패시터에서 소모되는 전압(drop voltage)을 계산하는 능력을 갖출 수 있다.
- 임피던스(impedance): 전류 흐름을 방해하는 합성 저항(vector 량이다).

$$Z^2 = R^2 + (X_L - X_C)^2$$

$$Z = \sqrt{R^2 + (X_L - X_C)^2}\ [\Omega]$$

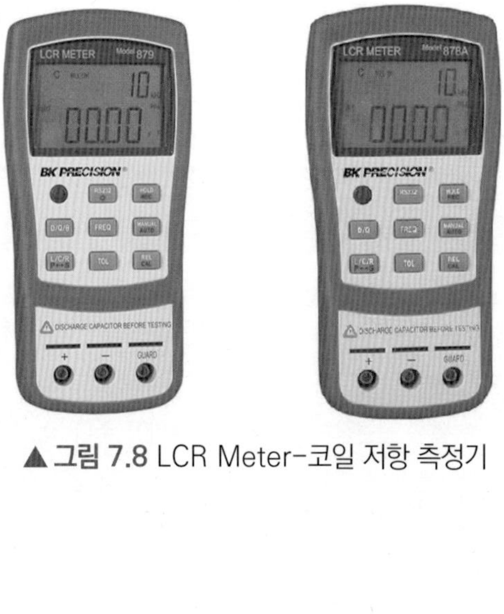

▲ **그림 7.8** LCR Meter-코일 저항 측정기

8. 전기회로(Electric Circuit)

8.1. 항행등(Navigation Light) 배선도

A. 실습 개요

(1) 항공기 전기회로의 심벌을 해독하는 방법에 대해 학습한다.

B. 관련 지식

(1) 도선 배선도(WDM, Wiring Diagram Manual)는 항공기 각 부분의 상호 연관된 상태를 도선과 회로에 나타난 심볼로 설명한 정비 지침서로, 선으로 표시된 회로에는 전기적인 기본지식이 함축되어 있다.

(2) 항공기 전기 심볼을 충분히 익혀 정비업무에 활용해야 한다.

C. 자료 · 재료

(1) 항행등(navigation lights)의 회로도 및 장착

D. 기기(공구 · 장비)

(1) 멀티미터

E. 학습

(1) WDM을 이용하여 회로도에 나타난 계통의 구성요소 및 각 부분 품의 특성을 구별하는 방법에 대해 학습하여 익힌다(그림 8.1, 8.2).

(a) 항행등 또는 충돌방지 등의 WDM에서 알 수 있는 것들은 다음과 같은 정보들을 찾을 수 있고, 각 질문에 답할 수 있다.

(b) 전원은 A223 panel assembly 일부분에 있는 써킷 브레이커(circuit breaker)에서 공급된다.

- 써킷 브레이커의 부품번호는?
- 어디서 찾을 수 있는가?
- 정격 전류는 얼마인가?
- 부품의 역할은 무엇인가?

(c) 다른 계통의 전원과 같이 공통으로 전원을 공급 받는다.

- 어느 계통의 전원과 공통인가?
- ATA 번호 및 그 계통의 내용은?

(d) 이 회로에서 전선에 대한 내용들을 알 수가 있다.

- 전선의 굵기는?

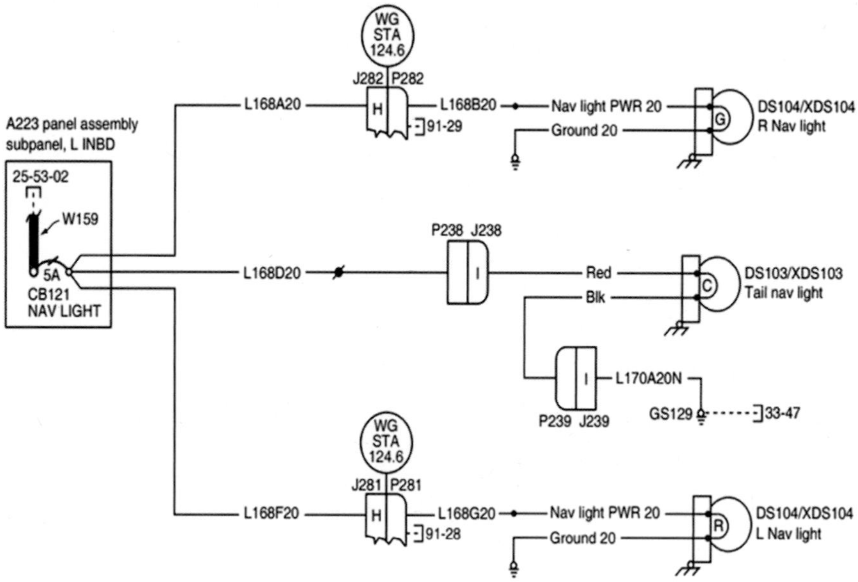

▲ **그림 8.1** 항행등(Navigation light)의 배선도

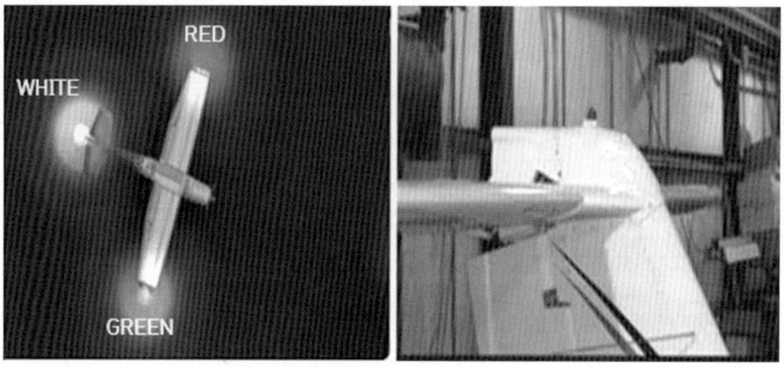

▲ **그림 8.2** 항행등

- 전선 번호는?
- 모두 몇 가닥인가?
- 미등의 첫 번째 커넥터 전에 나타난 특이한 표시는 무엇을 나타내는가? 그리고 왜 그러한 표시가 있는가?

(e) 각 전선들은 중간의 커넥터를 통해 이어져 있다.

- 커넥터의 장착 위치는?
- 커넥터 양편에 "J"와 "P"는 무엇을 나타내는가?
- 커넥터 안에 표시된 "H"와 "I"는?

(f) 회로에 나타난 접지는 두 가지 형식으로 표시되어 있다.

• 어떻게 표시되어 있는가?

• 차이점은 무엇인가?

• 접지된 전선의 표시는 어떻게 표시했는가?

• 접지선의 전선 굵기는?

(g) 항공기 날개에 등(light)이 장착되어 있다.

• 써킷 브레이커의 위치 번호는?

• 몇 개가 장착되어 있는가?

(2) 주어진 WDM의 회로를 통하여 실제 장착된 전등 계통의 고장 탐구하는 방법을 멀티미터를 이용하여 할 수 있다.

(a) 선택 스위치를 어디에 놓아야 하는가?

(b) 등은 어떤 타입(type)인지 알 수 있는가?

(c) 등은 선으로만 연결되어 있지 않고 다음 그림과 같이 표시되어 있다.

• DS103/XDS103은 무슨 의미인가?

• 사각형은 어떤 부품이 또 있는가?

• "c"는 무엇을 뜻하며 어떤 글자의 첫 문자인가?

(d) 각 꼬리 부분에 장착된 등(light)은 섬광(flashing)을 갖는 등(light)이다.

(e) 번쩍이는 불빛이 없을 경우는 전원이 없거나, 써킷 브레이커가 작동하였거나, 전선이 끊어졌거나, 단락(short circuit), 접지가 안 되었거나, 전등 light assembly을 구성하는 내부 부품의 고장이 있을 경우이다. 전원 검사, 도통 시험 및 육안검사 후 고장을 탐구할 수 있다.

(f) 등(light)을 장탈하여 도통 시험 등 상태 검사를 하는 방법도 있다. 그러나, 외부 환경이 좋지 않을 경우에는 항공기 기체 내에서 충분히 고장을 탐구할 수 있다.

(g) **그림 8.3**은 유도등 회로(taxi light circuit)이다. 회로를 보고 상기 (1)의 (b)항부터 (g)항까지의 질문에 답할 수 있게 한다.

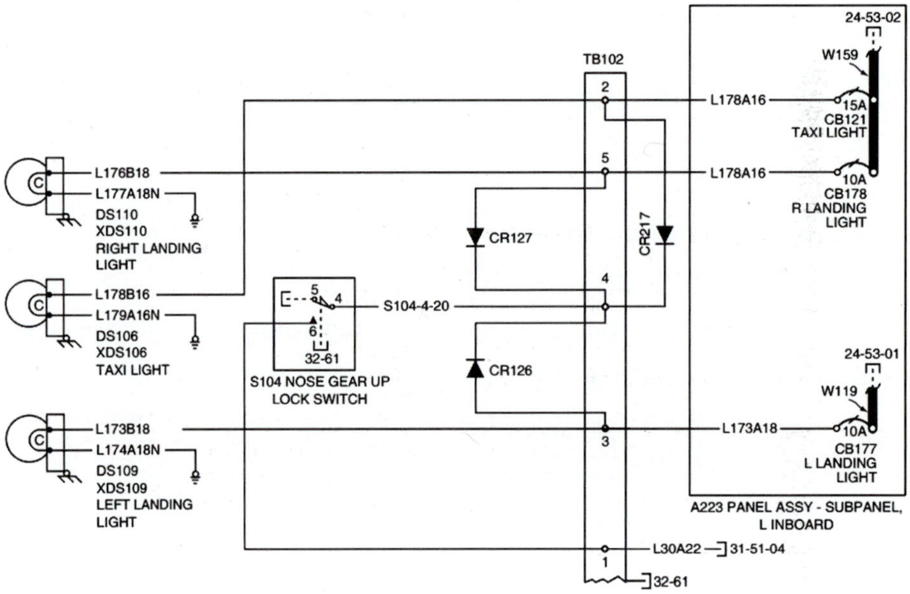

▲ 그림 8.3 유도등 배선도

8.2. 전선 크기 선정

A. 실습 개요

(1) 도표를 활용하여 부하 전류에 따른 전선의 선정 방법에 대해 학습한다.

B. 관련 지식

(1) 전선은 크게 단선과 연선으로 구분되며 단선은 굵은 선으로 되어 있고, 연선은 가는 선이 모여서 이루어져 있는데, 전기적 특성에도 약간은 차이가 있지만 물리적 특성에서도 차이가 있다.

(2) 발전기로부터 동체 내부까지 통과하는 장소의 전선은 잘 구부러지는 유연성이 있어야 하므로 연선을 사용한다.

(3) 두 개 이상의 전선 묶음을 케이블 혹은 와이어 번들이라 부른다.

(4) 항공기에서 가장 많이 사용하는 전선의 재질은 구리와 알루미늄이다. 구리는 도전율이 좋고, 잘 구부러지나 알루미늄보다 무겁다.

C. 자료·재료

(1) 와이어 차트

(2) 다양한 직경의 전선

D. 기기(공구·장비)

(1) 와이어 게이지

(2) 일반 수공구

E. 학습

(1) 부하 전류의 크기에 따른 전선의 굵기를 와이어 차트를 이용하여 선정하는 방법과 와이어 게이지를 이용하여 전선의 굵기를 알아내는 방법에 대해 학습하여 익힌다.

(a) AC BUS #1은 릴레이와 회로 차단기를 거쳐 IDG(통합구동 발전기)로부터 교류 115V를 공급받고 있다고 가정한다.

(b) AC BUS #1과 Hydraulic Motor 사이의 전선 길이는 100이며, 연속 허용전류는 20A로 측정되었다. 최대 전압 강하를 4V로 가정했을 때 허용 전압 강하 차트를 이용하여 사용할 수 있는 전선의 굵기를 선정하여 기록한다.

(2) 와이어 게이지를 이용하여 다양한 굵기의 전선에서 (b)에서 계산하여 얻은 전선을 찾아본다.

(3) 전선 간의 단락을 방지하기 위한 절연은 절연저항과 절연내력을 확인해야 하며, 전선 외피의 절연재료는 테프론이나 PTEF 등이 있다.

(4) 항공기에 사용되는 전선은 미국 전선 규격(AWG, American Wire Gauge)을 따르고 짝수만 사용한다. 번호가 클수록 전선의 직경은 작아진다.

(5) 전선 도표를 사용하여 전선을 선택할 때는 다음 사항을 고려한다.

(a) 계통에서 요구하는 전기선의 선택 시 전선 굵기는 두 가지가 주로 요구된다.

- 와이어 길이에 따른 계통에 요구되는 필요한 전류를 전달하는 동안 과도한 전압 강하를 방지
- 필요한 전류를 전달하는 전선의 과열 방지

(6) 허용 전압 도표를 사용하여 올바른 전선 크기를 선택할 때에는 다음 사항을 알아야 한다.

(a) 와이어 길이(Ft.)

(b) 전달할 전류의 암페어 크기

(c) 허용되는 전압 강하

(d) 필요한 연속 또는 간헐적 전류 값

(e) 추정되거나 측정된 도체 온도

(f) 와이어 설치 장소(도관 또는 번들)

(7) 다음은 부하 전류 요구량에 따른 전선의 크기를 선택하는 도표이다(그림 8.4).

(8) 도표에 나타나 있는 정보는 다음과 같다.

(a) 차트 왼쪽의 눈금은 지정된 전압 소스(예: 14 V, 28V, 11 5V, 200 V)에 대한 과도한 전압 강하를 방지하기 위한 최대 와이어 길이를 나타낸다.

(b) 이 전압은 스케일 상단에서 확인되며, 하단에서 연속 작동을 위한 해당 전압 강하 한계에서 알아낼 수 있다.

(c) 차트 위에 있는 척도(사선)는 암페어를 나타내며 차트 하단의 눈금은 와이어 게이지를 나타낸다.

(9) 다음의 주어진 정보를 이용하여 전선의 크기를 찾아본다.

(a) 와이어 연장은 접지선을 포함하여 50 Ft.이다.

(b) 현재의 부하 전류는 20A

(c) 전압 원은 28V

(d) 회로는 연속 작동한다.

(e) 전기선의 온도는 20℃ 이하

- 1단계: 왼쪽 눈금에서 28V 전원 소스 열 아래에서 50 Ft 길이의 와이어를 찾는다.
- 2단계: 20A 부하에 대해 기울어진 선과 교차할 때까지 해당 수평선을 오른쪽으로 따라간다.
- 3단계: 값은 8번과 10번 사이에 있다. 오른쪽에서 다음으로 큰 사이즈의 와이어를 선택한다(이 경우 8번). 이 와이어는 왼쪽 눈금 하단에 표시된 전압 강하 한계를 초과하지 않고 사용할 수 있는 가장 작은 크기의 전선이다.

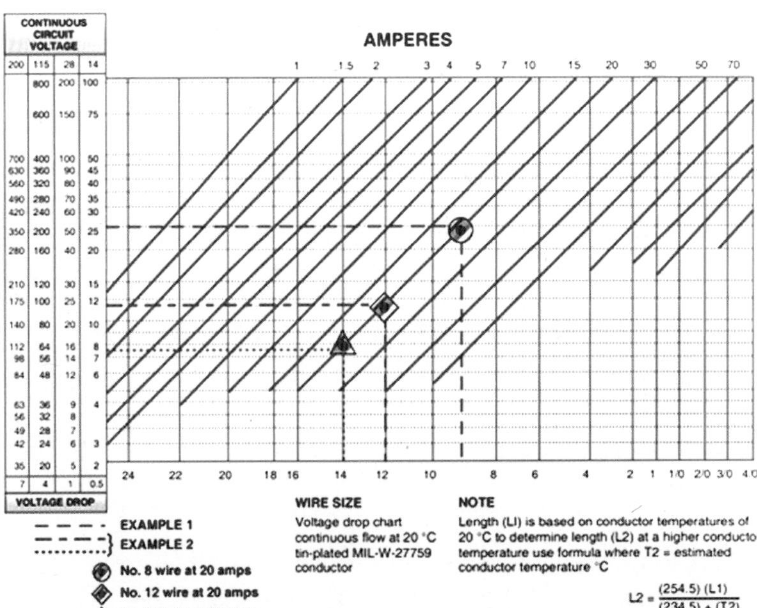

▲그림 8.4 부하 전류에 따른 전선의 크기

9. 논리회로(Logic Circuit) 및 트랜지스터(TR)

9.1. 논리회로(Logic Circuit)

A. 실습 개요

(1) 논리회로를 꾸미는 방법에 대해 학습한다.

B. 관련 지식

(1) 논리회로는 진실(true)과 거짓(fail) 또는 예(yes)와 아니오(no), 극성으로는 양극(positive(+)과 음극(negative(−)), 위치로는 높음(high)과 낮음(low), 숫자로는 "1"과 "0"으로 대신할 수 있다.

(2) 펄스 구조(pulse structure)(그림 9.1)

(3) 트랜지스터는 NPN과 PNP로 구별한다.

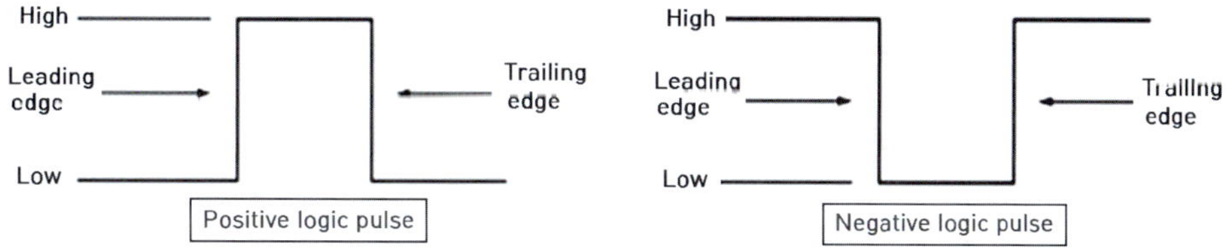

▲ 그림 9.1 포지티브 펄스와 네거티브 펄스

C. 자료 · 재료

(1) 직류 전원장치(0~30 Vdc)

(2) 스위치(SPDT)

(3) Lamp 및 LED

(4) 만능 기판

D. 기기(공구 · 장비)

(1) 납땜 도구(soldering kit)

(2) 멀티미터

E. 학습

(1) 논리회로(logic circuit)와 진리표(truth table)의 입력 신호와 출력 신호에 대한 방

법에 대해 학습하여 익힌다.

(2) 기본적인 논리회로는 다음과 같다.

(a) AND gate: 입력 신호가 모두 있을 때만 출력 신호가 나온다.

(b) OR gate: 입력 신호가 하나만 있으면 출력 신호가 나온다.

(c) NOT gate: 입력 신호와 출력 신호가 반대로 바뀐다.

(3) 논리회로의 기본이 되는 다음의 각 회로를 건전지, 스위치, 램프(lamp)를 이용하여 만능 기판에 구성할 수 있다.

(4) 다음의 논리회로를 만능 기판에 실제로 구성하고 램프가 켜지고(ON), 꺼지는(OFF) 상태를 확인한다(그림 9.2).

(5) 여러 종류의 전자 회로소자를 활용하여 다음과 같은 논리회로를 만능 기판에 구성할 수 있다(그림 9.3, 9.4, 9.5).

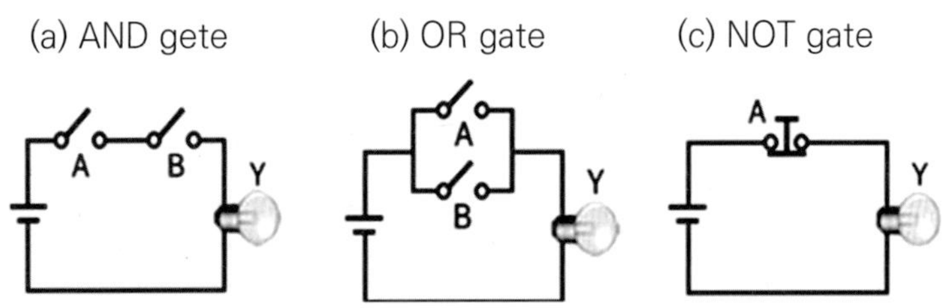

▲ **그림 9.2** 간단한 논리 회로(Logic circuit)

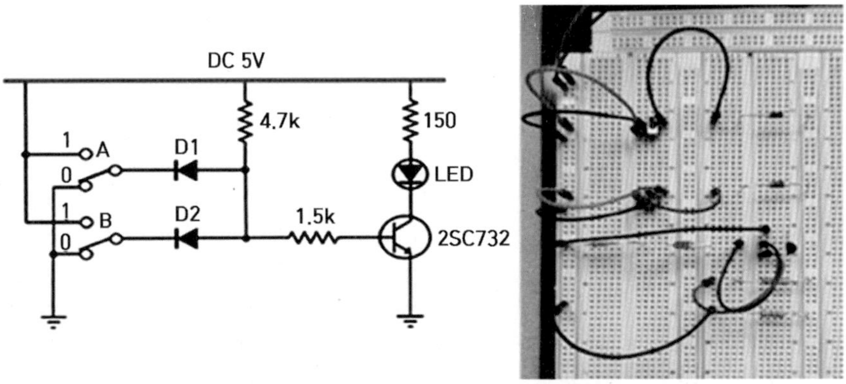

▲ **그림 9.3** AND Gate 회로 및 구성도

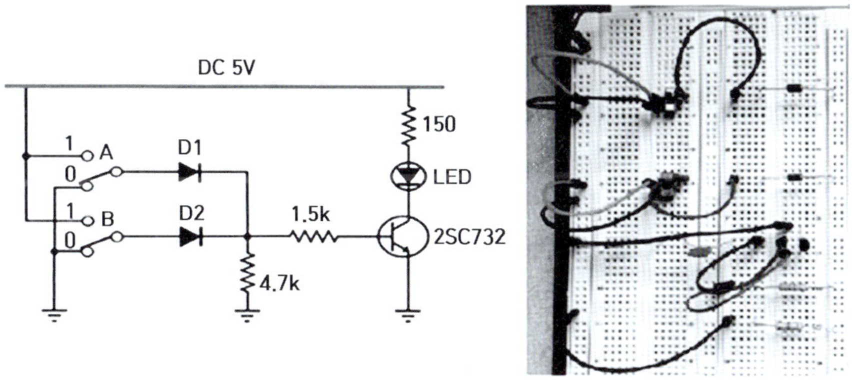

▲ **그림 9.4** OR Gate 회로 및 구성도

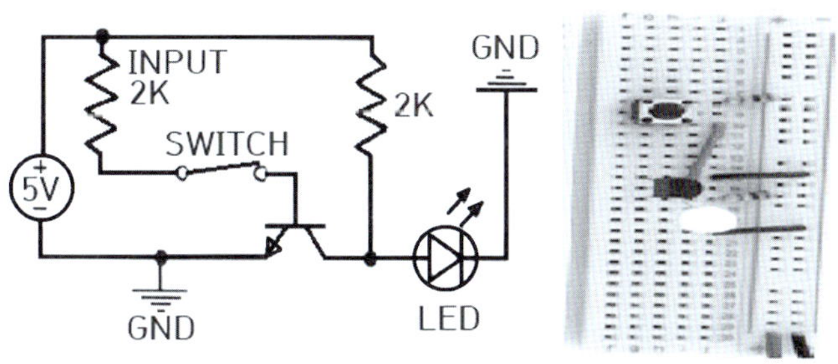

▲ **그림 9.5** NOT Gate 회로 및 구성도

9.2. 트랜지스터(PNP, NPN)

A. 실습 개요

(1) 트랜지스터 작동 원리 및 기호를 이해하고, 간단한 회로의 제작을 통한 트랜지스터의 원리, 작동, 구별(PNP, NPN)하는 방법에 대해 학습한다.

B. 관련 지식

(1) 트랜지스터(transistor)는 전달(transfer)과 저항기(resistor)의 합성어로서 입력 신호의 변화를 출력 저항의 변화로 전달하여 신호를 증폭하며 전류 제어 소자로 증폭, 발진 및 검파 작용을 하며, 논리회로에서는 트랜지스터의 스위칭 작용을 이용한다.

(2) 트랜지스터 구조(그림 9.6)

(a) P형과 N형의 접합된 3층 구조로 되어 있으며, PNP형과 NPN형으로 나누어진다.

(b) 에미터(E), 컬렉터(C), 베이스(B)의 3개의 단자로 구성되어 있다.

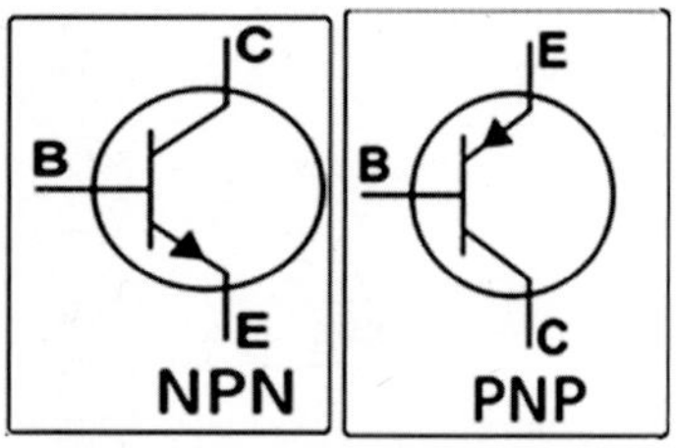

▲ 그림 9.6 트랜지스터 기호

- 에미터(E): 전류의 반송자로 주입하는 전류
- 컬렉터(C): 전류의 반송자를 모으는 부분의 전극
- 베이스(B): 주입된 반송자를 제어하는 전류 공급

C. 자료 · 재료

(1) 점퍼선 및 택 스위치

(2) 저항, 커패시터, LED 및 트랜지스터

D. 기기(공구 · 장비)

(1) 만능 기판

(2) 직류 전원장치(혹은 6V 건전지)

(3) 멀티미터

E. 학습

(1) 트랜지스터 작동 원리 및 기호를 이해하고, 간단한 회로의 제작을 통한 트랜지스터의 원리, 작동, 구별(PNP, NPN)하는 방법에 대해 학습하여 익힌다(그림 9.7, 9.8).

(2) 콘덴서와 트랜지스터를 이용한 회로 제작을 통한 트랜지스터의 스위칭 기능

(a) 부품을 준비한 후, 그림 9.7의 회로와 그림 9.8의 부품 위치를 참조하여 회로를 꾸민다.

(b) 동작 테스트는 전원(6V)을 연결 후 S1를 누르고 있으면, C1이 충전되어 가면서 LED가 서서히 밝아진다. 스위치 S1을 떼면 C1이 방전되므로 LED가 서서히 어두워진다.

(c) 주의 사항

- LED, 전해 콘덴서 극성에 주의한다.
- 트랜지스터의 B, E, C 핀 배치에 주의한다.
- 전원(6V)은 마지막에 공급한다.

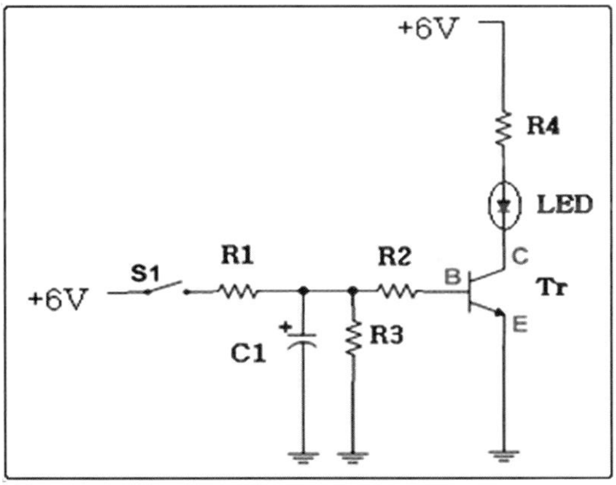

부품	규격
S1	택스위치
R1.2.3	100kΩ
R4	1kΩ
C1	100㎌
LED	적색
TR	C1815

▲ 그림 9.7 트랜지스터(NPN형) 회로도

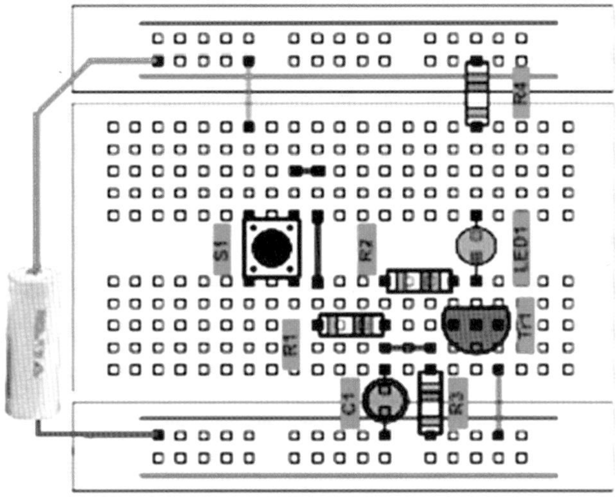

▲ 그림 9.8 부품 배치도

10. 회로 고장탐구(Circuit Trouble Shooting)

10.1. 개방 회로(Open Circuit)

A. 실습 개요

(1) 개방 회로 측정 및 고장 탐구 방법에 대해 학습한다.

B. 관련 지식

(1) 개방 회로는 저항이 무한대(∞)임을 나타낸다.

(2) 개방 회로는 옴의 법칙($I=V/R=V/\infty=0$)에 따라 회로에 전류가 흐르지 않는다($I=0$).

C. 자료 · 재료

(1) 개방 회로도(그림 10.1)

(2) 만능 기판 및 납땜 도구(soldering kit)

D. 기기(공구 · 장비)

(1) 멀티미터

E. 학습

(1) 개방 회로(open circuit)의 저항 및 전압을 측정하고 고장탐구 방법에 대해 학습하여 익힌다.

(2) **그림 10.1**을 참조하여 기판에 회로를 만든다. 전원은 가변이다.

(3) 전기회로에서 멀티미터를 이용하여 특정지점의 저항 및 전압을 측정하여 회로의 정상 여부를 판단한다.

(4) **그림 10.1**의 Ⓐ 회로는 저항이 병렬로 연결되어 있다. 저항을 측정할 때는 전원을 차단한다(SW "OFF").

(a) 3개의 저항이 정상적으로 연결되어 있다면 전체 저항은 얼마일까?

(b) 전체 저항을 측정하여 정상 저항값(10Ω)이 지시하지 않는다면 회로 저항에 결함이 발생한 것으로 판단한다.

(c) **그림 10.1**의 Ⓐ 회로에서와 같이 회로가 개방(open)되어 있을 때 전체 저항은 15Ω이 측정된다. 이를 계산식으로 표현할 수 있다.

(d) 저항 R3의 결함은 저항의 내부 결함이 있거나, 연결부분의 납땜이 불량상태일 가능성 등이다.

(5) **그림 10.1**의 Ⓑ 회로에서와 같이 전압을 측정할 때는 부품과 멀티미터를 병렬로 연

결한다.

(a) 전압 측정은 반드시 직류 또는 교류를 구분하여 측정하고, 기기를 보호하기 위해 큰 범위에서부터 작은 범위로 선택한다.

(b) 회로와 직렬로 연결된 저항의 내부 파손 및 연결부분의 불완전한 접촉 등으로 결함이 있으면 저항값은 측정되지 않는다.

(c) 결함이 있어 저항이 개방(open)된 상태라도 양단에 전압을 측정하면 공급된 전압이 전압계(V1)에 지시할 것이다.

(d) 이는 전압계 내부저항(shunt resistor)이 공급 전압과 병렬로 연결되어 있기 때문이다.

(e) 전압계 V1이 연결된 상태에서는 미세한 전류가 흘러 전등은 약하게 켜진다.

(f) 전압계 V1을 회로에서 분리하면 저항이 개방되어 회로에 전류가 흐르지 않아(I=0) 전등은 꺼지고(OFF), 전압계 V2는 영(zero)을 지시할 것이다.

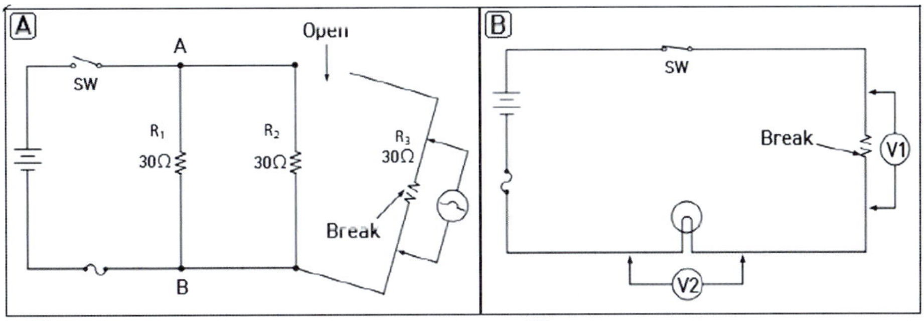

A opening a branch circuit to obtain an accurate ohommeter reading

B voltmeter across a resister in an open circuit

▲ 그림 10.1 개방회로(Open circuit) 판단

10.2. 단락회로(Short Circuit)

A. 실습 개요

(1) 단락회로 측정 및 고장탐구 방법에 대해 학습한다.

B. 관련 지식

(1) 단락회로는 저항이 영(zero)임을 나타낸다.

C. 자료 · 재료

(1) 단락회로도

(2) 만능 기판 및 납땜 도구(soldering kit)

D. 기기(공구 · 장비)

(1) 멀티미터

E. 학습

(1) 단락회로(short circuit)의 저항 및 전압을 측정하고 고장탐구 방법에 대해 학습하여 익힌다.

(2) **그림 10.2** 를 참조하여 기판에 회로를 만든다. 전원은 가변이다. 전기회로에서 멀티미터를 이용하여 특정지점의 저항 및 전압을 측정하여 회로의 정상 여부를 판단한다.

(3) **그림 10.2**의 Ⓐ 회로는 저항이 직렬로 연결되어 있다.

(4) 저항을 측정할 때는 전원을 차단한다(SW "OFF").

(a) R2 저항이 10Ω이라면, 4개의 직렬저항이 정상적으로 연결된 전체 저항은 얼마일까? 계산식으로 계산할 수 있다.

(b) 정상적인 상태라면 퓨즈(fuse)의 정격을 계산할 수 있다.

(c) **그림 10.2**의 Ⓐ 회로에서와 같이 회로가 단락(short)되어 있을 때 전체 저항은 100Ω이 측정된다. 전체 저항 측정은 저항 R1 앞부분과 저항 R4 뒷부분에 접촉시킨다. 측정된 값과 계산된 값을 비교할 수 있다.

(d) 저항 R2가 단락(short)되면 R2의 저항은 영(zero)이 된다. 결함은 저항 내부의 결함이 있거나, 연결 부분에 납땜이 제대로 안 되어 있을 가능성이 있다.

(5) **그림 10.2**의 Ⓑ 회로는 저항의 상태는 전압계를 이용하여 정상 여부를 판별할 수 있다.

(a) 전압 측정은 반드시 직류 또는 교류를 구분하고, 기기를 보호하기 위해 범위가 큰 부분부터 작은 부분으로 선택한다.

(b) 저항에 걸리는 전압을 측정할 때는 **그림 10.2**의 Ⓑ 회로와 같이 전압계를 저항에 병렬로 연결한다.

(c) 저항이 영(R=0)이 되기 때문에 단락된 저항의 양단을 측정한 전압은 옴의 법칙(V=RI)에 따라 영(V2=0)이 될 것이다.

(d) 단락되지 않은 저항에 걸리는 전압은 저항의 크기에 따라 변화량이 측정된다.

(e) 각 저항에 측정된 전압의 합은 공급되는 전압과 같아야 한다. 이를 키르히호프의 전압 법칙이라 하며, 실습을 통해 이해할 수 있다.

(f) 전류를 측정할 때는 전류계를 회로에 직렬로 연결한다.

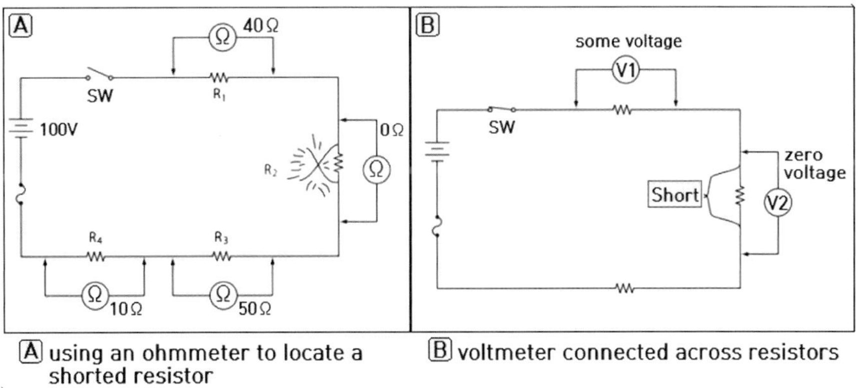

A using an ohmmeter to locate a shorted resistor
B voltmeter connected across resistors

▲ **그림 10.2** 단락회로(Short circuit) 판단

11. 축전지(Storage Battery)

11.1. 축전지 유지관리 및 취급

A. 실습 개요

(1) 항공기 축전지 유지관리 및 취급 방법에 대해 학습한다.

B. 관련 지식

(1) 축전지 검사 및 유지관리 절차는 화학 기술의 유형과 물리적 구성의 유형에 따라 달라진다.

(2) 축전지 관리기록부를 유지한다. 기록부는 제조업체의 승인 절차에 따른다.

C. 자료 · 재료

(1) 베이킹소다 및 석유 젤리

(2) 마른 천

(3) 사포, 와이어 브러시

D. 기기(공구 · 장비)

(1) 축전지(C-172): 황산 · 납 배터리(Lead-acid Battery)

(2) 멀티미터

(3) 비중계

(4) 온도계

E. 학습

(1) 축전지 유지관리 및 취급 방법에 대해 학습하여 익힌다(그림 11.1).

(2) 축전지 세척

(a) 축전지 장탈/장착을 참조하여 축전지를 장탈한다.

(b) 세척액이 셀 안으로 들어가지 않도록 축전지 셀 주입구 뚜껑을 조인다.

(c) 축전지 케이블 끝, 축전지 단자와 축전지 표면을 중탄산염(베이킹소다)과 물로 적신 깨끗한 천을 사용하여 세척한다.

(d) 맑은 물로 헹군다.

(e) 마른 천을 사용하여 물을 닦아내고 축전지를 건조시킨다.

(f) 사포나 와이어 브러시로 케이블 끝과 축전지 단자를 연마한다.

(g) 축전지 장탈/장착을 참조하여 축전지를 장착한다.

(h) 축전지 단자에 석유 젤리 또는 점화 스프레이 제품을 도포하여 부식을 방지한다.

(3) 축전지 성능 유지관리

(a) 축전지 전해질의 비중(순수 중량 대비 전해질의 중량)은 비중계를 사용하여 결정한다.

(b) 축전지 셀 간에 0.050 이상의 비중 차가 나타나면, 축전지의 수명이 끝나고 있으므로 교체를 고려해야 하며, 전해액 레벨은 증류수를 첨가하여 조절한다.

(c) 축전지 충전 상태는 축전지 충·방전의 누적 효과에 따라 결정된다. 항공기 전기 충전 시스템에서는 직류 발전기 또는 교류 발전기를 사용하여 1시간~1시간 반 비행 동안 축전지를 최대 충전 상태로 복원할 수 있다.

(d) 축전지 계통의 상태는 물리적 손상이 없을 뿐만 아니라 올바르게 설치되고 축전지가 전기계통에 올바르게 연결되었는지 확인한다. 항상 특정 항공기별 승인된 절차에 따라 축전지 시스템이 성능을 제공할 수 있는지 확인한다.

(e) 특정 성능 데이터에 대해서는 제작사 정비 매뉴얼에 따른다.

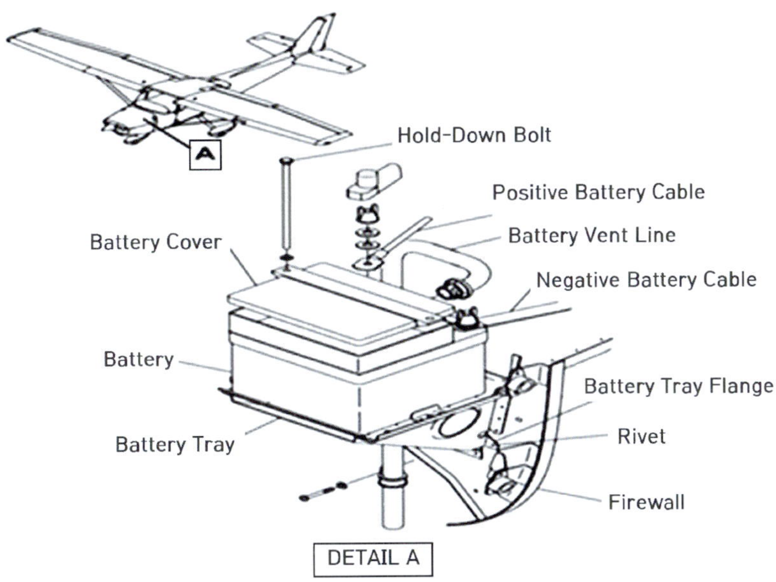

▲그림 11.1 C-172 축전지 장착 위치

11.2 축전지 장탈 및 장착

A. 실습 개요

(1) 항공기 축전지(battery)의 장탈 및 장착 방법에 대해 학습한다.

B. 관련 지식

(1) 항공기에 설치하기 전에 축전지 외부 표면을 세척하고, 물로 완전히 씻어 건조한다.

(2) 축전지를 장탈할 시는 음극(−) 케이블 단자를 먼저 분리한 다음, 양극(+) 케이블 단자를 분리하고, 장착 시에는 양극 케이블 단자를 먼저 연결하고 음극 케이블 단자를 연결한다.

(3) 황산납 축전지를 Ni-Cd 축전지로 교체하는 경우, 축전지 온도 또는 전류를 알 수 있도록 한다.

C. 자료 · 재료

(1) 항공기(C-172) 축전지

D. 기기(공구 · 장비)

(1) 항공기

(2) 멀티미터

(3) 장갑

(4) 보안경

E. 학습

(1) 축전지(battery) 장탈 및 장착 방법에 대해 학습하여 익힌다(그림 11.1, 11.2).

(2) 항공기에 축전지를 장탈, 장착작업 시 유의사항

(a) 실수로 축전지 단자가 단락되지 않도록 한다.

(b) 높은 전기 에너지의 방전 때문에 항공기 구조(프레임, 기체 표면 및 기타 서브시스템, 항공전자, 와이어, 연료 등)에 심각한 손상이 발생할 수 있다.

(c) 일반적으로 이들 상황은 설치 과정 동안에 축전지 단자를 절연함으로써 피할 수 있다.

(d) 축전지 제거 시에는 반드시 접지 라인(음극선)을 먼저 분리한 다음 양극 리드를 분리한다.

(e) 축전지 장착의 경우에는 "양극 리드"와 기체 외의 단락 위험을 최소화하기 위해 축전지의 접지 라인을 마지막으로 연결한다.

(f) 축전지 상자 또는 축전지 실을 중화시킨다.

(g) 축전지 고정 장치가 단단히 고정되어 있는지 확인한다. 단, 축전지가 버클에 걸려 축전지 내부 단락이 발생할 수 있는 과도한 압력을 가할 정도로 무리하게 조여서는 안 된다.

(h) 신속 분리 커넥터(quick disconnect)가 장착되지 않은 유형의 축전지는 항공기 배선이 극성에 맞게 축전지 단자에 연결을 확인한다.

(i) 전기 시스템의 역극성은 축전지 및 기타 전기 구성요소에 심각한 손상을 발생시킨다.

(j) 축전지 케이블 연결부가 단단히 조여져 있는지 확인하여 불꽃 튀김현상이 발생하지 않

▲ 그림 11.2 배터리 장착

도록 한다. 헐거우면 접촉저항으로 인한 불꽃 튀김 현상(arcing)이 발생한다.

(3) 축전지 장탈

(a) 양극 단자 커버의 타이 스트랩을 절단한다.

(b) 음극 축전지 케이블을 분리한다.

(c) 양극 축전지 케이블을 분리한다.

(d) 호스 클램프에서 축전지 벤트 라인을 분리한다.

(e) 축전지 고정 볼트와 와셔를 장탈한다.

(f) 축전지에서 냉각 에어 플로우 커버를 장탈한다.

(g) 비행기에서 축전지를 장탈한다.

(4) 축전지 장착

(a) 축전지를 축전지 트레이에 놓는다.

(b) 홀드다운 볼트를 사용하여 홀드다운 가죽끈을 축전지에 설치한다.

(c) 고정 가죽끈의 손상을 피하기 위해 고정 볼트를 무리하게 조이지 않는다.

(d) 고정 볼트를 10in lb(1.13 N.m)로 조인다.

(e) 축전지 벤트 라인을 호스 클램프로 연결한다.

(f) 양극 축전지 케이블을 먼저 연결한 다음 음극선을 연결한다.

(g) 양극의 축전지 단자 커버를 장착한다.

(h) 단자 커버에 타이 스트랩을 부착한다.

(i) 음극 축전지 케이블을 연결한다.

11.3. 전해액 비중 측정

A. 실습 개요

(1) 황산납 축전지(lead-acid battery) 전해액 비중 측정 방법에 대해 학습한다.

B. 관련 지식

(1) 납 축전지는 음극(−)의 납(Pb)과 양극(+)의 과산화 납(PbO_2)으로 구성되어 있으며 전해액은 묽은 황산액(H_2SO_4)이다. 반응은 다음과 같다.

(2) $PbO_2 + Pb + 2H_2SO_4$(충전) $\longleftrightarrow$ $PbSO_4 + PbSO_4 + 2H_2O$(방전)

양극 음극 전해액 황산납 황산납 물

C. 자료 · 재료

(1) 납 축전지(lead-acid battery)

(2) 전해액(H_2SO_4)

(3) 증류수

D. 기기(공구 · 장비)

(1) 충전기

(2) 액체 비중계(hydrometer)

(3) 광학 굴절식(prism type) 비중계

(4) 멀티미터

E. 학습

(1) 황산납 축전지 전해액 비중 측정 방법에 대해 학습하여 익힌다(그림 11.3, 11.4).

(2) 액체 비중계(hydrometer)를 이용하여 각각의 셀마다 전해액의 비중을 측정한다.

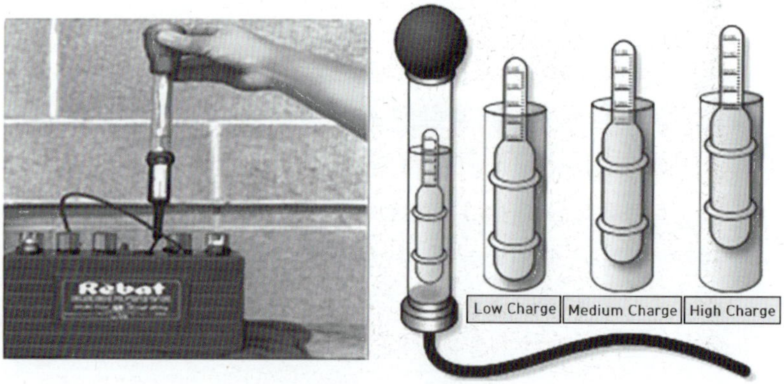

▲그림 11.3 액체 비중계

(3) 전해액은 방전할 때 화학반응에 의해 물(H_2O)이 생성되어 비중이 작아진다. 충전 전, 후의 비중을 측정하여 비교 확인한다.

(4) 축전지의 충 · 방전 상태는 비중을 측정하여 판단한다.

(5) 비중계의 종류는 액체 비중계와 광학 굴절식 비중계가 있다. 액체 비중계는 액체 높이의 숫자를 읽는다.

(6) 전해액 묽은 황산은 온도에 따라 비중이 변하며, 1℃ 변화하는 데 0.0007 변화된다. 비중 측정 시 주위 온도를 항상 염두에 둔다.

(7) 표준온도 20℃에서의 기준으로 환산한다. 환산 공식은 아래와 같다.

$S_{20} = S_t + 0.0007(t - 20)$	S_t = 측정 당시의 비중 t =비중 측정 당시 비중의 온도

예를 들어 측정 온도 27℃ 측정 비중이 1.260일 때의 비중은 공식에 대입하면,

1.260 + 0.0007(27-20) = 1.260 + (0.0007) × 5 = 1.2635이다.

(8) 광학 굴절식 비중계의 구조는 다음과 같다.

(a) 측정하기 전에 영점을 조절하고, 덮개를 열고 프리즘 표면에 증류수 한 두 방울을 묻혀 고르게 분산시켜 햇빛 또는 전등불에 비추며 영점 조절 스크류를 이용하여 조절한다

(b) 선명도 조절 링으로 선명도를 조절한다.

(c) 프리즘 표면을 항상 깨끗하게 유지한다.

(9) 광학식 굴절 비중계를 이용하여 비중을 측정한다.

(10) 측정된 값을 표에 기록한다.

(a) 각 셀 전압을 멀티미터로 측정한다.

(b) 흡입식 비중계를 사용하여 축전지 벤트 밸브(vent valve)를 열고 전해액을 빨아들여 눈금을 읽는다.

(c) 각 셀의 충전 전, 후의 전해액 비중 측정값을 기록한다.

(d) 조치사항 및 특기 사항을 비고란에 기록한다.

(e) 전해액 비중 측정하기 작업을 마무리하고 주변을 정리한다.

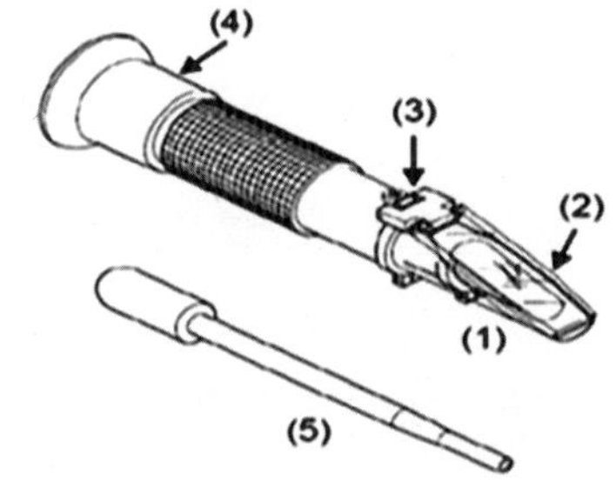

구성품
(1) 프리즘
(2) 덮개
(3) 영점 조절 스크류
(4) 선명도 조절 링
(5) 스포이드

▲ **그림 11.4** 광학굴절식(prizm type) 비중계

셀 번호	셀 전압	충전 전 비중	충전 후 비중	조치 사항
No. 1				
No. 2				
No. 3				
No. 4				
No. 5				
No. 6				
비 고				

12. 교류 발전기(Alternator)

12.1. 교류 발전기 장탈 및 장착

A. 실습 개요

(1) 교류 발전기 장탈 및 장착에 대해 학습한다.

B. 관련 지식

(1) 항공기 교류 발전기(alternator)는 엔진 좌측에 장착되어 있다.

C. 자료 · 재료

(1) C-172 AMM

D. 기기(공구 · 장비)

(1) C-172 항공기

E. 학습

항공기 교류 발전기 장탈, 장착 방법에 대해 학습하여 익힌다(그림 12.1).

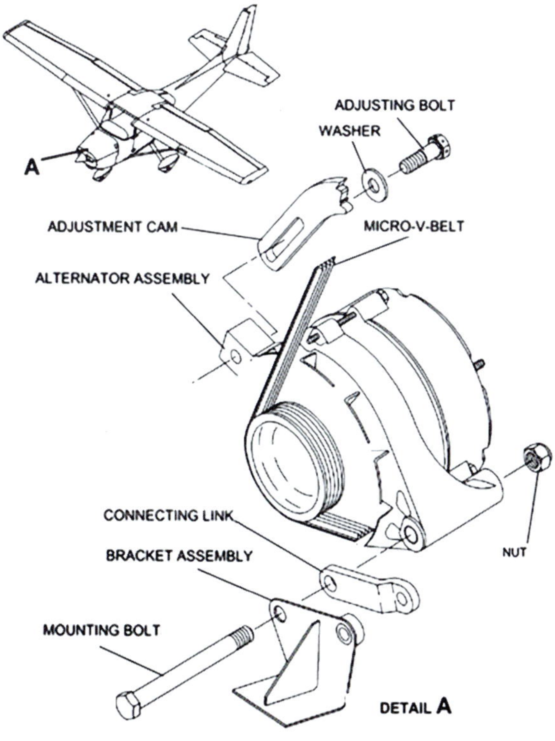

▲그림 12.1 교류발전기(Alternator) 장착

(1) 교류 발전기 장탈

(a) 항공기의 엔진 카울(upper 및 lower cowl)을 장탈한다.

(b) 축전지 케이블(battery cable)을 분리한다.

(c) 교류 발전기로부터 전기 커넥터를 분리한다.

(d) 조절 볼트(adjusting bolt)의 안전결선을 제거하고, 볼트를 푼다.

(e) 장착 볼트(mounting bolt)를 장탈한다.

(f) 발전기를 장탈한다.

(2) 교류 발전기 장착

(a) 마운팅 브래킷(mounting bracket) 위에 놓고, 장착 볼트와 너트를 조이며, 너무 꽉 조이지 않는다.

(b) 발전기 풀리(alternator pulley) 위에 발전기 Micro-V-Belt를 놓는다.

(c) 조절 볼트를 장착한다.

(**주의**: 새로운 발전기 벨트 장력(belt tension)은 발전기에 장착 후 비행시간 10~25시간 도래 시 재점검한다.)

(d) 토크 렌치를 이용하여 너트를 조여서 벨트 장력을 조절한다. 사용하였던 벨트의 장력은 7~9ft-lb이고 신품 벨트의 장력은 11~13ft-lb이다.

(e) 조절 볼트(adjusting bolt)의 토크는 160-185in-lb이고 안전결선한다.

(f) 발전기 장착 볼트(mounting bolt)의 토크는 235~255in-lb이다.

(g) 항공기의 엔진 카울(upper 및 lower cowl)을 장착한다.

2. 통신/항법 계통

1. 통신(Communication) 계통

1.1. 통신계통의 점검 및 검사

A. 실습 개요

(1) 비행기의 한 부분에서 다른 부분으로, 그리고 비행기와 다른 비행기 또는 지상국과의 통신 수단을 제공하는 장치에 대하여 학습한다.

B. 관련 지식

(1) 항공기 제작사는 항공기 계통별 점검 및 검사 항목을 설정하여 제공한다.

C. 자료 · 재료

(1) C-172 AMM

D. 기기(공구 · 장비)

(1) 본딩미터(Bonding meter), 메가옴미터(Megaohm meter)

E. 학습

비행기의 한 부분에서 다른 부분으로, 그리고 비행기와 다른 비행기 또는 지상국과의 통신 수단을 제공하는 장비에 대해 학습하여 익힌다.

(1) 정의

(a) 부품의 장탈과 창착 및 시스템 작동(system operation)과 같은 비행 중 수행할 수 있는 기본 절차를 제공한다.

(2) 이 장은 여러 항목으로 나누어져 있으며, 각 항목에 대한 간략한 설명은 다음과 같다(그림 1.1).

(a) 음성 통신의 수신 및 송신에 사용되는 무선장비(radio equipment)를 보여준다.

(b) 오디오 통합 시스템 항목은 통신 및 항법 수신기의 출력을 조종사와 승객의 헤드폰과 스피커로 전달하는 시스템 부분과 조종사 송신기 마이크의 출력을 통신 송신기로 조절하는 시스템 부분에 대한 사항을 보여준다.

(c) Static discharging 항목은 정전기(static electricity) 방전에 사용되는 static discharger를 사용한다.

▲그림 1.1 통신 계통 장치 C-172(부록 참조)

1.2. NAV/COM Radio 장치

A. 실습 개요

(1) NAV/COM Radio 통신장치에 대한 구성요소의 장탈, 장착에 대해 학습한다.

B. 관련 지식

(1) Dual NAV/COM Radio가 instrument panel에 있다.

(2) Garmin G1000이 장착된 비행기의 경우, Garmin G1000의 주요 부품은 GIA 63 IAU(Integrated Avionics Unit : 통합 항공 전자 장치)이며 tail cone에 장착되어 있다(그림 1.2).

C. 자료 · 재료

(1) C-172 AMM

D. 기기(공구 · 장비)

(1) C-172 항공기

E. 학습

NOTE: 다음 절차는 Garmin G1000이 없는 항공기에 대한 절차이다.

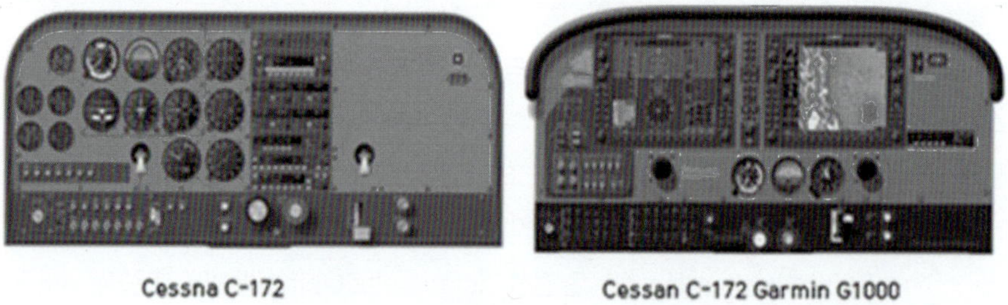

▲그림 1.2 NAV, COM C-172 항공기

CAUTION: KX-155A와 KX-165A NAV/COM 라디오를 interchange(맞교환)하지 않는다. NAV/COM Radio가 손상될 수 있다.

(1) NAV/COM Radio 장치 장탈(그림 1.2a)

(a) MASTER SW를 OFF 위치에 선택한다.

(b) NAV/COM 1 및/또는 NAV/COM 2 회로 차단기(circuit breaker)를 분리(open)한다(그림 1.2b).

(c) NAV/COM 장치 표면에 있는 오목한 장착 나사를 시계 반대 방향으로 돌린다.

(d) NAV/COM 장치를 장착 트레이 밖으로 이동하여 전기 커넥터(Electrical connectors)를 분리한다(PI1000, PI1002 및 PI1004).

(e) 장착 트레이에서 NAV/COM 장치를 장탈한다.

(2) NAV/COM Radio 장치 장착(그림 1.2a)

(a) NAV/COM 장치를 장착 트레이에 넣고 장치를 앞으로 이동시킨다.

(b) 전기 커넥터 (PI1000, PI1002 및 PI1004)를 연결한다.

(c) NAV/COM Unit가 mounting tray에 부착 될 때까지 NAV/COM 장치 face의 오목한(recessed) mounting screw를 시계 방향으로 돌린다.

(d) NAV/COM 1 및 또는 NAV/COM 2 Circuit breaker(회로 차단기를 연결한다.)

(e) MASTER SW를 ON 위치에 선택한다.

(f) NAV/COM SW를 ON 위치에 선택한다.

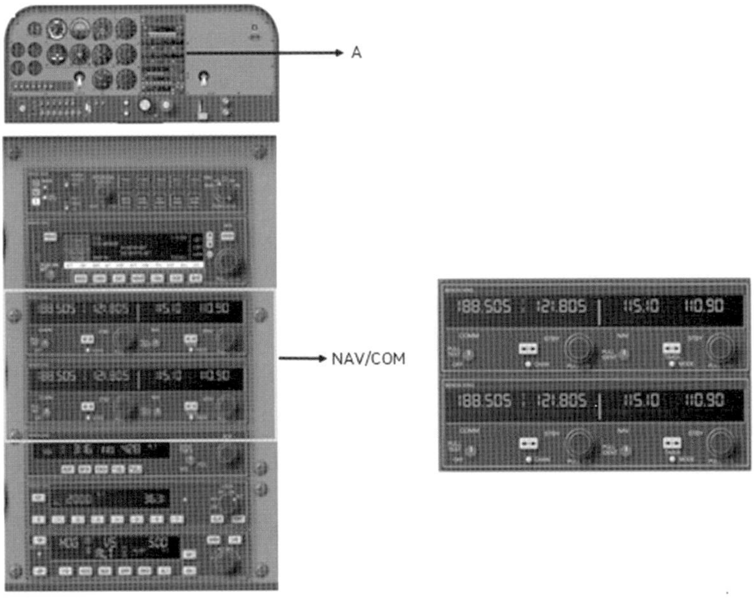

▲ 그림 1.2a NAV, COM C-172 항공기

(g) 올바르게 작동하는지 확인한다.

(h) MASTER와 NAV/COM SW를 OFF 위치에 선택한다.

▲그림 1.2b NAV/COM Circuit breaker C-172 항공기

1.3. VHF(Very High Frequency) 안테나

A. 실습 개요

(1) VHF 통신 안테나에 대한 구성요소의 장탈 및 장착에 대해 학습한다.

B. 관련 지식

(1) Dual NAV/COM radio는 계기판(instrument panel)에 있다.

C. 자료 · 재료

D. 기기(공구 · 장비)

(1) C-172 항공기

E. 학습

(1) VHF 안테나 장탈(그림 1.3)

(a) MASTER SW를 OFF 위치에 선택한다.

(b) VHF 안테나를 동체 upper surface에 부착하는 4개의 스크루(screws)와 와셔(washers)를 장탈한다.

(c) 동체에서 안테나를 당겨 안테나에서 동축 커넥터(coaxial connector)를 분리한다(VHF1의 경우 PC1001, VHF2의 경우 PC1002).

(2) VHF 안테나 장착

(a) 동축 커넥터(coax connector)를 안테나(VHF1의 경우 PC1001, VHF2의 경우 PC1002)에 연결한다.

(b) 4개의 스크루와 와셔로 안테나를 동체의 윗면에 부착한다.

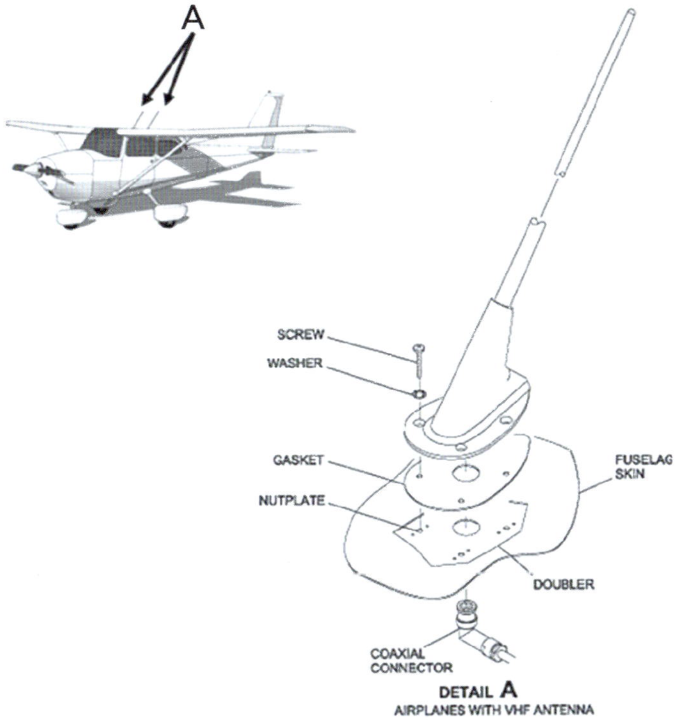

▲그림 1.3 VHF Communication antenna C-172 항공기

1.4. 마이크 스위치(Microphone Switch)

A. 실습 개요

(1) 마이크 스위치에 대한 구성요소의 장탈 및 장착에 대해 학습한다.

B. 관련 지식

(1) 마이크 스위치는 계기판(instrument panel)에 있다.

C. 자료 · 재료

(1) C-172 AMM

(2) Electro Contact Cleaner 03116 또는 동종의 세척제

D. 기기(공구 · 장비)

(1) C-172 항공기

E. 학습

(1) 마이크 스위치 장탈(그림 1.4)

(a) 마이크 스위치(S1)에 부착된 너트(nut)를 푼다.

(b) 조종간에 장식판(escutcheon)을 부착하는 스크루(screw)를 푼다.

(c) 장식판을 들어 올리고 마이크 스위치를 조종간 연결부분을 분리한다.

(2) 마이크 스위치 장착(그림 1.4)

(a) 조종간 연결 부분에 마이크 스위치를 연결한다.

(b) 마이크 스위치를 너트와 함께 장식판에 끼운다.

(c) 장식판을 제 위치에 놓고 스크루를 장식판에 장착한다.

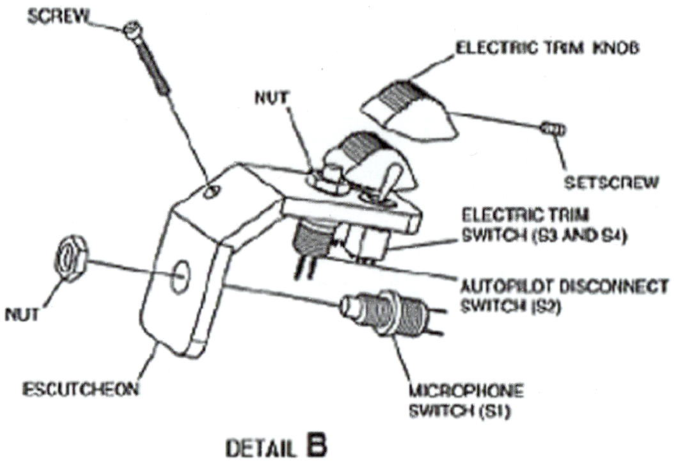

▲**그림 1.4** 마이크 스위치 C-172 항공기

1.5. 마이크 스위치 버튼 청소(Microphone Switch Button Cleaning)

A. 실습 개요

(1) 마이크 스위치 버튼 청소에 대한 절차에 대해 학습한다.

B. 관련 지식

(1) 마이크 스위치는 조종간(control wheel)에 있다.

C. 자료 · 재료

Electro Contact Cleaner 03116 또는 동종의 세척제

D. 기기(공구 · 장비)

(1) C-172 항공기

E. 학습

NOTE: 오일(oil)과 오물이 스위치의 내부 전기 핀(internal electrical contacts)에 묻으면 버튼의 오작동을 초래할 수 있다.

(1) 마이크 스위치 청소(그림 1.4)

(a) 크리닝 스프레이를 충분히 버튼의 가장자리에 뿌려서 스위치에 흡수되도록 한다.

NOTE: 권장하는 핀 클리너는 Electro Contact Cleaner 03116 또는 이와 동등한 제품을 사용한다.

(b) 버튼을 여러 번 눌러 클리너가 스위치의 안쪽까지 들어갔는지 확인한다.

(c) 스위치의 작동 점검(operational check)를 완료한다.

(d) 클리너를 처음 사용한 후에도 버튼이 작동하지 않으면, 클리너를 더 많이 사용한다.

(e) 버튼이 계속해서 잘못 작동하면, 마이크 스위치를 교체한다.

1.6. 정전기 방전장치(Static Discharger)

A. 실습 개요

(1) 정전기 방진 장치 구성요소의 장탈 및 장착에 대해 학습한다.

B. 관련 지식

(1) 정전기 방전장치는 에일론(ailerons), 방향타(rudder) 및 엘리베이터(elevators)의 트레일링 엣지(trailing edges)에 장착된다.

(2) 본딩 스트랩(bonding straps)은 비행 제어 표면(flight control surfaces)에 고정되고 그 표면을 주 구조물에 전기적으로 연결한다.

C. 자료 · 재료

(1) C-172 AMM,

(2) Scotchbrite® 수세미

(3) P-D-680 solvent

D. 기기(공구 · 장비)

(1) C-172 항공기

E. 학습

(1) 정전기 방전장치 장탈(그림 1.5)

(a) 윅(wick · static discharger)을 기체 구조에 부착하는 리벳(rivets)을 드릴로 조심스럽게 떼어낸다. 구멍이 확장되지 않도록 주의한다.

(b) 비행기 표면에서 정전기 방전장치를 제거한다.

(2) 정전기 방전장치 장착

(a) 표면에 정전기 방전장치를 부착할 기체 표면을 깨끗하게 한다.

(b) Scotchbrite® 수세미와 P-D-680 solvent를 사용하여 모든 오염 자국을 제거한다.

(c) 제어 표면(control surfaces)의 균형(Balancing)을 조절한다.

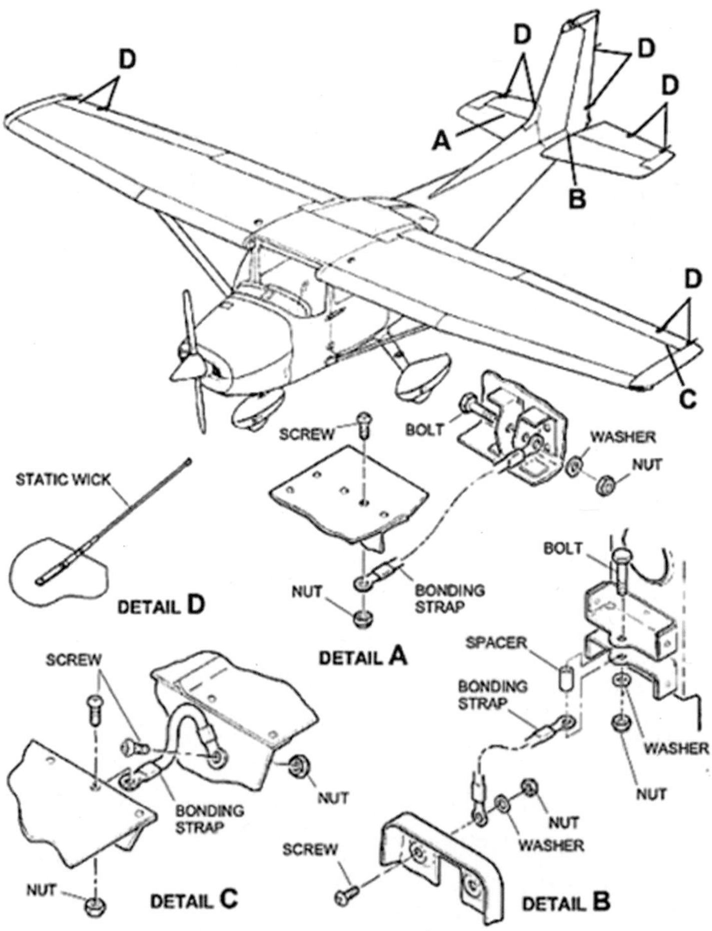

▲ 그림 1.5 static discharger 장착 C-172 항공기

2. 항법(Navigation) 계통

2.1. 항법 계통의 점검 및 검사

A. 실습 개요

(1) 비행기 내비게이션 정보를 제공하는 내비게이션 시스템, 장치 및 구성품에 대하여 학습한다.

B. 관련 지식

(1) 피토 시스템은 램 공기압을 공기 속도 표시기에 공급한다.

(2) 정적 시스템은 수직 속도 표시기, 고도계 및 공기 속도 표시기를 대기압에 연결한다.

(3) 고도계, 수직 및 속도, 기압 표시기, 오토파일럿의 올바른 작동을 위해서는 피토 및 정적 시스템의 올바른 유지 관리가 필수적이다.

C. 자료 · 재료

(1) C-172 AMM

D. 기기(공구 · 장비)

(1) C-172 항공기

E. 학습

(1) 정의

(a) 비행 환경 데이터(Flight Environmental Data) 부분에서는 환경 조건을 감지하고, 데이터를 사용하여 비행기의 항행에 영향을 미치는 시스템에 대해 학습한다.

(b) 자세 및 방향(Attitude and Direction) 부분에서는 자기 자이로스코프 및 관성을 이용하는 시스템에 대해 학습한다.

(c) 종속 위치 결정(Dependent Position Determining) 부분에서는 위치를 결정하기 위한 정보를 제공하는 시스템에 대해 학습한다.

2.2. 피토 튜브(Pitot Tube)

A. 실습 개요

(1) 동적/정적 계통에 대한 구성요소의 장탈 및 장착에 대해 학습한다.

B. 관련 지식(그림 2.1)

(1) 피토 시스템은 램 공기압을 공기 속도 표시기에 공급한다. 정압 시스템은 수직 속도 표시기, 고도계 및 공기 속도 표시기를 대기압에 연결한다.

(2) 고도계, 수직 및 속도, 기압 표시기, 오토파일럿의 올바른 작동을 위해서는 피토 및 정적 시스템의 올바른 유지 관리가 필수적이다.

C. 자료 · 재료

(1) C-172 AMM

D. 기기(공구 · 장비)

(1) C-172 항공기

E. 학습

(1) 피토 튜브(Pitot Tube)의 장탈(그림 2.1a)

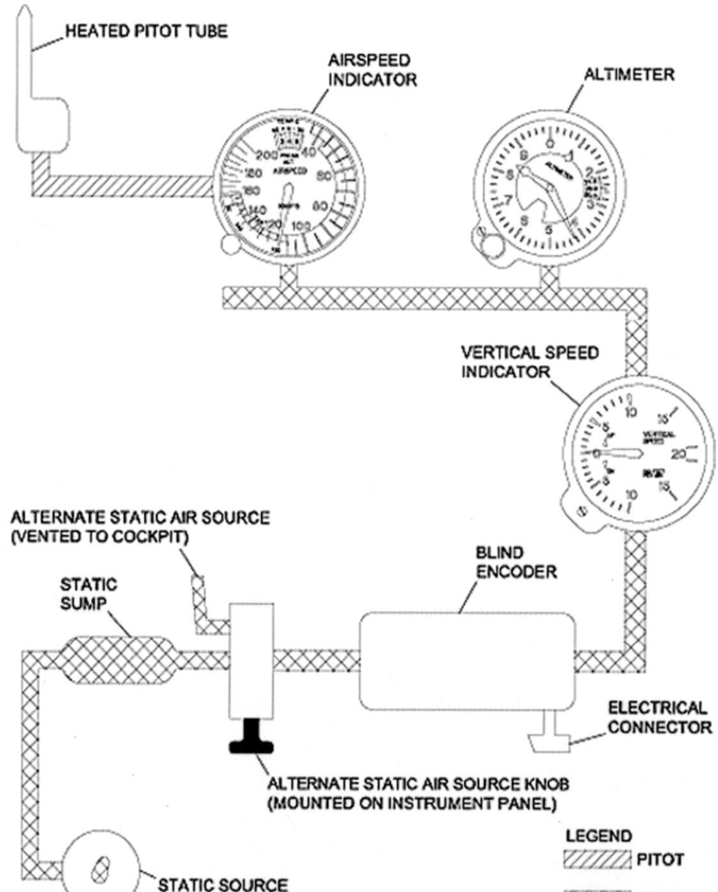

▲ **그림 2.1** Pitot, Static System Schematic C-172 항공기

(a) 날개에 장착 되어 있는 피토 튜브의 나사를 장탈하고 피토 튜브를 장탈한다.

(b) 피토 튜브로부터 램 에어 튜브(ram air tube)를 분리한다.

(c) 피토 히터(pitot heater)와 피토 히터 그라운드(pitot heat ground)에서 전기 커넥터를 분리한다.

(2) 피토 튜브(Pitot Tube)의 장착(그림 2.1a)

CAUTION: 계기(instrument)가 파손될 수 있으므로, 피토 라인을 통해 계기쪽으로 불어서는 안 된다.

CAUTION: 올바른 작동을 위해 피토 튜브 어셈블리를 깨끗하게 유지하고 모든 시스템 계통이 정상적으로 작동하기 위하여 튜브가 막히거나 누설되지 않도록 해야 한다.

(a) 램 에어 튜브를 피토 튜브에 연결한다.

(b) 전기 커넥터를 피토 히터와 피토 히터 그라운드에 연결한다.

(c) 계통에 누설이 있는지 점검한다.

2.3. 피토 튜브 히터(Pitot Tube Heater)

A. 실습 개요

(1) 피토 튜브 히터에 대한 구성요소의 장탈 및 장착에 대해 학습한다.

B. 관련 지식

(1) 외부 공기 흐름의 동압과 정압을 이용하여 항공기 속도 및 고도를 측정하는 장치이다.

C. 자료 · 재료

(1) C-172 AMM

D. 기기(공구 · 장비)

(1) C-172 항공기

E. 학습

(1) 피토 튜브 히터의 장탈(그림 2.1a)

(a) ALT/BATT Master 스위치를 OFF로 선택한다(그림 2.1b).

(b) 피토 튜브로부터 램 에어 튜브(ram air tube)를 분리한다.

(c) 피토 히터(pitot heater)와 피토 히터 그라운드(pitot heat ground)에서 전기 커넥터를 분리한다.

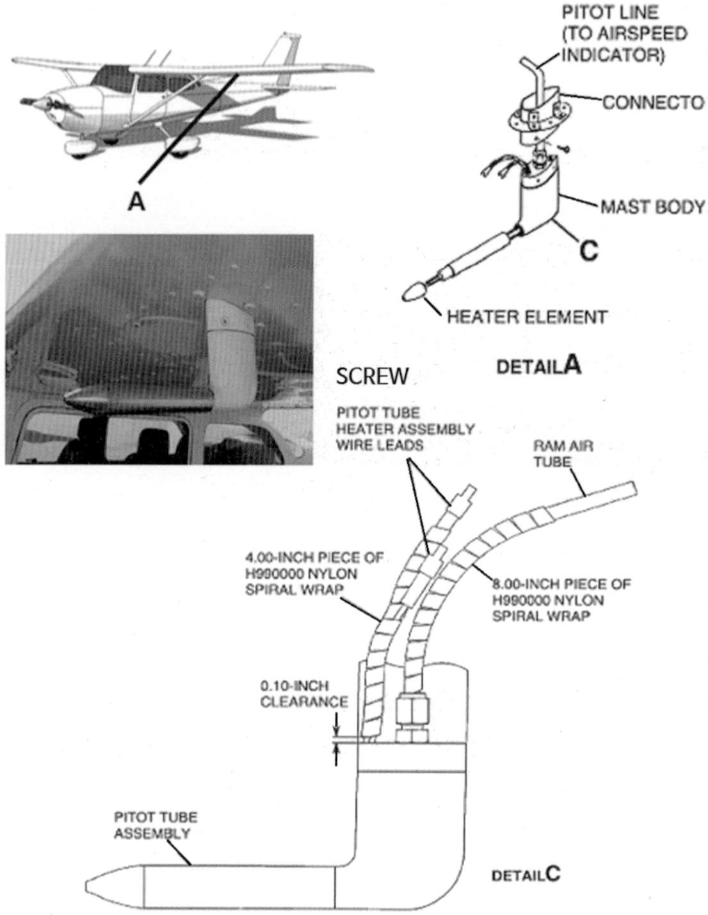

▲ **그림 2.1a** Pitot. Static System 장착 C-172 항공기

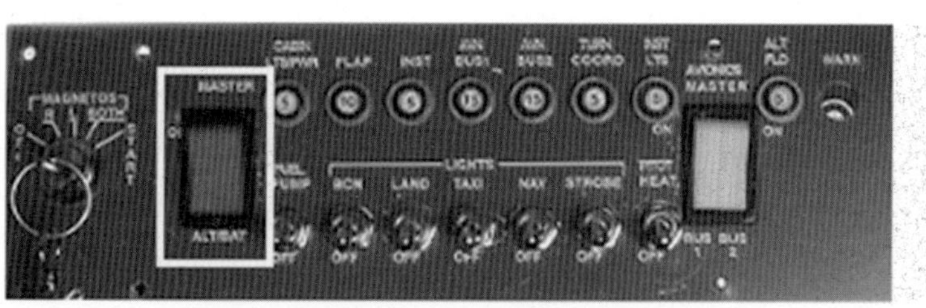

▲ **그림 2.1b** ALT, BATT Master Switch

(2) 피토 튜브(Pitot Tube)의 장착

CAUTION: 계기(instrument)가 파손될 수 있으므로, 피토 라인을 통해 계기쪽으로 불어서는 안 된다.

CAUTION: 올바른 작동을 위해 피토 튜브 어셈블리를 깨끗하게 유지하고 모든 시스템 계통이 정상적으로 작동하기 위하여 튜브가 막히거나 누설되지 않도록 해야 한다.

(a) 램 에어 튜브를 피토 튜브에 연결한다.

(b) 전기 커넥터를 피토 히터와 피토 히터 그라운드에 연결한다.

(c) 계통에 누설이 있는지 점검한다.

2.4. 외기 온도 측정 프로브(OAT probe, Outside Air Temperature probe)

A. 실습 개요

(1) 외부 온도 표시기에 대한 구성요소의 장탈 및 장착에 대해 학습한다.

B. 관련 지식

(1) 외부 공기 온도 계기는 조종석 장착형 표시기에 연결된 원격 장착형 프로브를 사용하여 측정된다.

(2) 계기는 계기판의 왼쪽 상단에 장착되어 있다(그림 2.2).

C. 자료 · 재료

(1) C-172 AMM

D. 기기(공구 · 장비)

(1) C-172 항공기

E. 학습

(1) OAT 프로브의 장탈

▲ **그림 2.2** OAT 계기 C-172 항공기

(a) 객실 내부에서 오버헤드 콘솔(Overhead console)을 장탈한다(그림 2.2).

(b) 기체 외부에서 프로브를 고정하는 너트를 장탈한다(그림 2.2a).

(c) 객실 내부에서 probe를 당겨서 빼내라.

(d) OAT/Clock 계기의 뒷면에서 전기 커넥터를 분리한다.

(e) 전기 커넥터에서 프로브 핀들을 장탈한다.

(2) OAT 프로브의 장착

(a) 새로운 프로브 끝에 새로운 터미널 핀을 장착한다.

(b) 터미널 핀을 전기 커넥터에 장착한다.

(c) 전기 커넥터를 OAT/Clock 계기의 뒷면에 다시 연결한다.

(d) 객실 내부에서 프로브를 위쪽 외피를 통하여 삽입한다.

(e) 기체 외부에서 와셔와 육각 너트를 프로브에 장착한다.

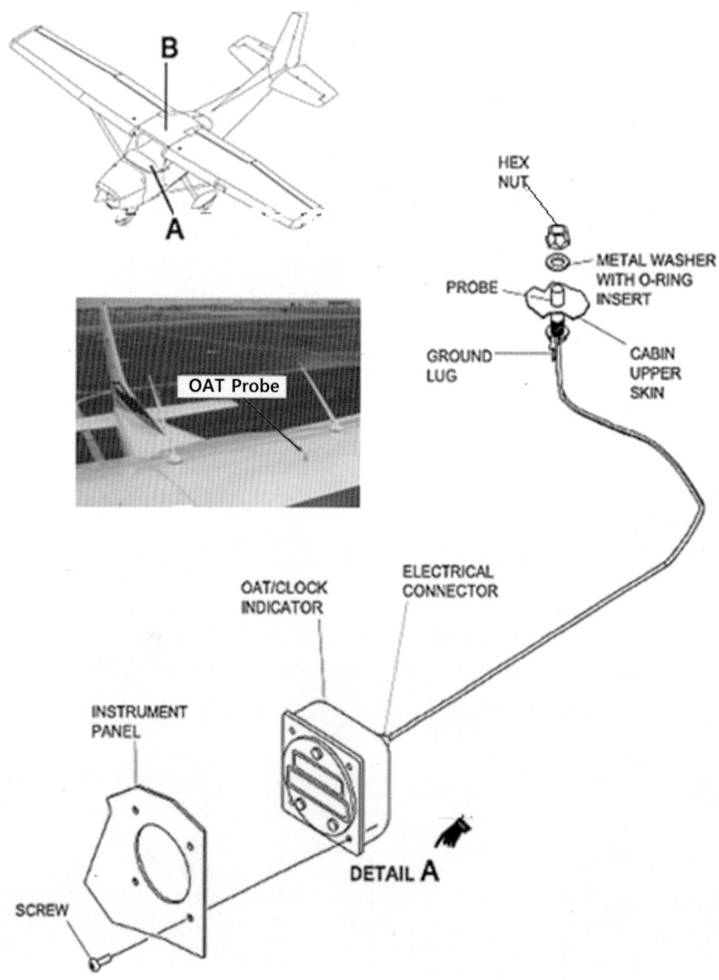

▲ 그림 2.2a OAT 계통 장착

(f) 객실 내부의 인테리어 판넬과 오버헤드 콘솔을 다시 장착한다.

2.5. OAT 계기(OAT Indicator)

A. 실습 개요

(1) OAT(Out Side Air Temperature) 계기에 대한 구성요소의 장탈 및 장착에 대해 학습한다.

B. 관련 지식

(1) OAT 계기의 장탈 및 장착 절차에 대하여 학습한다.

(2) Digital clock 계기는 계기판 좌측 상부에 있으며 한 개의 계기에서 시계, 전압, OAT 지시를 선택할 수 있다.

C. 자료 · 재료

(1) C-172 AMM

D. 기기(공구 · 장비)

(1) C-172 항공기

E. 학습

(1) OAT 계기의 장탈(그림 2.2a)

(a) 엔진실 Fire wall에 부착된 전원 접속 상자에서 clock fuse를 장탈한다(그림 2.2d).

(b) 계기 판넬을 장탈한다.

(c) OAT 계기에서 전기 커넥터를 장탈한다.

(2) OAT 계기의 장착(그림 2.2b, 2.2c)

(a) 나사를 사용하여 OAT 계기를 계기 판넬에 고정한다.

(b) 전기 커넥터를 OAT 계기의 뒷면에 연결한다.

(c) 계기 판넬을 다시 장착한다.

(d) 휴즈(fuse) 전원 접속 상자에 다시 장착한다.

(e) 작동 점검을 수행한다.

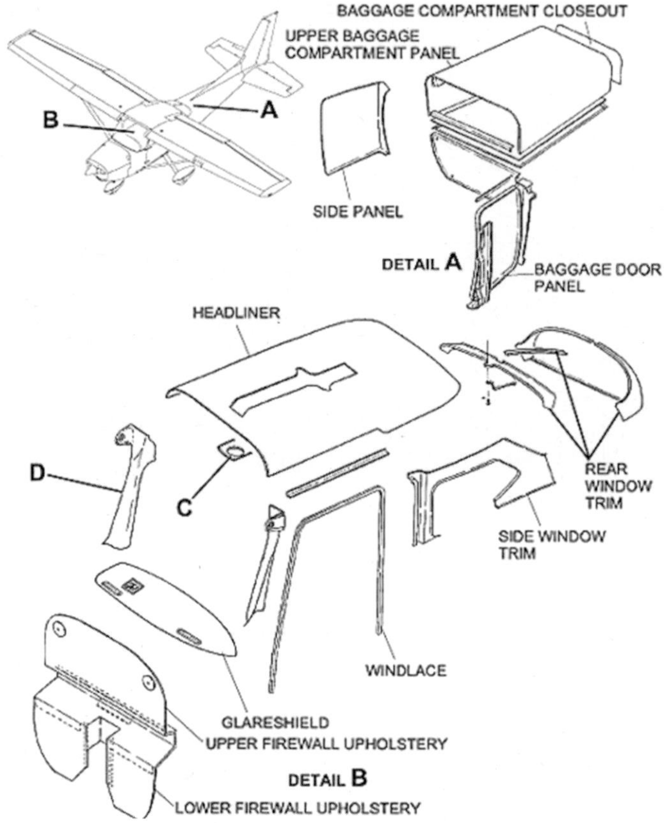

▲ 그림 2.2b Outside Air Temperature계통 장착

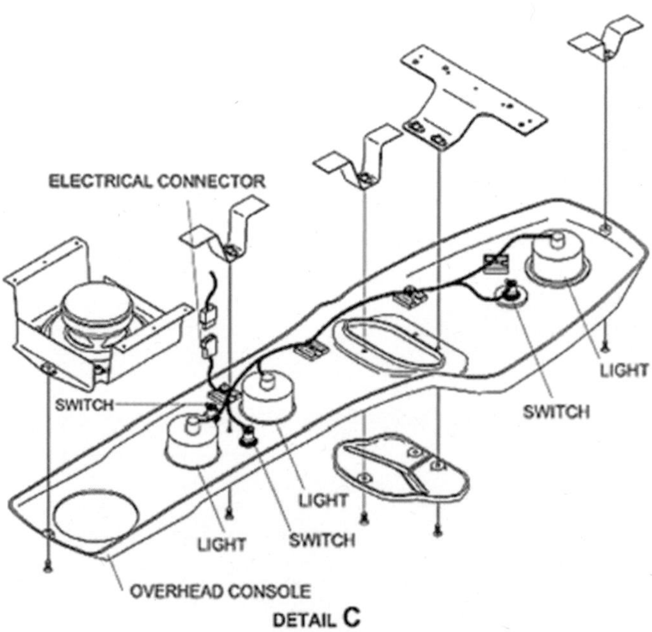

▲ 그림 2.2c OAT 계통 장착

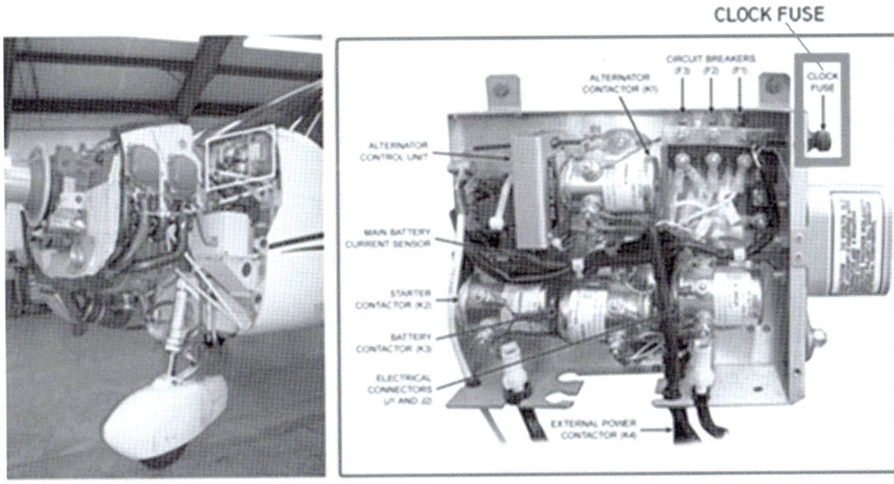

▲ **그림 2.2d** Power Junction Box C-172 항공기

2.6. 수평 자이로(Horizon Gyro)

A. 실습 개요

(1) 자이로 계기에 대한 구성요소의 장탈 및 장착에 대해 학습한다.

B. 관련 지식(그림 2.3)

(1) 항공기에서는 3개의 자이로 계기가 자세(attitude)와 방향(direction)을 보여준다.

(2) 계기는 조종사 계기 판넬에 있다.

(3) 계기에는 수평 자이로(horizon gyro), 방향 자이로(directional gyro), 및 선회 조정계(turn coordinator)가 포함된다.

(2) 자이로 로터(gyro rotor)는 system의 진공이 제거 된 후 약 15분 동안 계속 회전(spin)할 수 있다.

CAUTION: 자이로 계기는 매우 민감(sensitive)하므로 계기를 움직이거나 만질 때 조심하지 않으면, 내부 베어링이 손상될 수 있다.

CAUTION: 자이로가 손상되지 않도록, 전원 또는 진공 압력이 제거되고 나서 자이로 로터가 정지하기 전에 자이로를 움직이지 말아야 한다.

CAUTION: 전기 또는 진공 압력이 제거된 후 약 15분 동안 자이로 로터는 완전히 정지하지 않는다.

CAUTION: 판넬이나 계기를 흔들거나 진동 또는 충격을 주지 않도록 한다.

C. 자료 · 재료

(1) C-172 AMM

D. 기기(공구 · 장비)

(1) C-172 항공기

E. 학습

(1) 수평 자이로(Horizon Gyro)의 장탈(그림 2.3a)

▲ 그림 2.3 자이로 계기

CAUTION: 계기를 움직이기 전에 자이로 로터가 완전히 멈추었는지 확인한다. 전기 또는 진공이 제거 된 후 약 15분 동안 자이로 로터는 정지하지 않는다. 자이로 로터가 정지하기 전에 계기가 움직이면 계기가 손상된다.

CAUTION: 딱딱한 바닥에 두드리거나 흔들면 안 된다. 자이로 계기와 단단한 표면 사이에 부드러운 재료를 사용한다.

(a) master switch와 avionics switch를 off 위치에 놓는다.

(b) 중앙 계기 판넬에서 나사를 제거하여 계기 뒷면에 접근한다.

(c) 계기에 붙어있는 3개의 호스에 라벨(label)을 붙인다.

(d) 클램프(clamps)를 풀고 계기에서 호스를 장탈한다.

(e) 계기에서 전기 커넥터를 분리한다.

(f) 전기 커넥터에 커넥터 캡을 끼운다.

(g) 계기를 계기 판넬에 부착하는 나사를 제거한다.

(h) 계기를 장탈한다.

(2) 수평 자이로(Horizon Gyro)의 장착

CAUTION: 비행기에 장착할 준비가 될 때까지 계기를 배송된 박스에서 꺼내지 말아야 한다. 이것은 실수로 자이로가 손상될 가능성을 최소화한다.

(a) 나사를 사용하여 중앙 계기 판넬에 계기를 부착한다.

(b) 계기가 판넬에 수평으로 설치되어 있는지 확인한다.

(c) 포트에서 플러그를 제거하고 전기 커넥터에서 캡을 장탈한다.

(d) 진공 라인(vacuum lines) 과 스테틱 라인(static lines)에 꼬임이 없는지 확인한다.

(e) 해당 호스를 계기에 연결하고 클램프를 조인다.

(f) 계기 커넥터를 계기에 연결합니다.

(g) 중앙 계기 판넬을 스크루로 부착 후 조인다.

(h) master switch와 avionics switch를 on 위치에 놓는다.

(i) 계기의 작동 확인을 수행하여 올바르게 작동하는지 확인한다.

2.7. 방향 자이로(Directional Gyro)

A. 실습 개요

(1) 방향 자이로 계기에 대한 구성요소의 장탈 및 장착에 대해 학습한다.

B. 관련 지식

(1) 방향 자이로 로터는 시스템에서 제거된 후 약 15분 동안 계속 회전할 수 있다.

C. 자료 · 재료

(1) C-172 AMM

D. 기기(공구 · 장비)

(1) C-172 항공기

E. 학습

(1) 방향 자이로(Directional Gyro)의 장탈(그림 2.3a)

CAUTION: 계기를 움직이기 전에 자이로 로터가 완전히 멈추었는지 확인한다. 자이로 로터가 정지하기 전에 계기가 움직이면 계기가 손상될 수 있다.

CAUTION: 딱딱한 바닥에 두드리거나, 흔들거나 하지 마십시오.

CAUTION: 계기를 조심스럽게 움직이지 않으면 계기가 손상될 수 있다.

(a) master switch와 avionics switch를 off 위치에 놓는다.

(b) 중앙 계기 판넬에서 나사를 제거하여 계기 뒷면에 접근한다.

(c) 계기에 붙어있는 2개의 호스에 라벨(label)을 붙인다.

(d) 클램프(clamps)를 풀고 계기에서 호스를 장탈한다.

(e) 계기에서 전기 커넥터를 분리한다.

(f) 전기 커넥터에 커넥터 캡을 끼운다.

(g) 계기를 중앙 계기 판넬에서 계기 나사를 제거한다.

(h) 계기를 장탈한다.

(2) 수평 자이로(Horizon Gyro)의 장착

CAUTION: 비행기에 장착할 준비가 될 때까지 계기를 배송된 박스에서 꺼내지 말아야 한다. 이것은 실수로 자이로가 손상될 가능성을 최소화한다.

CAUTION: 비행기에 장착하기 전에 계기에서 모든 플러그를 제거한다.

(a) 나사를 사용하여 중앙 계기 판넬에 계기를 부착한다.

(b) 포트에서 플러그를 제거하고 전기 커넥터에서 캡을 장탈한다.

(c) 계기에 해당 호스를 계기에 연결하고 클램프를 조인다.

(d) 계기에 전기 커넥터와 계기 커넥터를 연결한다.

(e) 중앙 계기 판넬을 스크루로 부착한다.

(f) master switch와 avionics switch를 on 위치에 놓는다.

(g) 계기의 작동 확인을 수행하여 올바르게 작동하는지 확인한다.

2.8. 선회 조정계(Turn Coordinator)

A. 실습 개요

(1) 선회조정 계기에 대한 구성요소의 장탈 및 장착에 대해 학습한다.

B. 관련 지식

C. 자료 · 재료

(1) C-172 AMM

D. 기기(공구 · 장비)

(1) C-172 항공기

E. 학습

(1) 선회 조정계(Turn Coordinator)의 장탈(그림 2.3a)

CAUTION: 계기를 움직이기 전에 자이로 로터가 완전히 멈추었는지 확인한다. 자이로 로터가 정지하기 전에 계기가 움직이면 계기가 손상될 수 있다.

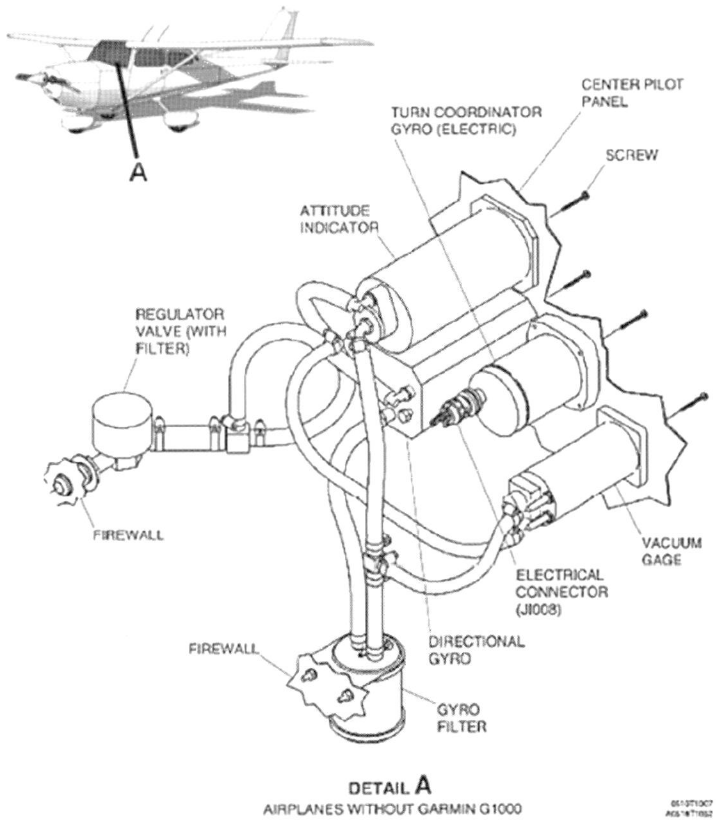

▲ 그림 2.3a Attitude and Direction Instrument 장착

CAUTION: 딱딱한 바닥에 두드리거나 흔들면 안 된다.

CAUTION: 계기를 조심스럽게 움직이지 않으면 계기가 손상될 수 있다.

(a) master switch와 avionics switch를 off 위치에 놓는다.

(b) 중앙 계기 판넬에서 나사를 제거하여 계기 뒷면에 접근한다.

(c) 계기 커넥터와 전기 커넥터를 계기에서 분리한다.

(d) 계기 커넥터와 전기 커넥터에 커넥터 캡을 끼운다.

(e) 계기를 중앙 계기 판넬에서 계기 나사를 제거한다.

(f) 계기를 장탈한다.

(2) 선회 조정계(Turn Coordinator)의 장착(그림 2.3a)

CAUTION: 비행기에 장착할 준비가 될 때까지 계기를 배송된 박스에서 꺼내지 말아야 한다. 이것은 실수로 인하여 자이로가 손상될 가능성을 최소화한다.

CAUTION: 비행기에 장착하기 전에 계기에서 모든 플러그를 제거한다.

(a) 나사를 사용하여 중앙 계기 판넬에 계기를 부착한다.

(b) 새로운 계기와 전기 커넥터에서 캡을 제거한다.

(c) 계기에 전기 커넥터와 계기 커넥터를 연결한다.

(d) 중앙 계기 판넬을 스크루로 부착한다.

(e) master switch와 avionics switch를 on 위치에 놓는다.

(f) autopilot roll null을 설정한다(자동 조종 장치가 설치된 경우).

(g) 계기의 작동 확인을 수행하여 올바르게 작동하는지 확인한다.

2.9. 마커 비콘 안테나(Marker Beacon Antenna)

A. 실습 개요

(1) 마커비콘(marker beacon) 안테나에 대한 구성요소의 장탈 및 장착에 대해 학습한다.

B. 관련 지식

C. 자료 · 재료

(1) C-172 AMM

D. 기기(공구 · 장비)

(1) C-172 항공기

E. 학습

(1) 마커비콘 안테나의 장탈(그림 2.4a)

(a) master switch와 avionics switch를 off 위치에 놓는다.

(b) 수화물 칸 하부 접근 판넬을 장탈힌다.

(c) 마커비콘 안테나에 접근하기 위해 후방 바닥 판넬을 장탈한다.

(d) 동축 케이블(coaxial cable)을 안테나에서 분리한다.

(f) 안테나를 동체 바닥에 부착하는 스크루를 장탈한다.

(2) 마커비콘 안테나의 장착

(a) 마커비콘 안테나를 동체 하단의 위치에 놓는다.

(b) screws로 안테나를 부착한다.

(c) 동축 케이블을 안테나에 연결한다.

(d) 비행기 바닥에 플레이트를 장착한다.

(e) 수화물 칸 하부 접근 판넬을 장착한다.

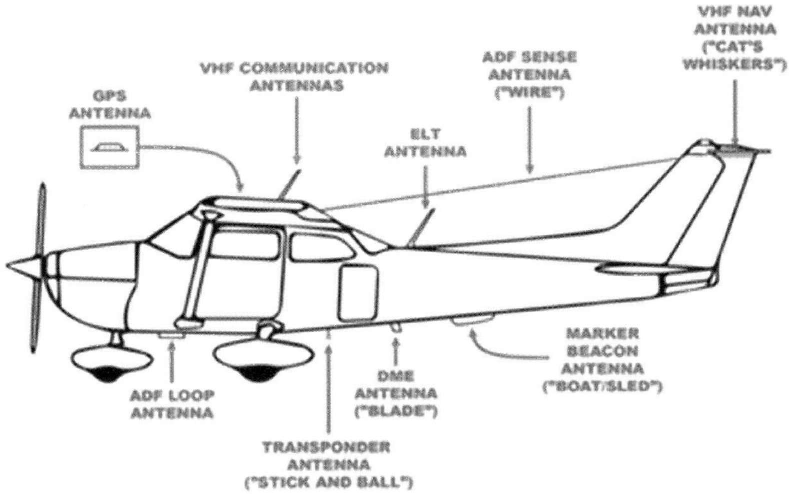

▲ 그림 2.4 안테나

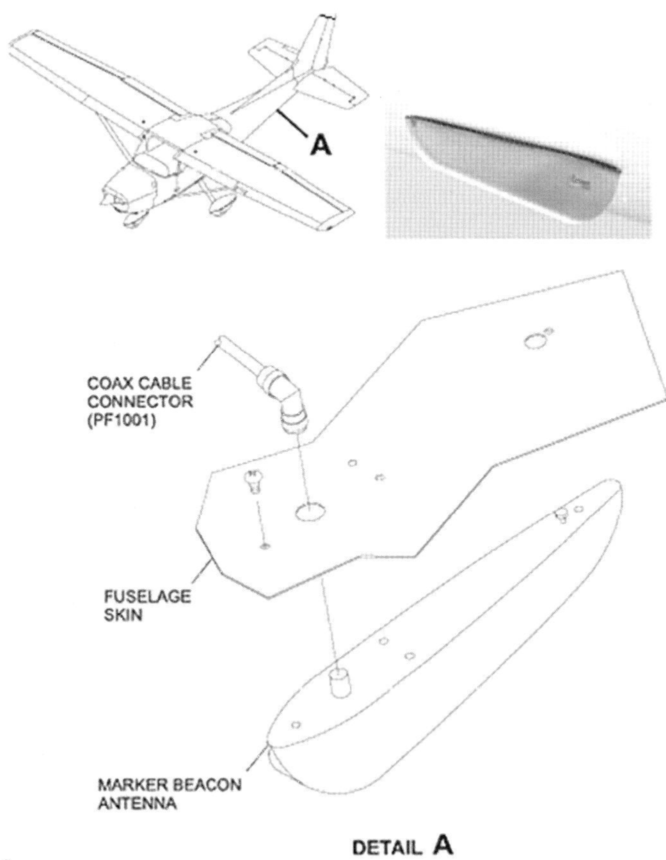

▲ 그림 2.4a 마커비콘 안테나

2.10. 위성항법 시스템 안테나(GPS Antenna·Global Positioning System Antenna)

A. 실습 개요

(1) GPS 안테나에 대한 구성요소의 장탈 및 장착에 대해 학습한다.

B. 관련 지식

(1) GPS 안테나는 일반적으로 통신 안테나와 가까운 객실 위에 장착된다.

C. 자료·재료

(1) C-172 AMM

D. 기기(공구·장비)

(1) C-172 항공기

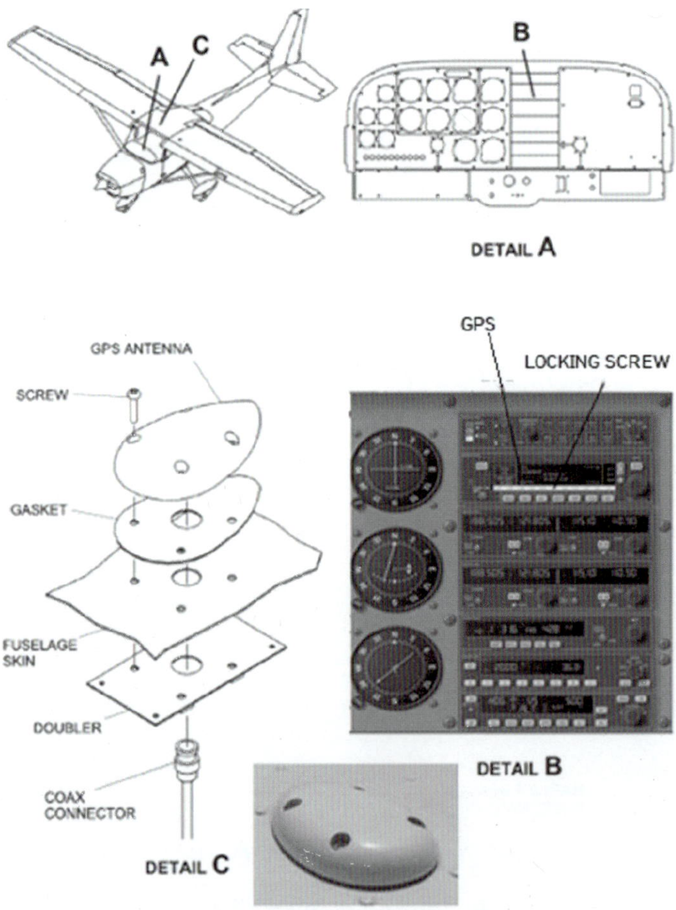

▲그림 2.5 GPS 계통 장착

E. 학습

(1) GPS 안테나의 장탈(그림 2.5)

(a) GPS 안테나를 동체 표면에 고정하는 나사를 제거한다.

(b) GPS 안테나에서 동축 커넥터를 분리한다.

(c) 안테나와 개스킷을 장탈한다.

(2) GPS 안테나의 장착

(a) GPS 안테나 개스킷을 동체 표면의 적절한 위치에 놓는다.

(b) 동축 커넥터를 GPS 안테나에 연결한다.

(c) 나사로 동체 표면에 GPS 안테나를 고정한다.

2.11. 자동 방향 탐지기 안테나(ADF Antenna: Automatic Direction Finder Antenna)

A. 실습 개요

(1) ADF 안테나에 대한 구성요소의 장탈 및 장착에 대해 학습한다.

B. 관련 지식

C. 자료 · 재료

(1) C-172 AMM

D. 기기(공구 · 장비)

(1) C-172 항공기

E. 학습

(1) ADF 안테나의 장탈(그림 2.6)

(a) 비행기의 전원을 제거하고 master switch를 off 위치에 놓는다.

(b) ADF 안테나를 동체 표면에 부착하는 나사를 제거한다.

(c) 안테나 커넥터를 ADF 안테나에서 분리한다.

(d) 안테나와 개스킷을 장탈한다.

(2) ADF 안테나의 장착

(a) 전기 커넥터를 ADF 안테나에 연결한다.

(b) 나사를 사용하여 ADF 안테나를 동체 외피에 부착한다.

2.12. 자동 방향 탐지기 리시버(ADF Automatic Direction Finder Receiver)

A. 실습 개요

(1) ADF 리시버에 대한 구성요소의 장탈 및 장착에 대해 학습한다.

B. 관련 지식

C. 자료 · 재료

(1) C-172 AMM

D. 기기(공구 · 장비)

(1) C-172 항공기

E. 학습

(1) ADF 리시버의 장탈(그림 2.6)

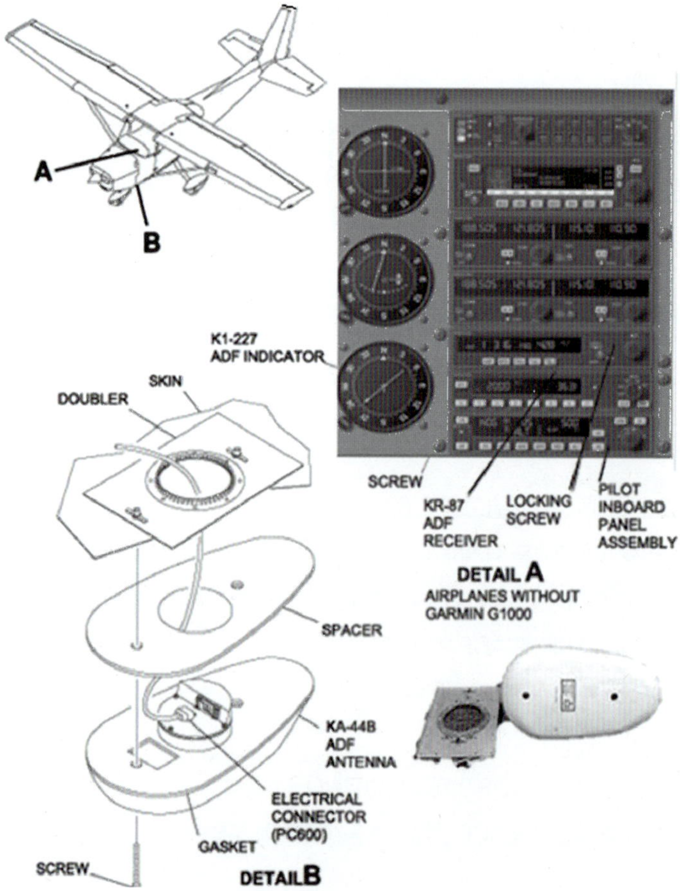

▲ 그림 2.6 ADF 계통 장착

(a) 비행기의 전원을 제거하고 master switch를 off 위치에 놓는다.

(b) 안쪽 조종사 판넬 어셈블리를 장탈한다.

(c) ADF 리시버에서 전기 커넥터를 분리한다.

(d) ADF 리시버를 안쪽 조종사 판넬 어셈블리와 연결되는 나사를 제거한다.

(e) ADF 리시버를 장탈한다.

(2) ADF 리시버의 장착

(a) ADF 리시버를 안쪽 조종사 판넬 어셈블리에 놓고 나사로 부착한다.

(b) 전기 커넥터를 ADF 리시버에 연결한다.

(c) 나사를 이용하여 안쪽 조종사 판넬 어셈블리를 기체에 부착한다.

(d) 전원을 연결하고 master switch를 on 위치에 놓는다.

2.13. 항공 교통 관제 시스템 트랜스폰더(ATC Transponder: Air Traffic Control System Transponder)

A. 실습 개요

(1) ATC(Air Traffic Control) 트랜스폰더에 대한 구성요소의 장탈 및 장착에 대해 학습한다.

B. 관련 지식

C. 자료 · 재료

(1) C-172 MM

D. 기기(공구 · 장비)

(1) C-172 항공기

E. 학습

(1) ATC 트랜스폰더의 장탈(그림 2.7)

(a) 리시버(receiver)의 전면에 있는 오목한 구멍에 있는 잠금 나사를 푼다.

(b) 리시버를 radio rack에서 당긴다.

(2) ATC 트랜스폰더의 장착

(a) 리시버를 radio rack에 넣고 앞으로 움직여 전기 플러그를 꽂는다.

(b) 리시버의 앞면에 있는 오목한 구멍에 있는 잠금 나사를 조인다.

2.14. 항공 교통 관제 시스템 안테나(Air Traffic Control System Antenna)

A. 실습 개요

(1) ATC 안테나에 대한 구성요소의 장탈 및 장착에 대해 학습한다.

B. 관련 지식

C. 자료 · 재료

(1) C-172 MM

D. 기기(공구 · 장비)

(1) C-172 항공기

E. 학습

(1) ATC 안테나의 장탈(그림 2.7)

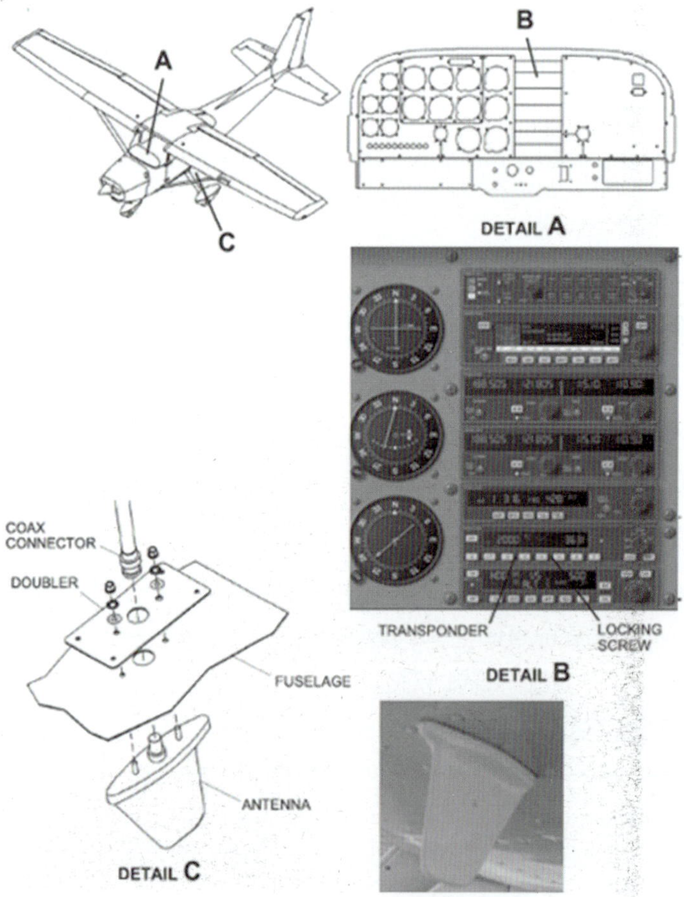

▲그림 2.7 트랜스폰더 계통 장착

(a) 테일콘(tail cone)과 안테나에 접근하기 위하여 후방 객실 내벽 판넬을 장탈한다.

(b) 안테나를 테일콘에 연결하는 너트와 와셔를 제거한다.

(c) 비행기 외부에서, 동축 커넥터를 분리한다.

(2) ATC 안테나의 장착

(a) 비행기 외부에서, 동축 커넥터를 안테나에 연결한다.

(b) 테일콘(tail cone)에서, 안테나 스터드를 장착 구멍을 통하여 너트와 와셔로 부착한다.

(c) 객실 내벽 판넬을 장착한다.

참고문헌

- 항공정비사 표준교재, 항공정비 일반, 국토교통부 항공안전정책과 2020년 3월 발행
- 항공정비사 표준교재, 항공기 기체 제1권, 국토교통부 항공안전정책과 2020년 3월 발행
- 항공정비사 표준교재, 항공기 기체 제2권, 국토교통부 항공안전정책과 2020년 3월 발행
- C-172 AMM
- NCS 학습 모듈
- AC43-13-1B
- OWNER/OPERATOR information manual, McCAULEY PROPELLER SYSTEM
- J79-17 Operation & Service Instructions 1 Jan 1982
- CJ610 Engine Maintenance Manual
- IO-360 Engine Maintenance Manual
- C-172 Series Training Manual

ㅇ

ㅈ

ㅍ

ㅎ

기타

◆ 1장 ◆ 항공기 정비 기초 실습

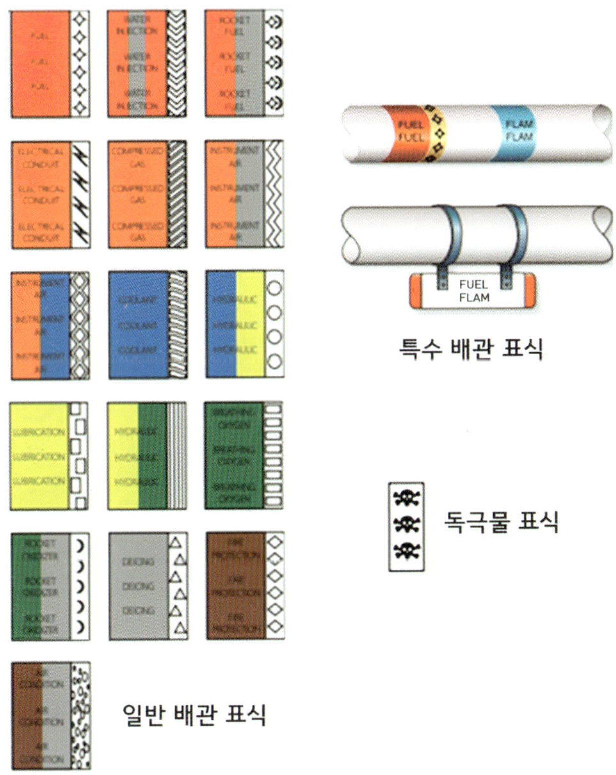

▲그림 4.10 유체 배관의 식별

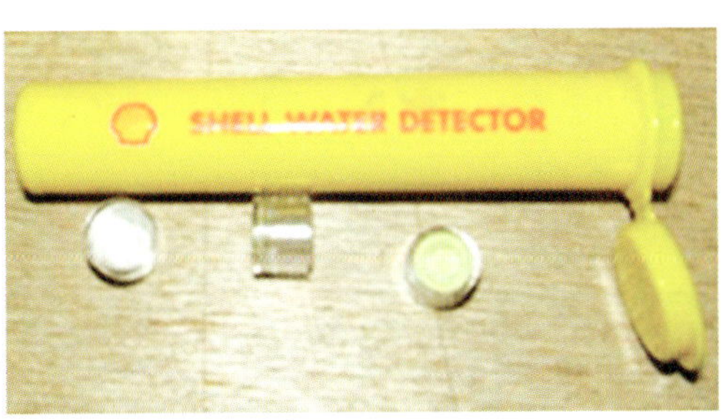

▲그림 8.12 수분 검출제

▲그림 10.3 연료탱크 내부 내시경 검사 C-172

◆ 2장 ◆ 항공기 기체 정비 실습

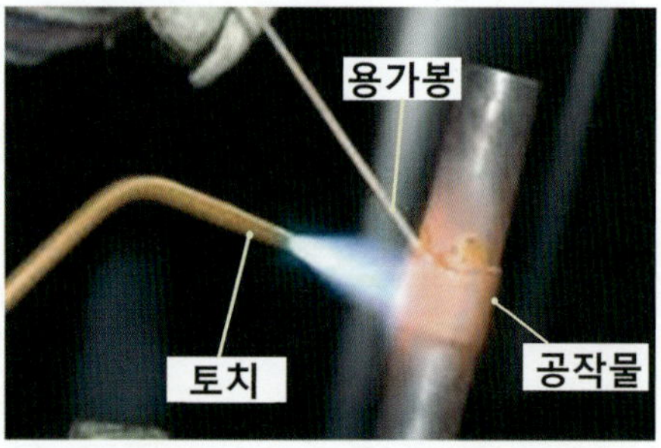

▲그림 2.18 국소 가열 브레이징

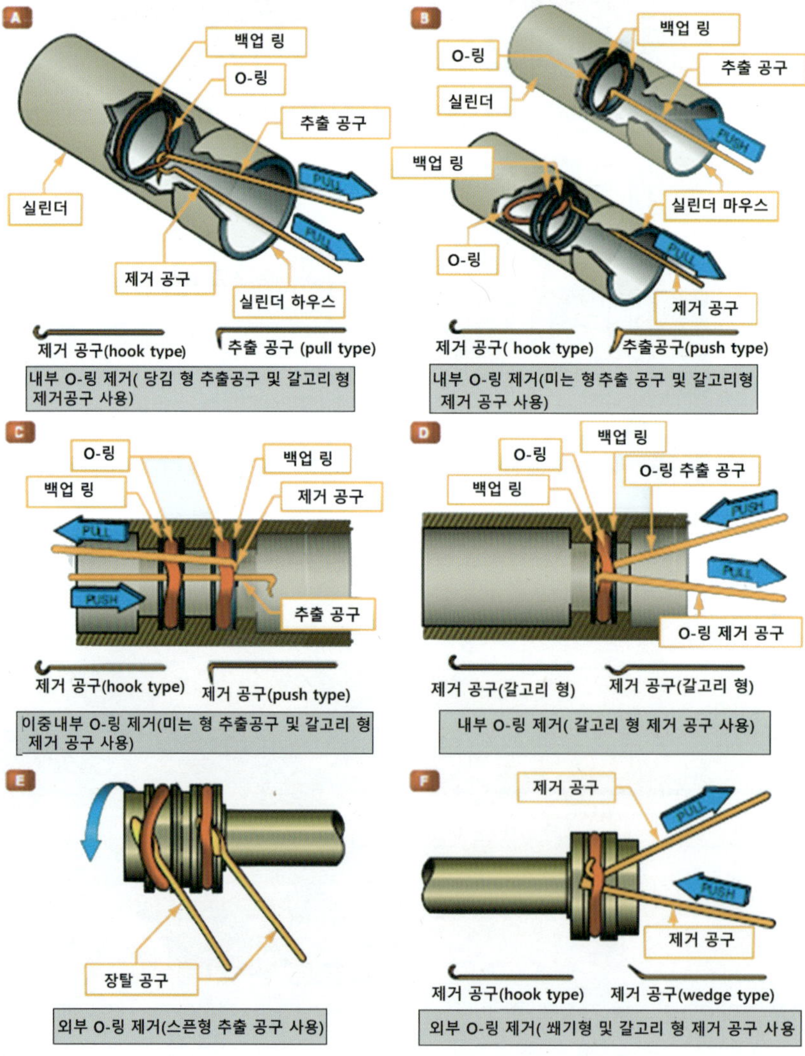

▲그림 4.1 O 링 장탈 기법

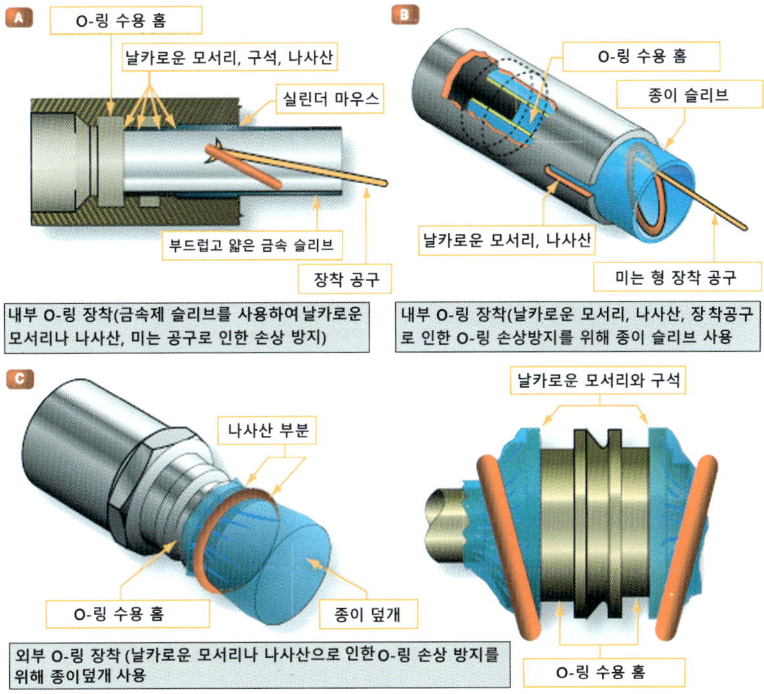

▲그림 4.2 O링 장착 기법

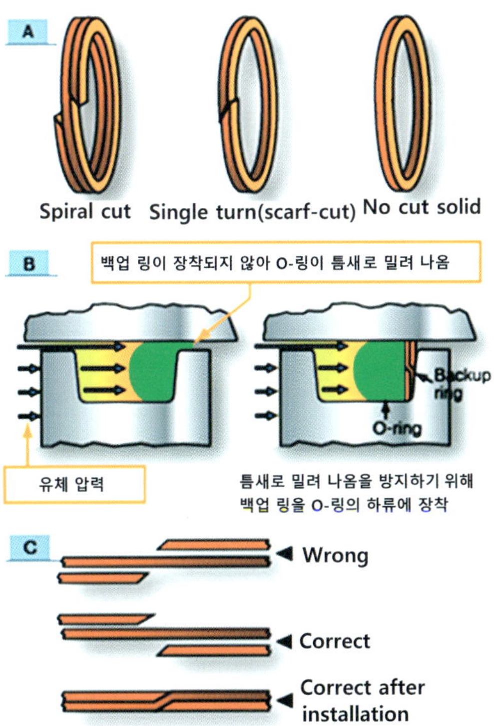

▲그림 4.3 백업링의 장착

◆ 3장 ◆ 원동기 정비 실습

▲그림 1.14 피스톤 장착

◆ 4장 ◆ 항공 전기, 전자계통 정비

1. 전기계통

Resistor color code		
Color	**Number**	**Tolerance**
Black	0	—
Brown	1	1%
Red	2	2%
Orange	3	3%
Yellow	4	4%
Green	5	5%
Blue	6	6%
Violet	7	7%
Gray	8	8%
White	9	9%
Gold	—	5%
Silver	—	10%
No color	—	20%

▲그림 2.1 저항 색상 코드

2. 통신/항법 계통

▲그림 1.1 통신 계통 장치 C-172

항공기 정비 실습

지은이 전광춘 · 이필문 · 이병모 · 전주신
펴낸이 조경희
펴낸곳 경문사
펴낸날 2024년 7월 31일 1판 1쇄
등 록 1979년 11월 9일 제1979-000023호
주 소 04057, 서울특별시 마포구 와우산로 174
전 화 (02)332-2004 팩스 (02)336-5193
이메일 kyungmoon@kyungmoon.com

값 25,000원

ISBN 979-11-6073-709-7